Alimentations à découpage
Convertisseurs à résonance

Alimentations à découpage
Convertisseurs à résonance

Principes-composants-modélisation

Jean-Paul Ferrieux

Professeur d'université à l'IUT 1 de l'université Joseph Fourier de Grenoble
Chercheur au laboratoire d'électrotechnique de l'INP de Grenoble (LEG)

François Forest

Professeur d'université à l'École normale supérieure de Cachan
Chercheur au laboratoire d'électricité, signaux et robotique (LESIR)

3e édition

DUNOD

ISBN 2 10 004137 1

Table des matières

Chapitre I

Introduction

1. Présentation des alimentations à découpage

1.1. Evolution des systèmes d'alimentations

Une alimentation a pour fonction de délivrer des tensions continues (5V, 12V, 15V, etc...), en vue d'alimenter des systèmes à partir d'un réseau alternatif ou continu. Ces alimentations doivent assurer l'isolement galvanique et réguler les tensions de sortie en fonction de la charge. Elles doivent également correspondre aux besoins suivants :

– connexion de sources d'énergie électrique diverses,
– excellent rendement de conversion,
– systèmes légers et peu encombrants,
– générations de plusieurs tensions isolées et régulées.

Depuis 1975, on a recours au principe du *découpage* dont la mise en oeuvre a été rendue possible par le développement des composants de puissance. Depuis lors, ces alimentations n'ont cessé de s'améliorer, du fait de l'évolution des composants en général, mais également des techniques de réalisation et d'intégration. Elles constituent maintenant la solution "classique", l'utilisation d'alimentations linéaires étant envisagée lorsque la charge est un élément éventuellement sensible aux perturbations induites par le découpage. On peut également noter que les alimentations à résonance, qui font l'objet du chapitre III, ont connu récemment un engouement important. Ces alimentations fonctionnent en commutation dite "naturelle", permettant ainsi de répondre à des cahiers des charges sévères, notamment dans le domaine des puissances ou fréquences élevées.

1.2. Principes

1.2.1. Alimentations à régulation linéaire

Ces alimentations sont composées d'un transformateur fonctionnant à la fréquence du secteur. Ce transformateur assure l'isolement galvanique et adapte le niveau des tensions. Le secondaire débite sur un redresseur et un filtre (figure I.1). La régulation s'effectue par le biais d'un transistor fonctionnant en régime linéaire (appelé ballast). Sa tension V_{CE} évolue de manière à maintenir constante la tension de sortie, malgré les variations de la tension d'entrée.

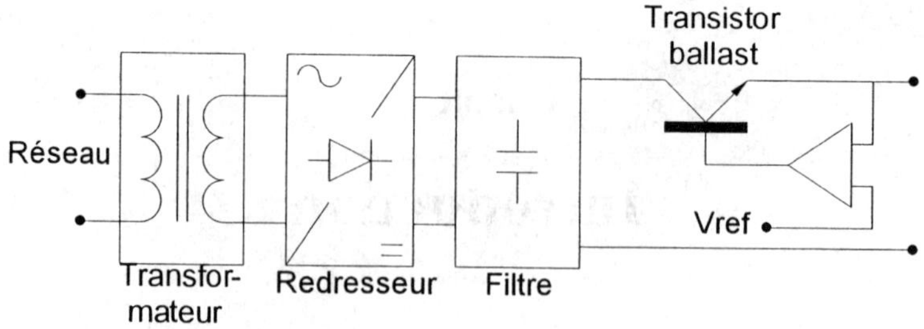

Figure I.1 : *Principe des alimentations linéaires*

1.2.2. Alimentations à découpage

Le secteur alternatif est redressé et filtré. La tension continue obtenue est "découpée" par un interrupteur fonctionnant en commutation. Ce découpage s'opère à haute fréquence, généralement au-delà des fréquences audibles (20kHz). L'isolement galvanique est obtenu par un transformateur haute fréquence. La tension continue désirée est générée par redressement et filtrage de la tension découpée (figure I.2).

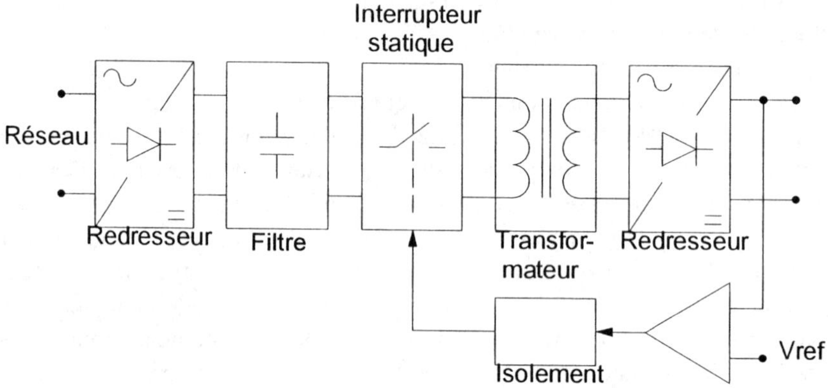

Figure I.2 : *Principe des alimentations à découpage*

La régulation s'effectue par action sur le temps de conduction du transistor de commutation et ce dernier étant au primaire, il est nécessaire que la chaîne de retour soit isolée galvaniquement.

1.3. Intérêts et limitations du découpage

1.3.1. Composants à semi-conducteurs

Les alimentations à découpage utilisent les principes des convertisseurs d'énergie continu-continu (hacheurs). Les composants à semi-conducteur y sont utilisés comme des interrupteurs et fonctionnent en commutation.

Ainsi, les pertes sont faibles et sont dues à la conduction (état saturé) et aux instants de commutation. Inversement, dans une alimentation à régulation linéaire, le transistor fonctionne en régime linéaire. Les pertes y sont importantes à forte charge.
Le deuxième intérêt du découpage est l'introduction de fréquences de fonctionnement très supérieures à la fréquence du réseau d'alimentation. Les fréquences de découpage actuelles sont supérieures à 20 kHz et tendent à s'accroître avec les progrès technologiques (500 kHz en technologie MOS). Ceci induit une réduction considérable des poids et volume du transformateur d'isolement par rapport à la solution linéaire.

1.3.2. Transformateur

Le dimensionnement d'un transformateur est articulé autour d'une grandeur caractéristique qui est le produit des surfaces du noyau et de la fenêtre (cf. chapitre VI). L'expression de ce produit est la suivante :

$$A = S_b\, S_f = k_{TR}\Big(\sum \frac{a_n\, K_n}{\delta_n}\Big)\frac{P}{f\, B_M}$$

Ce produit est, indirectement, représentatif du volume qu'occupera ce transformateur (volume proportionnel à $A^{3/4}$). Il faut donc essayer de le minimiser. Sans entrer dans des considérations technologiques, indispensables pour aller plus loin mais qui seront l'objet du chapitre VI, il est facile de constater que l'influence de la fréquence est considérable. La faire croître, toutes choses étant égales par ailleurs, signifie réduire le volume. Nous verrons que d'autres éléments limitent la réduction obtenue (induction maximale, densité de courant) mais cette dernière reste néanmoins considérable lorsque l'on passe de 50Hz à plusieurs dizaines, voire centaines de kHz.

1.3.3. Impact de la fréquence de découpage

1.3.3.1. Dimensionnement des filtres

Les filtres de sortie sont des éléments supplémentaires par rapport à la solution linéaire. On ne peut évidemment pas considérer leur présence comme un avantage, mais il est important de souligner ici l'impact de la fréquence de découpage sur leur dimensionnement. Si l'on prend l'exemple du hacheur série (figure I.3), les ondulations Δi et ΔV_s sont des fonctions décroissantes de F (cf. chapitre II).

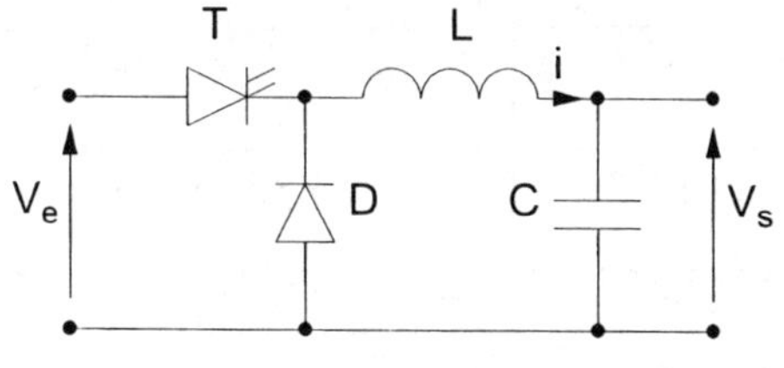

$$\Delta i = \frac{\alpha(1-\alpha)V_e}{LF}$$

$$\Delta V_s = \frac{\alpha(1-\alpha)V_e}{8LCF^2}$$

Figure I.3 : *Filtre d'un hacheur série*

1.3.3.2. Limitations du découpage

L'utilisation de fréquences de découpage élevées met en exergue les limitations physiques des différents éléments, qui sont tous le siège de pertes croissantes avec la fréquence :

– les pertes ferro-magnétiques seraient inacceptables si l'on utilisait des matériaux classiques. Au-delà de 10 kHz, on a recours aux ferrites, eux-mêmes présentant un niveau de pertes élevé à partir de 50kHz, pour des inductions proches du niveau de saturation,

– les mécanismes de pertes par courant de Foucault dans les conducteurs qui majorent considérablement les pertes Joule et qui peuvent rendre nécessaire un fractionnement de ces conducteurs,

– les pertes dans les condensateurs. L'utilisation de condensateurs à très faible résistance série (TFRS) s'avère nécessaire,

– les pertes par commutation dans les composants à semi-conducteur. Elles conduisent, à l'heure actuelle, dans le domaine des basses puissances (< 100W), à des fréquences de fonctionnement comprises entre 20 et 100 kHz pour les transistors bipolaires, 50 et 500 kHz pour les transistors MOSFET.

1.4. Comparaison des deux systèmes existants

Les deux systèmes présentent chacun des avantages et des inconvénients liés à leur fonctionnement. Ainsi, dans le cas des alimentations à découpage, nous obtiendrons un bon rendement, des puissances massiques et volumiques élevées. Par contre, le découpage introduit des parasites rayonnés et conduits, de même qu'une ondulation résiduelle relativement importante de la tension de sortie. Les alimentations à régulation linéaire sont préférables lorsqu'une tension de sortie parfaitement continue, munie d'une régulation dynamique rapide (alimentation de systèmes analogiques) est nécessaire. Le tableau suivant résume les caractéristiques respectives des deux technologies.

Caractéristiques	Découpage	Régulation linéaire
Rendement	65 à 90%	35 à 55%
Puissance massique	30 à 300W/kg	10 à 30W/kg
Puissance volumique	50 à 300W/l	20 à 50W/l
Plage de tension d'entrée	0,85 à 1,2 Un	0,9 à 1,1 Un
Régulation dynamique dépassement-durée	5%-1ms	1%-50µs
Ondulation résiduelle crête à crête	1%	0,1%
Perturbations conduites et rayonnées	Importantes	Négligeables
MTBF	60 000h	100 000h

A titre indicatif, la figure I-4 donne des ordres de grandeur de la puissance volumique (Watt/litre) et du coût (francs/Watt), en 1998, en fonction de la puissance utile, pour une alimentation délivrant 5V. L'intérêt des alimentations à découpage, dans un contexte plus industriel, est ici clairement démontré. La réduction du coût du découpage a atteint un tel degré, du fait de l'accroissement de la maîtrise technologique et de la généralisation du principe, que le seul créneau des alimentations linéaires est celui des applications nécessitant des niveaux de bruits faibles et des taux de régulation élevés.

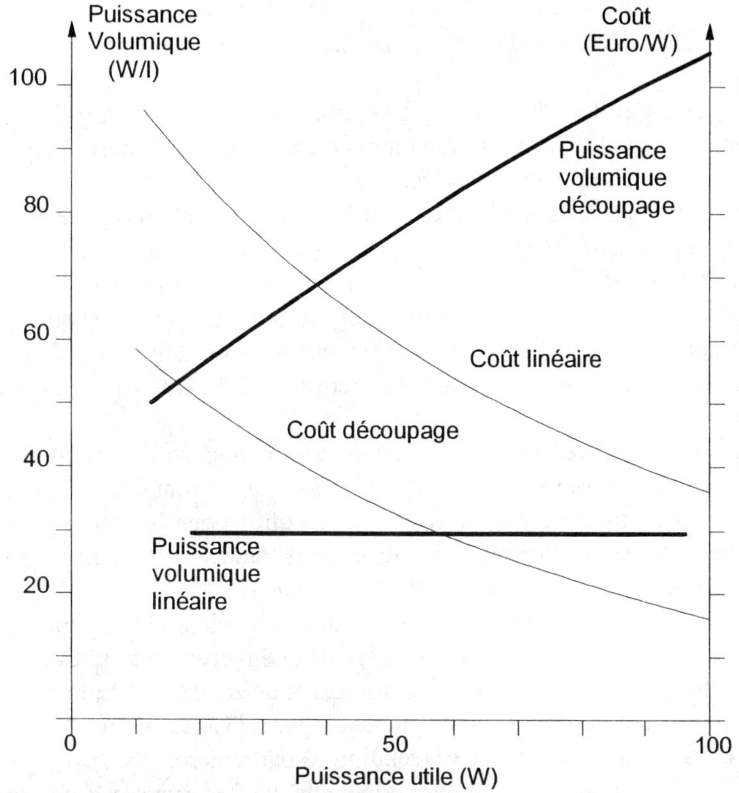

Figure I.4 : *Puissance volumique et coût pour les alimentations linéaires et à découpage*

2. Introduction aux convertisseurs d'énergie

Très généralement, un convertisseur statique est une interface entre deux sources d'énergie électrique. Sa vocation première est donc de permettre de contrôler le transfert d'énergie entre ces deux sources selon différents critères qui dépendent de la nature de ces sources et des exigences de l'application. La figure I.5 indique une tentative de classement des différentes familles de conversion. Nous verrons que le transfert peut être direct entre les deux sources ou indirect, auquel cas l'énergie est transitoirement stockée dans un réservoir avant d'être restituée.

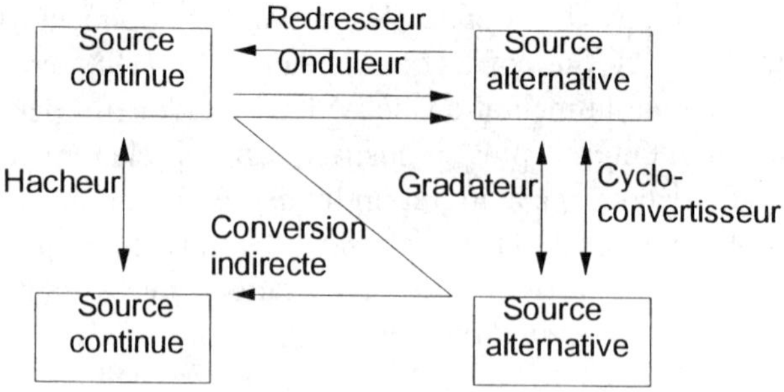

Figure I.5 : *Classification des convertisseurs*

Dans le contexte qui nous préoccupe, à ce transfert correspond la délivrance d'une tension continue régulée à une source uniquement réceptrice (charge) à partir d'une source de tension continue non régulée.

Des critères supplémentaires typiques sont la protection du convertisseur (contrôle de courant), la nécessité d'une isolation galvanique, l'obtention de rendements et de puissances massiques élevés. La notion de rendement reste prépondérante, à partir du moment où les puissances transmises sont importantes et ce, quelle que soit la nature du convertisseur. Le dispositif de conversion doit donc être à pertes minimales. Cela suppose la mise en oeuvre d'éléments théoriquement non dissipatifs :

– des interrupteurs qui seront réalisés à l'aide de composants à semi-conducteurs,

– les composants passifs purement réactifs que sont les condensateurs, transformateurs et inductances, utilisés, entre autre, pour le stockage transitoire d'énergie, le filtrage, la constitution de circuits annexes (Circuits d'Aide à La Commutation ou CALC, écrêteurs, circuits résonants).

L'association de ces différents éléments va devoir obéir à un ensemble de règles strictes qui constituent la base de la synthèse des convertisseurs. L'aspect théorique de cette synthèse a été mis en place, à partir des années 70, par l'équipe du LEEI de Toulouse qui a ainsi largement contribué à donner à l'Electronique de puissance le statut d'une discipline scientifique et technique à part entière.

Nous présenterons donc ici quelques éléments de ces travaux dont le contenu constitue une introduction idéale à l'étude des différentes familles de convertisseurs qui seront décrits dans la suite de cet ouvrage.

2.1. Les sources

Nous emploierons le terme de sources indifféremment pour les générateurs ou les récepteurs. On distingue deux types de source de principe (figure I.6) :

– la source de tension capable d'imposer la tension, quel que soit le courant absorbé par le récepteur,

– la source de courant capable, inversement, d'imposer le courant quelle que soit la tension imposée par le récepteur.

Source de tension *Source de courant*

Figure I.6 : *Nature des sources électrique*

Ces définitions sont valables en régime statique. En régime dynamique, il est nécessaire de préciser ces notions, en particulier lorsque ces sources subissent l'application de gradients de courant ou de tension importants. Nous définirons donc :

– la source de tension comme étant une source dont la tension ne peut subir de discontinuité, à l'échelle des durées de commutation des interrupteurs,

– la source de courant comme étant une source dont le courant ne peut subir de discontinuité, à l'échelle des durées de commutation des interrupteurs.

Il est possible d'imposer la nature d'une source, en régime dynamique, par adjonction de condensateurs placés en parallèle et d'inductances placées en série. Différents cas sont représentés figure I.7. Si les cas 1 et 4 sont purement théoriques, le cas 2 correspond à la confirmation, par introduction d'un condensateur, du caractère d'une source de tension possédant une inductance de sortie (inductance de ligne ou de câblage), le cas 3 à la constitution d'une source de courant à partir d'une source de tension (cf. exemple du hacheur parallèle).

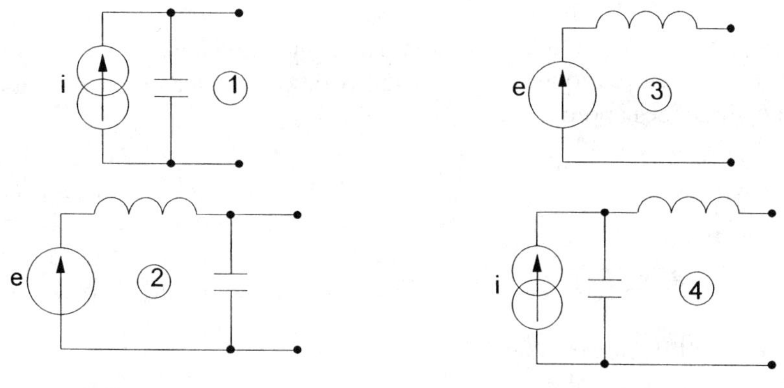

Sources de tension *Sources de courant*

Figure I.7 : *Sources en régime dynamique*

En tenant compte des réversibilités, nous constatons que huit cas sont possibles (figure I.8). Par contre, si la grandeur d'état est réversible, son inversion ne peut pas être instantanée.

Sources de tension *Sources de courant*

Figure I.8 : *Réversibilité des sources*

2.2. Principes fondamentaux

Le convertisseur statique établit et interrompt périodiquement la connexion entre deux sources grâce à des interrupteurs. Compte-tenu des définitions précédentes, il est impératif de respecter les trois règles suivantes :
Règle 1 : une source de tension ne peut être court-circuitée mais peut être ouverte,
Règle 2 : une source de courant ne peut être ouverte mais peut être court-circuitée,
Règle 3 : on ne peut pas connecter directement et instantanément deux sources de même nature mais uniquement deux sources de natures différentes.
Ils en découle deux types de convertisseurs :
– les convertisseurs *directs* associant deux sources de natures différentes,
– les convertisseurs *indirects* qui imposent un étage intermédiaire de stockage ayant une nature différente de celles des sources (convertisseur à accumulation).

2.3. Les interrupteurs

Nous nous intéresserons ici à la définition d'interrupteurs idéaux, sachant que ceux-ci seront réalisés, en pratique, par associations de composants à semi-conducteurs munis de commandes appropriées.

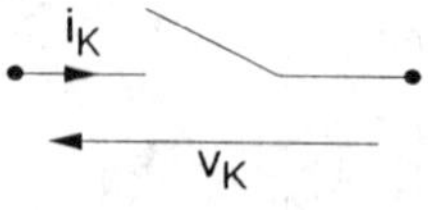

Figure I.9 : *Interrupteur*

De façon symbolique et générale, un interrupteur peut être représenté conformément à la figure I.9. La convention récepteur, choisie ici, sera conservée par la suite.

2.3.1. Caractéristiques statiques

Par définition, un interrupteur présente deux états en régime statique, l'état passant et l'état bloqué. Idéalement, compte-tenu de ces deux états, les caractéristiques statiques, dans le plan i_K-v_K, seront constituées de segments de droite confondus avec l'axe i_K, à l'état fermé ($v_K = 0$), avec l'axe v_K à l'état ouvert ($i_K = 0$). Ces segments sont portés par un demi-axe (Figure I.10).

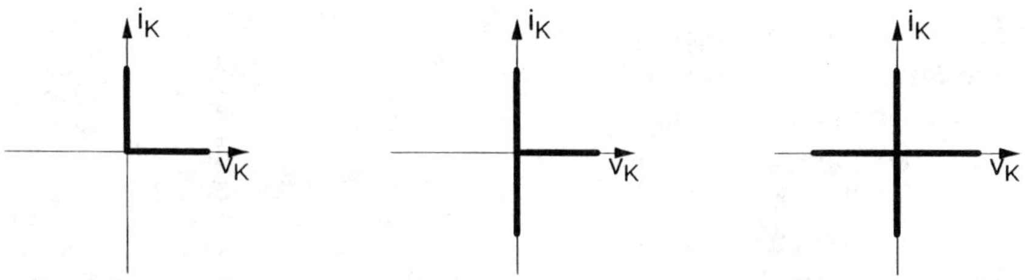

Caractéristiques à deux segments — *Caractéristiques à trois segments* — *Caractéristiques à quatre segments*

Figure I.10 : *Caractéristiques statiques des interrupteurs*

Selon l'incapacité ou la capacité de l'interrupteur à conduire des courants d'un signe quelconque, à bloquer des tensions d'un signe quelconque, un ou deux segments apparaîtront dans la caractéristique statique, pour chaque état. La configuration minimale est donc celle d'un interrupteur à deux segments mais on sera éventuellement amené à réaliser des interrupteurs à trois ou quatre segments.

2.3.2. Changements d'état d'un interrupteur

Nous avons vu, dans le paragraphe précédent, les représentations purement statiques (et élémentaires) d'un interrupteur quelconque. Il est possible de faire apparaître, dans ce graphe, des notions liées aux changements d'état, donc à la commutation.

La première observation que nous ferons ici concerne l'origine du changement d'état. Elle peut être de deux natures :

– action sur la commande de l'interrupteur. On parlera de *commutation commandée*,

– l'évolution des grandeurs électriques dans le circuit, indépendamment de l'interrupteur et qui induisent, du fait d'une particularité de cet interrupteur, le changement d'état (annulation d'un courant ou d'une tension). On parle alors de *commutation spontanée.*

Une deuxième propriété est issue de considérations énergétiques simples. A l'exception de phénomènes intervenant au second ordre et liés à la présence de composantes parasites dans les composants réels (cf. chapitre IV), un interrupteur ne stocke pas d'énergie et ne peut donc en restituer. Il en résulte que, dans la convention récepteur choisie, la puissance instantanée vk.ik ne peut jamais être négative. De ce fait, un changement d'état liant des grandeurs initiale et finale de signe opposé ne peut correspondre qu'à une trajectoire selon les axes, puisque le passage dans le quart de plan associé est physiquement impossible. Une telle trajectoire est celle d'une commutation spontanée telle que nous l'avons décrite plus haut. On peut résumer ces différents points dans une représentation graphique conforme à la figure I.11.

Comme nous l'avons dit, dans les quadrants 2 et 4, les commutations ne peuvent être que spontanées. Dans les quadrants 1 et 3, les commutations peuvent être spontanées ou commandées. Dans ce deuxième cas, la trajectoire du point de fonctionnement peut parfaitement s'éloigner des axes.

Ce cas de figure correspondra obligatoirement à l'apparition de pertes, si la commutation ne se fait pas dans un temps nul. Les flèches en quart de cercle symbolisent les commutations commandées et sont affectées du symbole A comme amorçage ou fermeture, B comme blocage ou ouverture.

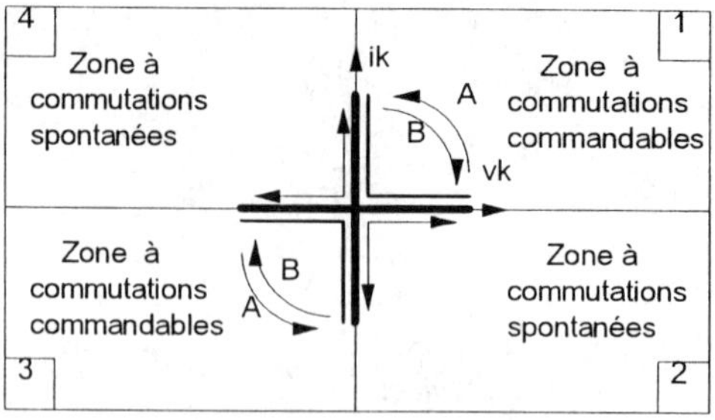

Figure I.11 : *Représentation des changements d'état dans le plan vk-ik*

2.3.3. Classification des interrupteurs

A partir des éléments précédents, il est maintenant possible d'effectuer une classification des interrupteurs. Nous allons procéder à cette classification en envisageant toutes les configurations d'interrupteurs possibles, ce qui permet de disposer, a priori, de toutes les "briques" de notre future construction. *Il est essentiel de souligner ici que, dans la progression future de notre démarche, des considérations sur la commutation rendront caduques certaines de ces configurations, soit par carence, soit par excès de propriétés (paragraphe I.2.4.5).*

Si l'on s'en tient, pour l'instant, à un classement a priori, un certain nombre d'interrupteurs sont obtenus par des associations qui obéissent à des règles simples :

– pour connecter deux interrupteurs en série, ceux-ci doivent posséder un segment commun "courant",

– pour connecter deux interrupteurs en parallèle, ceux-ci doivent posséder un segment commun "tension".

2.3.3.1. Interrupteurs à deux segments

Dans la famille des interrupteurs à deux segments, on retrouve la diode et différents interrupteurs commandés (T_A à T_{AB}) comme l'indique la figure I.12. La diode est, par définition, un composant à commutations uniquement spontanées. Les interrupteurs T ont, au moins, une commutation commandée, ce qui fait apparaître les trois possibilités ci-dessus. La partie commune du symbole fait apparaître le caractère d'unidirectionnalité en courant. La flèche indique le signe de la tension blocable. Les électrodes de commande sont repérées en fonction de la nature des commutations commandées c'est-à-dire, blocage seul (B), amorçage seul (A), amorçage et blocage (deux électrodes). On peut associer à certaines de ces fonctions théoriques des composants à semi-conducteurs :

– D correspond aux diodes à jonction (PIN ou Shottky)

– T_A correspond au thyristor asymétrique,

– T_{AB} correspond au GTO asymétrique, au transistor bipolaire, à l'IGBT.

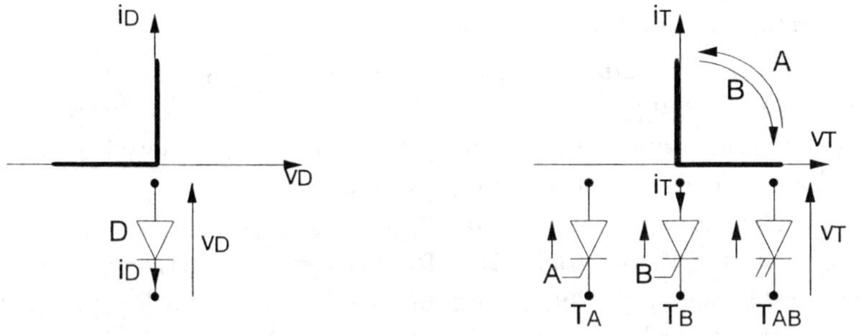

a - Diode D *b - Interrupteurs T*

Figure I.12 : *Interrupteurs à deux segments*

2.3.3.2. Interrupteurs à trois segments

Les deux types d'interrupteurs à trois segments sont représentés figure I.13. Dans ces deux types, les trois modes de commande sont toujours possibles, d'où six possibilités théoriques. Les interrupteurs bidirectionnels en tension (figure I.13-a) peuvent être représentés comme des interrupteurs à part entière (T_{A1}, T_{B2}, T_{AB1}), une double flèche précisant leur cararactère, ou peuvent être obtenus en associant en série un interrupteur T_A à T_{AB} et une diode.

– T_{A1} correspond au thyristor symétrique classique,

– T_{AB1} correspond au GTO symétrique.

Les interrupteurs bidirectionnels en courant (figure I.13-b) pourraient également être représentés de façon globale. Aucun composant existant n'étant représentatif directement de cette famille, nous retenons ici la représentation par association anti-parallèle d'interrupteurs T_A à T_{AB} avec une diode, structures qui seront largement utilisées dans la suite (le MOSFET est assimilé à ce type d'interrupteur).

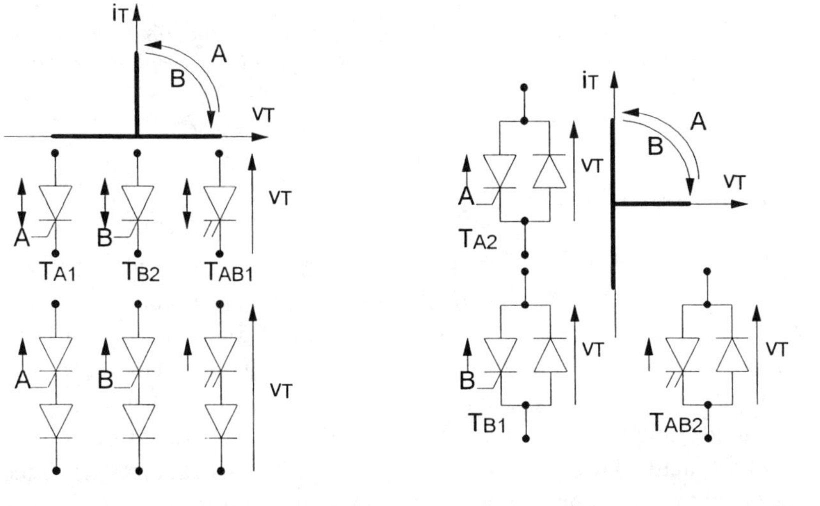

a - Interrupteurs bidirectionnels en tension *b - Interrupteurs bidirectionnels en courant*

Figure I.13 : *Interrupteurs à trois segments*

2.3.3.3. Interrupteurs quatre segments

Les interrupteurs à quatre segments sont ensuite logiquement obtenus par association des deux types précédents (figure I.14). Le seul composant associé directement à cette famille est le triac, représentatif d'un interrupteur à quatre segments à amorçage commandé et blocage spontané.

Il est important de noter une particularité des structures à quatre segments entièrement commandables qui rend leur commande délicate. Lorsqu'un tel interrupteur est concerné par une commutation spontanée dans les quadrants 2 et 4, les "sous-interrupteurs" commandés, intégrés dans sa structure, doivent théoriquement se plier à cette commutation spontanée et être commandés en conséquence (détection de la nature de la commutation).

Ce problème est surtout sensible à l'amorçage. Si l'on n'assure pas la fonction de commande correspondante, l'amorçage spontané dans les quadrants 2 et 4 est alors impossible.

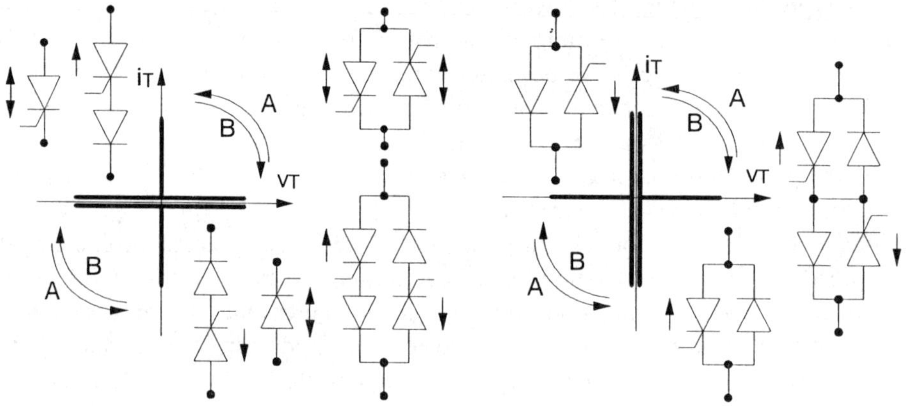

a - Associations d'interrupteurs bidirectionnels en tension

b - Associations d'interrupteurs bidirectionnels en courant

Figure I.14 : *Interrupteurs à quatre segments*

2.4. La commutation

L'interrupteur possédant deux états stables, il faut bien entendu passer de l'un à l'autre. "La commutation" est un terme générique qui englobe les différents mécanismes de passage, au sein d'un convertisseur. Elle concerne directement les interrupteurs mais ne peut être envisagée hors du contexte du convertisseur, comme nous le verrons dans la suite. Il s'agit donc là d'un aspect tout à fait global. On pourra être amené, plus localement, à parler des commutations à l'échelle de l'interrupteur seul. Dans ce cas, il s'agira plutôt d'observer les mécanismes physiques mis en jeu dans le composant à semi-conducteur utilisé pour réaliser l'interrupteur désiré (Chapitre IV).

Nous nous placerons ici dans le contexte global.

2.4.1. La cellule de commutation

Pour généraliser ces notions de commutation, les concepteurs de la méthode ont été amenés à s'appuyer sur l'architecture d'une cellule que l'on peut retrouver dans tous les dispositifs de conversion qui sont décrits ici. Cette cellule, appelée "la cellule de commutation" est représentée figure I.15. Deux interrupteurs K_1 et K_2 réalisent l'interconnexion entre une source de tension instantanée v_e et une source de courant instantané i. Ces interrupteurs sont a priori quelconques (d'où leur représentation). Leurs caractéristiques apparaîtront au cours de l'étude de la cellule et dépendront de la fonctionnalité du convertisseur dans lequel elle est insérée.

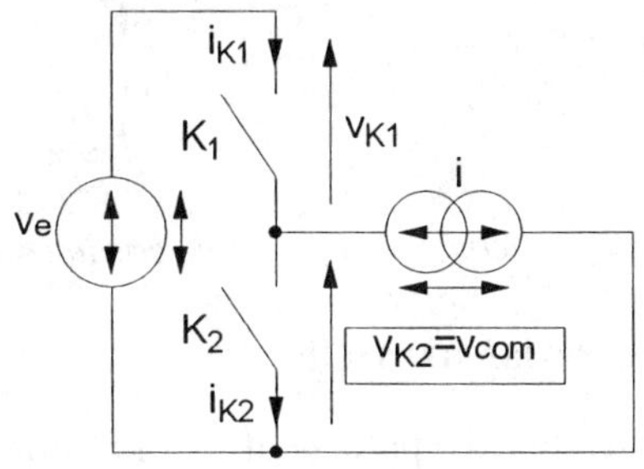

Figure I.15 : *La cellule de commutation*

Quelques implications élémentaires mais essentielles apparaissent à l'observation de cette cellule. Tout d'abord, sur le plan de la commande, K_1 et K_2 ne peuvent être ni ouverts ni fermés simultanément car cela correspondrait respectivement à l'ouverture d'une source de courant et au court-circuit d'une source de tension. D'autre part, la constitution de ce réseau électrique entraîne l'existence du système d'équations :

$$v_{K1} + v_{K2} = v_e$$
$$i_{K1} - i_{K2} = i$$

auquel devra se "plier" toute phase de fonctionnement de la cellule.

Ces différents éléments constituent la base de départ d'une démarche relativement simple mais parfaitement rigoureuse. Nous allons maintenant, sur cette base, tenter de dérouler le fil conducteur correspondant.

Les conventions de signes retenues dans le schéma de la figure I.15 seront conservées par la suite, ce qui est essentiel quant à la mise en oeuvre d'une démarche systématique.

2.4.2. Détermination des caractéristiques statiques

A partir du système précédent, il est aisé de définir, pour un état donné de chaque interrupteur, les contraintes statiques auxquelles il sera soumis. L'observation des deux états possibles, associée à la connaissance de ve et i, permet de déterminer sa caractéristique statique :

– (K_1 fermé, K_2 ouvert) entraîne ($v_{K1}=0$, $i_{K1}=i$, $v_{K2}=v_e$, $i_{K2}=0$),

– (K_1 ouvert, K_2 fermé) entraîne (v_{K1}=ve, i_{K1}=0, v_{K2}=0, i_{K2}=-i),
Prenons l'exemple commode d'une configuration dans laquelle les grandeurs ve et i sont des grandeurs continues toujours positives. On pose donc $v_e = + V_e$ et $i = + I$. On constate que les deux interrupteurs seront soumis à Ve à l'état ouvert, K_1 conduisant I à l'état fermé, K_2 conduisant – I à l'état fermé. Les caractéristiques statiques nécessaires sont à deux segments, comme l'indique la figure I.16.

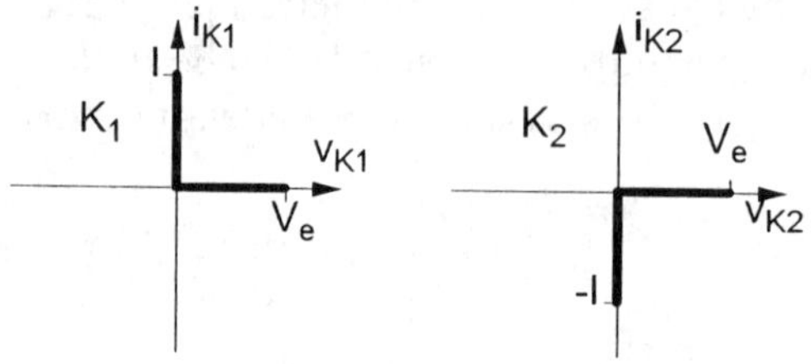

Figure I.16 : *Détermination des caractéristiques statiques*

2.4.3. La notion de commutation naturelle

On se place toujours dans le cas précédent. Compte-tenu des caractéristiques statiques obtenues, il est possible de préciser la nature des commutations pour passer d'un état à l'autre. En effet, les changements d'état de K_2 correspondent à des valeurs initiale et finale de signe opposé ce qui impose une commutation spontanée (selon les axes) tant à l'ouverture qu'à la fermeture (cf. I.2.3.2). K_2 subit totalement les changements d'état qui sont déterminés par K_1, c'est donc une diode. Les cycles de fonctionnement dans le plan (v_K, i_K) sont alors imposés comme l'indique la figure I.17 :

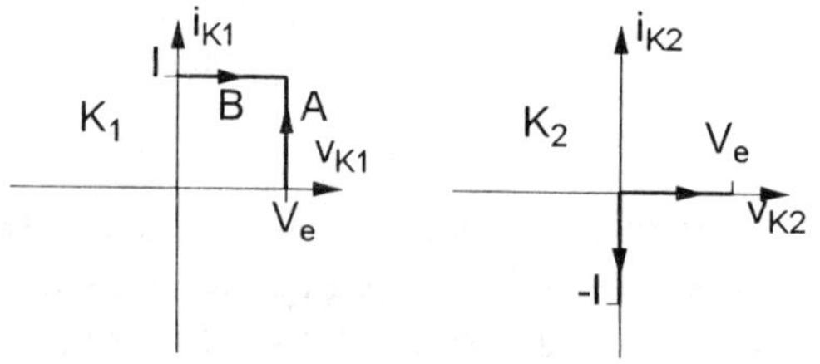

Figure I.17 : *Cycles de fonctionnement des interrupteurs pour ve = Ve et i = I*

Ce comportement est parfaitement représentatif de ce que l'on appelle la commutation naturelle, c'est-à-dire *le changement d'état spontané d'un interrupteur induit par le changement d'état commandé de l'autre interrupteur de la cellule.*
Le résultat obtenu dans cette configuration entraîne une remarque de fond. La représentation qui est faite ici suppose l'existence d'interrupteurs parfaits. Malgré cette supposition de taille, la forme du cycle de commutation de K_1 montre, qu'indépendamment de la technologie future de cet interrupteur, les problèmes de commutation existent et naissent de la structure de conversion.

L'influence du composant apparaîtra ensuite sur l'aspect temporel de la commutation mais cela démontre que caractériser ce dernier, hors du contexte du convertisseur, n'a que peu d'intérêt pour l'utilisateur.
Nous avons pris ici un exemple support très simple. La commutation naturelle peut prendre d'autres formes que nous allons maintenant présenter en généralisant le concept de commutation autour des différentes formes possibles de v_e et i.

2.4.4. Influence de v_e et i sur la nature des commutations

Poursuivons notre raisonnement, toujours sur la base de la configuration précédente où $v_e = V_e$ mais avec maintenant deux valeurs possibles du courant $i = +I$ et $i = -I$. On introduit également les évolutions du potentiel v_{com} (cf. figure I.15). Sur la figure I.18 apparaissent les différentes grandeurs et les cycles associés, pour les deux valeurs de I, sur une phase de fonctionnement où interviennent les deux changements d'état possibles de K_1 et K_2.

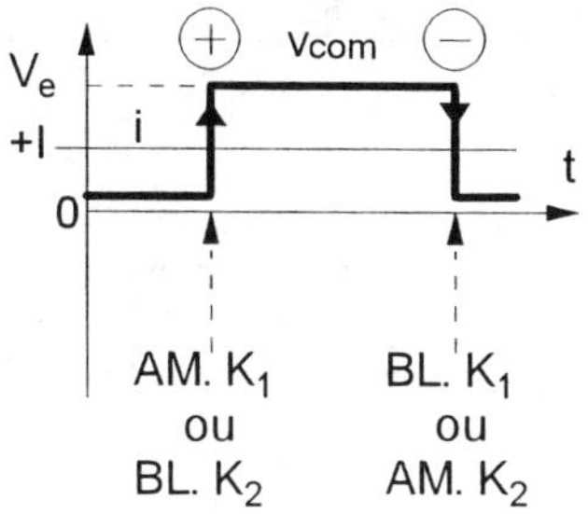

a - Cas 1

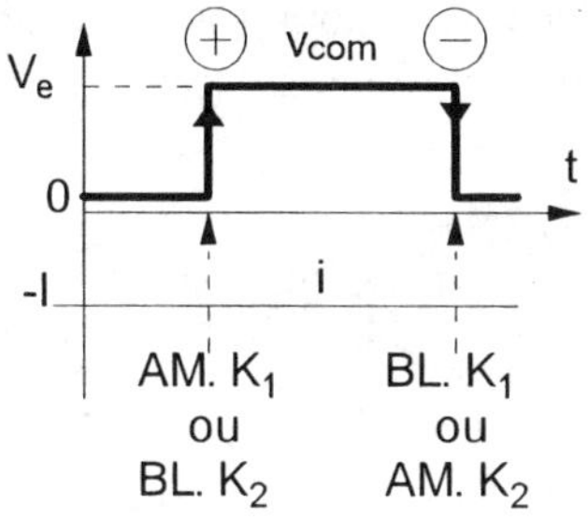

b - Cas 2

Figure I.18 : *Détermination de la nature des commutations*

Dans les cas 1 et 2 de la figure I.18, le passage de v_c de 0 à V_e peut être, a priori, le résultat de la fermeture commandée de K_1 comme de l'ouverture commandée de K_2. Notre propos est de montrer quel est l'interrupteur initiateur du changement d'état, en fonction de la configuration du circuit, et de définir la nature de la commutation associée. On introduit la notion de signe de commutation :
- lorsque dv_{com}/dt est positif, la commutation est positive,
- lorsque dv_{com}/dt est négatif, la commmutation est négative.

Analysons rapidement le cas 1 ($i = +I$), déjà étudié dans le paragraphe précédent. Nous avons vu que K_1, commandé à l'ouverture et à la fermeture, déterminait les commutations spontanées complémentaires de K_2.
Dans le cas 2 ($i = -I$), en reproduisant la même démarche que précédemment, on observe un mécanisme inverse. Ce sont les commutations commandées de K_2 qui entraînent les changements d'état spontanés de K_1.
Si l'on fait le lien de ces différentes commutations avec v_{com} et i, on obtient les résultats consignés dans le tableau ci-après.

	commutation positive	commutation négative
cas 1 i = + I	La fermeture commandée de K_1 provoque l'ouverture spontanée de K_2.	L'ouverture commandée de K_1 provoque la fermeture spontanée de K_2.
cas 2 i =– I	L'ouverture commandée de K_2 provoque la fermeture spontanée de K_1.	La fermeture commandée de K_2 provoque l'ouverture spontanée de K_1.

La règle qui apparaît alors, et qui est généralisable, est que, dans la cellule, *si le courant i pendant la commutation est de même signe que la commutation selon la définition donnée plus haut, c'est la fermeture commandée d'un interrupteur qui induit l'ouverture spontanée de son vis-à-vis (on parlera de commutation de fermeture ou d'amorçage). Inversement, si les signes sont contraires, c'est une ouverture commandée qui induit une fermeture spontanée (on parlera de commutation d'ouverture ou de blocage).*
Ceci reste vrai pour toutes les configurations de v_e et de i. Citons deux cas classiques représentés figure I.19.

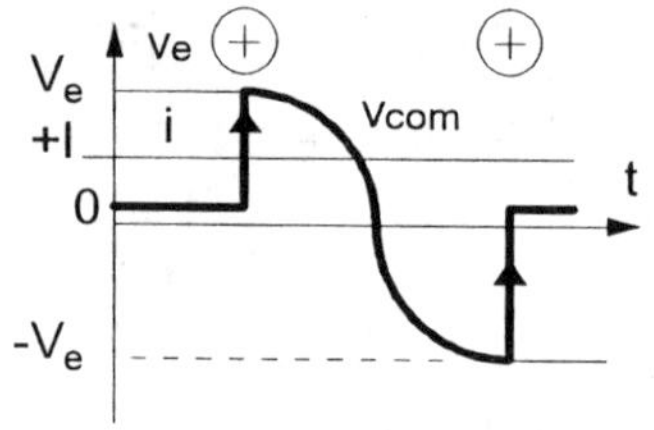

a - Changement de signe de ve

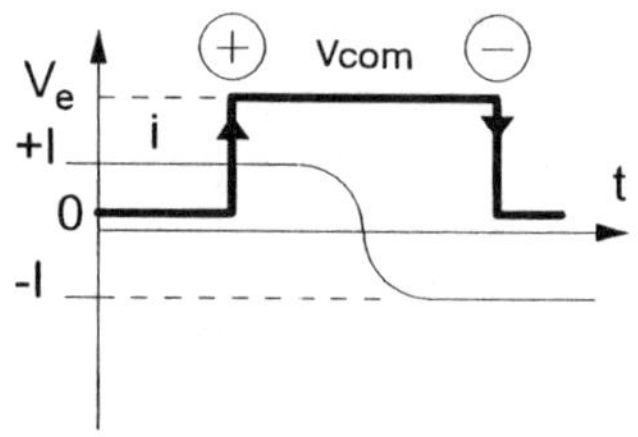

b - Changement de signe de i

figure I.19 : *Extension des règles de commutation*

La première configuration (figure I.19-a) résulte d'un changement de signe de v_e entre deux commutations, i restant constant et positif. La transition intermédiaire apparaissant sur v_c n'est donc pas due à une commutation de K_1 et K_2. La première commutation est positive, de même signe que le courant. Il s'agit donc d'une commutation de fermeture. Du fait de l'inversion de ve, la seconde commutation est également positive. Il s'agit toujours d'une commutation de fermeture.
La deuxième configuration est symétrique (figure I.19-b). v_e reste constante mais le changement de signe de i entre deux commutations entraîne leur similitude (commutations de fermeture).
Des permutations de signes inverses, dans les deux cas, conduiraient à des commutations d'ouverture.
Ces configurations sont typiquement celles que l'on rencontrera dans l'étude des différentes formes d'alimentations à résonance. Elles ne mettent en jeu qu'un seul type de commutation et donc des interrupteurs identiques dont l'une des deux commutations est spontanée. On parlera de convertisseurs à commutation naturelle.

2.4.5. Influence de la commutation sur la nature des interrupteurs d'une cellule

Nous avons maintenant suffisamment d'informations pour revenir sur les différentes fonctions interrupteur définies dans le paragraphe I.2.3. Par définition, dans un régime de découpage périodique, chaque interrupteur de la cellule s'ouvre et se ferme une fois sur la période T correspondante. Dans l'hypothèse d'une configuration électrique quelconque (tous les cas cités précédemment) mais elle-même périodique, de même période T, il existe les trois possibilités d'association suivantes :

– un interrupteur commandé à l'amorçage et au blocage associé à une diode,
– deux interrupteurs commandés à l'amorçage,
– deux interrupteurs commandés au blocage.

Dans le premier cas, les commutations de l'interrupteur commandé sont liées au même quadrant. Deux segments sont donc suffisants. *Ceci démontre que dans une fonction interrupteur entièrement commandable à trois segments (T_{AB1} ou T_{AB2}), l'un des caractères est superflu.* Si l'on utilise le caractère entièrement commandable de l'interrupteur, le segment correspondant à la commutation spontanée restera inutilisé. Inversement, si ce segment est utilisé, une seule des commutations est commandée, rendant superflue l'autre possibilité de commande. On retombe dans les deuxième et troisième cas.

Parallèlement, la diode, fonctionnant intégralement en mode spontané, est par définition une fonction à deux segments. On peut donc en tirer une autre règle, confirmée par les deux autres cas, qui est que *deux interrupteurs d'une même cellule possèdent obligatoirement le même nombre de segments.*

Dans les deuxième et troisième cas, les deux interrupteurs sont identiques, l'une de leurs commutations étant spontanée, l'autre commandée. Par principe, ces deux types de commutation ne peuvent appartenir au même quadrant. Il en résulte que *dans une cellule en commutation naturelle, les interrupteurs possèdent nécessairement trois segments*. Les interrupteurs T_A et T_B présentés au paragraphe I.2.3.3 ne sont donc pas utilisables en tant que tels mais peuvent être exploités pour synthétiser les fonctions T_{A1} à T_{B2}.

Nous insistons sur le fait que ceci est vrai pour une configuration électrique figée de la cellule. Si la configuration vient à changer, les interrupteurs devront présenter de nouvelles caractéristiques. Il faudra donc qu'ils possèdent la totalité des caractères que nécessite chacune des configurations électriques susceptibles d'apparaître. Un exemple simple d'un tel cas de figure est une cellule susceptible de débiter un courant soit positif, soit négatif (paragraphe I.2.4.4). Dans la première configuration, K_1 est un interrupteur T_{AB} tandis que K_2 est une diode. Inversement la seconde configuration implique que K_2 est un interrupteur T_{AB} tandis que K_1 est une diode. La cellule complète est donc une association de deux interrupteurs de type T_{AB2}.

Cette cellule constitue la base de nombreux convertisseurs à modulation de largeur d'impulsions (hacheurs deux ou quatre quadrants, onduleurs de tension) mais sort du cadre de cette étude.

Les éléments dont nous disposons maintenant seront précieux pour la présentation des différentes structures, dans les chapitres suivants. Pour être complet, il nous faut néanmoins introduire le concept très puissant de la dualité, dont l'application à notre discipline est également issue des réflexions de l'équipe du LEEI.

2.5. Règles de la dualité

2.5.1. Définitions

La dualité est une propriété qui trouve son origine dans l'étude des circuits linéaires. On appelle circuits duaux, deux réseaux électriques dont la topologie est différente mais qui sont régis par deux systèmes d'équations différentielles de même nature. L'exemple suivant illustre cette définition :

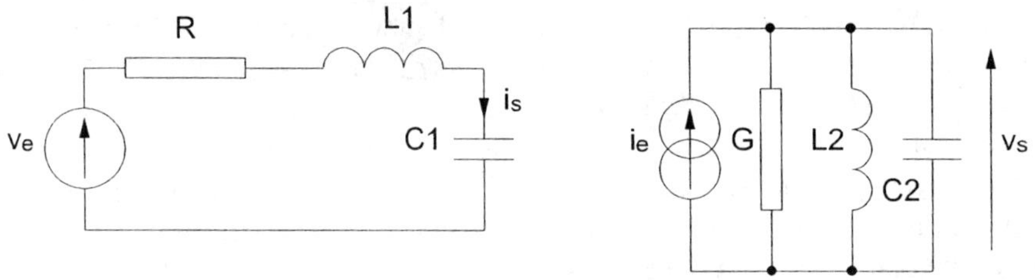

Figure I.20 : *Circuits duaux*

$$ve(p) = R\, i(p) + L_1 p\, i(p) + \frac{i(p)}{C_1 p} \qquad i(p) = G\, vs(p) + C_2 p\, vs(p) + \frac{vs(p)}{L_2 p}$$

$$\boxed{e(p) = a\, s(p) \; + b\, s(p) + \frac{s(p)}{gp}}$$

Eléments duaux classiques :
- courant-tension,
- résistance-conductance,
- puissance et énergie sont duales d'elles-mêmes.
- impédance-admittance,
- inductance-condensateur,

Une règle graphique simple permet de trouver le circuit dual d'un quelconque réseau (figure I.21).

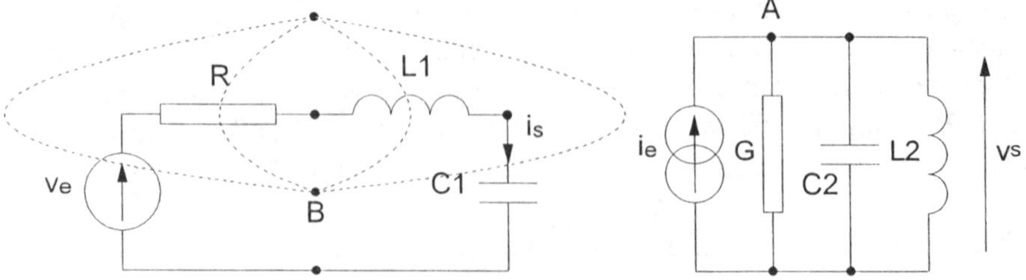

Figure I.21 : *Détermination d'un circuit dual*

– on place un point dans chaque maille du circuit. Ce point correspond au noeud dual de cette maille dans le circuit dual,
– on place un point à l'extérieur du réseau.

Le circuit dual est constitué en plaçant l'élément dual de l'élément qui apparaît entre deux points du circuit source, entre les deux noeuds correspondants du circuit dual. L'orientation du circuit dual est obtenue en écrivant les équations de noeuds de ce circuit qui sont duales des équations de mailles du circuit-source.

2.5.2. Application aux interrupteurs

Il est possible de définir, selon les mêmes principes, la dualité entre deux interrupteurs quelconques. Deux interrupteurs sont duaux si leurs caractéristiques i = f(v) sont symétriques par rapport à la première bissectrice dans le plan i (v) (permutation des grandeurs i et v). Ainsi, pour exemples, un interrupteur à deux segments entièrement commandé ou une diode sont duaux d'eux-mêmes (figure I.22).

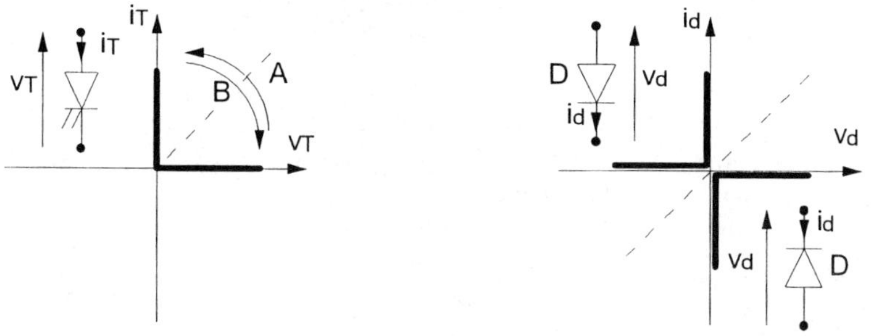

Figure I.22 : *Interrupteurs duaux*

Dans l'approche des convertisseurs à commutation naturelle, qui occuperont une place importante dans la suite de cet ouvrage, on est amené à s'intéresser (cf I.2.4) à des interrupteurs dont l'une des commutations est spontanée, l'autre commandée. Le thyristor est le cas unique d'un composant à semi-conducteur correspondant à une fonction interrupteur de ce type (blocage spontané). Si la fonction est intéressante, le composant est technologiquement incapable de répondre au besoin du découpage à fréquence élevée. Nous parlerons donc ici de thyristor au sens de la fonction (T_{A1}), sachant qu'il sera synthétisé à l'aide de composants adaptés.

Le concept de la dualité peut ensuite être utilisé pour définir la fonction duale de celle du thyristor. Cette démarche, toujours issue du LEEI de Toulouse, mène à la définition d'un interrupteur, tout naturellement baptisé *thyristor-dual*, auquel ne correspond directement aucun composant existant. Il doit donc être également synthétisé. On peut déduire les caractéristiques du thyristor-dual de celles de la fonction thyristor. La figure I.23 résume les propriétés de ces deux interrupteurs à commutation spontanée.

On peut noter que ce thyristor-dual correspond à la fonction T_{B1} définie au paragraphe II.2.3.3.3. Ceci n'est guère surprenant, compte tenu de la systématique de la démarche sur les fonctions interrupteurs.

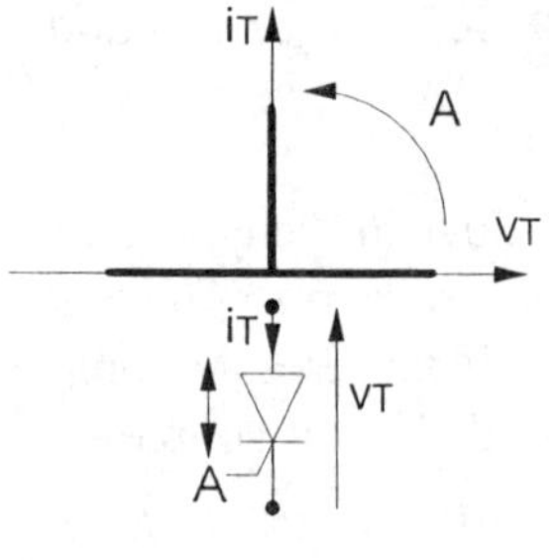

Conditions d'amorçage : Cde et V > O
Condition de blocage : I=0
Auto-amorçage si V ≥ Vm
Aide à la commut. : Inductance série

Thyristor

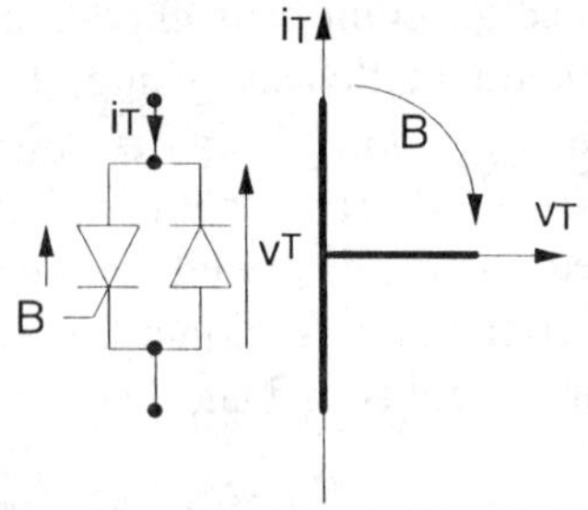

Conditions de blocage : Cde et I > O
Condition d'amorçage : V=0
Auto-blocage si I ≥ Im
Aide à la commut. : condensateur parallèle

Thyristor-dual

Figure I.23 : *Propriétés du thyristor et du thyristor-dual*

Contrairement aux circuits d'aide à la commutation classiques (cf. chapitre IV), l'énergie stockée dans le circuit d'aide d'un thyristor ou d'un thyristor-dual, pendant la commutation commandée, est naturellement recyclée (sans pertes) pendant la commutation spontanée.

2.5.3. Application aux convertisseurs

A partir de ces éléments, il est possible de donner un exemple plus concret de circuits duaux :

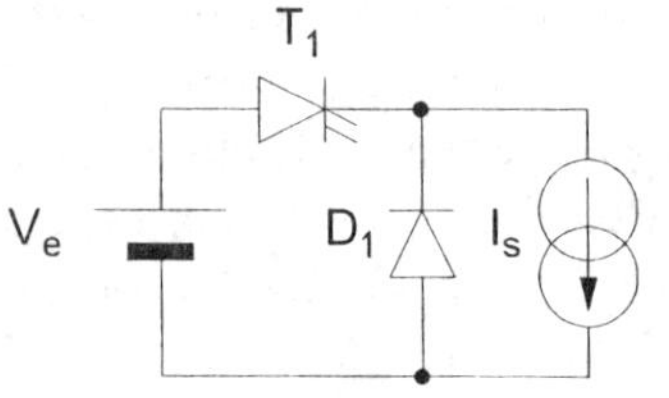

Hacheur série

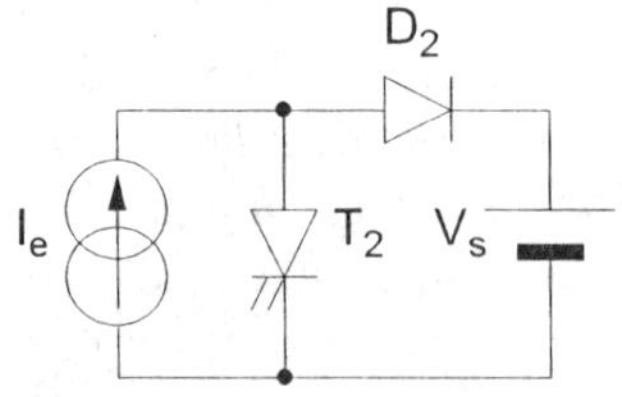

Hacheur parallèle

Figure I.24 : *Convertisseur duaux*

2.6. Eléments de synthèse d'un convertisseur

La synthèse d'un convertisseur s'effectue suivant les étapes décrites ci-après, que nous illustrerons à l'aide de deux exemples simples, fréquemment rencontrés.
Après la détermination de la nature des sources d'entrée et de sortie, ainsi que de leurs réversibilités, on extrait le schéma du convertisseur de la structure de base. Par la suite, l'étude de chaque séquence permet de déduire les contraintes sur les interrupteurs et d'obtenir leurs caractéristiques statiques.

L'enchaînement des séquences donne le type de commutation des interrupteurs à l'aide des concepts définis au paragraphe 2.3. A titre d'exemple, nous allons étudier une conversion directe, associant une source de tension à une source de courant. Entre ces deux sources (pour l'instant quelconques, d'où une représentation arbitraire de leur caractère), trois types de connexions sont possibles, représentées figure I.25.

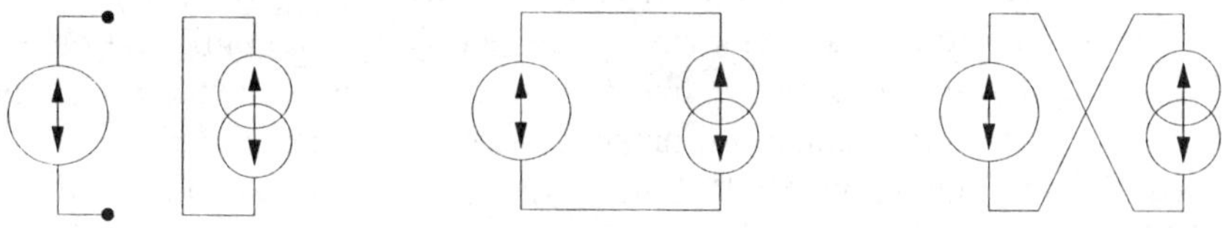

Configuration a *Configuration b* *Configuration c*

Figure I.25 : *Configurations possibles connectant deux sources de natures différentes*

La structure la plus générale qui autorise ces trois configurations est le montage en pont (figure I.26) à quatre interrupteurs. Ce montage correspond à l'association de deux cellules de commutations. Nous constatons aisément sur cette figure que les interrupteurs K_1, K_2, et K_3, K_4 ne peuvent avoir qu'un fonctionnement complémentaire afin de ne pas court-circuiter la source de tension et ne pas ouvrir la source de courant.

Configurations	ouverts	fermés
a	K_1, K_3 ou K_2, K_4	K_2, K_4 ou K_1, K_3
b	K_2, K_3	K_1, K_4
c	K_1, K_4	K_2, K_3

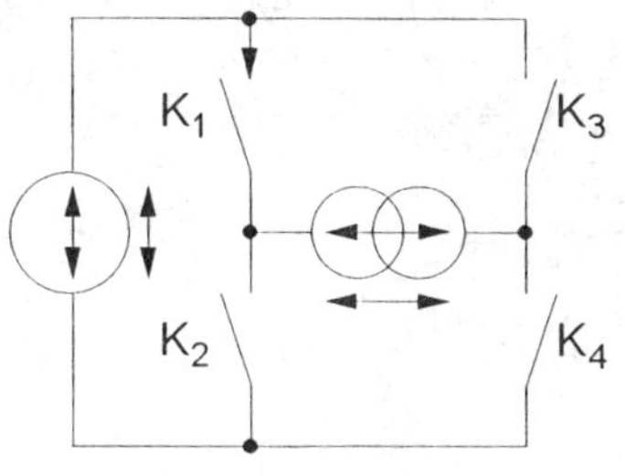

Figure I.26 : *Montage en pont*

1er exemple : Conversion continu-continu (hacheur)
Pour ce type de conversion, les sources ne sont pas réversibles. Les configurations a et b suffisent à remplir la fonctionnalité du convertisseur. Les interrupteurs K_3 et K_4 ne commutant pas, on peut les supprimer en remplaçant K_4 par un court-circuit. On retrouve la structure de base, réduite à K_1 et K_2, c'est à dire directement la cellule de commutation.

Le raisonnement tenu au paragraphe 2.4.2 s'applique de la même façon et l'on aboutit à l'association interrupteur commandé-diode du hacheur série.

2ème exemple : Onduleur de tension "pleine-onde" (figure I.27)
On désire appliquer, à partir d'une source continue, une tension alternative à une source de courant, elle-même alternative (on la supposera parfaitement sinusoïdale) de même fréquence fondamentale. Il s'agit donc d'une conversion continu-alternatif. Les configurations b et c sont indispensables. La configuration a n'est pas obligatoire et son existence est liée à la forme de la tension que l'on désire appliquer. Que la configuration a soit présente ou non, les caractéristiques statiques des interrupteurs, imposées par la nature de la conversion sont celles de la figure I.13.b (p11). Il s'agit de caractéristiques à trois segments correspondant à l'alimentation de chaque cellule par une tension continue et au débit d'un courant alternatif.

Comme nous l'avons explicité au paragraphe 2.4.4, la nature des commutations dépend, au sein de chaque cellule, de la relation entre le signe de la commutation et le signe du courant. Si l'on suppose l'application d'une tension rectangulaire symétrique (configuration a absente) à la source de courant (cf figure I.27), seul le déphasage de i par rapport à v permet de définir le type de commutation de ces interrupteurs trois segments. *Notons que les fonctionnements des deux cellules de commutation mises en oeuvre sont ici identiques. L'observation des grandeurs d'une seule de ces cellules permet de définir la nature des commutations.*

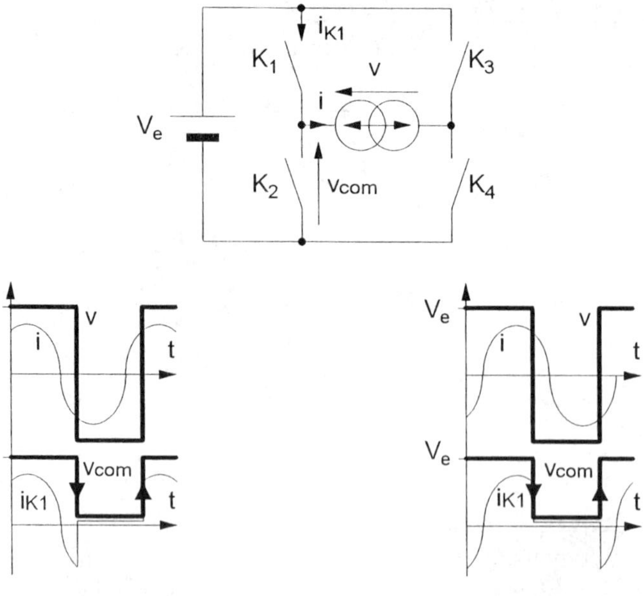

a-Déphasage avant *b-Déphasage arrière*

Figure I.27 : *Configurations de fonctionnement d'un onduleur pleine onde*

Dans le cas d'une phase avant (figure I.27-a), les signes de la commutation et du courant sont toujours identiques, ce qui implique une commande à la fermeture induisant une ouverture spontanée (le fonctionnement des deux cellules est identique). L'interrupteur associé est alors entièrement défini (fonction T_{A2}, paragraphe 2.3.3.3). Il s'agit d'une fonction thyristor associé à une diode anti-parallèle.
Dans le cas d'une phase arrière, les signes de la commutation et du courant sont toujours opposés. On a alors affaire à une commande d'ouverture induisant une fermeture spontanée. Les interrupteurs sont des thyristors-duaux (T_{B1}).
Il est important de noter, dans cet exemple, les particularités du dispositif de conversion. La commutation naturelle est rendue possible par l'existence d'une source de courant alternative synchrone de l'onduleur. La nature de la commutation dépend donc de la totalité de l'environnement, y compris de la source (donc la charge) connectée sur l'onduleur proprement dit.
Cet exemple n'est pas innocent. Il constitue une introduction quasi-immédiate aux alimentations à résonance que nous présenterons dans le chapitre III.

2.7. Remarques générales

Nous distinguerons dans les chapitres suivants, les convertisseurs à commutation commandée (chapitre II) et les convertisseurs à commutation naturelle (chapitre III). Nous utiliserons le terme de commutation commandée (au sens de totalement commandée) lorsque le convertisseur ne possèdera pas intrinsèquement les moyens de faire commuter spontanément ses interrupteurs soit au blocage soit à l'amorçage. Dans ce cas, la commande détermine seule la durée de séquences de fonctionnement. C'est typiquement le cas du premier exemple (hacheur) du paragraphe précédent. On qualifie de structure à commutation naturelle toute structure utilisant des interrupteurs dont l'une des commutations est spontanée (amorçage ou blocage) et dont l'organisation et le fonctionnement permettent intrinsèquement de remplir les conditions nécessaires pour assurer cette commutation spontanée (2ème exemple).
La description des fonctions interrupteurs a été effectuée sans hypothèse sur la nature des semi-conducteurs. La présentation de ces derniers fera l'objet du chapitre IV. Néanmoins, nous utiliserons par la suite la notion de facteur de dimensionnement, noté F_d :

$$F_d = \frac{V_{kmax}\, I_{kmax}}{P}$$

qui est le rapport entre la puissance apparente commutée par l'interrupteur (produit des contraintes maximales supportées par celui-ci) et la puissance P du convertisseur. Le produit des contraintes maximales, *qui seront toujours définies en module*, est représentatif du volume de silicium et le rapport F_d chiffre ainsi la "bonne utilisation" du semi-conducteur par le convertisseur considéré.
En ce qui concerne les diodes, nous calculerons ce facteur de dimensionnement avec le courant moyen, cette contrainte étant primordiale pour une diode.

Chapitre II

Alimentations à découpage à commutation commandée

1. Convertisseurs continu-continu sans isolement galvanique

1.1. Introduction

Nous étudierons ici les quatre structures de base représentatives de la famille des hacheurs (figure II.1). Ces convertisseurs à découpage permettent le contrôle du transfert d'énergie entre une source et une charge qui est, soit de nature capacitive (source de tension), soit de nature inductive (source de courant).

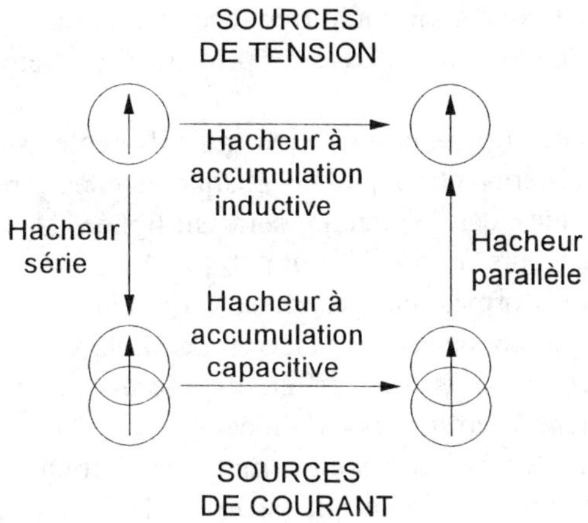

Figure II.1 : *Les différents hacheurs*

La structure de ces différents hacheurs fait systématiquement intervenir la cellule de commutation définie dans le chapitre I. Dans un contexte à transfert de puissance unidirectionnel et compte-tenu du caractère également unidirectionnel des sources d'énergie, puisque nous sommes dans le cadre de la conversion continu-continu, la constitution de cette cellule correspondra toujours à l'une des deux configurations de la figure II.2.

Nous y retrouverons une source de tension et une source de courant (toujours unidirectionnelles), sachant que les tensions et courants associés pourront éventuellement présenter une composante alternative (ondulations dues au découpage).

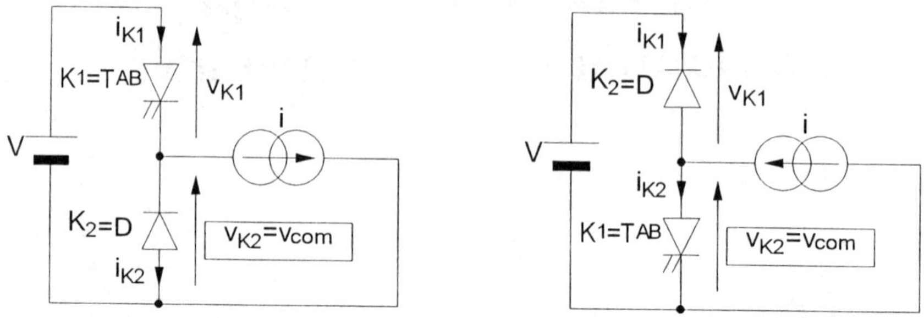

Figure II.2 : *Constitution de la cellule de commutation dans les hacheurs*

L'organisation de cette cellule nous permet de déduire, conformément aux règles énoncées dans le chapitre I, que les interrupteurs mis en jeu posséderont deux segments. L'unicité du signe des grandeurs électrique fait que ce couple d'interrupteurs sera toujours une association interrupteur commandé TAB-diode. Ainsi, nous retrouverons, dans tous ces hacheurs, les problèmes de commutation liés à une telle cellule et que nous avons déjà évoqués dans le chapitre précédent. Si les principes correspondant restent, et de très loin, les plus utilisés, la conception de convertisseurs fonctionnant en haute fréquence passe par la suppression de ces contraintes de commutation sur la base de principes qui seront énoncés dans le chapitre III.

Dans le cadre de ce chapitre, la présentation des différentes structures obéira à la même logique. Au schéma classique de chaque hacheur, nous associerons sa représentation théorique, dans laquelle sera surlignée la fameuse cellule de commutation. Les hacheurs à sortie "courant" (hacheurs série et à accumulation capacitive) seront transformés en générateurs de tension, d'un point de vue dynamique, à l'aide d'un condensateur placé en parallèle sur la charge (filtrage du 2ème ordre). Les composants des différents montages (sources, composants passifs, semi-conducteurs) seront supposés idéaux.

Dans toute cette partie, les hacheurs sont commandés à fréquence fixe et temps de conduction de l'interrupteur variable qui est le mode le plus classique et le plus répandu. Nous aborderons, à la fin de la présentation, les autres types de commandes qui peuvent être appliqués à ces hacheurs en exploitant leurs particularités structurelles.

1.2. Hacheur série (type BUCK)

1.2.1. Principe de fonctionnement en conduction continue

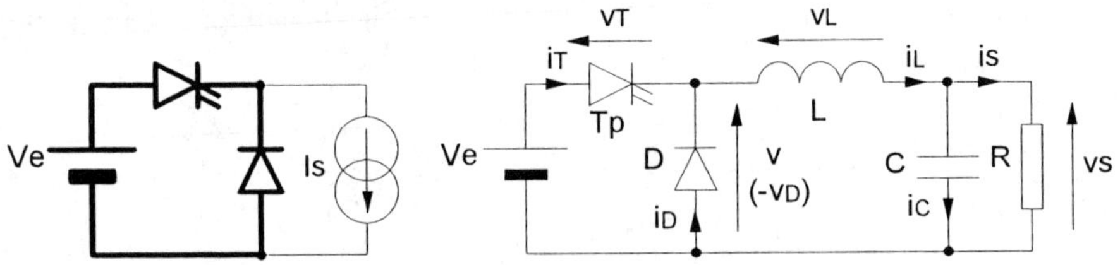

Figure II.3 : *Schéma de principe*

L'interrupteur Tp est fermé pendant la fraction αT de la période de découpage T. La source primaire fournit l'énergie à la charge R et à l'inductance L. Lors du blocage de Tp, la diode de roue libre D assure la continuité du courant et la décharge de L dans R. Les formes d'ondes en conduction continue sont représentées figure II.4. La tension de sortie est ajustée en agissant sur le rapport cyclique α. En régime permanent, la tension moyenne aux bornes de L est nulle, ce qui impose :

$<v> = V_s$ et $V_s = \alpha\, V_e$.

Par définition, $0 \leq \alpha \leq 1$, ce qui induit que le montage est abaisseur de tension (dévolteur).

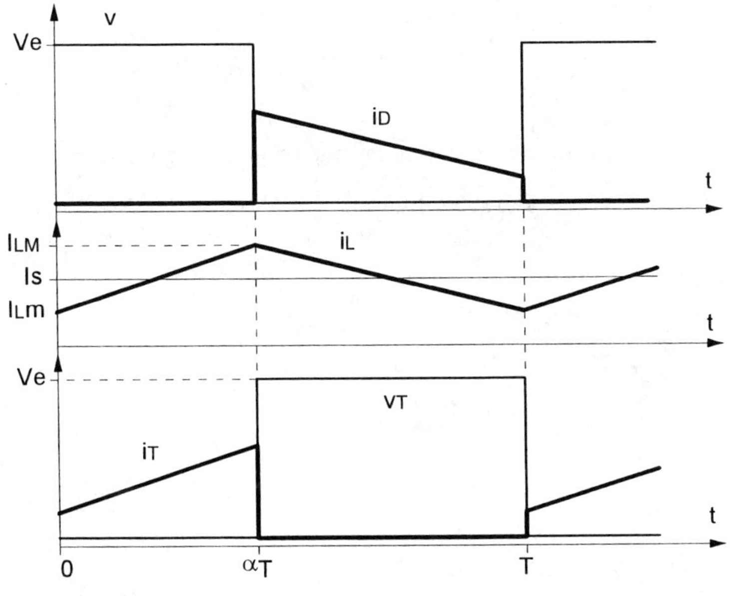

Figure II.4 : *Formes d'ondes*

1.2.2. Principales relations et contraintes sur les composants

1.2.2.1. Ondulations de courant et de tension

L'ondulation du courant dans l'inductance est calculée en considérant que l'ondulation de la tension de sortie δv_S est négligeable devant sa valeur moyenne V_S, auquel cas la tension v_L a la forme de la figure II.5.

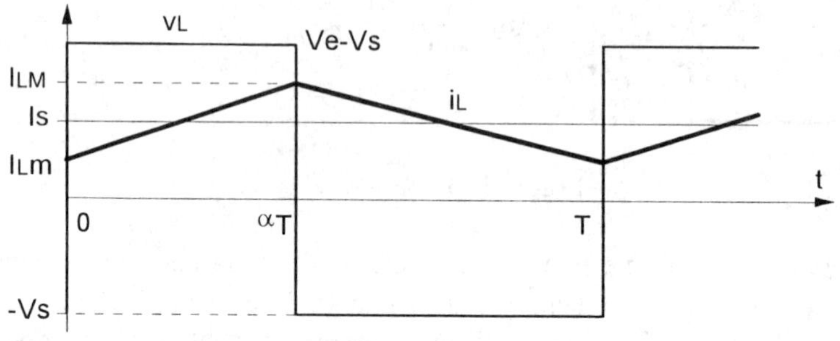

Figure II.5 : *Formes d'ondes pour le calcul de l'ondulation de courant*

On peut alors écrire, pour $0 \leq t \leq \alpha T$: $v_L = L\,\dfrac{di_L}{dt}$, avec $v_L = V_e - V_S$,

dont on déduit :

$$i_L = \frac{V_e - V_s}{L}t + I_{Lm}$$

en $t = \alpha T$, $i_L = I_{LM} = \dfrac{V_e - V_S}{L}\alpha T + I_{Lm}$, d'où :

$$\Delta I_L = I_{LM} - I_{Lm} = \frac{V_e - V_S}{L}\alpha T = \frac{\alpha(1-\alpha)V_e}{LF}$$

Cette ondulation de courant est maximale pour $\alpha = \dfrac{1}{2}$ et vaut $(\Delta I_L)_{max} = \dfrac{V_e}{4LF}$

La forme de $\Delta I_L(\alpha)$ est représentée figure II.6.

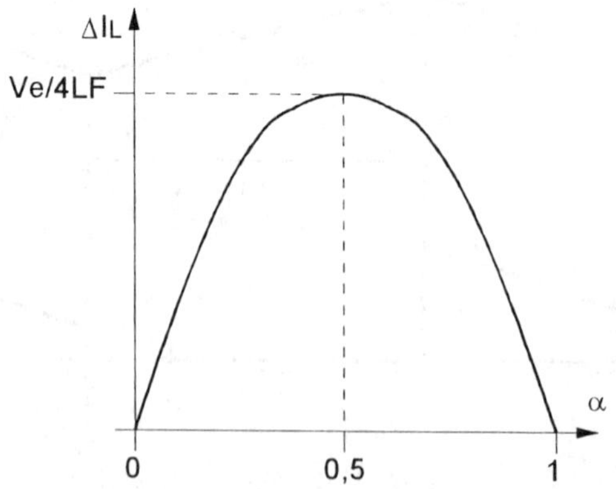

Figure II.6 : *Ondulation de courant en fonction de α*

Si l'on fait l'hypothèse que le courant dans la charge est parfaitement constant (tension à faible ondulation appliquée à une résistance), l'ondulation de tension est produite par la composante alternative δi_L du courant i_L (figure II.7). La relation $i_C = \delta i_L = C\, d(\delta v_S)/dt$ permet de déduire la forme de cette ondulation de tension à partir de la forme de δi_L.

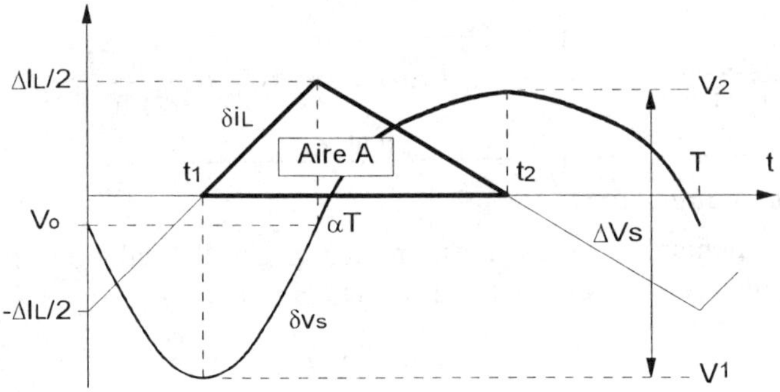

$$V_0 = \frac{\Delta i_L}{12CF}(2\alpha - 1)$$

Figure II.7 : *Forme de l'ondulation de tension*

La valeur crête-à-crête ΔV_S de l'ondulation de tension δv_S est :
$\Delta V_S = V_2 - V_1 = \delta v_S(t_2) - \delta v_S(t_1)$
que l'on peut mettre sous la forme :

$$\Delta V_S = \int_{t_1}^{t_2} \frac{d(\delta v_S)}{dt}\, dt$$

avec la relation $\delta i_L = C\,\dfrac{d(\delta v_S)}{dt}$, on aboutit à :

$$\Delta V_S = \frac{1}{C}\int_{t_1}^{t_2} \delta i_L\, dt$$

A cette dernière quantité correspond (à 1/C près) l'aire A de la figure II.7, très simple à exprimer. On obtient le résultat suivant :

$$\Delta V_S = \frac{1}{C}\left(\frac{\Delta I_L\, \alpha T}{8} + \frac{\Delta I_L\, (1-\alpha)T}{8}\right) = \frac{\Delta I_L}{8CF}$$

Compte-tenu de l'expression de Δi_L, on aboutit finalement à l'expression suivante :

$$\Delta V_S = \frac{\alpha(1-\alpha)V_e}{8LCF^2}$$

Cette ondulation est maximale pour $\alpha = \dfrac{1}{2}$ et vaut $(\Delta V_S)_{max} = \dfrac{V_e}{32LCF^2}$

Cette méthode de calcul donne d'excellents résultats si les ondulations sont faibles par rapport aux composantes continues des grandeurs considérées, ce qui est le cas, par principe, dans le filtrage de la plupart des alimentations à découpage.

Inversement, ce mode de calcul devient imprécis lorsque l'on travaille avec de forts niveaux d'ondulations relatives, auquel cas il est nécessaire de faire le calcul exact.

1.2.2.2. Contraintes

Interrupteur	Diode
$V_{Tmax} = Ve$	$V_{Dmax} = Ve$
$I_{Tmax} = Is + \alpha(1-\alpha)\dfrac{Ve}{2LF}$	$I_{Dmax} = Is + \alpha(1-\alpha)\dfrac{Ve}{2LF}$
	$I_{Dmoy} = (1-\alpha)Is$

1.2.2.3. Facteurs de dimensionnement

Ces facteurs de dimensionnement sont calculés en négligeant l'ondulation de courant ΔI_L. Ce sera également le cas dans l'étude des hacheurs suivants.

interrupteur : $Fd = \dfrac{1}{\alpha}$ diode : $Fd = \dfrac{(1-\alpha)}{\alpha}$

1.2.3. Fonctionnement en conduction discontinue

Ce régime correspond à l'annulation du courant i_L sur la période de fonctionnement. Cet événement se produit lorsque le courant moyen absorbé par la charge est inférieur à $\Delta I_L/2$. La figure II.8 montre les formes d'ondes associées. On note α' T la durée de décroissance du courant i_L.

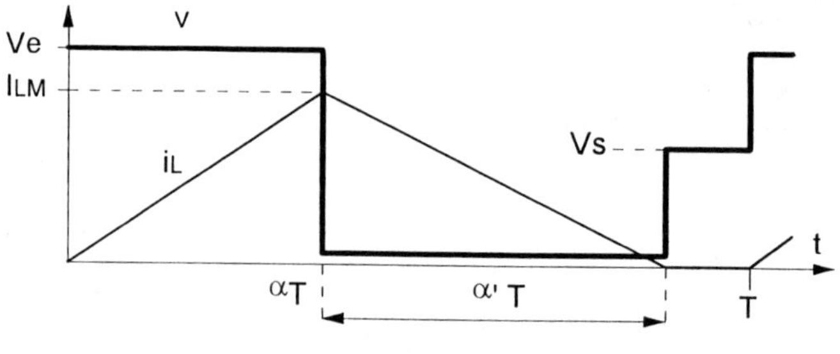

Figure II.8 : *Forme du courant en conduction discontinue*

$$I_{LM} = \frac{(Ve - Vs)\alpha T}{L} = \frac{Vs\,\alpha' T}{L}$$

$$\frac{Vs}{Ve} = \frac{\alpha}{\alpha+\alpha'} \text{ dont on déduit } \alpha' = \alpha\frac{Ve - Vs}{Vs}$$

D'autre part, $<i_L> = Is$ d'où :

$$Is = \frac{I_{LM}}{2}\cdot(\alpha+\alpha') = \frac{Ve - Vs}{2LF}\alpha\left[\alpha + \alpha\frac{Ve - Vs}{Vs}\right] = \frac{\alpha^2}{2LF}\frac{Ve}{Vs}(Ve - Vs)$$

on en déduit :

$$Vs = Ve\frac{1}{1 + \dfrac{2LFIs}{\alpha^2 Ve}}$$

Compte-tenu de ce qui précède, il est maintenant intéressant d'introduire des variables normalisées qui seront utilisées systématiquement tout au long de ce chapitre. Il s'agit de :

la tension normalisée notée y et telle que : $y = \dfrac{Vs}{Ve}$

le courant normalisé noté x et tel que: $x = \dfrac{LFIs}{Ve}$

Les caractéristiques normalisées $y(x)$, découlent donc des relations suivantes :

en régime continu : $y = \dfrac{Vs}{Ve} = \alpha$

en régime discontinu : $y = \dfrac{1}{1 + \dfrac{2x}{\alpha^2}}$

Dans ce deuxième cas, ce sont des hyperboles.
La condition de passage d'un régime à l'autre est liée à la présence d'un courant moyen limite, noté I_{slim} égal à $\Delta I_L/2$. On a donc :

$$I_{slim} = \frac{\alpha(1-\alpha)Ve}{2LF} \text{ et sa forme normalisée } x_{lim} = \frac{y(1-y)}{2}$$

Dans le plan $y(x)$, ceci se traduira par une courbe limite parabolique correspondant à la forme de $\Delta I_L(\alpha)$. On peut alors déduire de ce qui précède l'allure des caractéristiques de sortie (figure II.9).

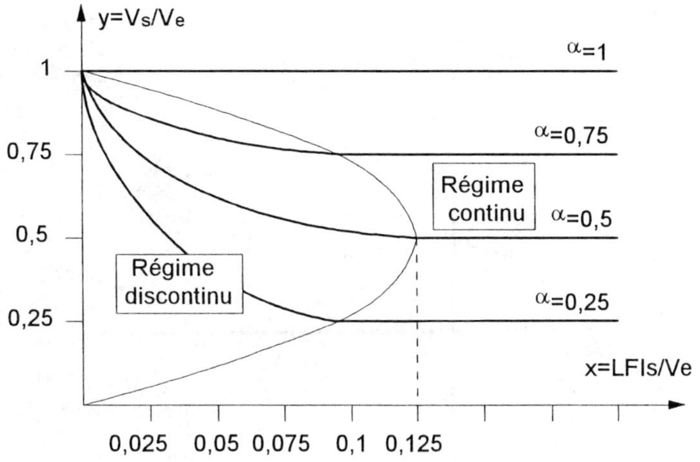

Figure II.9 : *Caractéristiques de sortie*

Sur cette représentation apparaît clairement l'influence de ce régime sur le comportement du hacheur. La tension moyenne de sortie ne dépend plus uniquement de la grandeur de réglage α mais le niveau du courant moyen intervient. Ceci limite les possibilités de contrôle à faible charge et, de surcroît, entraîne une modification du comportement dynamique du hacheur (cf. chap. VI).

1.3. Hacheur parallèle (type BOOST)

1.3.1. Principe de fonctionnement

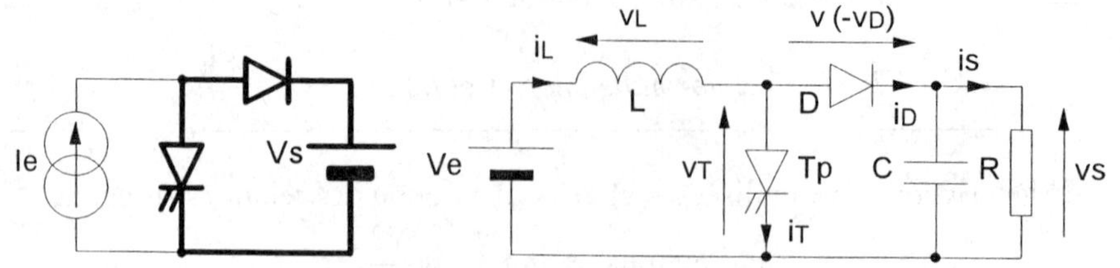

Figure II.10 : *Schéma de principe*

L'interrupteur Tp est fermé pendant le temps $\alpha.T$. L'énergie est stockée dans L, la diode D est bloquée. Le blocage de Tp entraîne la décharge de l'inductance dans la charge R. Cette décharge n'est possible que pour Vs >Ve. La condition $v_{Lmoyen} = 0$ en régime permanent impose $Ve = v_{Tmoyen}$, donc :

$$Vs = \frac{Ve}{(1-\alpha)} \text{ et } y = \frac{1}{1-\alpha}$$

Pour α compris entre 0 et 1, la tension de sortie est toujours supérieure à Ve, le montage est élévateur de tension (survolteur).

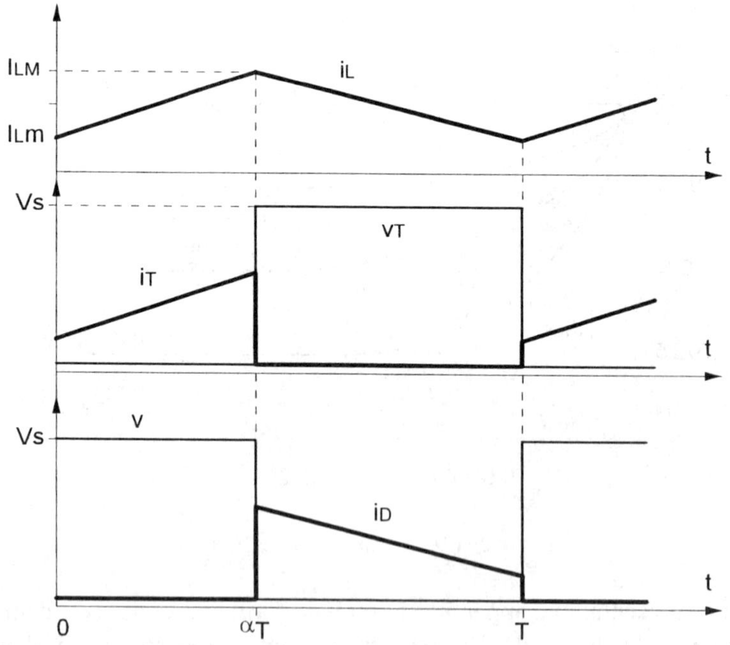

Figure II.11 : *Formes d'ondes*

1.3.2. Fonctionnement en conduction discontinue

Le régime discontinu est lié à l'existence d'un courant moyen absorbé inférieur à la demi-ondulation du courant dans l'inductance L. La figure II.12 représente l'évolution des grandeurs d'entrée dans ce régime.

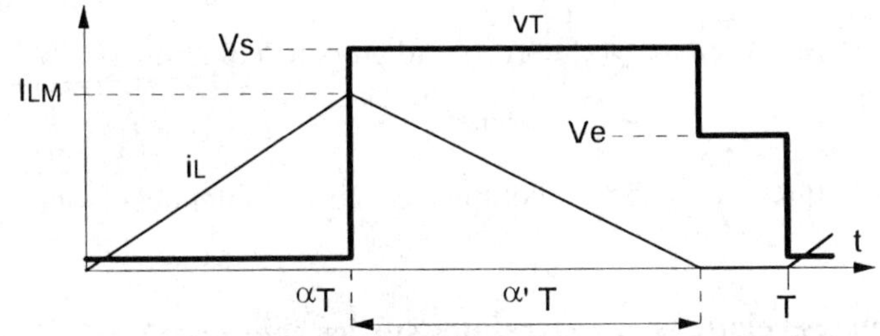

Figure II.12 : *Forme du courant d'entrée en conduction discontinue*

$$I_{LM} = \frac{V_e}{L}\alpha T$$

$$V_e \alpha T = (V_s - V_e)\alpha' T \Rightarrow \alpha' = \alpha \frac{V_e}{V_s - V_e}$$

$I_s = i_{D moyen}$ d'où :

$$I_s = \frac{I_{LM}}{2}\alpha' = \frac{\alpha^2 V_e^2}{2LF(V_s - V_e)}$$

On en déduit :

$$V_s = V_e + \frac{\alpha^2 V_e^2}{2LFI_s} \text{ et } y = 1 + \frac{\alpha^2}{2x}$$

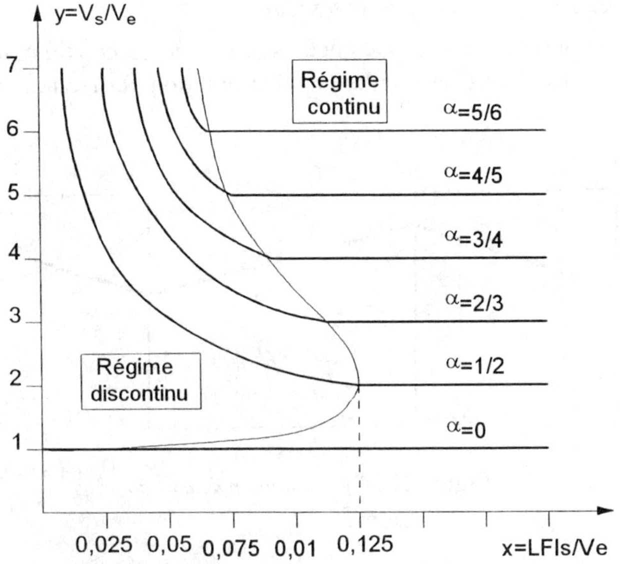

Figure II.13 : *Caractéristiques de sortie*

Les caractéristiques $y(x)$, paramétrées par α, sont également des hyperboles en conduction discontinue. La limite de conduction discontinue correspond à $\alpha' = 1-\alpha$, avec $V_S = V_e/(1-\alpha)$. De la même façon que dans le hacheur série, cette condition est associée à l'existence d'un courant de sortie moyen limite tel que :

$$I_{slim} = \frac{I_{LM}}{2}\alpha' = \frac{V_e\alpha(1-\alpha)T}{2L} = \frac{V_e}{2LF}\frac{V_e}{V_S}\left(1-\frac{V_e}{V_S}\right)$$

La courbe limite dans le plan $y(x)$ correspond alors à l'équation :

$$x_{lim} = \frac{y-1}{2y^2}$$

Les caractéristiques de sortie complètes ainsi obtenues sont représentées figure II.13.

1.3.3. Principales relations et contraintes sur les composants

1.3.3.1. Contraintes

Interrupteur	diode
$V_{Tmax} = V_S$ $I_{Tmax} = \frac{I_S}{1-\alpha} + \frac{\alpha V_e}{2LF}$	$V_{Dmax} = V_S$ $I_{Dmax} = \frac{I_S}{1-\alpha} + \frac{\alpha V_e}{2LF}$ $I_{Dmoy} = I_S$

1.3.3.2. Facteurs de dimensionnement

interrupteur : $F_d = \frac{1}{1-\alpha}$ diode : $F_d = 1$

1.3.3.3. Ondulations de courant et de tension

L'ondulation de courant dans l'inductance est calculée en considérant la tension de sortie continue, c'est-à-dire en négligeant l'ondulation de tension vis-à-vis de la valeur moyenne.

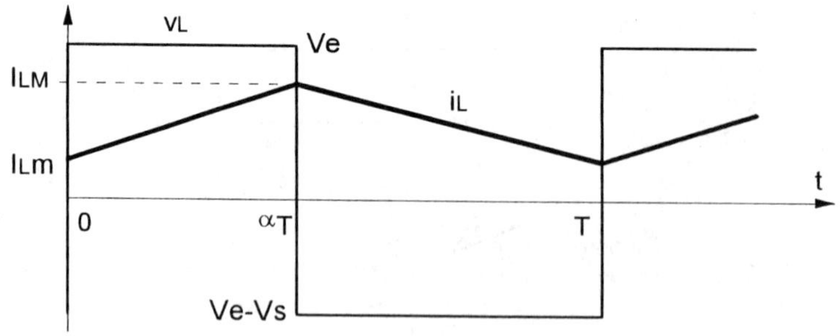

Figure II.14 : *Ondulation de courant*

On obtient :

$$i_L = \frac{V_e}{L}t + I_{Lm}$$

en $t=\alpha T$, $i_L=\frac{Ve}{L}\alpha T+I_{Lm}=I_{LM}$, d'ou :

$$\Delta I_L=I_{LM}-I_{Lm}=\frac{\alpha Ve}{LF}$$

L'ondulation de tension en sortie résulte du courant alternatif dans le condensateur (figure II.15).

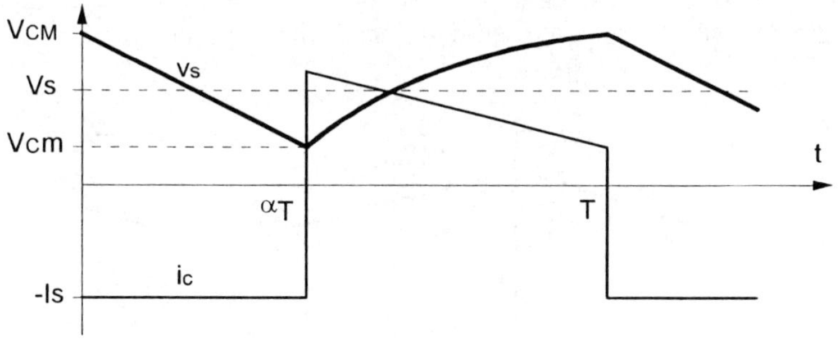

Figure II.15 : *Ondulation de tension*

Pour $0\leq t\leq\alpha T$, $Vs=V_M-\frac{Is}{C}t$

en $t=\alpha T$, $Vs=V_M-\frac{Is}{C}\alpha T$

d'où $\Delta Vs=V_M-Vm=\frac{Is}{C}\alpha T=\frac{\alpha Vs}{RCF}$ et finalement :

$$\Delta Vs=\frac{\alpha Ve}{(1-\alpha)RCF}$$

1.4. Hacheur à stockage inductif (type BUCK-BOOST)

1.4.1. Principe de fonctionnement

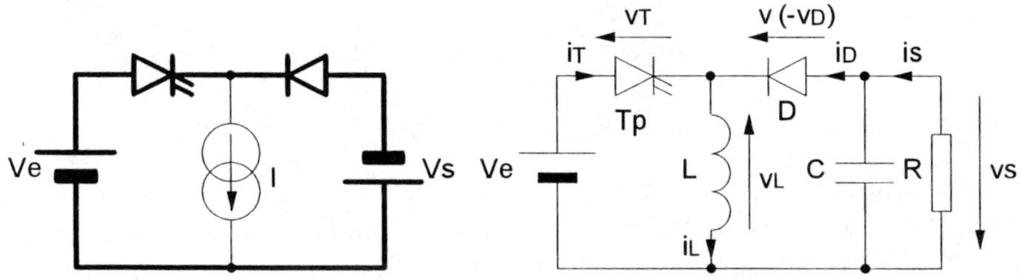

Figure II.16 : *Schéma de principe*

L'interrupteur Tp est fermé pendant le temps αT. L'énergie est stockée dans L et la tension de sortie est négative par rapport au point commun : la diode D est alors bloquée. Le blocage de Tp provoque la décharge de l'inductance dans la charge R. Cette décharge peut être totale ou partielle.

La condition $v_{Lmoyen} = 0$ impose $\alpha V_e = (1 - \alpha)V_s$, dont on déduit :

$$V_s = \frac{\alpha}{(1-\alpha)} V_e \text{ et } y = \frac{\alpha}{(1-\alpha)}$$

La tension de sortie est négative par rapport à la référence de la source d'entrée. Son amplitude peut être supérieure ou inférieure à celle de la tension d'entrée selon que le rapport cyclique est supérieur ou inférieur à 0,5. Ce montage est couramment utilisé dans des ensembles d'alimentation de faible puissance pour délivrer une tension négative, à partir d'un bus d'alimentation positif.

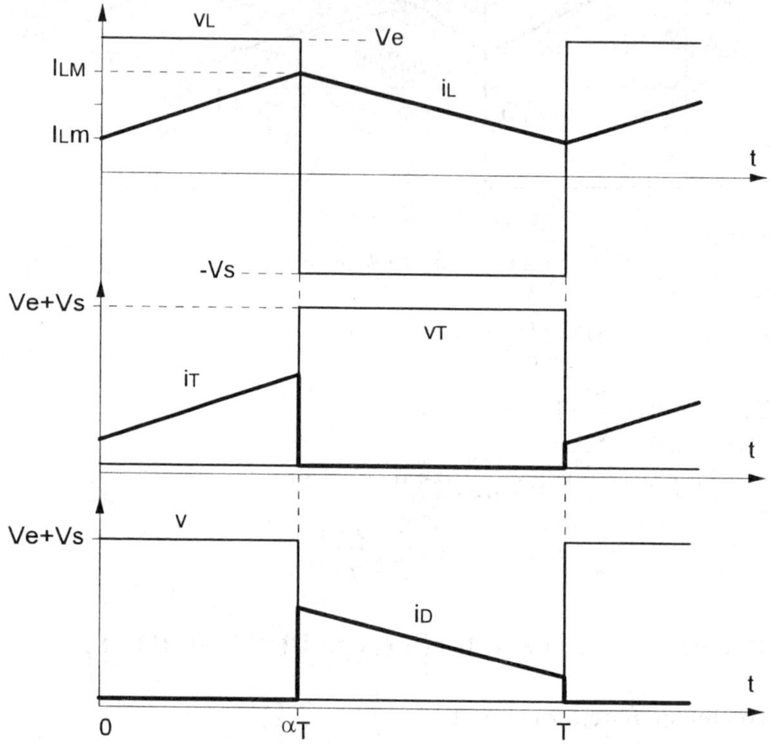

Figure II.17 : *Formes d'ondes*

1.4.2. Fonctionnement en conduction discontinue

De façon similaire aux deux montages précédents, le régime discontinu est atteint lorsque le courant dans l'inductance de stockage s'annule avant la fin de la période (figure II.18). Les relations de base sont :

Pour $0 \leq t \leq \alpha T$, $I_{LM} = \frac{V_e}{L} \alpha T$

$V_e \alpha T = V_s \alpha' T \Rightarrow \alpha' = \frac{V_s}{V_e}$

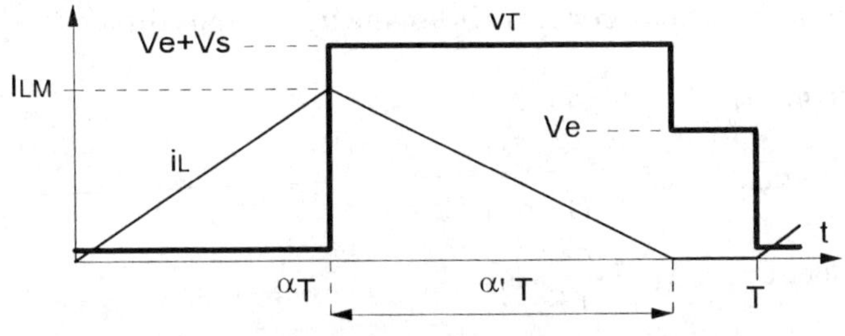

Figure II.18 : *Forme du courant inductif en conduction discontinue*

D'autre part, Is = iDmoyen d'où :

$$Is = \frac{ILM}{2}\alpha' T = \frac{\alpha^2 Ve^2}{2LFVs}$$

dont on en déduit :

$$Vs = \frac{\alpha^2 Ve^2}{2LFIs} \text{ et } y = \frac{\alpha^2}{2x}$$

Les caractéristiques $y(x)$ sont toujours des hyperboles, en conduction discontinue. *Il est intéressant de noter que, dans ce régime et à α donné, le hacheur fonctionne à puissance de sortie constante.* Son homologue isolé, le Flyback, possède également cette propriété qui est mise à profit dans certaines alimentations de laboratoire.

La limite entre les deux régimes correspond à la condition $\alpha' = 1 - \alpha$, avec, parallèlement, le maintien de la relation $Vs = \alpha Ve/1 - \alpha$. Le courant limite associé est alors :

$$Islim = \frac{Ve^2 Vs}{2LF(Ve + Vs)^2} \text{ et sa forme normalisée } x\text{lim} = \frac{y}{2(1+y)^2}$$

Les caractéristiques de sortie globales sont représentées figure II.19 :

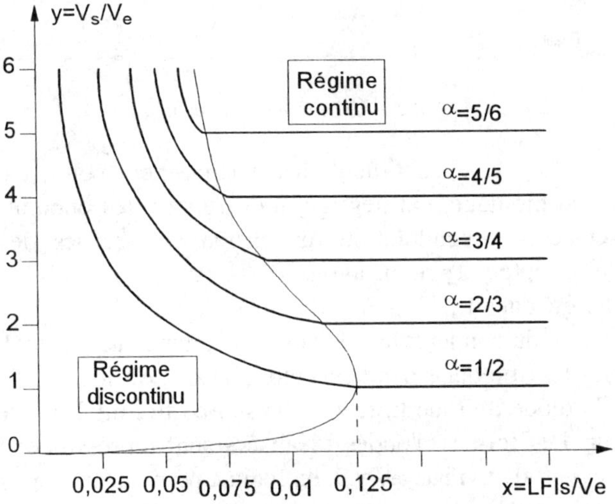

Figure II.19 : *Caractéristiques de sortie*

1.4.3. Principales relations et contraintes sur les composants

1.4.3.1. Ondulations

– Tension de sortie : $\Delta V_S = \dfrac{\alpha^2 V_e}{(1-\alpha)RCF}$

– Courant inductif : $\Delta I_L = \dfrac{\alpha V_e}{LF}$

1.4.3.2. Contraintes

Interrupteur	diode
$V_{Tmax} = V_e + V_s$ $I_{Tmax} = \dfrac{I_s}{(1-\alpha)} + \dfrac{\alpha V_e}{2LF}$	$V_{Dmax} = V_e + V_s$ $I_{Dmax} = \dfrac{I_s}{(1-\alpha)} + \dfrac{\alpha V_e}{2LF}$ $I_{Dmoy} = I_s$

1.4.3.3. Facteurs de dimensionnement

interrupteur : $F_D = \dfrac{1}{\alpha(1-\alpha)}$ diode : $F_D = \dfrac{1}{\alpha}$

1.5. Hacheur à stockage capacitif (hacheur de CUK)

1.5.1. Principe de fonctionnement

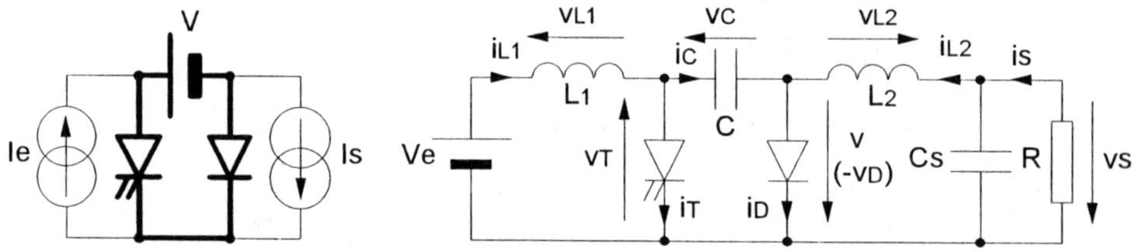

Figure II.20 : *Schéma de principe*

Les inductances L_1, L_2 constituent les sources de courant nécessaires au fonctionnement du montage. On néglige, tout d'abord, les ondulations de courant dans les inductances et l'ondulation de tension aux bornes de C. Pendant la fermeture de l'interrupteur Tp, nous avons :
– stockage d'énergie dans L_1,
– transfert d'énergie du condensateur C vers l'inductance L_2 et vers la charge.
La diode D est alors bloquée pendant cette phase. Le blocage de Tp entraîne la conduction de la diode de roue libre D et la source fournit à nouveau de l'énergie au condensateur. Les formes d'ondes idéalisées sont représentées figure II.21. La condition $v_{L1moyen} = 0$ et $v_{L2moyen} = 0$, en régime permanent, impose :
$V_e = v_{Tmoyen} = (1-\alpha)V_c$
$V_s = v_{Dmoyen} = \alpha V_c$

on obtient alors :

$$V_s = \frac{\alpha V_e}{(1-\alpha)} \text{ et } y = \frac{\alpha}{(1-\alpha)}$$

Le gain en tension est identique à celui du montage dual à stockage inductif. Il s'agit également d'un montage inverseur de tension dont le rapport de transformation peut être supérieur ou inférieur à 1.

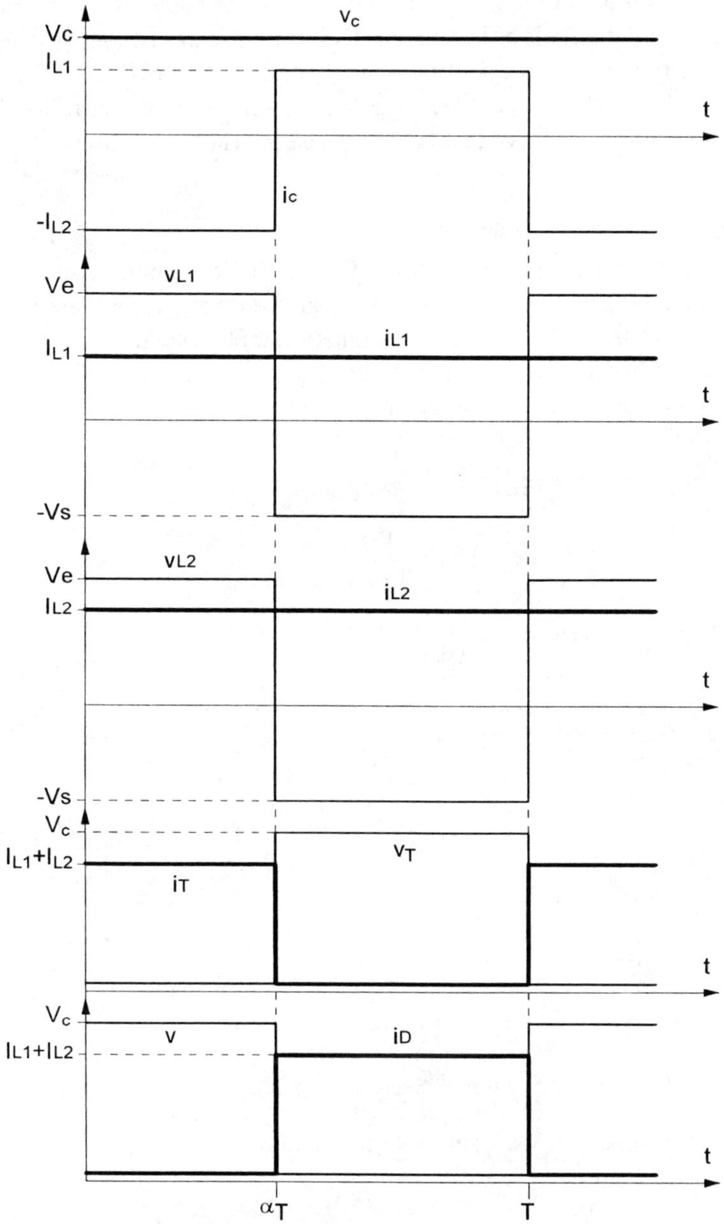

Figure II.21 : *Formes d'ondes*

1.5.2. Fonctionnements en conduction discontinue

Il existe ici deux possibilités de régime discontinu, qui sont respectivement liées aux formes des courants dans L_1 et L_2 et de la tension aux bornes de C. La prise en compte de ces deux possibilités nécessite de retenir des hypothèses simplificatrices pour éviter une démarche extrêmement lourde. Ces hypothèses consistent à négliger l'ondulation de tension aux bornes de C, lorsque l'on s'intéressera aux ondulations de courant et inversement, à négliger les ondulations de courant dans le cas du calcul de l'ondulation de tension. Ces simplifications sont justifiées par le fait que les deux mécanismes sont bien découplés, le régime discontinu en tension intervenant à forte charge (faibles ondulations relatives de courant), le régime discontinu en courant intervenant à faible charge (faible ondulation relative de tension).

1.5.2.1. Régime discontinu de courant

Ce régime est atteint lorsque le courant dans la diode s'annule avant la fin de la période de découpage. Ceci se produit lorsque la valeur moyenne du courant $i_L = i_{L1} + i_{L2}$ devient inférieure à la demi-ondulation crête-à-crête de ce même courant (figure II.22). Si le schéma est plus compliqué, on constate donc que ce mécanisme demeure similaire à ce que nous avons précédemment observé.

Pour $0 \leq t \leq \alpha T$:

$$i_{L1} = \frac{Ve}{L_1} t \text{ et } i_{L2} = \frac{Vc - Vs}{L_2} t = \frac{Ve}{L_2} t$$

$$i_L = Ve\left(\frac{1}{L_1} + \frac{1}{L_2}\right)t = \frac{Ve}{Leq} t \text{ avec } Leq = \frac{L_1 L_2}{L_1 + L_2}$$

$$\text{D'où : } I_{LM} = \frac{\alpha Ve}{LeqF} \text{ et } I_{Lmoyen} = \frac{\alpha Ve}{2LeqF}(\alpha + \alpha')$$

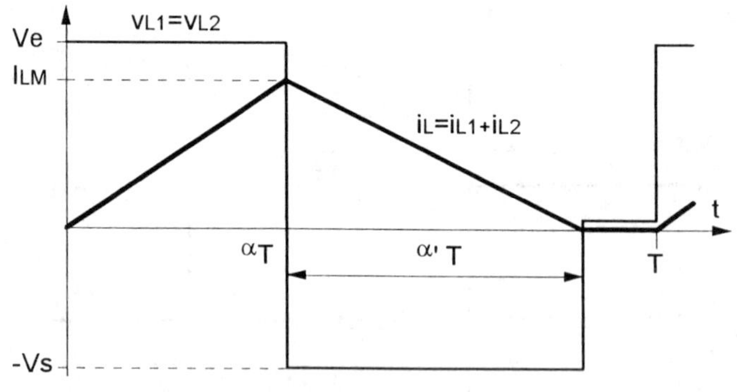

Figure II.22 : *Formes d'ondes en régime discontinu de courant*

Avec la relation $\alpha V_e = \alpha' V_s$, issue de la forme de v_{L1} et v_{L2}, on aboutit à la relation suivante :

$$I_{Lmoyen} = \frac{\alpha^2 Ve}{2LeqF}\left(1 + \frac{Ve}{Vs}\right)$$

D'autre part, on a :
- $I_{L2moyen} = I_s$
- $I_{Lmoyen} = I_{L1moyen} + I_s$
- $V_e I_{L1moyen} = V_s I_s$

dont on déduit :

$$I_{Lmoyen} = \left(\frac{V_s}{V_e} + 1\right) I_s = \frac{\alpha^2 V_e}{2 L_{eq} F}\left(1 + \frac{V_e}{V_s}\right)$$

On aboutit à :

$$\frac{V_s}{V_e} = \frac{\alpha^2 V_e}{2 L_{eq} F I_s}, \text{ et sa forme normalisée } y = \frac{\alpha^2}{2x}$$

où le courant normalisé est défini comme étant $x = \dfrac{L_{eq} F I_s}{V_e}$.

On notera la similitude de cette expression avec celle du hacheur à stockage inductif. On retrouve également la même expression, dans le cas du courant normalisé limite, à savoir :

$$(x\lim)_1 = \frac{y}{2(1+y)^2}$$

1.5.2.2. Régime discontinu de tension

Nous abordons maintenant l'étude du régime de conduction discontinue associé à la tension aux bornes de C qui, contrairement aux hacheurs étudiés précédemment, est atteint en pleine charge. En effet, l'ondulation de tension aux bornes du condensateur de stockage est proportionnelle au courant de charge Is (figure II.23).

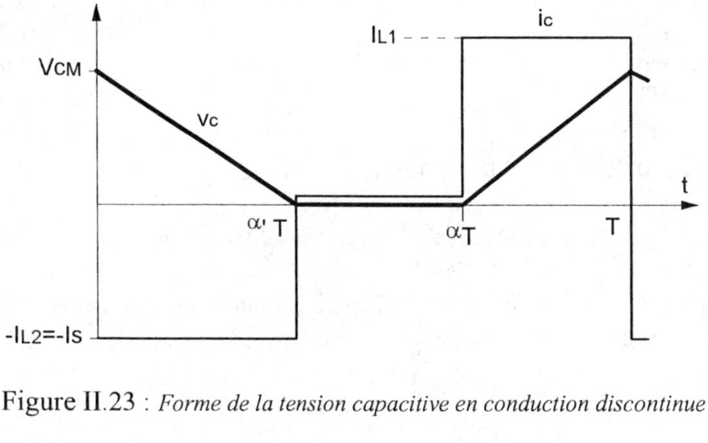

Figure II.23 : *Forme de la tension capacitive en conduction discontinue*

On peut écrire les relations suivantes :

$$\frac{I_s}{C} = \frac{V_{cmax}}{\alpha' T} \text{ et } V_s = \frac{V_{cmax}}{2}\alpha'$$

$$V_{Tmoyen} = V_e = \frac{V_{cmax}}{2}(1-\alpha)$$

dont on déduit l'équation des caractéristiques de sortie en régime discontinu :

$$\mathrm{Vs} = \frac{2\mathrm{Ve}^2}{(1-\alpha)^2}\frac{\mathrm{CF}}{\mathrm{Is}} \quad \text{et } y = \frac{2\mathrm{LeqCF}^2}{(1-\alpha)^2}\frac{1}{x}$$

Ces caractéristiques sont hyperboliques. La condition correspondant à la limite de passage entre les deux régimes est :

$(\Delta\mathrm{Vc}/2)_{\mathrm{lim}} = \mathrm{Vc}_{\mathrm{moyen}}$

soit : $\frac{\mathrm{Is_{lim}}}{\mathrm{C}}\alpha\mathrm{T} = \frac{2\mathrm{Ve}}{1-\alpha}$, relation dont on tire la courbe limite normalisée :

$$(x_{\mathrm{lim}})_2 = \frac{2\mathrm{LeqCF}^2(1+y)^2}{y}$$

$(x_{\mathrm{lim}})_2$ est minimal pour y = 1, ce qui correspond à une valeur minimale du courant limite qui est $(\mathrm{Is_{lim}})_{\mathrm{min}} = 8\mathrm{VeCF}$. Les caractéristiques de sortie globales peuvent alors être représentées conformément à la figure II.24 :

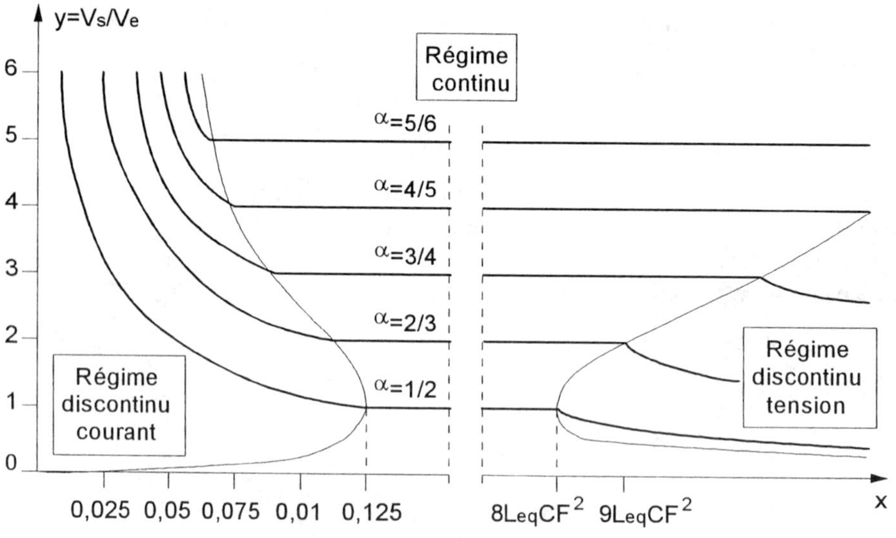

Figure II.24 : *Caractéristiques de sortie*

De cette analyse, nous déduisons la valeur minimale du condensateur C qui permet de rester en régime continu jusqu'au courant maximal, Ismax, délivré par le convertisseur :

$$\mathrm{C_{min}} = \frac{\mathrm{Is_{max}}}{8\mathrm{VeF}}$$

1.5.3. Principales relations et contraintes sur les composants

1.5.3.1. Ondulations

– Tension condensateur : $\Delta\mathrm{Vc} = \frac{\alpha^2\mathrm{Ve}}{(1-\alpha)\mathrm{RCF}}$

– Tension de sortie : $\Delta V_S = \dfrac{\alpha V_e}{8 L_2 C_S F^2}$

– Courant d'entrée inductif : $\Delta I_{L1} = \dfrac{\alpha V_e}{L_1 F}$

– Courant de sortie inductif : $\Delta I_{L2} = \dfrac{\alpha V_e}{L_2 F}$

1.5.3.2. Contraintes

Interrupteur	diode
$V_{Tmax} = \dfrac{V_e}{1-\alpha} + \dfrac{\alpha I_s}{2CF}$	$V_{Dmax} = \dfrac{V_e}{1-\alpha} + \dfrac{\alpha I_s}{2CF}$
$I_{Tmax} = \dfrac{I_s}{1-\alpha} + \dfrac{\alpha V_e}{2 L_1 F}$	$I_{Dmax} = \dfrac{I_s}{1-\alpha} + \dfrac{\alpha V_e}{2 L_2 F}$

1.5.3.3. Facteurs de dimensionnement

interrupteur : $F_d = \dfrac{1}{\alpha(1-\alpha)}$ diode : $F_d = \dfrac{1}{\alpha}$

1.5.4. Couplage magnétique des inductances

L'observation des tensions v_{L1} et v_{L2} nous montre que celles-ci sont égales quel que soit l'instant de la période. En effet :

– Pendant αT : $v_{L1} = V_e$

$v_{L2} = V_c - V_s = (1-\alpha)V_c = V_e$

– Pendant $(1-\alpha)T$: $v_{L1} = V_e - V_c = \alpha V_e/(1-\alpha) = -V_s$

$v_{L2} = -V_s$

Il est donc possible de coupler ces deux inductances sur un même noyau magnétique en respectant un rapport de transformation unitaire (figure II.25)

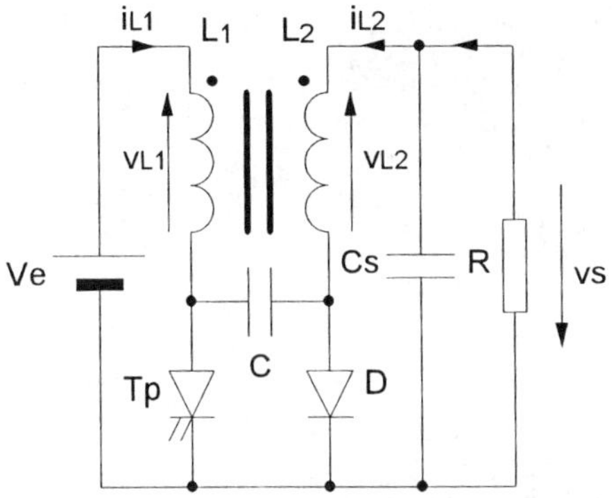

Figure II.25 : *Couplage magnétique des inductances*

Les équations (à travers la transformée de Laplace) du circuit couplé ainsi obtenu, relatives aux composantes alternatives des courants (δi_1 et δi_2), sont :

$v_{L1} = L_1 p(\delta i_1) + Mp(\delta i_2)$

$v_{L2} = Mp(\delta i_1) + L_2 p(\delta i_2) = v_{L1}$

On en déduit :

$$\delta i_1 = \frac{v_{L1}(L_2 - M)}{p(L_1L_2 - M^2)} \text{ et } \delta i_2 = \frac{v_{L1}(L_1 - M)}{p(L_1L_2 - M^2)}$$

on pose :

$k = \frac{M}{\sqrt{L_1L_2}}$, coefficient de couplage

$m = \sqrt{\frac{L_1}{L_2}} = \frac{n_2}{n_1}$, rapport de transformation

On obtient :

$$\delta i_1 = \frac{v_{L1}(1 - \frac{k}{m})}{pL_1(1 - k^2)} \text{ et } \delta i_2 = \frac{v_{L1}(1 - km)}{pL_2(1 - k^2)}$$

Il est possible d'annuler totalement l'ondulation du courant d'entrée ou l'ondulation du courant de sortie en agissant sur k et m :

– $k = m$ entraîne $\delta i_1 = 0$, ce qui correspond à i_1 parfaitement continu,

– $k = 1/m$ entraîne $\delta i_2 = 0$, ce qui correspond à i_2 parfaitement continu.

Cette dernière propriété permet de réduire considérablement la valeur du condensateur de sortie Cs, tout en diminuant l'encombrement du montage.

1.5.5. Hacheurs dérivés du hacheur de Cuk

1.5.5.1. Hacheur SEPIC (Single-Ended Primary Inductor Converter)

La structure du hacheur SEPIC se déduit de celle du hacheur à stockage capacitif en permutant la diode de sortie et l'inductance de sortie (figure II.26). Ce hacheur présente des caractéristiques similaires à celles du hacheur Cuk, hormis le fait qu'il n'est plus inverseur de tension.

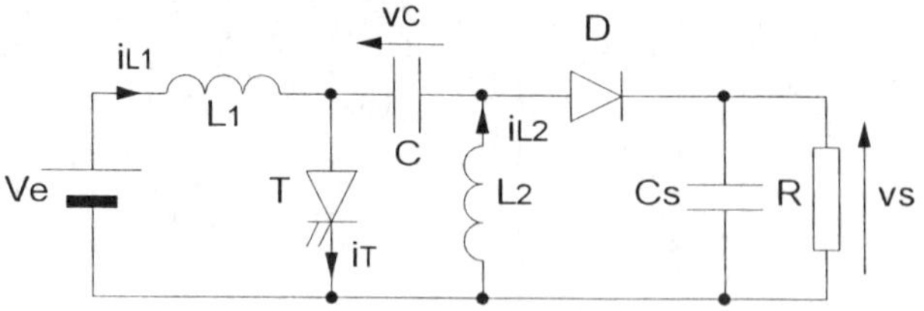

Figure II.26 : *hacheur SEPIC*

Ses principales caractéristiques sont :

$\frac{V_s}{V_e} = \frac{\alpha}{(1-\alpha)}$ en conduction continue $\qquad v_{C\,moyen} = V_e$

$i_{L1moyen} = \frac{\alpha}{(1-\alpha)} I_S$ $\qquad$ $i_{L2moyen} = I_S$

Ce hacheur est intéressant lorque l'on désire un fonctionnement abaisseur ou élévateur sans inversion de tension par rapport à la source d'entrée. Le couplage des inductances L_1 et L_2 est envisageable et permet la réduction de l'ondulation du courant d'entrée. Enfin, il est possible de réaliser une version isolée en remplaçant l'inductance L_2 par deux inductances couplées, à l'image du Flyback (paragraphe II.2.2).

1.5.5.2. Hacheur ZETA

Comme le précédent, le hacheur ZETA (figure II.27) dérive du hacheur à stockage capacitif. Il présente à nouveau des caractéristiques semblables (non-inverseur), avec possibilité du couplage des inductances et de l'isolement galvanique.

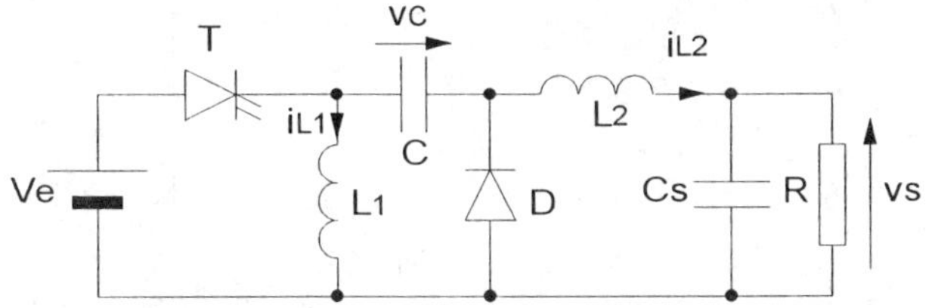

Figure II.27 : *Hacheur ZETA*

$\frac{V_S}{V_e} = \frac{\alpha}{(1-\alpha)}$ en conduction continue $\qquad$ $i_{L1moyen} = \frac{\alpha}{(1-\alpha)} I_S$

$v_{Cmoyen} = \frac{\alpha}{1-\alpha} V_e$ $\qquad$ $i_{L2moyen} = I_S$

1.6. Choix du rapport cyclique

1.6.1. Influence des résistances parasites

Les gains en tension définis précédemment pour les hacheurs parallèle et à accumulation tendent théoriquement vers l'infini pour un rapport cyclique unitaire. En réalité, ce gain est limité par les résistances séries des composants (inductance, condensateur). Nous développerons le calcul dans le cas du hacheur parallèle, les résultats relatifs aux autres hacheurs apparaissant dans les tableaux récapitulatifs (paragraphe 1.7).

Nous tiendrons uniquement compte de la résistance série de l'inductance (R_L). Nous pouvons écrire, en valeur moyenne :

$V_e = R_L I_{Lmoyen} + v_{Tmoyen}$

$v_{Tmoyen} = (1-\alpha)V_S$

$$I_{Lmoyen} = \frac{I_S}{1-\alpha} = \frac{V_S}{R(1-\alpha)}$$

$$V_e = \frac{R_L}{R(1-\alpha)} V_S + (1-\alpha) V_S$$

$$\frac{V_S}{V_e} = \frac{1}{(1-\alpha)\left[1 + \frac{R_L}{R}\frac{1}{(1-\alpha)^2}\right]}$$

Cette fonction n'est pas continûment croissante mais atteint son maximum pour :

$\alpha_{max} = 1 - \sqrt{\frac{R_L}{R}}$, maximum qui est $y_{max} = \left[\frac{V_S}{V_e}\right]_{max} = \frac{1}{2}\sqrt{\frac{R}{R_L}}$

Le gain en tension retombe alors rapidement à zéro comme l'indique la figure II.28, ce qui montre l'impossibilité d'obtenir des rapports d'élévation quelconques.

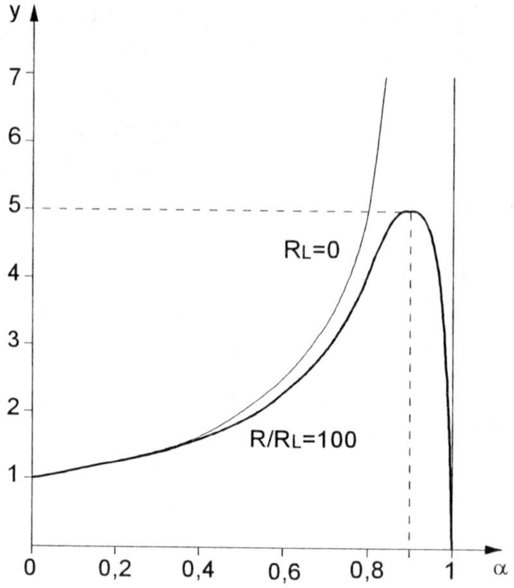

Figure II.28 : *Caractéristiques de transfert paramétrées par R_L*

1.6.2. Facteurs de dimensionnement

Les évolutions des facteurs de dimensionnement des interrupteurs principaux des quatre hacheurs, en fonction de α et en conduction continue, sont représentées figure II.29. Dans le cas des hacheurs à accumulation, ce facteur de dimensionnement ($F_d = 1/\alpha(1-\alpha)$) présente un minimum, $F_{dmin} = 4$ pour $\alpha = 0,5$. Au régime nominal, il est donc intéressant d'utiliser ces convertisseurs à accumulation avec un rapport cyclique voisin de 0,5. En ce qui concerne les hacheurs série et parallèle, on constate que l'on a intérêt à les utiliser respectivement en faible abaisseur et faible élévateur. Ceci n'est pas nécessairement compatible avec les exigences de l'application, et l'introduction d'un transformateur est un moyen de résoudre le problèmece, qui conduit aux structures d'alimentations isolées qui seront décrites dans la suite de ce chapitre.

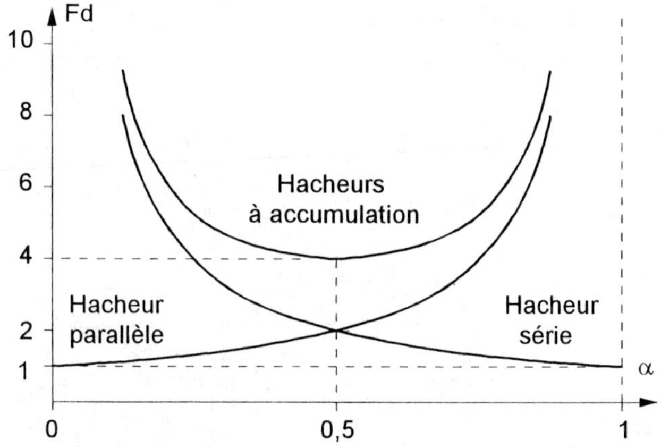

Figure II.29 : *Evolution des facteurs de dimensionnement*

1.7. Tableaux récapitulatifs

	Hacheur série (BUCK)	Hacheur parallèle (BOOST)
Figures	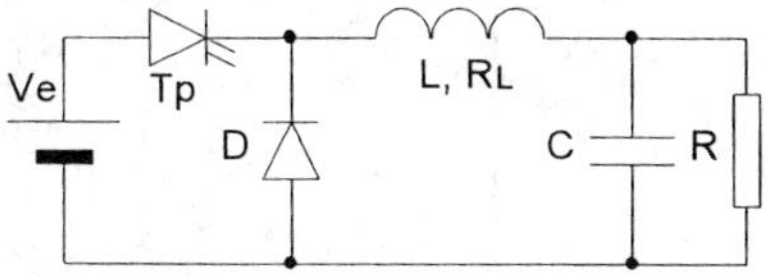	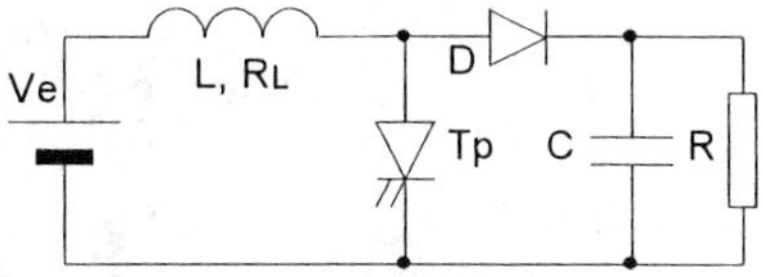
$y = \frac{Vs}{Ve}$	α (Abaisseur)	$\frac{1}{1-\alpha}$ (Elévateur)
V_{Tmax} V_{Dmax}	Ve	Vs
I_{Tmax}	$Is + \frac{\alpha(1-\alpha)Ve}{2LF}$	$\frac{Is}{1-\alpha} + \frac{\alpha Ve}{2LF}$
I_{Dmoy}	$(1-\alpha)Is$	Is
Fd	Tp : $\frac{1}{\alpha}$, D : $\frac{1-\alpha}{\alpha}$	Tp : $\frac{1}{1-\alpha}$, D : 1
α_{max}	1	$1-\sqrt{\frac{R_L}{R}}$
y_{max}	$\frac{R}{R+R_L}$	$\frac{1}{2}\sqrt{\frac{R}{R_L}}$
ie(t)	Discontinu	Continu
iceff	Faible	Fort

	Hacheur à accumulation Inductive (BUCK-BOOST)	Hacheur à accumulation Capacitive (CUK)
Figures	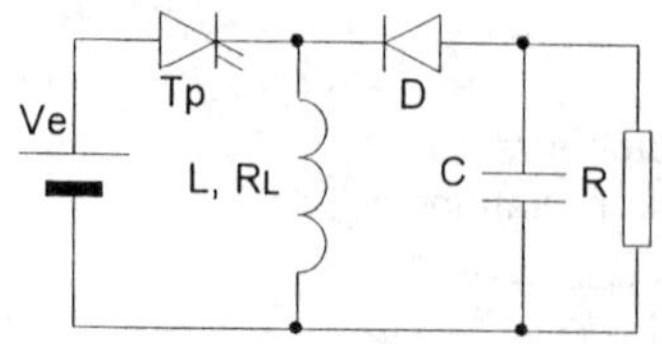	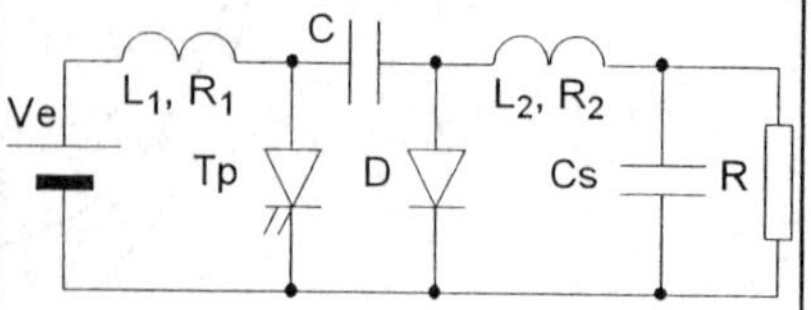
$y = V_S/V_e$	$\dfrac{\alpha}{1-\alpha}$	$\dfrac{\alpha}{1-\alpha}$
V_{Tmax} V_{Dmax}	$V_e + V_S$	$\dfrac{V_e}{1-\alpha} + \dfrac{\alpha I_S}{2CF}$
I_{Tmax}	$\dfrac{I_S}{1-\alpha} + \dfrac{\alpha V_e}{2LF}$	$\dfrac{I_S}{1-\alpha} + \dfrac{\alpha V_e}{2L_1F}$
I_{Dmoy}	I_S	I_S
Fd	$Tp : \dfrac{1}{\alpha(1-\alpha)}, D : \dfrac{1}{\alpha}$	$Tp : \dfrac{1}{\alpha(1-\alpha)}, D : \dfrac{1}{\alpha}$
αmax	$\dfrac{1-\sqrt{\dfrac{R_L}{R_L+R}}}{1-\dfrac{R_L}{R_L+R}}$	$\dfrac{1-\sqrt{\dfrac{R_1}{R+R_2}}}{1-\dfrac{R_1}{R+R_2}}$
y_{max}	$\dfrac{1-\sqrt{\dfrac{R_L}{R_L+R}}}{2\sqrt{\dfrac{R_L}{R_L+R}}}$	$\dfrac{R}{2\sqrt{R_1(R+R_2)}}$
ie(t)	Discontinu	Continu
iceff	Fort	Faible

Ces tableaux résument les principales caractéristiques :
- gain théorique $y = V_S/V_e$
- contraintes V_{Tmax} , V_{Dmax} , I_{Tmax} , I_{Dmoyen}
- facteur de dimensionnement Fd
- rapport cyclique α_{max} associé au gain réel maximal $y_{max} = (V_S/V_e)_{max}$

1.8. Modes de commande

Comme nous l'avons indiqué au début de ce chapitre, si la commande à fréquence fixe et temps de conduction variable est la plus répandue, il existe d'autres moyens de contrôle que nous pouvons maintenant décrire, les principes fondamentaux du fonctionnement des différents hacheurs ayant été établis.

1.8.1. Commande à Temps de conduction fixe et Fréquence variable

D'une façon générale, le réglage du transfert de puissance est lié au rapport existant entre le temps de conduction de l'interrupteur et la période de découpage. Si le mode à fréquence fixe semble le plus naturel, on peut obtenir un résultat identique, en statique, en figeant le temps de conduction (tco) et en opérant le réglage par variation de fréquence. La grandeur de réglage reste la grandeur $tco/T = tco\,F$, identique au rapport cyclique α du mode précédent. Les différentes relations caractéristiques obtenues en fonction de α seront maintenues dans le cas de la conduction continue. L'inconvénient de ce mode est de nécessiter une fréquence nulle pour obtenir l'équivalent du réglage à $\alpha = 0$. De plus, la fréquence variable n'est guère satisfaisante pour le dimensionnement des filtres. Prenons l'exemple du hacheur série commandé à fréquence fixe. Nous avions :

$$\Delta I_L = \frac{\alpha(1-\alpha)Ve}{LF}$$

$$\Delta Vs = \frac{\alpha(1-\alpha)Ve}{8LCF^2}$$

Dans le cas de la fréquence variable, nous pouvons exprimer les relations correspondantes en remplaçant α par $tco\,F$:

$$\Delta I_L = \frac{tcoF(1-tcoF)Ve}{LF} = \frac{tco(1-tcoF)Ve}{L}$$

$$\Delta Vs = \frac{tcoF(1-tcoF)Ve}{8LCF^2} = \frac{tco(\frac{1}{F}-tco)Ve}{8LC}$$

Nous avons vu que ces relations n'étaient valables que dans l'hypothèse d'ondulations relatives faibles. Pour les fréquences basses, elles ne pourront pas nous donner d'information quantitative fiable mais elles indiquent une tendance confirmée par l'expérience qui est que, à filtre donné, les niveaux d'ondulations risquent d'être considérablement majorés si la fréquence devient trop faible. En effet, nous notons que lorsque F tend vers 0, l'ondulation ΔVs tend vers l'infini. En commutation commandée, ce mode de contrôle peut néanmoins être localement utilisé, lorsque, pour des raisons technologiques liées à la commande des interrupteurs, il n'est pas possible de générer un rapport cyclique suffisamment faible à la fréquence de travail nominale de l'application. D'autre part, nous verrons dans le chapitre III qu'elle constitue la seule commande possible de nombre d'alimentations à découpage à commutation naturelle.

1.8.2. Commande en Fourchette

La commande en fourchette de courant exploite, quant à elle, l'ondulation de courant qui existe inévitablement dans les inductances des différents montages. Pour en décrire le principe, il est intéressant d'utiliser une nouvelle fois l'exemple du hacheur série pour lequel l'architecture, dans le cadre de cette commande, est celle de la figure II.30.

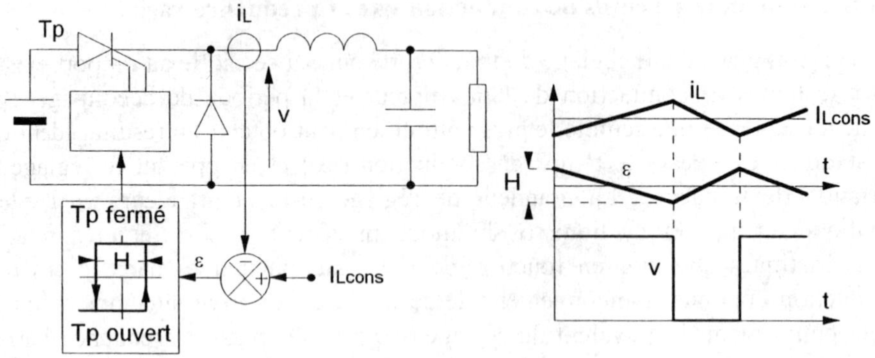

Figure II.30 : *Principe de la commande en fourchette de courant*

Les commutations de l'interrupteur commandé sont déterminées par les évolutions du courant de charge que l'on maintient dans une fourchette autour d'une grandeur de consigne. Cette dernière va permettre d'imposer la valeur moyenne du courant de sortie. On obtient ainsi une boucle de courant présentant d'excellentes caractéristiques dynamiques associées à une structure de commande très simple. On retrouve malheureusement un mode de fonctionnement à fréquence variable, dont la valeur dépend de la tension de sortie moyenne générée. En gardant l'exemple du hacheur série, nous pouvons retrouver ce résultat en exprimant à nouveau l'ondulation de courant :

$$\Delta I_L = \frac{\alpha(1-\alpha)Ve}{LF}$$

Dans ce type de commande, ΔI_L est une constante que nous noterons ΔI_{LO}. Dans le cas du hacheur série, nous savons que $\alpha = y = Vs/Ve$. Nous pouvons donc écrire la relation qui lie la fréquence de découpage F à y :

$$F = \frac{Ve}{L\,\Delta I_{LO}}\,y(1-y)$$

L'évolution (parabolique) de F en fonction de y est représentée figure III.31.

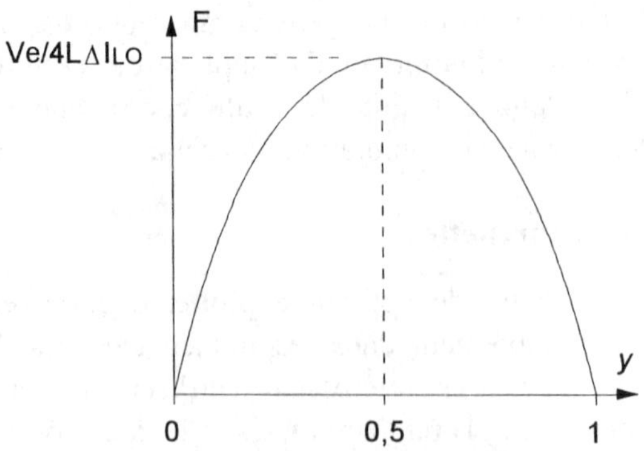

Figure III.31 : *Variations de la fréquence en fourchette de courant*

On constate que la fréquence de commande va tendre vers 0, aux deux extrémités de la gamme. La fréquence maximale est obtenue pour le rapport cyclique 0,5.

1.8.3. Commande en mode courant

La commande en mode courant est également un contrôle du courant instantané, mais pour lequel la fréquence de commande reste constante. La fermeture de l'interrupteur est imposée par une base de temps fixe. L'ouverture est provoquée lorsque le courant crête dans l'interrupteur atteint une valeur de consigne. Ce mode permet une modification intéressante du comportement dynamique des alimentations de type Forward qui sont munies d'un filtre du second ordre. Il sera donc approfondi dans le chapitre VI.

1.8.4. Commande auto-oscillante

Cette dernière commande est essentiellement utilisée dans le contrôle des alimentations Flyback, afin de les maintenir, en toutes circonstances, à la limite de la conduction discontinue, mode de fonctionnement intéressant pour le dimensionnement. Nous la décrirons donc au cours de l'étude de ces alimentations, dans le paragraphe II.2.

2. Alimentations à découpage asymétriques

2.1. Introduction

Les alimentations à découpage que nous étudierons sont isolées galvaniquement. Le transformateur qui permet cette isolation résout également le problème de l'adaptation d'impédance si les niveaux des tensions d'entrée et de sortie sont très différents.
Dans le cas des structures asymétriques, qui feront l'objet de ce paragraphe, le point de fonctionnement du circuit magnétique du transformateur n'évolue que dans un seul quadrant (B et H ne changent pas de signe). Ce comportement particulier provient du fait que ces alimentations, qui découlent directement des différents hacheurs étudiés dans la partie précédente, ne sont pas réversibles. La seule exception à cette règle est l'alimentation isolée à stockage capacitif, qui sera néanmoins étudiée dans cette partie.
Le gros atout de ces structures est la présence d'un seul interrupteur commandé, qui en fait des dispositifs simples, économiques, mais plutôt adaptés au domaine des faibles puissances. Nous étudierons les alimentations FLYBACK et FORWARD ainsi que l'alimentation à stockage capacitif. Pour chacune de ces structures, nous considérerons les éléments parfaits et le régime de conduction continu, sauf pour le FLYBACK où nous analyserons le cas critique. *Il est important de préciser que, d'une manière générale, les alimentations isolées présentent les mêmes caractéristiques et limitations que les hacheurs dont elles sont issues. On peut donc réutiliser tous les résultats obtenus au paragraphe 1 de ce chapitre.*

2.2. Alimentation à découpage FLYBACK

Le montage, représenté figure II.32, est déduit du hacheur à stockage inductif dont l'inductance a été dédoublée dans une structure magnétique couplée qui assure l'isolation galvanique mais dont le dimensionnement reste celui d'une inductance (cf. chapitre V). Nous étudierons son fonctionnement en conduction continue (démagnétisation incomplète) puis en mode auto-oscillant (régime critique).

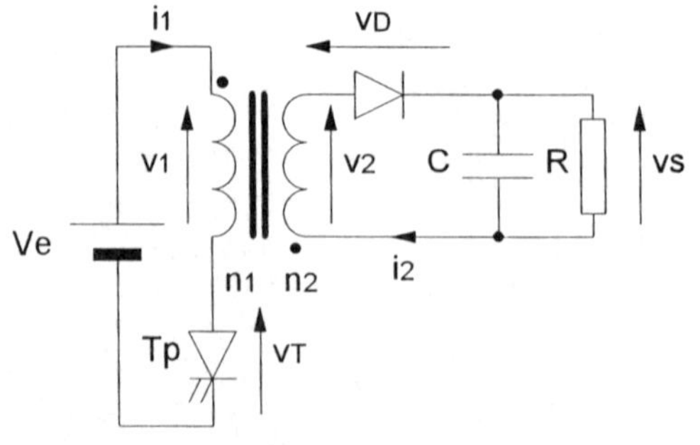

Figure II.32 : *Schéma de principe*

2.2.1. Principe de fonctionnement en régime continu

La fermeture de l'interrupteur Tp entraîne le stockage d'énergie dans l'inductance primaire (figure II.33.a). La diode D est bloquée. Ceci correspond à :

$$i_1 = I_{1m} + \frac{Ve}{L_1} t \text{ et } v_D = -(\frac{n_2}{n_1} Ve + Vs) < 0 \text{ avec } m = \frac{n_2}{n_1}$$

Lors de l'ouverture de Tp, la continuité du flux magnétique ($n_1 I_{1M} = n_2 I_{2M}$) entraîne la mise en conduction de la diode (figure II.33.b). On en déduit :

$$i_2 = I_{2M} - \frac{Vs}{L_2} t \text{ et } v_T = Ve + \frac{n_1}{n_2} Vs$$

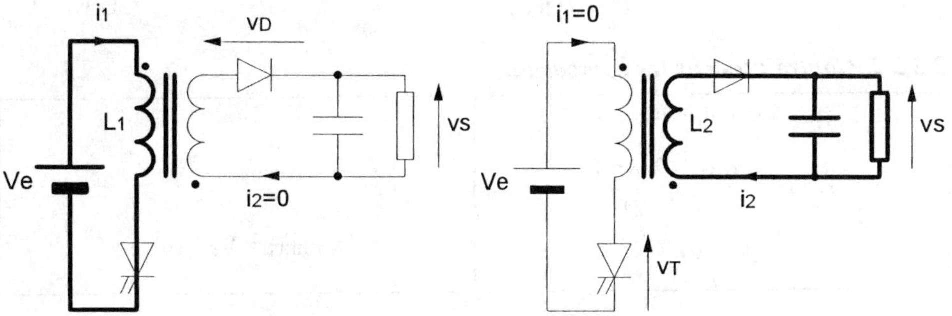

a - Pendant αT *b - Pendant (1 - α)T*

Figure II.33 : *Phases de fonctionnement*

Les deux enroulements ne sont pas parcourus simultanément par du courant. Le transformateur est donc, en fait, une association de deux inductances couplées. Cette caractéristique nécessite un circuit magnétique avec entrefer, le courant principal étant le courant magnétisant (figure II.34).

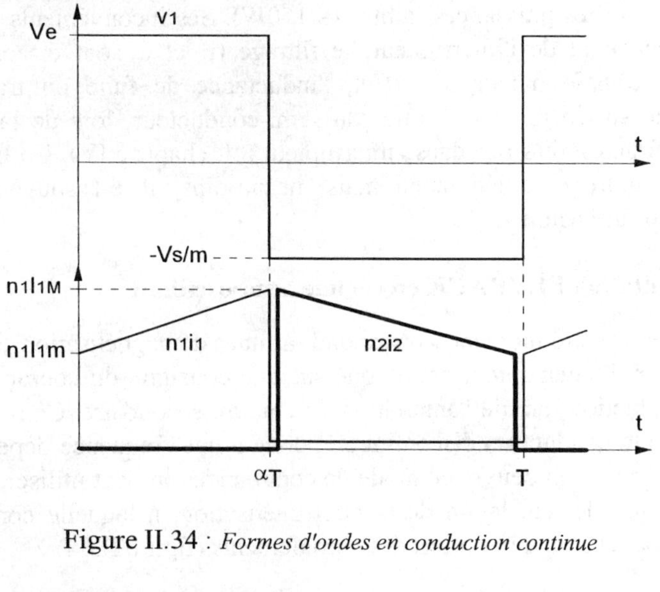

Figure II.34 : *Formes d'ondes en conduction continue*

2.2.2. Principales relations et contraintes sur les composants

- $y = \frac{Vs}{Ve} = m\frac{\alpha}{1-\alpha}$
- $I_{1moyen} = \frac{VsIs}{Ve} = \frac{m\alpha Is}{1-\alpha}$
- $I_{2moyen} = Is$

2.2.2.1. Ondulations

Tension de sortie : $\Delta Vs = \frac{\alpha^2 mVe}{(1-\alpha)RCF}$ Courant d'entrée : $\Delta I_1 = \frac{\alpha Ve}{L_1 F}$

2.2.2.2. Contraintes sur les composants

Interrupteur	Diode
$I_{Tmax} = \frac{mIs}{1-\alpha} + \frac{Ve\alpha T}{2L_1}$	$I_{Dmoyen} = Is$
$V_{Tmax} = Ve + \frac{Vs}{m}$	$V_{Dmax} = Vs + mVe$

2.2.2.3. Facteur de dimensionnement de l'interrupteur

$$Fd = \frac{1}{\alpha(1-\alpha)}$$

Ce facteur de dimensionnement, dont nous avons vu l'évolution dans le paragraphe précédent, passe par un minimum pour $\alpha = 0{,}5$. Il est donc préférable de définir le point de fonctionnement nominal sur la base de ce rapport cyclique optimal.

L'avantage essentiel de cette structure est sa simplicité. Elle ne nécessite qu'un interrupteur de puissance et un composant magnétique, ce qui est une architecture économique pour les puissances faibles ($\leq$ 150W). Ses inconvénients majeurs sont le dimensionnement de l'interrupteur, le filtrage (i_1 et i_2 sont discontinus) et le couplage du transformateur. En effet, l'inductance de fuite du transformateur provoque une surtension aux bornes du semi-conducteur, lors de la coupure, et l'énergie de fuite est dissipée dans l'interrupteur (cf. chapitre IV). Un bon couplage permet de réduire ce phénomène mais, néanmoins, il est souvent nécessaire d'écrêter cette surtension.

2.2.3. Alimentation FLYBACK en régime auto-oscillant

Ce mode de fonctionnement correspond à une démagnétisation complète du transformateur. L'interrupteur est bloqué sur une consigne du courant crête et est remis en conduction lors de l'annulation du courant secondaire. Ce montage opère à la limite de la conduction discontinue et donc à une fréquence dépendante de la charge. Pour mettre en oeuvre ce mode de commande, on peut utiliser un troisième enroulement qui détecte la fin de la démagnétisation, à laquelle correspond une transition de la tension aux bornes des enroulements (figure II.34).

Sur la figure II.35 sont également représentés les Ampère-tours primaires et secondaires dans ce mode avec les relations suivantes :

- $t_1 = \dfrac{L_1 I_{1M}}{V_e}$, temps de conduction du primaire
- $t_2 = \dfrac{L_2 I_{2M}}{V_s} = \dfrac{m L_1 I_{1M}}{V_s}$, temps de conduction du secondaire
- $F = \dfrac{1}{t_1 + t_2}$, fréquence de fonctionnement

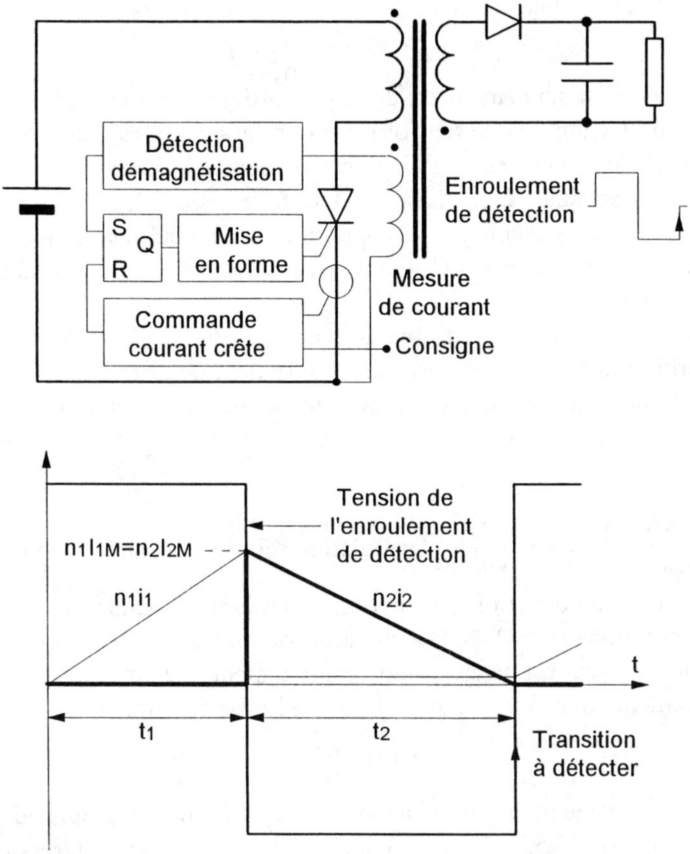

Figure II.35 : *Schéma de principe et formes d'ondes en mode auto-oscillant*

Il est intéressant d'évaluer les variations de F en fonction de la charge. Etant à la limite des régimes continu et discontinu, on peut écrire :

$$\frac{V_s}{m V_e} = \frac{t_1}{t_2}$$

dont on déduit : $F = \dfrac{1}{t_2\left(1 + \dfrac{t_1}{t_2}\right)} = \dfrac{1}{t_2\left(1 + \dfrac{V_s}{m V_e}\right)}$

avec $t_2 = \frac{L_2 I_{2M}}{V_S} = \frac{m L_1 I_{1M}}{V_S}$, on obtient $F = \frac{V_S}{m L_1 I_{1M}\left(1 + \frac{V_S}{m V_e}\right)}$

La démagnétisation étant néanmoins complète, on peut introduire une seconde expression de F :

$P = \frac{V_S^2}{R} = \frac{1}{2} L_1 I_{1M}^2 F$, soit $F = \frac{2 V_S^2}{R L_1 I_{1M}^2}$

A partir des deux relations ci-dessus, on aboutit finalement à l'expression suivante :

$$F = \frac{R}{2 m^2 L_1 \left(1 + \frac{V_S}{m V_e}\right)^2}$$

La fréquence de fonctionnement est donc proportionnelle à la charge, à tension de sortie constante (régulation de tension). Cette relation nous montre également que le fonctionnement à vide est impossible (fréquence infinie), mais que le court-circuit est envisageable, conduisant à une fréquence très basse. Ce mode de commande apporte des avantages par rapport à la conduction continue :

– le transistor est fermé à courant nul avec un gradient de courant limité par l'inductance primaire (V_e/L_1),

– la diode de sortie commute à faible gradient de courant (V_S/L_2), ce qui induit la quasi-disparition des problèmes liés au recouvrement de cette diode,

– le transformateur présente un dimensionnement plus faible par rapport à la conduction continue. Ceci est dû aux faibles valeurs de L_1 et L_2. Le gain en volume est dans un rapport :

$\left[\frac{2}{\sqrt{3}} \frac{\Delta I_1}{I_{1moyen}}\right]^{\frac{3}{4}}$ avec $\frac{\Delta I_1}{I_{1moyen}}$, ondulation relative en conduction continue,

soit un gain en volume de trois par rapport à la même alimentation fonctionnant en conduction continue avec 20% d'ondulation de courant relative (cf. chapitre V). L'inconvénient majeur est lié au surdimensionnement de l'interrupteur, le facteur de dimensionnement étant doublé par rapport au régime continu :

$$F_d = \frac{2}{\alpha(1-\alpha)}$$

Néanmoins, ce facteur de dimensionnement présente toujours un minimum ($F_{dmin}=8$) pour $\alpha = 0{,}5$, valeur typique à laquelle il est intéressant de faire correspondre la puissance nominale de l'alimentation.

2.2.4. Structures FLYBACK entrelacées

De façon générale, les structures entrelacées permettent d'obtenir une fréquence apparente, vis-à-vis des filtrages d'entrée et de sortie, double de la fréquence de commutation des interrupteurs. D'autre part, l'inévitable augmentation du nombre d'interrupteurs qu'entraîne cet entrelacement permet de réduire les contraintes auxquelles ils sont soumis, autorisant ainsi l'obtention de puissances globales plus élevées. La figure II.36 représente la structure de deux FLYBACK entrelacés avec les formes d'ondes en courant correspondantes (figure II.37).

Chaque transformateur a un rapport de transformation $m = n_1/n_2$. *Le rapport cyclique est défini par rapport à la période de fonctionnement équivalente du montage (moitié de la période de commutation des interrupteurs).*

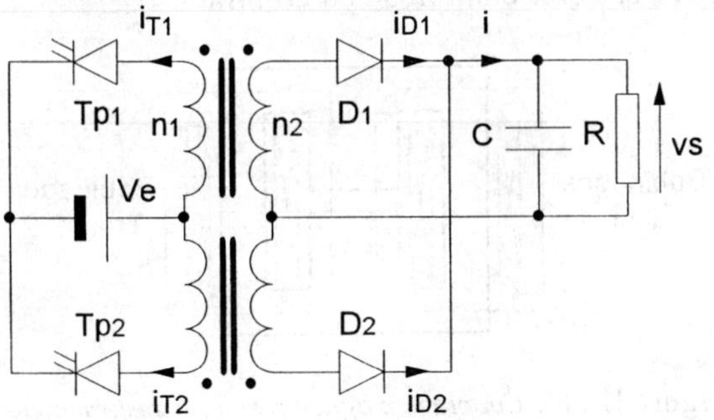

Figure II.36 : *Schéma de principe*

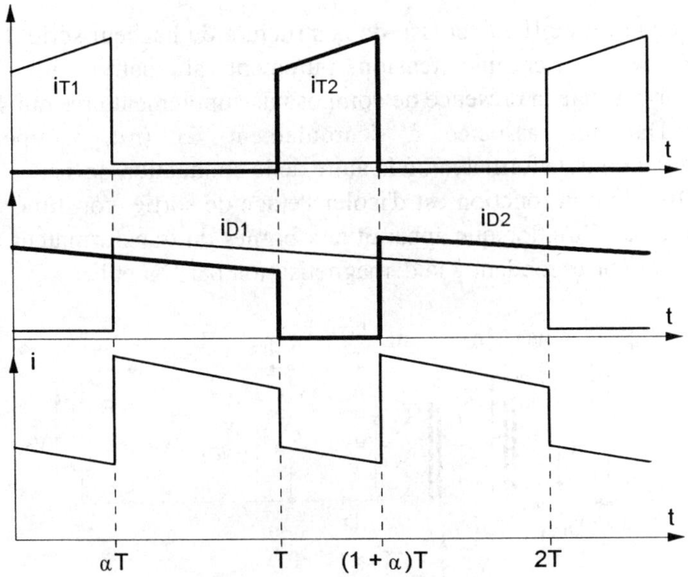

Figure II.37 : *Formes d'ondes*

Nous pouvons déduire des formes d'ondes ci-dessus le gain en tension de ce montage :

$$\alpha Vs = (2-\alpha)\frac{Vs}{m}, \text{ soit } \frac{Vs}{mVe} = \frac{\alpha}{2-\alpha}$$

La contrainte en tension sur chaque interrupteur reste identique à celle de l'alimentation simple et la contrainte en courant se répartit sur les deux interrupteurs. On en déduit le facteur de dimensionnement de chacun d'eux :

$$Fd = \frac{2}{\alpha(2-\alpha)}$$

Ce facteur atteint son minimum pour $\alpha = 1$ et on a alors $(Fd)_{min} = 2$.
Remarque :
Les deux transformateurs peuvent être couplés sur un même noyau (figure II.38), la jambe centrale avec entrefer étant mise en commun.

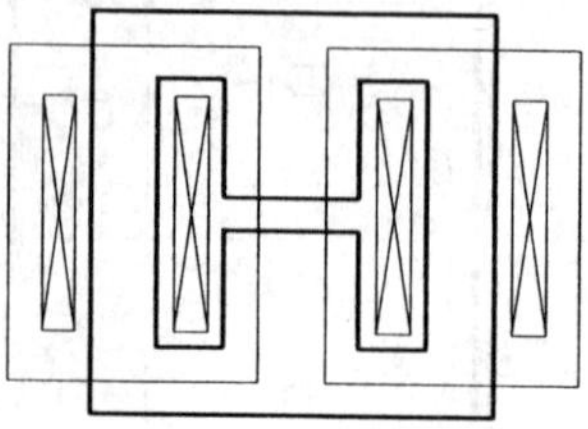

Figure II.38 : *Couplage magnétique des transformateurs*

2.3. Alimentation à découpage FORWARD

Le montage de la figure II.39 est issu de la structure du hacheur série. Néanmoins, la nécessité de générer une tension purement alternative aux bornes du transformateur entraîne la présence de composants supplémentaires qui sont :
– la diode D_m qui, associée à l'enroulement E_3 (n_3), va permettre la démagnétisation du transformateur, à la suite de la conduction de Tp,
– la diode D_{TR}, dont la fonction est d'isoler l'étage de sortie, constitué de la diode de roue libre et du filtre, lorsque apparaît aux bornes du transformateur l'inévitable tension négative correspondant à la démagnétisation par D_m et E_3.

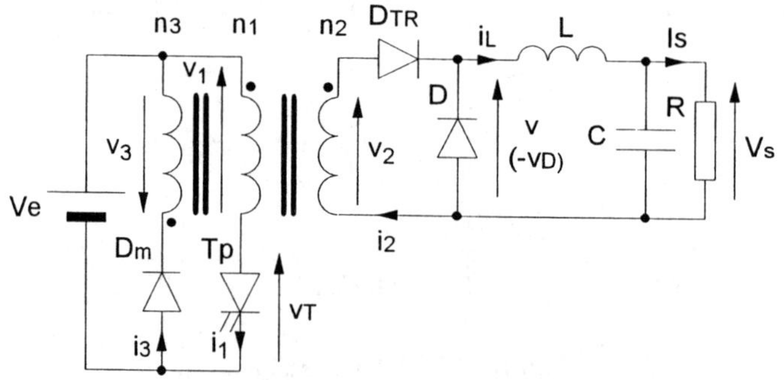

Figure II.39 : *Schéma de principe*

2.3.1. Principe de fonctionnement en régime continu

Pour découpler les phénomènes liés, d'une part au fonctionnement du transformateur, d'autre part au transfert d'énergie, il est intéressant de raisonner sur le système d'équations suivant :

$$n_1 i_1 - n_2 i_2 + n_3 i_3 = \mathcal{R}\Phi$$

$$v_1 = n_1 \frac{d\Phi}{dt}$$

Φ est le flux commun dans le noyau et R la réluctance de ce même noyau dont on supposera le comportement magnétique linéaire (absence de saturation). On rappelle que, si L_1, L_2, L_3 sont les inductances propres de chaque enroulement et que le couplage est parfait :

$$\frac{1}{R} = \frac{L_1}{n_1^2} = \frac{L_2}{n_2^2} = \frac{L_3}{n_3^2}$$

Pendant la fermeture de Tp (figure II.40.a), on impose $v_1 = V_e$, donc :

$$v_2 = \frac{n_2}{n_1} V_e = mV_e$$

$$v_D = -mV_e$$

$$v_{Dm} = -V_e - \frac{n_3}{n_1} V_e = -(1+m')V_e$$

D et Dm sont donc bloquées. L'énergie est transmise à la charge à travers D_{TR}. Parallèlement, il y a magnétisation du transformateur et donc stockage d'énergie électromagnétique via le primaire. Pendant cette phase, on obtient $i_3 = 0$, $i_2 = i_L$, $v_1 = V_e$ et le système d'équations précédent devient :

$$n_1 i_1 - n_2 i_L = R\Phi$$

$$v_1 = n_1 \frac{d\Phi}{dt} = V_e$$

dont on déduit :

$\Phi = \dfrac{V_e}{n_1} t$, dans l'hypothèse où la démagnétisation est complète,

et $i_1 = \dfrac{n_2}{n_1} i_L + \dfrac{RV_e}{n_1^2} t = m i_L + \dfrac{V_e}{L_1} t = m i_L + i_{1mag}$

Le courant i_1 contient donc une composante due à la charge (transfert direct) et une composante magnétisante due à la présence du transformateur. A la fin de la phase de conduction, la valeur atteinte par le flux est $\Phi_M = V_e\, \alpha T / n_1$.

A l'ouverture de Tp (figure II.40.b), la continuité des Ampère-tours magnétisants est assurée par la mise en fonction de l'enroulement E_3 à travers la diode Dm. Ceci induit :

$$v_3 = -V_e$$

$v_1 = -\dfrac{V_e}{m'}$ et $v_T = V_e - v_1 = (1 + \dfrac{1}{m'})V_e$

$$v_2 = -\frac{m}{m'} V_e$$

Pendant cette phase, on a donc $i_1 = i_2 = 0$, tandis que la diode de roue libre D conduit le courant i_L. Le système d'équations initial devient :

$$n_3 i_3 = R\Phi$$

$$v_1 = n_1 \frac{d\Phi}{dt} = -\frac{V_e}{m'}$$

dont on déduit :

$\Phi = \Phi_M - \dfrac{V_e\, t}{n_1 m'}$, et $n_3 i_3 = R\,\Phi = R\,\Phi_M - \dfrac{R\,V_e}{n_3} t$

Cette dernière relation mène à $i_3 = \frac{\mathcal{R}\Phi_M}{n_3} - \frac{Ve}{L_3}t$

Ceci correspond, par l'intermédiaire de l'enroulement n_3, à la restitution à la source continue de l'énergie électromagnétique stockée pendant αT. Dans l'hypothèse d'un dimensionnement correct (cf. ci-dessous), le courant i_3 décroît alors jusqu'à 0 et la diode Dm se bloque. La démagnétisation est terminée.

Entre la fin de la démagnétisation et l'amorçage suivant de l'interrupteur, il peut exister une phase morte (figure II.40.c) durant laquelle seule la diode de roue libre est passante, conduisant iL. Le transformateur est donc virtuellement déconnecté et les tensions aux bornes de ses enroulements sont nulles.

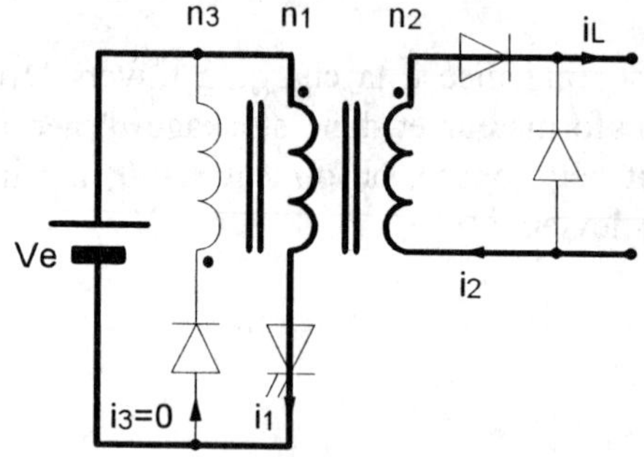

a - $0 \le t \le \alpha T$
conduction de Tp et DTR

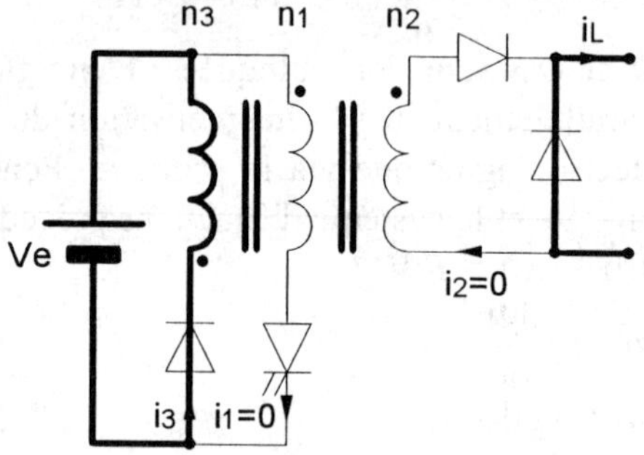

b - $\alpha T \le t \le 2\alpha T$
roue libre par D, démagnétisation par Dm

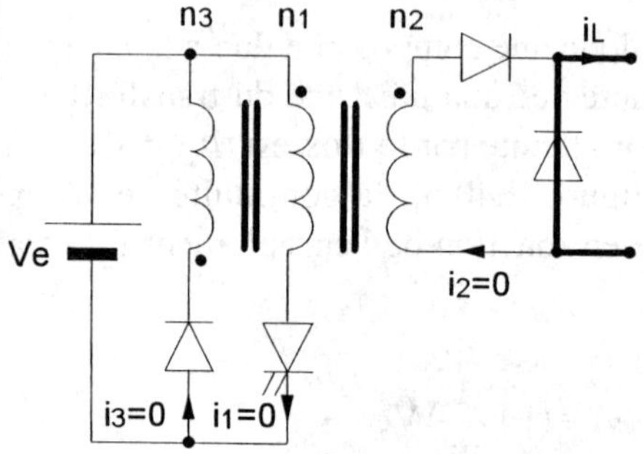

c - $2\alpha T \le t \le T$
phase morte, roue libre par D

Figure II.40 : *Phases de fonctionnement du Forward*

Afin d'éviter la saturation du noyau, le courant i_3 doit s'annuler avant la fin de la période, ce qui correspond à l'application d'une tension aux bornes du transformateur dont la valeur moyenne est nulle. Le rapport cyclique est donc limité par valeur supérieure et la condition limite de bon fonctionnement est :

$$\alpha_{max} Ve = (1 - \alpha_{max})\frac{Ve}{m'}, \text{ soit } \alpha_{max} = \frac{1}{1 + m'}$$

Les formes d'ondes sont représentées figure II.41 en conduction continue *et pour la configuration particulière m' = 1,* dont le choix est explicité plus loin, lors du calcul du facteur de dimensionnement.

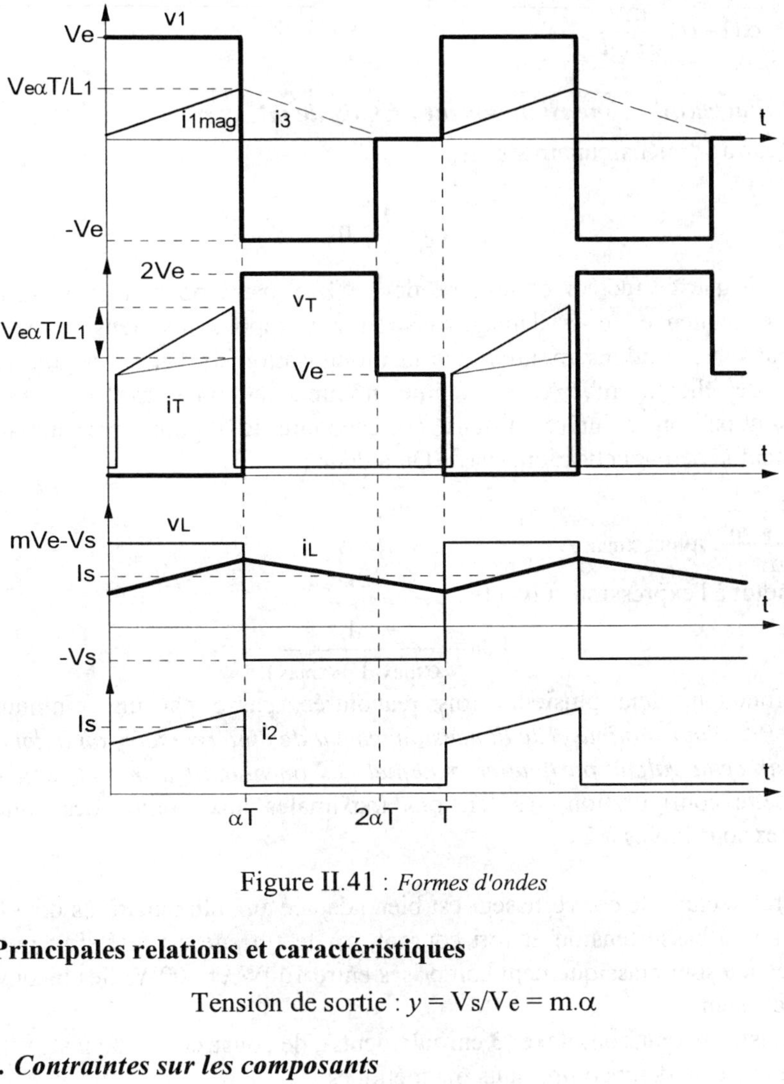

Figure II.41 : *Formes d'ondes*

2.3.2. Principales relations et caractéristiques

Tension de sortie : $y = V_s/V_e = m.\alpha$

2.3.2.1. Contraintes sur les composants

Interrupteur	Diode D_{TR}
$I_{Tmax} = m\left[I_s + \alpha(1-\alpha)\dfrac{mV_e}{2LF}\right] + \dfrac{V_e\,\alpha T}{L_1}$ $V_{Tmax} = (1 + \dfrac{1}{m'})V_e$ Diode D_m $(V_{Dm})_{max} = (1 + m')V_e$	$V_{DTRmax} = mV_e$ $I_{DTRmoyen} = \alpha I_s$ Diode D $V_{Dmax} = mV_e$ $I_{Dmoyen} = (1-\alpha)I_s$

2.3.2.2. Ondulations

– $\Delta I_L = \alpha(1-\alpha)\dfrac{mVe}{LF}$

– $\Delta V_S = \alpha(1-\alpha)\dfrac{mVe}{8LCF^2}$

2.3.2.3. Facteur de dimensionnement - Choix de m'

Ce facteur de dimensionnement est :

$$Fd = \frac{1+\dfrac{1}{m'}}{\alpha}$$

Il apparaît que ce facteur est majoré de 1 + 1/m' par rapport à celui du hacheur série, conséquence de la démagnétisation qui impose une tension de blocage supérieure. Nous allons montrer que la minimisation de Fd, au régime nominal, permet de choisir m'. A ce régime nominal et pour exploiter au mieux l'alimentation, on a intérêt à faire correspondre le rapport cyclique maximal permettant la démagnétisation, α_{max}. On a donc :

$$Fdn = \frac{1+\dfrac{1}{m'}}{\alpha_{max}}, \text{ avec } \alpha_{max} = \frac{1}{1+m'}$$

qui conduit à l'expression suivante :

$$Fdn = \frac{1}{\alpha_{max}(1-\alpha_{max})}$$

Cette fonction, déjà plusieurs fois rencontrée, passe par un minimum pour $\alpha_{max} = 0{,}5$. *Pour minimiser le dimensionnement de l'interrupteur, on a donc intérêt à choisir cette valeur particulière, auquel cas on aboutit à $m' = 1$, soit $n_1 = n_3$.* Dans cette configuration, les tensions maximales aux bornes des composants primaires sont égales à 2Ve.

Cette architecture de convertisseur est bien adaptée aux alimentations dont la sortie fonctionne à basse tension et fort courant, car le filtrage est aisé. Les puissances mises en jeu sont classiquement comprises entre 100W et 400W. Ses inconvénients essentiels sont :

– un transformateur complexe (3 enroulements), de construction délicate,

– la présence de deux composants magnétiques.

2.3.3. Variantes du montage FORWARD

2.3.3.1. Démagnétisation par réseau RCD

L'enroulement de démagnétisation est supprimé. Il est remplacé par le réseau R_1, C_1, D_1 (cf. chapitre IV) qui limite l'excursion de la tension aux bornes de l'interrupteur en dissipant l'énergie magnétisante. Le schéma correspondant apparaît figure II.42.a.

2.3.3.2. Démagnétisation par pont asymétrique

Une deuxième organisation est représentée figure II.42.b. Il s'agit de la structure dite en "demi-pont asymétrique". Le principe de fonctionnement reste le même, avec les particularités suivantes :

– les phases de magnétisation et démagnétisation sont associées à un seul enroulement primaire, la démagnétisation s'effectuant par les diodes Dm1 et Dm2 dont la disposition permet l'application d'une tension $v_1 = -V_e$. Il s'ensuit que le rapport cyclique maximal est obligatoirement de 0,5,

– les tensions maximales appliquées aux composants du primaire sont égales à la tension Ve, soit deux fois moindres que dans la solution mono-interrupteur.

Notons que cette disposition résout élégamment le problème des couplages magnétiques et que la commutation des interrupteurs y est grandement facilitée. Ces éléments font que cette structure se prête bien à la conversion à partir des réseaux triphasés 380V redressés et ce, pour des puissances de plusieurs kW.

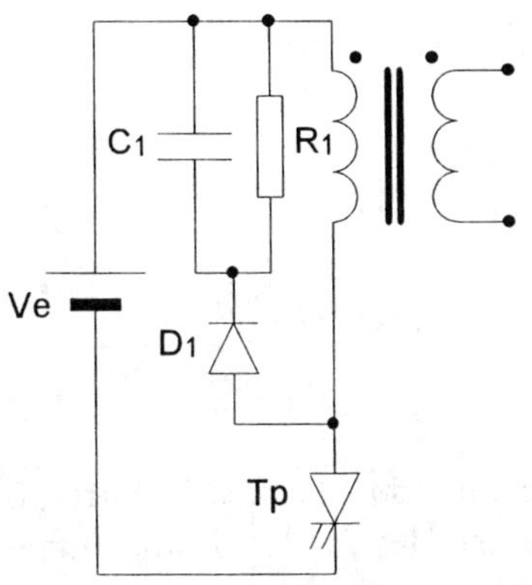

a - Démagnétisation par réseau RCD

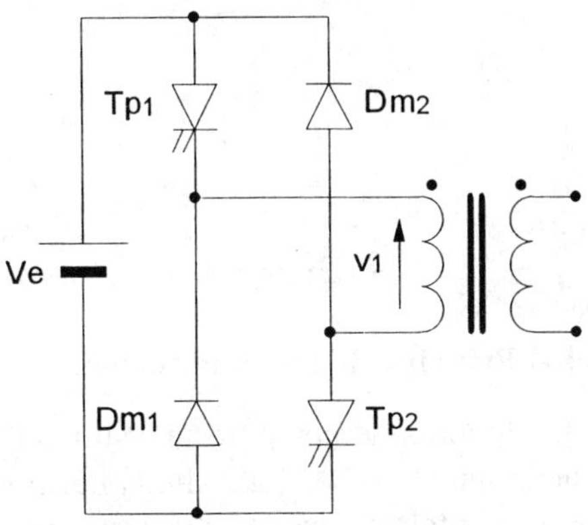

b - Demi-pont asymétrique

Figure II.42 : *Variantes du montage Forward*

2.3.3.3. Alimentations Forward entrelacées (montage push-push)

De façon similaire au Flyback, il est possible d'entrelacer deux Forward en décalant leurs commandes (figure II.43).

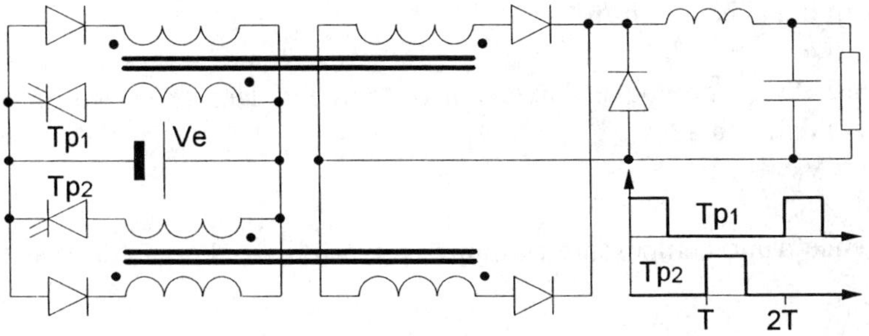

Figure II.43 : *Montage push-push*

2.4. Convertisseur à stockage capacitif isolé galvaniquement

La figure II.44 montre le convertisseur à accumulation capacitive à transformateur. On obtient l'isolation en séparant le stockage en deux condensateurs C_1 et C_2. Bien que ce convertisseur ne comporte qu'un seul interrupteur, il présente la particularité de faire fonctionner le noyau du transformateur de façon symétrique dans le plan (B, H).

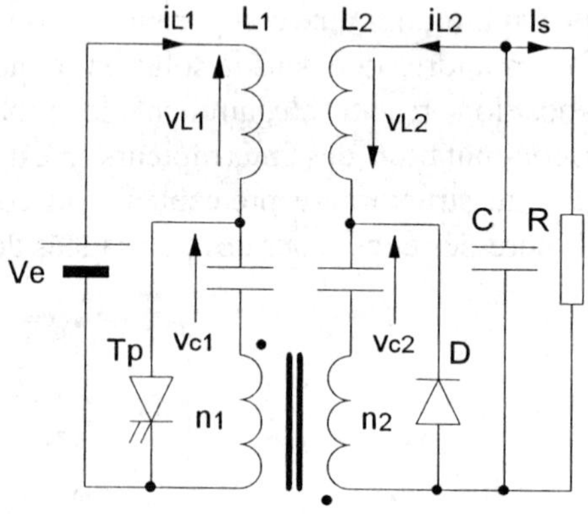

Figure II.44 : *Alimentation isolée à stockage capacitif*

2.4.1. Principe de fonctionnement

Son fonctionnement reste similaire à celui du hacheur correspondant (paragraphe II.1.5). Nous allons néanmoins préciser les modes de fonctionnement supplémentaires dus à la présence du transformateur et à la scission du condensateur.

En régime statique, les valeurs de tension aux bornes des condensateurs C_1 et C_2 sont respectivement $v_{C1} = V_e$ et $v_{C2} = V_s$.

Pendant la fermeture de Tp, nous avons :

$v_{T1} = -v_{C1} = -V_e$

$v_{L1} = V_e$

L'interrupteur supporte le courant :

$i_T = i_{L1} + m\, i_{L2}$, avec $m = n_2/n_1$

L'ouverture de Tp provoque l'inversion du courant dans le transformateur et la diode D conduit. On a :

$v_{T2} = v_{C2} = V_s$

$v_{L2} = -V_s$

L'inexistence d'une composante continue de tension aux bornes du transformateur entraîne :

$$V_s = \frac{\alpha\, m V_e}{1-\alpha}, \text{ soit } y = \frac{\alpha}{1-\alpha}$$

2.4.2. Contraintes

Interrupteur	Diode
$V_{Tmax} = \dfrac{Ve}{1-\alpha}$ $I_{Tmax} = \dfrac{mIs}{1-\alpha}$ $Fd = \dfrac{1}{\alpha(1-\alpha)}$	$V_{Dmax} = \dfrac{mVe}{1-\alpha}$ $I_{Dmoyen} = Is$ $Fd = \dfrac{1}{\alpha}$

Le transformateur doit présenter un excellent couplage car les inductances de fuite peuvent provoquer des surtensions lors de l'inversion du courant. Les principaux inconvénients de cette structure sont :
– la présence de trois composants magnétiques,
– des condensateurs de stockage subissant de fortes contraintes.
Cette structure est réservée au domaine des faibles puissances et pour les entrées basses tensions (batteries).

2.4.3. Variante à couplage magnétique total

Le couplage des inductances déjà pratiqué dans le cas du hacheur peut être reconduit ici car l'observation des tensions montre que $v_{L1} = -v_{T1}$ et $v_{L2} = -v_{T2}$, quel que soit l'instant de la période. Il est alors possible de coupler magnétiquement les inductances L_1 et L_2 avec les primaire et secondaire du transformateur, conformément à la figure II.44.

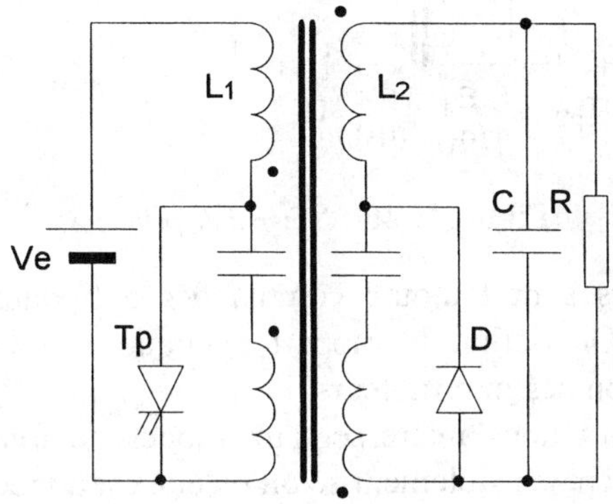

Figure II.45 : *Alimentation isolée à stockage capacitif et couplage total*

Si, pour chacun de ces couplages, la condition m = k est réalisée (paragraphe II.1.5), les ondulations des courants d'entrée (ΔI_{L1}) et de sortie (ΔI_{L2}) s'annulent. Ce convertisseur devient alors un véritable "transformateur de courant continu", n'utilisant qu'un seul composant magnétique.

3. Alimentations à découpage symétriques

3.1. Définition

Nous qualifierons de symétriques, les alimentations à découpage dans lesquelles le cycle magnétique du transformateur est symétrique par rapport à l'origine dans le plan (B, H). Ce mode de fonctionnement conduit théoriquement à une meilleure utilisation des circuits magnétiques mais nécessite, à quelques exceptions près, au moins deux interrupteurs. Nous présenterons ici les principales structures utilisées, c'est-à-dire le Push-Pull, le demi-pont et le pont complet qui sont toutes des structures à transfert direct.

3.2. Montage Push-Pull

La structure du Push-Pull est articulée autour d'un transformateur à double primaire et de deux interrupteurs à trois segments de type T_{AB2} (figure II.54).

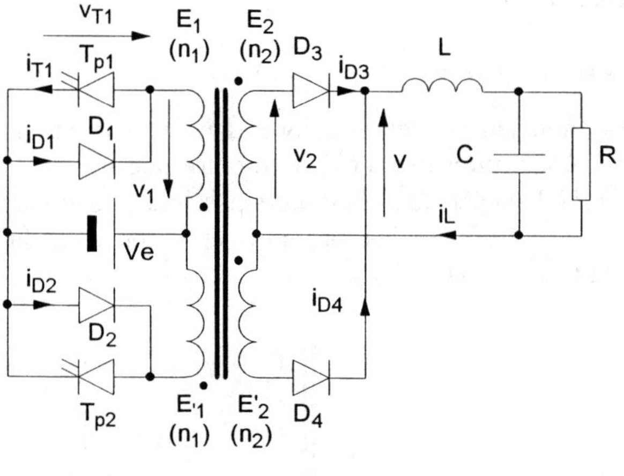

Figure II.46 : *Schéma de principe*

Les deux interrupteurs sont toujours commandés à fréquence fixe et durée de conduction variable. On définit le rapport cyclique α relativement à la demi-période de commutation des interrupteurs.
Nous allons maintenant nous intéresser aux modes de fonctionnement de cette alimentation qui diffèrent sensiblement selon qu'elle est à vide ou en charge.

3.2.1. Fonctionnement à vide

Si l'on observe plus attentivement la structure de ce Push-Pull, on note que l'architecture du primaire s'apparente à un assemblage de deux Forward mono-interrupteur, l'un étant constitué de T_{p1} et E_1 pour la maille principale et de D_2 et E'_1 pour la maille de démagnétisation, l'autre de T_{p2} et E'_1 pour la maille principale et de D_1 et E_1 pour la maille de démagnétisation.

Tant qu'il n'y a pas de chevauchement entre la phase de démagnétisation de l'un des ensembles et la phase de transfert direct de l'autre, on retrouve rigoureusement le fonctionnement observé dans le Forward. Ceci est vrai pour $0 \leq \alpha \leq 1/4$. Les formes d'ondes correspondantes sont indiquées figure II.47-a. On peut parler ici de régime magnétique discontinu, le flux dans le circuit magnétique du transformateur s'annulant sur la période de fonctionnement. L'évolution des courants (magnétisants) est alors régie par les équations suivantes :

$$i_{T1} = \frac{Ve}{L_1} t = i_{m1}$$

$$i_{D2} = -\frac{Ve(t - \alpha T)}{L_1} + \frac{Ve\,\alpha T}{L_1}$$

avec L_1, inductance propre d'un enroulement primaire.

$$I_{MA} = \frac{Ve\,\alpha T}{L_1}$$

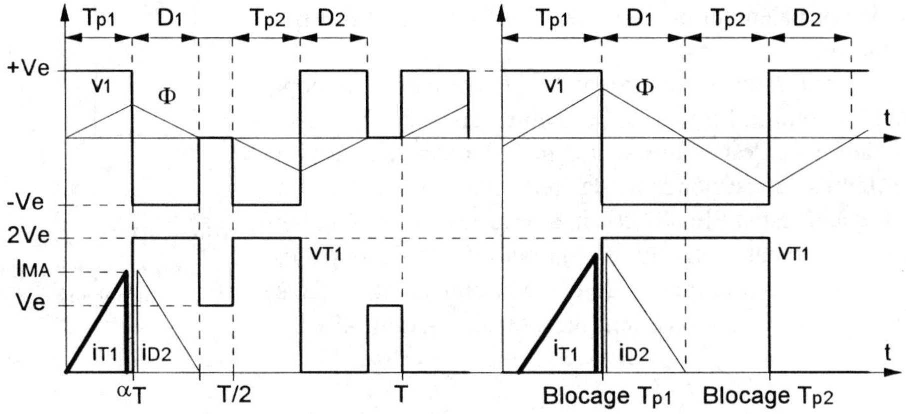

a - $0 \leq \alpha \leq 1/4$ *b - $1/4 \leq \alpha \leq 1/2$*

Figure II.47 : *Formes d'ondes à vide*

Un deuxième type de fonctionnement correspond au domaine $1/4 \leq \alpha \leq 1/2$ (figure II.47-b). Dans ce cas, le régime continu du flux est atteint. *Les transitions de v_1 correspondent au seul blocage des interrupteurs.* La variation du rapport cyclique n'a alors aucune influence sur les formes d'ondes. Si l'on observe le fonctionnement des interrupteurs, au sens fonctionnel du terme, c'est-à-dire des associations T_{p1}-D_1, T_{p2}-D_2, on observe que les conditions de commutation en thyristor-dual (cf. chapitre I) sont remplies. Ceci n'étant vrai que pour ce fonctionnement à vide, les interrupteurs devront être entièrement commandés pour satisfaire les contraintes du fonctionnement en charge.

3.2.2. Fonctionnement en charge

Dans le fonctionnement en charge (en régime continu de courant), les diodes de redressement vont évidemment intervenir. Les conditions de conduction de ces diodes sont incompatibles avec les phases de démagnétisation décrites plus haut.

En effet, la disposition des enroulements et des potentiels impose que :
– lorsque T_{p1} est conducteur, seule D_3 peut conduire,
– lorsque T_{p2} est conducteur, seule D_4 peut conduire,
– lorsque D_1 est conductrice, D_3 devrait conduire,
– lorsque D_2 est conductrice, D_4 devrait conduire,

Les deux dernières propositions sont incompatibles avec les sens de conduction respectifs des diodes D_1-D_3, d'une part, D_2-D_4 d'autre part. Cela signifie que, lorsque l'on bloque un interrupteur, la démagnétisation ne peut avoir lieu par le primaire, si le secondaire est en conduction continue. Ce qui se produit alors est un transfert du courant magnétisant du primaire vers le secondaire. Ce courant, noté i_{m2}, circule dans la maille fermée constituée de E_2, E'_2, D_3 et D_4.

Il se retranche au courant parcourant la diode normalement conductrice (D_3, si T_{p1} était précédemment conducteur) et provoque la mise en conduction de la diode normalement bloquée (D_4). La figure II.48 illustre ce mécanisme.

Cette configuration intervient lorsque les interrupteurs sont bloqués. Elle n'est possible que si D_3 reste conductrice, c'est-à-dire si $i_L \geq i_{m2}$. Pendant l'intervalle de temps correspondant, la tension à la sortie du redresseur est nulle. Si $0 < i_L \leq i_{m2}$, les deux régimes décrits peuvent intervenir sur la période de découpage. Les chronogrammes de fonctionnement, dans l'hypothèse où $i_L \geq i_{m2}$, sont représentés figure II.49.

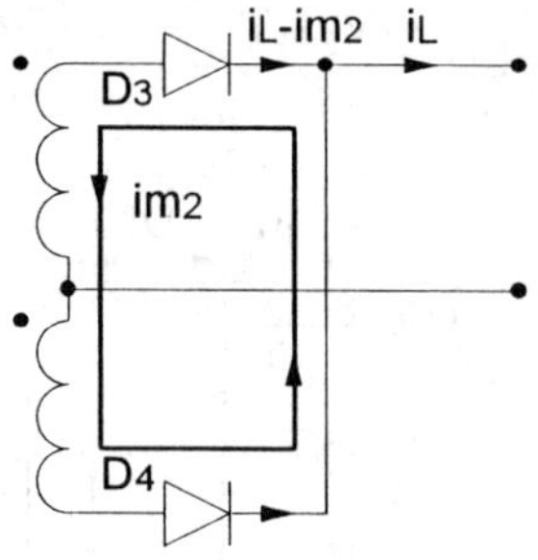

Figure II.48 : *Parcours du courant magnétisant au secondaire*

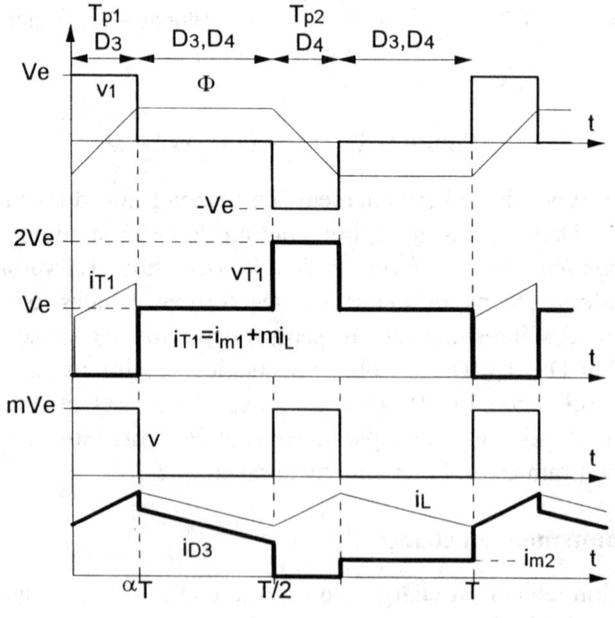

Figure II.49 : *Fonctionnement en charge*

3.2.3. Principales relations et caractéristiques

En charge, la tension de sortie moyenne est $2\alpha m V_e$ avec $m = n_2/n_1$.

3.2.3.1. Contraintes sur les composants

Interrupteurs	Diodes D_3 et D_4
$I_{Tmax} = m\left[I_s + \dfrac{\alpha(1-\alpha)mV_e T}{4L}\right] + \dfrac{\alpha V_e T}{2L_1}$ $V_{Tmax} = 2V_e$	$I_{Dmoyen} = I_s/2$ $V_{Dmax} = 2mV_e$

3.2.3.2. Facteur de dimensionnement

interrupteurs : $F_d = 1/\alpha$ Diodes : $F_d = 1/2\alpha$

3.3. Montage en demi-pont

L'organisation du demi-pont est représentée figure II.50 :

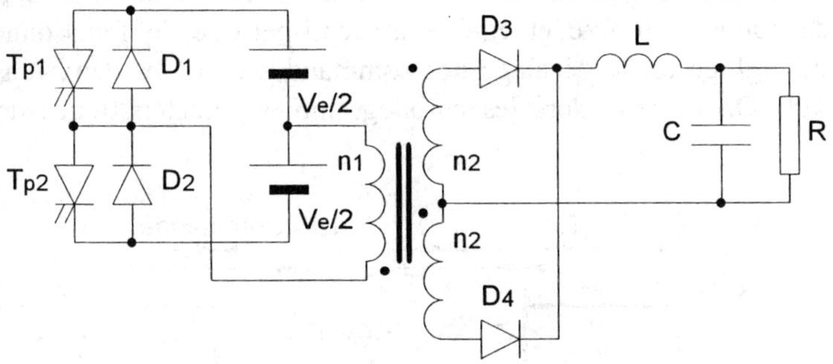

Figure II.50 : *Schéma de principe*

L'essentiel du fonctionnement est identique à celui du Push-Pull. A vide, le blocage d'un interrupteur est suivi de la mise en conduction de la diode opposée. En charge, on retrouve le transfert du courant magnétisant au secondaire, lorsque les interrupteurs T_{p1} et T_{p2} sont bloqués. Les formes d'ondes sont donc similaires à celles observées dans le Push-Pull, à l'exception des tensions aux bornes des interrupteurs et du primaire du transformateur qui sont divisées par deux, pour une même tension d'alimentation globale V_e. Les deux sources $V_e/2$ peuvent être obtenues à l'aide d'un diviseur capacitif lui-même connecté à une source continue V_e. Les contraintes qui diffèrent sont $V_{Tmax} = V_e$ et $V_{Dmax} = mV_e$, avec $m = n_2/n_1$.

3.4. Montage en pont

3.4.1. Fonctionnement

Contrairement aux deux structures précédentes, le convertisseur en pont (figure II.51) fonctionne de façon identique à vide et en charge, en ce qui concerne l'alimentation du transformateur.

Il existe toujours un intervalle de temps pendant lequel la tension de sortie est nulle, mais cet intervalle correspond à la conduction simultanée d'un interrupteur commandé et d'une diode du pont.

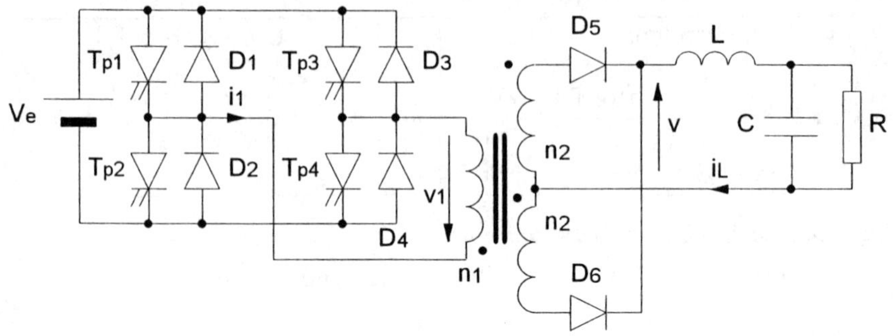

Figure II.51 : *Schéma de principe*

Les deux interrupteurs d'un même bras sont commandés de façon complémentaire, à temps de conduction fixe et égal à la demi-période de fonctionnement. La grandeur de réglage est le décalage des commandes entre les deux bras, que l'on appellera αT. On obtient alors les chronogrammes caractéristiques de la figure II.52 :

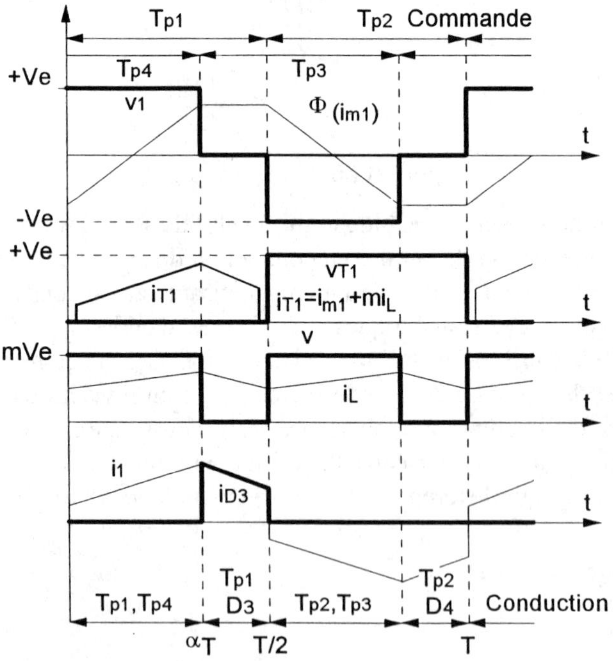

Figure II.52 : *Formes d'ondes*

On notera que dans cette représentation théorique, les diodes D_1 et D_2 ne conduisent pas, ce qui ne serait pas le cas, dans la réalité, du fait du phénomène d'empiètement (cf. paragraphe II.4).

3.4.2. Principales relations et caractéristiques

La tension moyenne de sortie est $V_s = 2\alpha m V_e$, avec $m = n_2/n_1$ et $0 \leq \alpha \leq 1/2$

3.4.2.1. Contraintes sur les composants

Interrupteurs	Diodes primaires	Diodes secondaires
$I_{Tmax} = m\left[I_s + \dfrac{\alpha(1-\alpha)mV_e T}{4L}\right] + \dfrac{\alpha V_e T}{2L_1}$ $V_{Tmax} = V_e$	$I_{Dmoyen} = \dfrac{(1-2\alpha)mI_s}{2}$ $V_{Dmax} = V_e$	$I_{Dmoyen} = \alpha I_s$ $V_{Dmax} = 2mV_e$

3.4.2.2. Facteur de dimensionnement

Interrupteurs : $F_d = \dfrac{1}{2\alpha}$

3.5. Problèmes inhérents aux structures symétriques

3.5.1. Polarisation du transformateur

Si la tension d'alimentation d'un transformateur comporte une composante continue de tension, cette dernière est appliquée directement à la résistance du bobinage, entraînant l'existence d'une composante continue de courant qui suffit généralement à saturer le circuit magnétique. Idéalement, il faut donc que la valeur moyenne de la tension appliquée soit nulle. Dans les alimentations asymétriques, cette condition est remplie naturellement pour peu que le circuit de démagnétisation, qui est passif, soit correctement dimensionné (cf. Forward). Il n'en est pas de même dans les alimentations symétriques où la forme de la tension appliquée au primaire du transformateur dépend essentiellement des interrupteurs commandés. La condition sur la valeur moyenne est alors difficile à obtenir en boucle ouverte, du fait que les chutes de tensions aux bornes des interrupteurs, comme leurs durées de conduction ne peuvent être rigoureusement identiques (à l'exception du demi-pont dont le diviseur capacitif "prend en charge" la composante continue). Différentes solutions peuvent être mises en oeuvre pour résoudre ce problème :

– l'introduction d'un condensateur en série avec le transformateur, condensateur qui sera parcouru par le courant principal et qui doit, de ce fait, être d'une valeur suffisamment élevée pour ne pas provoquer de chute de tension notable,
– le contrôle du flux dans le transformateur,
– la création d'un entrefer qui rendra le circuit magnétique moins sensible à la présence du courant continu généré par la présence d'une éventuelle composante continue de tension.

3.5.2. Mise en oeuvre des interrupteurs

La mise en oeuvre des interrupteurs est plus délicate dans ces structures symétriques que dans leurs homologues asymétriques. Plusieurs raisons peuvent être invoquées pour expliquer cette difficulté :
– le concept même des alimentations symétriques qui consiste à placer deux interrupteurs en série sur une source de tension et qui rend catastrophique tout aléa de commande (court-circuit de la source),
– la nécessité (à l'exception du Push-Pull) de concevoir des commandes isolées galvaniquement,
– l'accroissement des contraintes dynamiques, tels les dv/dt qui ont une influence considérable sur le comportement des dites-commandes,
– le comportement médiocre des circuits d'aide à la commutation, spécifique à cette association d'interrupteurs (interactions des circuits).
Ces différents éléments font que ces structures, à l'exception du Push-Pull en basse tension, sont rarement utilisées. Les concepteurs leur préfèrent souvent des associations de structures asymétriques, tels les entrelacements précédemment décrits, pour réaliser des alimentations de puissances supérieures au kW.

4. Influence des inductances de fuite sur le transfert de puissance - Exemple du Forward

L'introduction d'un transformateur dans un convertisseur s'accompagne invariablement de l'apparition de divers problèmes liés à l'existence inévitable des inductances de fuite (cf. chapitre V). L'essentiel de ces problèmes intervient lors des commutations et nous les aborderons donc largement dans le chapitre IV qui traitera des composants à semi-conducteur et de leur environnement pendant la commutation. Ces inductances de fuite ont également un impact sur le transfert de puissance. Dans le cas de structures tel le Flyback, cette influence ne peut être dissociée des circuits auxiliaires que l'on est généralement amené à greffer sur la structure de principe, tels les dispositifs d'écrêtage ou les circuits d'aide à la commutation. Nous traiterons donc de cette influence, en ce qui concerne le Flyback, également dans le chapitre IV, en prenant en compte l'existence de ces dispositifs annexes mais généralement indispensables.
Dans le cas des structures à transfert direct, il est possible, sur la base du schéma de principe, de mettre en évidence l'impact de ces inductances de fuite sur le fonctionnement. L'exemple de l'alimentation Forward nous servira de support, mais les mécanismes décrits dans ce cas particulier commode, apparaîtront de façon similaire dans les alimentations symétriques à transfert direct présentées au paragraphe 3 de ce chapitre.
Le secondaire d'une alimentation Forward, telle que celle décrite au paragraphe 2, peut être représenté par le schéma équivalent de la figure II.53. Les inductances de fuite du transformateur sont ramenées au secondaire pour constituer une inductance équivalente unique lf (cf. chapitre V).

Ce secondaire se comporte alors comme une source de tension parfaite, délivrant des créneaux de tension d'amplitude mV_e, à laquelle est associée l'inductance l_f.

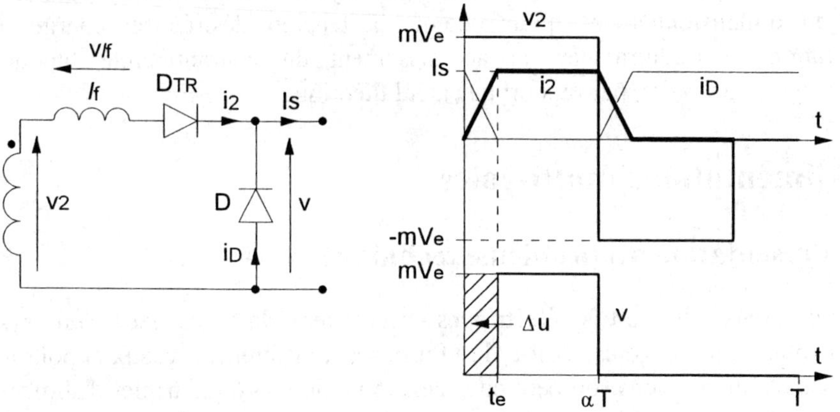

Figure II.53 : *Schéma équivalent-Formes d'ondes*

La présence de cette inductance va interdire les variations instantanées de courant dans les diodes du redresseur, pendant les commutations. Si l'on fait l'hypothèse que le courant délivré par ce redresseur est parfaitement continu et égal à I_s, il s'ensuit qu'il existe une phase transitoire, nommée empiètement, pendant laquelle les deux diodes conduisent simultanément. Si l'on observe le mécanisme à l'origine d'une période de fonctionnement, le régime initial correspond à $v_2 = 0$ et $i_D = I_s$. A la fermeture de l'interrupteur primaire correspond l'apparition de la tension $v_2 = +mV_e$. On peut alors écrire :

$i_2 + i_D = I_s$

$$v_{lf} = v_2 = +mV_e = l_f\frac{di_2}{dt} = -l_f\frac{di_D}{dt}$$

dont on déduit : $i_2 = \frac{mV_e}{l_f}t$ et $i_D = I_s - \frac{mV_e}{l_f}t$

Cette phase d'empiètement sera terminée lorsque i_2 et i_D auront respectivement atteint les valeurs Is et 0, ce qui se produira au temps t_e tel que :

$$t_e = \frac{l_f I_s}{mV_e}$$

Lors de l'inversion de v_2, au blocage de l'interrupteur primaire, le mécanisme est rigoureusement similaire. Les formes d'ondes obtenues correspondent alors à celles de la figure II.53. La tension de sortie du Forward correspond à la valeur moyenne de v. Or, pendant la phase d'empiètement, de durée t_e, cette tension est nulle, ce qui va se traduire par une chute de tension moyenne Δu, correspondant à l'aire hachurée perdue, et qui peut s'exprimer :

$$\Delta u = \frac{1}{T}\int_0^{t_e} mV_e\, dt = F\, mV_e\, t_e = l_f F I_s$$

L'alimentation se comporte comme une source de tension présentant une impédance interne $l_f F$. La chute de tension créée par le passage du courant de sortie n'induit pas de pertes mais impose de majorer le rapport de transformation, lors du dimensionnement, pour obtenir la tension désirée en charge. Cette majoration se traduira par un accroissement du courant crête bloqué par l'interrupteur primaire, par rapport au calcul théorique.

5. Alimentations multi-voies

5.1. Présentation du problème technique

De nombreux dispositifs électriques nécessitent la présence d'un système d'alimentation multi-voies, c'est-à-dire fournissant différents niveaux et polarités de tensions d'alimentations (on peut citer l'exemple du classique triplet d'alimentation +15V / −15V / +5V). Plutôt que de mettre en oeuvre autant de convertisseurs que de voies d'alimentation désirées, il est techniquement et économiquement très intéressant de réaliser un ensemble monobloc dans lequel les parties les plus sensibles d'une alimentation à découpage, à savoir le (ou les) interrupteur(s) et le transformateur sont communs à toutes les voies. La séparation aura lieu au niveau du secondaire qui sera fragmenté en n enroulements distincts permettant la génération de n tensions isolées. La plupart des applications requièrent que chacune des voies soient régulées, ce qui constitue le problème essentiel de la mise en oeuvre de tels dispositifs. En effet, les différentes voies seront fatalement soumises à des régimes de charge distincts et variables et seront donc le siège de chutes de tension différentes. Or, compte tenu de la structure des alimentations que nous avons passées en revue, on ne dispose que d'une seule grandeur de réglage, le temps de conduction des interrupteurs placés au primaire. Une seule voie peut donc être régulée via ces interrupteurs. On réserve généralement cette boucle de régulation à la voie délivrant la puissance la plus élevée. Il faut donc trouver un moyen de réguler les autres voies que nous qualifierons de secondaires :

– une première solution, très simple à mettre en oeuvre mais extrêmement pénalisante quant au rendement, est l'introduction de régulateurs linéaires placés après les filtres de sortie,

– la deuxième solution consiste à mettre en place des couplages magnétiques permettant d'aligner les voies secondaires sur la voie principale régulée. Cette solution peut être appliquée au Forward et au Flyback,

– une troisième solution, utilisable dans les alimentations à transfert direct, revient à opérer un post-découpage sur chaque secondaire et à introduire ainsi une boucle de régulation indépendante par voie, mais en préservant la simplicité et le rendement du dispositif. La fonction interrupteur peut être assurée, de façon originale, par un composant magnétique saturable,

– enfin, une dernière solution, valable en bi-voie, consiste à faire fonctionner l'une des voies en conduction continue avec une commande à rapport cyclique variable, tandis que l'autre voie fonctionne en régime discontinu et fréquence variable.

La première solution, peu satisfaisante dans un contexte de conversion d'énergie, est, parallèlement, d'une grande simplicité. Nous ne la détaillerons pas plus avant. Pour la raison inverse, à savoir une présentation analytique extrêmement délicate, nous laisserons également de côté la seconde solution. Ce sont donc les deux dernières solutions, par ailleurs parfaitement compatibles avec la philosophie des convertisseurs à découpage, que nous nous proposons de décrire plus précisément dans les paragraphes qui suivent.

5.2. Post-régulation magnétique

Comme nous l'avons indiqué plus haut, le principe de cette technique consiste à réaliser un deuxième niveau de découpage au secondaire du transformateur, à l'aide d'un composant magnétique. Ce dernier est une inductance saturable pouvant être assimilée, dans une approche simplificatrice, à un circuit ouvert lorsqu'elle n'est pas saturée, à un circuit fermé lorsqu'elle est saturée. Pour contrôler son état, il faut contrôler son niveau de saturation à l'aide d'un circuit de commande. Le schéma de principe d'un tel dispositif, inclu dans le secondaire d'une alimentation Forward, est indiqué figure II.54 :

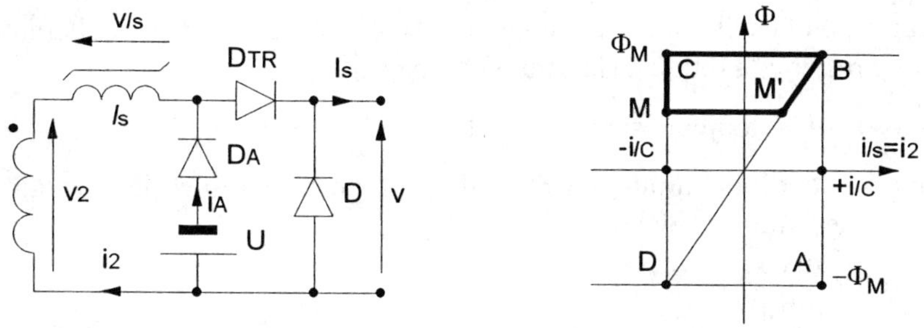

Figure II.54 : *Schéma de principe d'une post-régulation à inductance saturable*

Sur cette figure apparaît également le cycle dynamique $\Phi(i_{ls})$ de l'inductance saturable correspondant à la fréquence de découpage utilisée. Ce cycle est idéalisé, puisque de forme parfaitement rectangulaire, et présente deux niveaux de saturation symétriques. Le courant i_{lC} est le courant associé au champ coercitif du noyau. En pratique, ce courant est faible devant le courant délivré par le redresseur (D_{TR}, D) dont on supposera qu'il est parfaitement continu et égal à I_S. Sur ce cycle apparaît également la courbe de première aimantation qui est la diagonale DB. Il est important de préciser que, à partir d'un point de fonctionnement M quelconque situé sur la verticale CD ($-i_{lC}$), un accroissement du courant va provoquer le déplacement sur une droite MM', appelée droite de recul, puis sur la courbe de première aimantation DB. Compte-tenu de ces éléments, on peut considérer que :

– pour une trajectoire de fonctionnement maintenue dans le rectangle ABCD, l'inductance présente une impédance trés élevée et constitue un circuit ouvert.

Cela correspond à un phénomène d'empiètement avec une inductance de forte valeur au secondaire (cf. paragraphe II.4),

– lorsque l'on atteint la saturation, le courant pouvant prendre une valeur quelconque, l'inductance constitue un circuit fermé.

Le contrôle de la trajectoire du point de fonctionnement s'effectue en imposant le flux Φ à l'aide d'une tension U (figure II.54). De par la présence de D_A, la tension U modifie la polarisation magnétique, lors de la phase de démagnétisation de l'alimentation ($v_2 = -mV_e$).

Pour illustrer ce propos, trois cas de figure sont représentés figure II.55. Les hypothèses simplificatrices de cette représentation sont les suivantes :

– la tension v_2 est symétrique ($+ mV_e$ / $- mV_e$, avec $n_1 = n_3$),
– on néglige l'inductance de fuite du transformateur,
– le rapport cyclique est $\alpha = 0{,}5$ (régime nominal de commande),
– la diode D_A est parfaite.

La configuration de la figure II.55-a montre comment est initialement dimensionnée l'inductance saturable. Lorsque $U = 0$ (pas de contrôle, diode D_A directement aux bornes de l'ensemble enroulement-inductance), la totalité de la tension v_2 est appliquée à cette inductance sans qu'apparaisse la saturation. Pour obtenir ce résultat, on se base sur :

$$v_{ls} = n_s \frac{d\Phi}{dt} = mV_e\text{, pendant } 0 \le t \le \alpha T$$

Le courant i_2 pouvant être bidirectionnel, le flux Φ est alors purement alternatif. Si l'on suppose rester à la limite de la saturation, on a :

$$\Phi(t) = \frac{mV_e}{n_s} t - \Phi_M\text{, toujours sur } 0 \le t \le \alpha T$$

En posant la condition limite $\Phi(\alpha T) = \Phi_M$, on peut exprimer la condition de dimensionnement sur n_s, soit :

$$n_s = \frac{mV_e}{2\Phi_M}\alpha T = \frac{mV_e}{4\Phi_M} T$$

Dans ce cas de figure, le courant i_2 évolue entre $+ i_{lc}$ (conduit par D) et $- i_{lc}$ (conduit par D_A), et le point de fonctionnement décrit le cycle ABCD. Il ne peut donc jamais atteindre la valeur I_s. Le secondaire fonctionne constamment en empiètement et la tension v est nulle.

A partir de cette configuration initiale, il est maintenant relativement simple d'observer la modification de fonctionnement si l'on fait croître U. Les figures II.55-b et II.55-c montrent deux points de fonctionnement correspondant à un accroissement de U (valeur U1 puis U2). La tension U s'oppose à $- mV_e$, lors de la démagnétisation. Il en résulte que, pour maintenir l'équilibre magnétique, soit une valeur moyenne de v_{ls} nulle, la durée de magnétisation va réduire et passer en dessous de αT. Ceci est rendu possible par le déplacement du point de fonctionnement magnétique vers le haut qui entraîne une saturation du noyau. Le courant i_2 peut quitter le cycle limite et atteindre la valeur Is, ce qui correspond au retour à un fonctionnement normal de la sortie avec $v = mV_e$. Lorsque $U = U_{max} = mV_e$, on retrouve le fonctionnement intrinsèque du Forward.

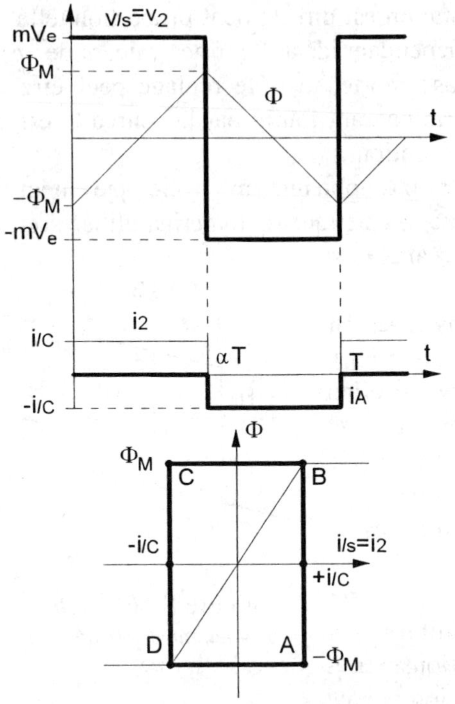

a - U = 0

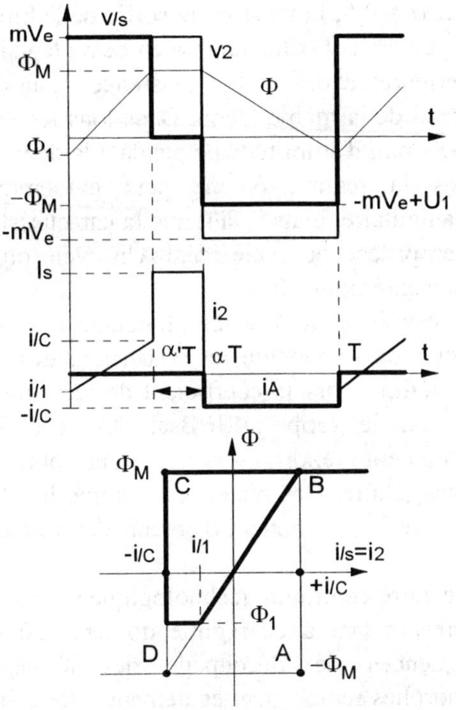

b - U = U1

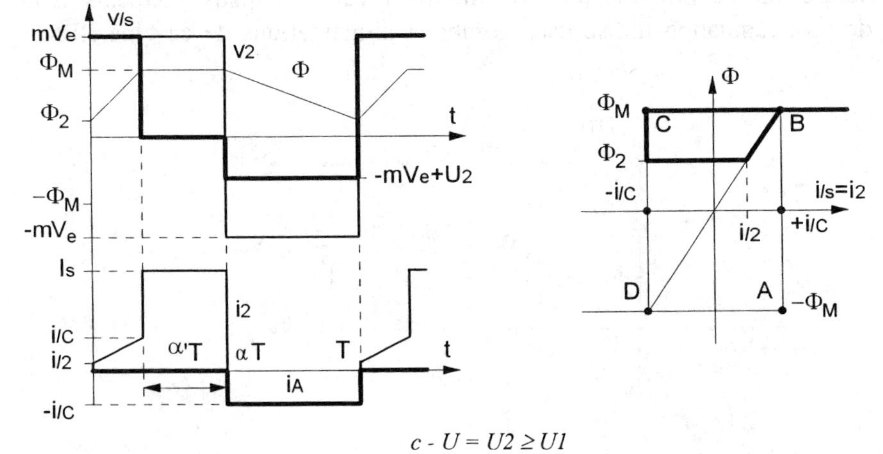

c - U = U2 ≥ U1

Figure II.55 : *Polarisation de l'inductance saturable*

L'observation des figures II.55-b et c montre que :
$(v)_{moyen} = V_s = \alpha' mV_e$
Or, la condition d'équilibre vls = 0 entraîne que :
$(mV_e - U)/2 = (1/2 - \alpha')mV_e$, soit :

$$\alpha' mV_e = U/2 = V_s$$

Pour $\alpha = 0,5$, la tension de sortie de l'alimentation est directement proportionnelle à U, ce qui constitue un moyen de réglage indépendant idéal. Pour des valeurs de α inférieures à 0,5, il y a existence de la phase morte, mais le réglage peut être obtenu de la même façon. Dans tous les cas, le courant fourni par la source U est un courant d'amplitude i/c pendant la démagnétisation.

Dans la réalité, on ne peut évidemment pas obtenir un cycle purement rectangulaire, mais il faut que la caractéristique magnétique du matériau utilisé soit assez proche de cycle idéal. Un cycle plus réaliste est représenté figure II.56.

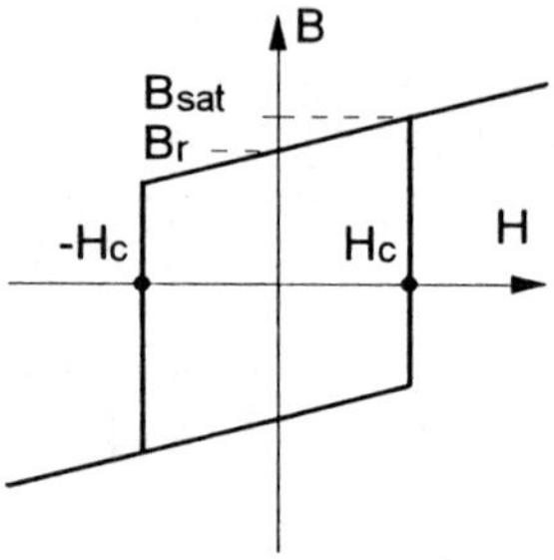

Figure II.56 : *Cycle magnétique d'un matériau réel*

On y voit apparaître les grandeurs caractéristiques Br (induction rémanente) et Bsat (induction à saturation). On définit alors le coefficient de rectitude du matériau qui est le rapport Br/Bsat. Ce coefficient devrait idéalement tendre vers 1, pour obtenir un cycle rectangulaire. Des matériaux comme les Amorphes (cf. chapitre V) permettent d'obtenir des valeurs proches de 0,9.

Une autre contrainte technologique est que les pertes fer correspondant à ce régime doivent rester faibles aux fréquences de découpage des alimentations. Les Amorphes remplissent également cette condition et sont donc assez couramment utilisés dans ces post-régulations.

Pour conclure sur ce principe, on peut indiquer les principaux éléments d'un schéma de post-régulation utilisé dans nombre d'alimentations de ce type (figure II.57) :

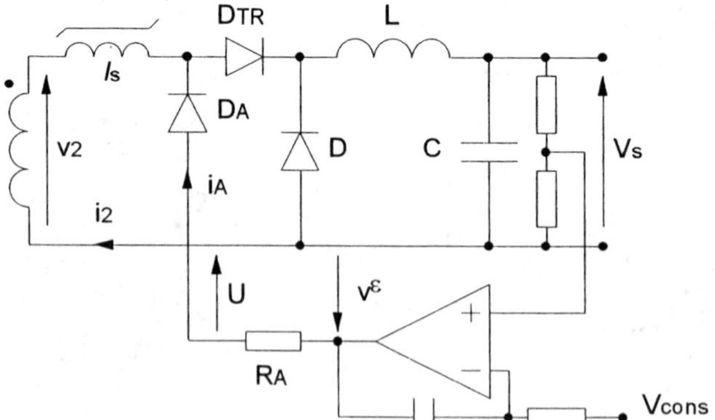

Figure II.57 : S*chéma d'une post-régulation*

Un amplificateur de régulation, incluant une correction proportionnelle-intégrale, attaque le circuit de polarisation de *l*s, à travers une résistance R_A. Pendant la démagnétisation, on peut écrire que $U = R_A.i/c - v\varepsilon$. La tension d'erreur $v\varepsilon$ permet donc de contrôler U dont la valeur maximale est $R_A.i/c$. On en déduit une nouvelle condition de dimensionnement qui est $U\max = mVe = R_A.i/c$.

5.3. Commandes mixtes

Cette technique peut être utilisée avec les différents types d'alimentations, puisqu'elles sont toutes susceptibles de fonctionner en régime continu ou discontinu de courant. Nous prendrons ici comme support l'exemple de l'alimentation Forward. Rappelons tout d'abord (figure II.58) les modes de fonctionnement statique liés à l'existence de ces deux régimes :

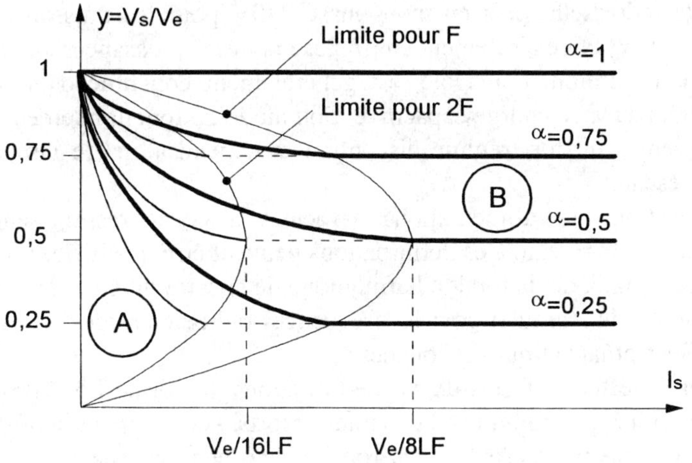

Figure II.58 : *Caractéristiques de sortie pour deux fréquences de fonctionnement*

Sur ce graphe apparaissent les caractéristiques de sortie d'une alimentation Forward, pour l'instant mono-voie, commandée à temps de conduction variable et ce, pour deux fréquences de découpage différentes F et 2F (nous abandonnons ici momentanément la notation normalisée sur l'axe horizontal, F n'étant plus constante). L'observation de ces réseaux met en évidence les deux points suivants :

– si l'on utilise l'alimentation dans la zone B (régime continu quelle que soit la fréquence de découpage), cette dernière n'a aucune influence sur la tension moyenne de sortie. Le rapport cyclique reste la seule grandeur de réglage,

– inversement, si l'on utilise l'alimentation dans la zone A (régime discontinu quelle que soit la fréquence de découpage), pour un rapport cyclique et un courant fixés, un accroissement de la fréquence conduira à une diminution de la tension de sortie moyenne.

Le principe de la commande mixte d'une alimentation bi-voies consiste donc à faire fonctionner la voie principale en régime continu et la voie secondaire en régime discontinu. Au niveau de la commande primaire, les réglages du rapport cyclique et de la fréquence de découpage permettront de régler respectivement la voie principale et la voie secondaire. Il faut évidemment prendre garde, dans l'élaboration de la commande, que les réglages des deux paramètres soient parfaitement indépendants.

6. Alimentations à absorption sinusoïdale

6.1. La correction du facteur de puissance

6.1.1. Introduction

Les alimentations à découpage et les convertisseurs continu-continu qui puisent leur énergie sur le réseau industriel 50 Hz, sont généralement connectés à ce réseau via un étage redresseur, ceci en monophasé 230V pour les puissances faibles et moyennes (<3kW) et généralement en triphasé pour les puissances supérieures. Cet étage alternatif-continu, non isolé, est généralement constitué d'un redresseur à diodes débitant sur une charge capacitive. Son mode de fonctionnement correspond le plus souvent à un fort régime discontinu et dépend alors de l'impédance que présente le réseau.

La généralisation des alimentations associées à ce redresseur engendre des perturbations sur le réseau. Ces perturbations peuvent être quantifiées par le facteur de puissance, le taux de distorsion harmonique, le spectre du courant absorbé (pour les harmoniques du réseau et pour les fréquences radioélectriques) et par le spectre des ondes électromagnétiques rayonnées.

Pour limiter les effets néfastes de ces perturbations, la norme EN 61000-3-2 régit, depuis août 95, les harmoniques du courant absorbé sur le réseau pour des courants n'excédant pas 16A par phase soit environ 3,7 kVA en monophasé.

En conséquence, les concepteurs d'alimentations à découpage ont été amenés à mettre au point de nouvelles solutions permettant de réduire les perturbations basse fréquence engendrées par les convertisseurs. Ces solutions, regroupées sous le vocable "correction du facteur de puissance" (PFC = Power Factor Correction en anglais), doivent permettre d'absorber sur le réseau un courant le plus sinusoïdal possible avec un minimum de déphasage entre le fondamental du courant absorbé et la tension secteur.

En ce qui concerne les équipements absorbant un courant supérieur à 16A, la norme CEI 1000-3-4 est en préparation. Néanmoins, compte tenu des niveaux de puissance couverts par la norme EN 61000-3-2, en relation avec les convertisseurs traités dans cet ouvrage, nous nous limiterons aux solutions monophasées.

Hormis les solutions de filtrage passif, la majorité des dispositifs à absorption sinusoïdale utilise les structures de hacheurs ou d'alimentations à découpage, commandées de façon particulière. Cela engendre une grande diversité de solutions, fonction du niveau de puissance requis et des caractéristiques attendues, qu'il est impossible d'analyser exhaustivement dans ce paragraphe. Nous traiterons donc le principe de la correction du facteur de puissance et nous examinerons deux exemples représentatifs de la conversion à prélèvement sinusoïdal.

6.1.2. Définitions

Nous rappelons ici les principales définitions liées aux perturbations sur un réseau sinusoïdal.

Le facteur de puissance, noté FP, permet de chiffrer le dimensionnement de la source par rapport à la puissance utile :

$$FP = \frac{P}{Veff\,Ieff}$$

P : puissance active
Veff : valeur efficace de la tension secteur
Ieff : valeur efficace du courant absorbé

Le taux de distorsion harmonique (TDH) quantifie le poids relatif des composantes harmoniques d'un signal non sinusoïdal vis-à-vis du fondamental. Par exemple, si le courant d'entrée admet pour décomposition en série de Fourier :

$$i(t) = I_{1eff}\sqrt{2}\sin(\omega t - \varphi_1) + \sum_{2}^{\infty} I_{neff}\sqrt{2}\sin(n\omega t - \varphi_n)$$

alors, le taux de distorsion est défini par : $TDH = \frac{\sqrt{\sum_{n=2}^{\infty} In^2 eff}}{I_{1eff}}$

avec FD = cos φ_1 = Facteur de Déplacement.
Si la tension du réseau est sinusoïdale, seul le fondamental du courant transporte la puissance :
$P = Veff\, I1eff \cos \varphi 1$

On en déduit une relation entre FP, TDH et FD : $FP = \frac{FD}{\sqrt{1+(TDH)^2}}$

6.1.3. La norme EN 61000-3-2

La norme EN 61000-3-2 détermine, pour un réseau de tension comprise entre 220V et 240V, les valeurs efficaces à ne pas dépasser pour les courants harmoniques jusqu'au rang 40 (figure II.59). Cette norme est divisée en quatre classes, en fonction du type d'appareils utilisés, des niveaux de puissance et de la forme du courant absorbé.

-La classe A
Cette classe concerne les équipements triphasés équilibrés et tout autre appareil à l'exception de ceux qui sont indiqués dans l'une des classes suivantes.
-La classe B
Cette classe concerne les outils portatifs. Les valeurs limites sont celles de la classe A multipliées par un facteur 1,5.
-La classe C
Cette classe se rapporte aux équipements d'éclairage, y compris les variateurs de lumière. Les courants harmoniques de rang impair sont exprimés en valeur relative par rapport au courant fondamental.
La classe D
Les équipements de puissance inférieure à 600W et possédant un courant qui s'inscrit à l'intérieur du gabarit de la figure II.60 pendant au moins 95% de la demi-période sont concernés par la classe D.

La valeur crête du courant doit être centrée dans ce gabarit. Les valeurs limites des harmoniques impairs sont exprimées en valeur relative par rapport à la puissance. Les valeurs absolues doivent néanmoins rester inférieures à celles de la classe A.
Il n'y a pas de limites pour les appareils de puissance inférieure ou égale à 75W. Cette limite de 75W sera abaissée à 50W en août 99.

Rang harmonique	classe A (Aeff)	classe B (Aeff)	classe C (%)	classe D (mA/W)
impair				
3	2,3	3,45	30.FP	3,4
5	1,14	1,71	10	1,9
7	0,77	1,15	7	1
9	0,4	0,6	5	0,5
11	0,33	0,5	3	0,35
13	0,21	0,315	3	0,3
15 à 39	0,15.(15/n)	0,225.(15/n)	3	3,85/n
pair				
2	1,08	1,62	2	
4	0,43	0,645		
6	0,3	0,45		
8 à 40	0,23.(8/n)	0,345.(8/n)		

Figure II.59 : *Amplitude des harmoniques selon la classe*

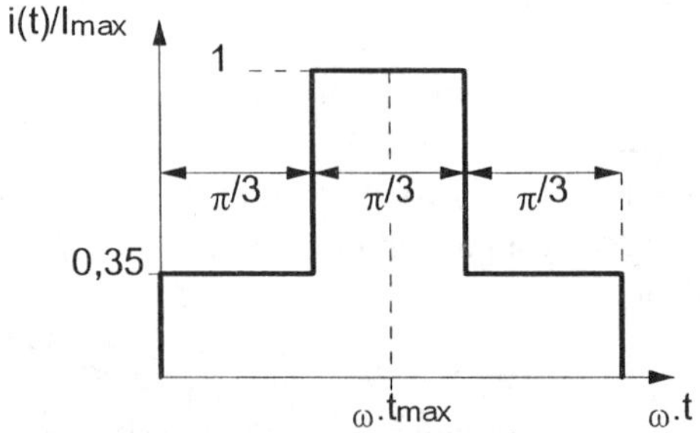

Figure II.60 : *Gabarit pour la classe D*

6.1.4. Le redressement classique

La solution communément adoptée pour la conversion alternatif-continu est le pont complet à quatre diodes (figure II.61) débitant sur charge capacitive. En faible puissance, l'inductance de filtrage n'est pas utilisée. L'impédance du réseau joue alors un rôle important dans la génération des harmoniques du courant.

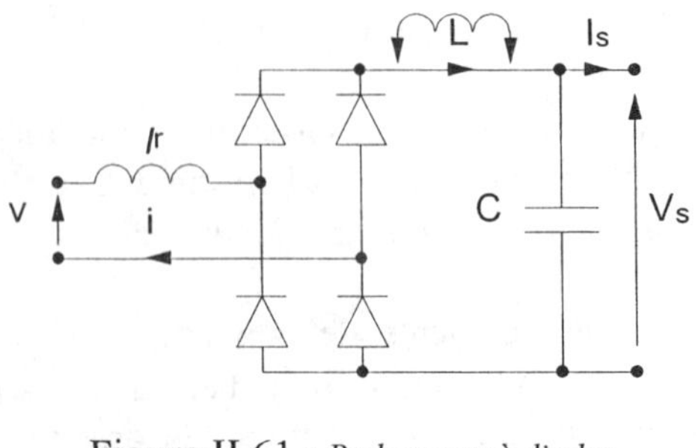

Figure II.61 : *Redresseur à diodes*

6.1.4.1. Fonctionnement en conduction continue : L de valeur élevée

Pour des valeurs élevées de L, le courant débité par le redresseur ne s'annule pas. Le courant d'entrée est alors de forme rectangulaire (figure II.62-a), avec un taux d'harmoniques élevé. Pour ce mode, on obtient :

$$Vs = \frac{2}{\pi} Vm - \frac{2 lr\omega}{\pi} Is$$

Dans le cas idéal ($lr = 0$, L et $C \Rightarrow \infty$), nous pouvons chiffrer le facteur de puissance et la limite entraînée par la norme :

$$FP = \frac{VsIs}{Veff\,Ieff} = \frac{2\sqrt{2}}{\pi} = 0,9$$

$$TDH = \frac{\sqrt{Ieff^2 - I_1eff^2}}{I_1eff} = \sqrt{\frac{\pi^2}{8} - 1} = 48,3\%$$

Les harmoniques 15 à 39 limitent la puissance disponible :

$$Ineff = \frac{4Is}{n\pi\sqrt{2}} = \frac{4P}{n\pi\sqrt{2}Vs} = \frac{P}{nVeff} \leq 0,15\frac{15}{n}$$

soit Pmax = 2,25.Veff = 517W à 230V.

Ce cas de figure purement théorique montre la difficulté de respecter la norme en conduction continue au-delà de 500W.

6.1.4.2. Fonctionnement en conduction discontinue : L de valeur faible

Pour les valeurs faibles ou nulles de L, la conduction discontinue apparaît sous deux formes :

* 1er cas : $0,027\frac{Veff^2}{PF} \leq L \leq 0,0426\frac{Veff^2}{PF}$

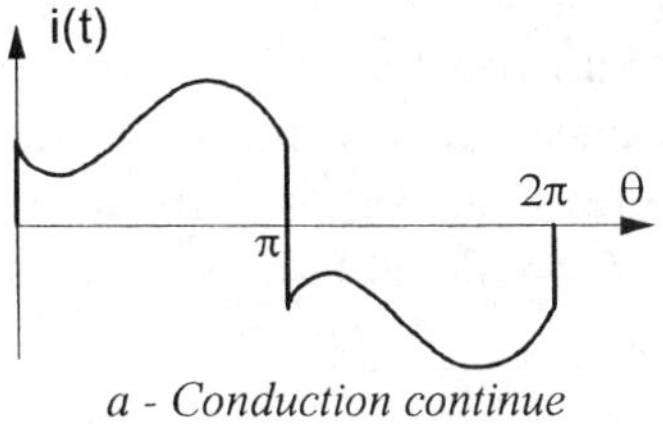

a - Conduction continue

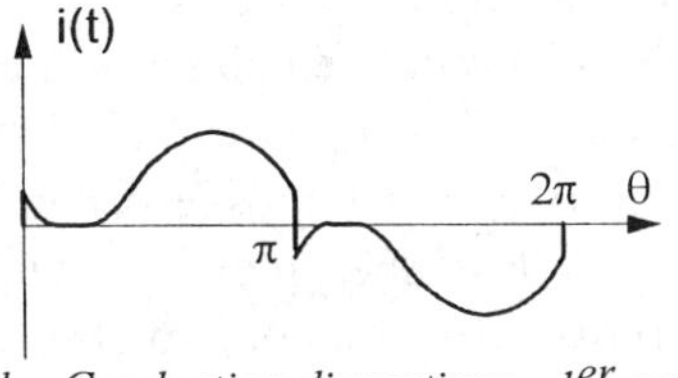

b - Conduction discontinue - 1er cas

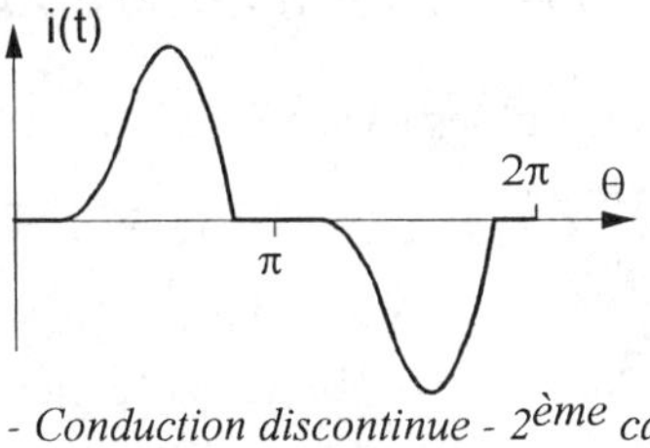

b - Conduction discontinue - 2ème cas

Figure II.62 : *Formes d'onde du courant absorbé i ($lr = 0$, $C \Rightarrow \infty$)*

Dans cette configuration, le courant i_L s'annule au cours de la période mais reste positif lors de la commutation du redresseur (figure II.62-b). L'inductance l_r du réseau crée ici un empiétement similaire à celui de la conduction continue.

* 2ème cas : $L \leq 0{,}027 \dfrac{Veff^2}{PF}$

Il s'agit du cas classiquement rencontré lorsque L = 0. L'inductance du réseau joue le même rôle que L (figure II.62-c).
L'analyse harmonique de ces formes d'onde permet de détecter le rang de l'harmonique qui limitera la puissance vis-à-vis de la norme. Cette puissance maximale est donnée figure II.63 en fonction de la valeur de L et pour les classes A et D de la norme précédemment décrite.

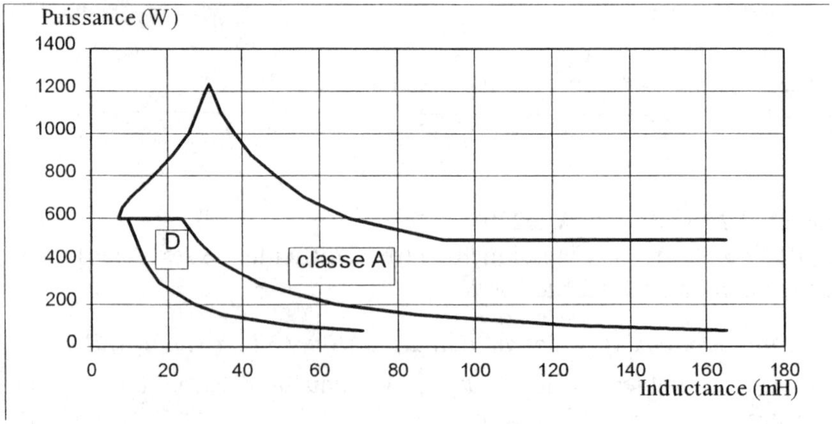

Figure II.63 : *Puissance limite pour le respect de la norme*

Les courbes données figure II.63 montrent l'impossibilité de respecter la norme pour des valeurs faibles d'inductance (< 7,5mH). Au-delà de cette valeur de L, la puissance disponible en classe A atteint un maximum voisin de 1200W puis décroît vers la valeur théorique de 517W. Pour les puissances faibles (mais supérieures à 75W), la limite est imposée par la classe D. Ce résultat, basé sur un exemple de redresseur classique, met en évidence la nécessité de solutions actives pour améliorer la forme du courant absorbé sur le réseau.

6.2. Topologies de convertisseurs à absorption sinusoïdale

Suivant le niveau de puissance et les caractéristiques désirées, nous pouvons classer les solutions en deux catégories :
* *les structures à deux étages*
Le premier étage réalise la conversion alternatif-continu à absorption sinusoïdale et est non isolé. Il permet d'alimenter l'étage isolé qui suit sous tension continue prérégulée (figure II.64). Il est constitué d'un hacheur dont la commande permet d'imposer un courant inductif ayant la forme d'une sinusoïde redressée. La puissance fluctuante à 100Hz doit alors être filtrée sur le bus continu intermédiaire.

Les quatre hacheurs de base peuvent ici être employés. Néanmoins, compte tenu du fait que la tension issue du redresseur varie de zéro à la valeur crête du réseau, le hacheur doit nécessairement être élévateur. Le hacheur série ne permet donc pas de garantir un courant sinusoïdal tout au long de la période.

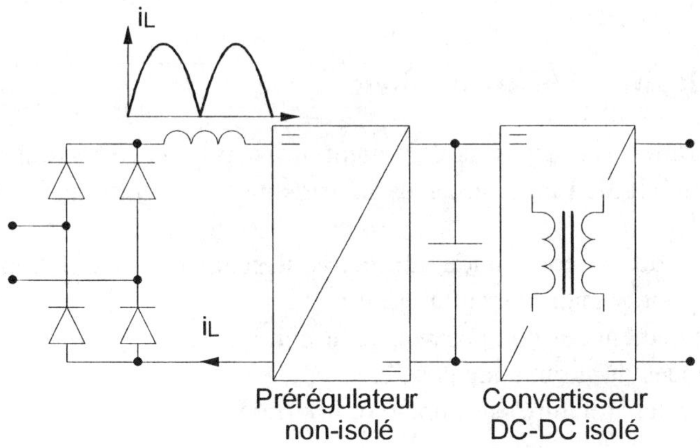

Figure II.64 : *Structure à deux étages*

La solution la plus naturelle pour cette conversion courant-tension est le hacheur parallèle. Elle présente l'inconvénient de produire une tension au moins égale à la crête du réseau. Les hacheurs à accumulation et leurs dérivés conviennent lorsqu'il est nécessaire de produire une tension inférieure à la crête du réseau. Ces structures requièrent des composants passifs supplémentaires.

Pour des puissances importantes, supérieures à quelques kW, il est préférable d'utiliser un redresseur de courant commandé en modulation de largeur d'impulsions afin de contrôler le courant d'entrée en monophasé ou bien en triphasé. Le fonctionnement de ce type de redresseur s'apparente à celui des onduleurs de tension MLI avec un sens opposé du transfert de la puissance.

La topologie à deux étages présente l'avantage de séparer les fonctions et d'assurer un filtrage correct du secteur. Le deuxième étage ne subit pas les variations du secteur et n'a donc pas à être surdimensionné. En contrepartie, cette cascade de convertisseurs dégrade le rendement de l'ensemble.

* *les structures mono-étage.*

L'objectif de ces structures est de réaliser la conversion alternatif-continu-continu, isolée galvaniquement, à l'aide d'un seul convertisseur. Il s'agit d'une structure d'alimentation à découpage qui, commandée en mode d'absorption sinusoïdale, permettra de contrôler le courant débité par un redresseur à diodes. Hormis l'isolation galvanique, cette topologie ne diffère de la précédente que par l'absence de prérégulation. En effet, le filtrage de la composante 100Hz est repoussée sur la sortie, ce qui le rend délicat en basse tension. De plus, la modulation 100Hz imposée par le courant sinusoïdal d'entrée induit un surdimensionnement du convertisseur dans un facteur 2 vis-à-vis des valeurs crêtes.

Ces structures mono-étage trouvent de l'intérêt en faible puissance (< 1kW) car elles permettent de ne pas trop dégrader le rendement.
Nous analyserons par la suite le convertisseur boost, habituellement employé en prérégulation, et l'alimentation Flyback bien adaptée à l'absorption sinusoïdale mono-étage.

6.3. Exemple du hacheur parallèle

Le hacheur parallèle (boost) est couramment utilisé pour la correction du facteur de puissance en prérégulation. Nous nous intéressons, dans cette analyse, aux points suivants :
– la définition de la commande du convertisseur, en modulation de largeur d'impulsions, pour obtenir le résultat désiré,
– le dimensionnement des composants, semi-conducteurs et passifs,
– les autres modes de commande possibles.
Le schéma de cette structure est rappelé figure II.65 :

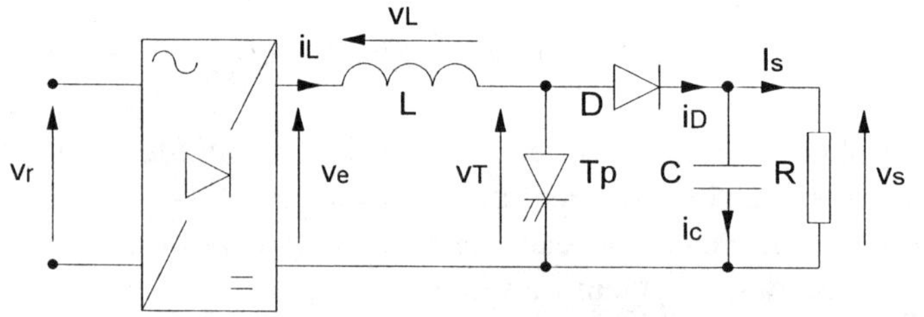

$v_e = V_M \sin\theta$, $\theta = \omega_r t$, avec $0 \leq \theta \leq \pi$

Figure II.65 : *Hacheur parallèle en absorption sinusoïdale*

6.3.1. Fonctionnement et définition de la loi de commande

Il nous faut tout d'abord préciser que, dans cette utilisation particulière, nous allons rencontrer deux régimes fréquentiels distincts, l'un lié au découpage et pour lequel nous retrouverons les grandeurs décrites dans les paragraphes précédents, l'autre lié à la commande nécessairement basse fréquence permettant de contrôler le courant appelé en synchronisme avec le réseau industriel. L'écart entre les deux domaines étant très important (plusieurs décades), nous considérerons que le hacheur se comporte, vis-à-vis des phénomènes basse fréquence, comme un amplificateur à temps continu piloté par une grandeur de commande, supposée également à temps continu, et qui est le rapport cyclique α (cf. chapitre VI).
Les grandeurs électriques correspondant à ce domaine d'observation seront affectées de l'indice BF. Ainsi, à partir du schéma de la figure II.65 et de la connaissance du fonctionnement du hacheur parallèle, on peut écrire :

* $(v_e)_{BF} - (v_T)_{BF} = L\dfrac{d(i_L)_{BF}}{dt} = L\omega_r\dfrac{d(i_L)_{BF}}{d\theta}$, avec ω_r, pulsation du réseau,

* $(v_T)_{BF} = (1 - \alpha)V_S$, en négligeant l'ondulation basse fréquence de v_S.

Sachant parallèlement que la forme de ve, sur l'intervalle $[0,\pi]$, est $v_e = V_M \sin\theta$, on obtient :

$$V_M \sin\theta - (v_T)_{BF} = V_M \sin\theta - (1-\alpha)V_S = L\omega_r \frac{d(i_L)_{BF}}{d\theta}$$

Or, sur ce même intervalle on veut obtenir $(i_L)_{BF} = I_M \sin\theta$, d'où :

$$(v_T)_{BF} = V_M \sin\theta - L\omega_r I_M \cos\theta = V_M \sin\theta - (v_L)_{BF}$$

Il est maintenant possible de représenter l'évolution des grandeurs basse fréquence en admettant que le régime recherché est obtenu (figure II.66) :

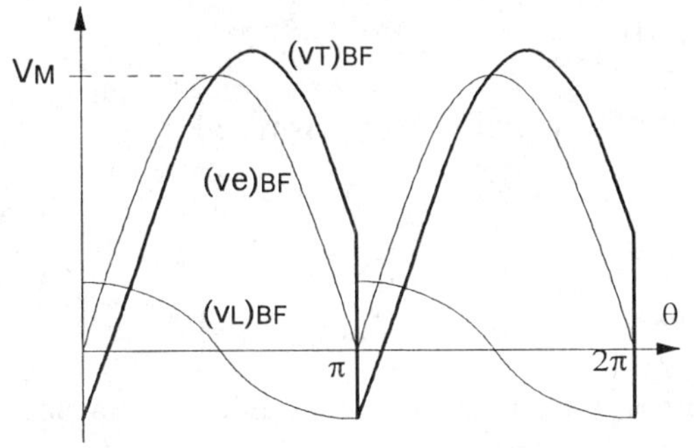

Figure II.66 : *Formes des grandeurs basse fréquence en absorption sinusoïdale*

La figure II.67 représente la forme qualitative simplifiée des grandeurs, la période du réseau et la période de découpage apparaissant sur le même graphe, toujours dans ce régime. Cette représentation fait volontairement intervenir un rapport faible entre la fréquence de découpage et la fréquence du réseau. Dans la réalité, ce rapport serait beaucoup plus grand, interdisant l'observation conjointe des deux domaines temporels.

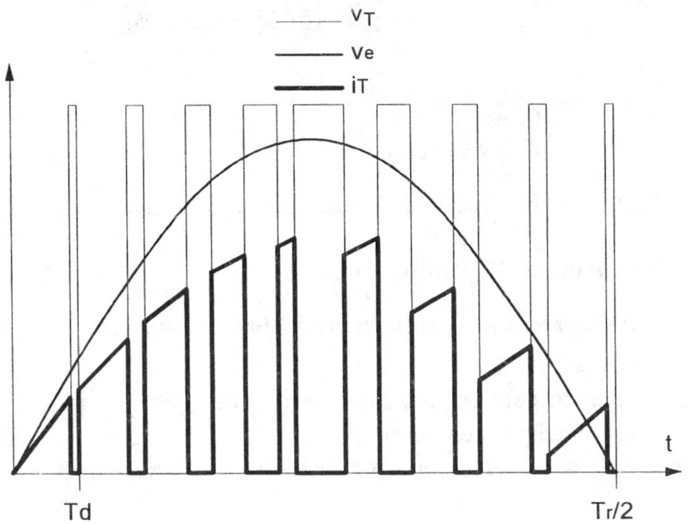

Figure II.67 : *Formes d'ondes simplifiées en absorption sinusoïdale*

On remarque que pour obtenir un tel fonctionnement, la tension $(v_T)_{BF}$ devrait prendre des valeurs négatives, ce qui est impossible. Il existera donc toujours une distorsion de principe, sur le courant absorbé, dans la zone considérée. Cette distorsion sera d'autant plus faible que l'amplitude de v_L sera réduite, donc que L sera réduite (fréquence de découpage élevée et (ou) ondulation de courant i_L haute fréquence importante).

Supposons que cette distorsion soit négligeable et poursuivons notre raisonnement.
On peut déduire des équations précédentes la loi d'évolution de α qui permettra d'obtenir ce fonctionnement :

$$1-\alpha = \frac{V_M}{V_S}\sin\theta - \frac{L\omega r I_M}{V_S}\cos\theta$$

d'autre part, on peut définir la puissance transmise P :

$$P = \frac{V_M I_M}{2} = V_S I_S$$

Il vient finalement :

$$\alpha = 1 - \frac{V_M}{V_S}\left(\sin\theta - \frac{2L\omega r}{{V_M}^2}P\cos\theta\right),\ \text{valable sur } [0,\pi]$$

A travers cette expression, on retrouve naturellement la nécessité d'imposer une variation harmonique de α, qui dépend de la tension de sortie V_S désirée, mais également de la puissance transmise à la charge. Nous avons exprimé cette loi afin de pouvoir calculer les différents éléments du montage, mais en réalité, elle est générée en boucle fermée, par un asservissement du courant d'entrée à une consigne élaborée à partir de la tension réseau (Figure II.68).

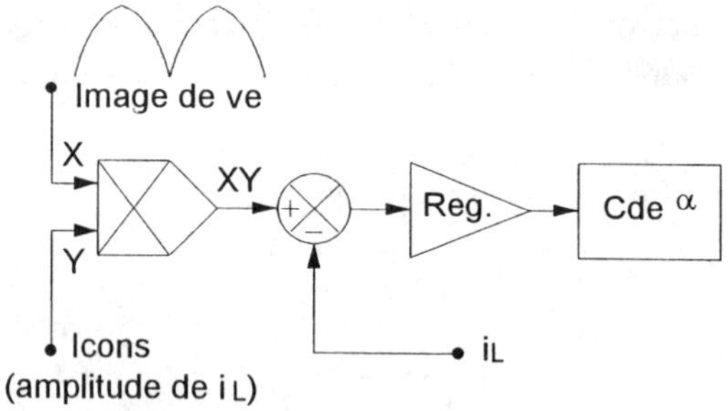

Figure II.68 : *Principe de la régulation en absorption sinusoïdale*

6.3.2. Dimensionnement des composants

6.3.2.1. Dimensionnement des composants à semi-conducteurs

Contraintes en tension

Les composants à semi-conducteurs supportent, à l'état bloqué, la tension de sortie. Cette dernière est généralement correctement filtrée et régulée, donc quasiment constante et sa valeur de référence est supérieure au maximun de la tension crête du réseau.

$$V_{Tmax} = V_{Dmax} = V_S$$

Contraintes en courant

* Courants moyens :

$$I_{Dmoy} = I_s = \frac{P}{V_s} \qquad I_{Tmoy} = I_{Lmoy} - I_{Dmoy} = \frac{2I_M}{\pi} - I_s = \frac{P}{V_s}\left(\frac{4}{\pi}\frac{V_s}{V_m} - 1\right)$$

* Courants efficaces :

La détermination des valeurs efficaces est délicate compte tenu de la modulation basse fréquence des signaux, modulation à la fois temporelle et d'amplitude. Nous ferons l'hypothèse que la variation du courant dans l'inductance est nulle sur une période de découpage, hypothèse d'autant mieux vérifiée que la période de découpage (Td) est faible devant la période du réseau (Tr).

$$I^2_{Teff} = \frac{2}{Tr}\int_0^{Tr/2} i_T^2(t)\,dt = \frac{2}{T_R}\sum_1^n \int_0^{Td(n)} i_T^2(n)\,dt = \frac{2}{T_R}\sum_1^n i_T^2(n)\alpha(n)Td$$

Cette somme peut être approximée par l'intégrale suivante lorsque Td << Tr :

$$I^2_{Teff} = \frac{2}{Tr}\int_0^{Tr/2} i_T^2(t)\alpha(t)dt = \frac{2}{Tr}\int_0^{Tr/2} I_M^2 \sin^2\omega rt\left(1 - \frac{V_M}{V_s}\sin\omega rt\right)dt$$

d'où $I_{Teff} = \dfrac{\sqrt{2}P}{V_M}\sqrt{1 - \dfrac{8V_M}{3\pi V_s}}$

La même technique de calcul conduit à : $I_{Deff} = \dfrac{\sqrt{2}P}{V_M}\sqrt{\dfrac{8V_M}{3\pi V_s}}$

6.3.2.2. Dimensionnement du condensateur et de l'inductance

Condensateur C de sortie

A partir des résultats précédents et en particulier de l'évolution basse fréquence du rapport cyclique, nous pouvons définir les contraintes BF sur le condensateur :

$$\alpha(\theta) = 1 - \frac{V_M}{V_s}\sin\theta \text{ avec } L\omega rI_M << V_M$$

$$(i_D)_{BF} = (1-\alpha)(i_L)_{BF} = \frac{2P}{V_s}\sin^2\theta$$

$$(i_c)_{BF} = (i_D)_{BF} - I_s = \frac{P}{V_s}(1 - \cos 2\theta) - \frac{P}{V_s} = -\frac{P}{V_s}\cos 2\theta$$

Il nous est maintenant possible de calculer l'ondulation de tension basse fréquence aux bornes de C :

$$(\Delta V_s)_{BF} = \frac{(\Delta i_c)_{BF}}{2C\omega r} = \frac{2P}{2C\omega r V_s} = \frac{P}{C\omega r V_s}, \text{ amplitude crête-à-crête}$$

* Contraintes en courant

$i_c + I_s = i_D$

$I^2_{Ceff} + I^2_s = I^2_{Deff}$

On en déduit :

$$I^2_{Ceff} = \frac{2P^2}{V_M^2}\frac{8V_M}{3\pi V_s} - \frac{P^2}{V_s^2}, \text{ soit } I_{Ceff} = \frac{P}{V_s}\sqrt{\frac{16V_s}{3\pi V_M} - 1}$$

Ce courant efficace total comprend la composante basse fréquence à 100Hz :

$$(I_{Ceff})_{BF} = \frac{P}{\sqrt{2}V_S}$$

Inductance L d'entrée

L'inductance d'entrée permet de limiter l'ondulation du courant d'entrée due au découpage. Son dimensionnement résulte alors d'un compromis entre le niveau d'ondulation HF acceptable et la chute de tension BF qu'entraîne cette inductance.

$$(\Delta i)_{HF} = \frac{V_e}{L}\alpha T_d = \frac{V_M}{LF_d}\sin\theta(1-\frac{V_M}{V_S}\sin\theta)$$

On en déduit $(\Delta i)_{HFmax}$, obtenu pour $\sin\theta = \frac{V_S}{2V_M}$: $(\Delta i)_{HFmax} = \frac{V_S}{4LF_d}$

d'où : $\frac{V_M}{2\pi I_M F_r} >> L \geq \frac{V_S}{4F_d(\Delta i)_{HFmax}}$

* Contraintes en courant

$$I_{Leff} = \frac{I_M}{\sqrt{2}} = \sqrt{2}\frac{P}{V_M}$$

La conception de cette inductance doit tenir compte de l'influence de la composante HF du courant sur les pertes Joule. Cet aspect sera abordé dans le chapitre V.

6.3.3. Modes de commande

L'analyse du fonctionnement faite précédemment sur le convertisseur boost était basée sur l'utilisation d'une commande à fréquence fixe dont le rapport cyclique était modulé, à 100Hz, par un correcteur permettant le suivi d'une consigne sinusoïdale redressée.

Cette commande est la plus répandue. Néanmoins, elle présente certains inconvénients liés au réglage délicat du correcteur. D'autres modes de commande, basés sur le contrôle instantané du courant, améliorent le suivi de la consigne sinusoïdale et réduisent ainsi le spectre du courant absorbé. Ces modes de commande peuvent être classés suivant la nature de la conduction, continue ou discontinue, et suivant le régime de fréquence (fixe ou variable).

6.3.3.1. Fonctionnement en conduction continue

A fréquence fixe, il est possible de contrôler les valeurs crête ou minimale du courant. Ce choix n'est pas recommandé du fait des risques d'instabilité rencontrés pour des rapports cycliques excédant 0,5 (cf. Chapitre VI, § 2.1.2) et l'on préfère alors contrôler la valeur moyenne du courant.

A fréquence libre, le suivi d'une consigne sinusoïdale est plus aisé car les instants d'amorçage et de blocage de l'interrupteur peuvent être quelconques. La commande par hystérésis illustre bien ce mode de contrôle : la fermeture et l'ouverture sont directement liées à la comparaison du courant avec deux consignes, haute et basse, dont l'écart peut être constant (figure II.69) ou proportionnel à l'une des deux consignes sinusoïdales.

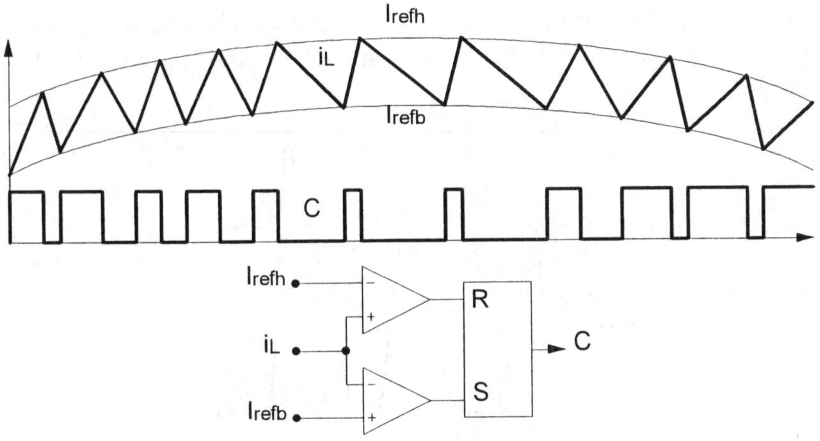

Figure II.69 : *Commande par hystérésis*

La fréquence maximale est ici imposée par l'écart entre les deux consignes. Dans l'hypothèse où cet écart est nul, il est nécessaire de limiter la fréquence.
La figure II.70 montre une deuxième stratégie où le temps de conduction de l'interrupteur est fixé, l'interrupteur étant réamorcé lorsque le courant atteint la consigne sinusoïdale.

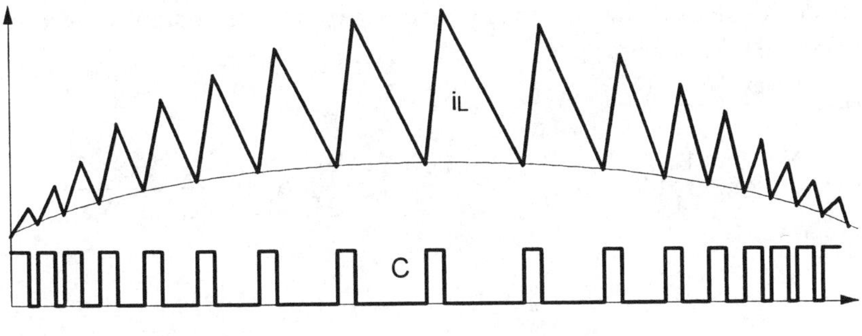

Figure II.70 : *Commande à temps de conduction fixé*

L'ondulation du courant vaut alors :

$$\Delta i = \frac{V_e}{L} T_{on} = \frac{V_M}{L} T_{on} \sin\theta$$

Le courant crête du courant est donc également de forme sinusoïdale. La fréquence maximale est ici limitée à $1/T_{on}$.
Ces commandes à fréquence variable permettent de réduire, par "étalement" des raies, l'amplitude de l'enveloppe spectrale haute fréquence du courant absorbé.

6.3.3.2. Fonctionnement en conduction discontinue

En conduction discontinue, les fonctionnements à fréquence fixe ou libre peuvent également être envisagés.

A fréquence fixe, le rapport cyclique doit être asservi pour assurer le suivi d'une consigne sinusoïdale. La configuration correspondante apparaît figure II.71 :

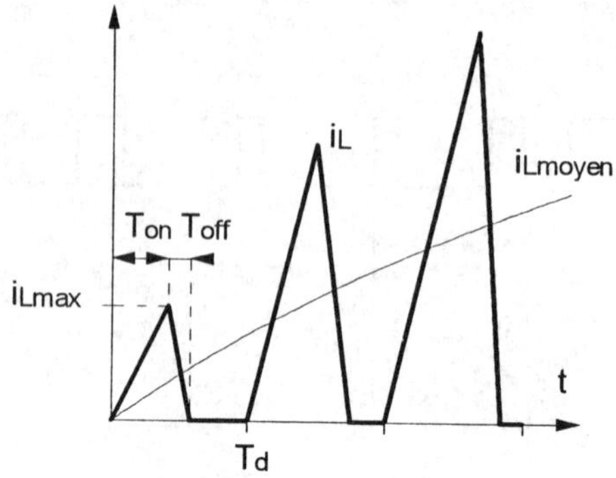

Figure II.71 : *Fonctionnement en conduction discontinue à fréquence fixe*

On peut en déduire :

$$i_{Lmax} = \frac{Ve}{L}\alpha Td = \frac{Ve}{L}Ton$$

$$Toff = \frac{L i_{L\,max}}{Vs - Ve}$$

A partir de ces deux relations, nous pouvons exprimer le courant moyen d'entrée sur une période de découpage :

$$i_{Lmoyen} = \frac{i_{Lmax}}{2}\frac{Ton + Toff}{Td}$$

$$i_{Lmoyen} = \frac{Ve}{2L}\alpha Td \frac{1}{Td} L i_{L\,max}\left(\frac{1}{Ve} + \frac{1}{Vs - Ve}\right) = \frac{Ve^2}{2L}\alpha^2 Td \frac{Vs}{Ve(Vs - Ve)}$$

Finalement :

$$i_{Lmoyen} = \frac{\alpha^2 Ve}{2LFd}\frac{1}{1 - \frac{Ve}{Vs}}$$

Ce courant moyen doit évoluer de manière sinusoïdale au cours de la demi-période du réseau. En conséquence, avec la condition $i_{Lmoyen} = I_M \sin\theta$ et $Ve = V_M \sin\theta$ nous pouvons exprimer le rapport cyclique :

$$\alpha = \sqrt{\frac{2LFd\, I_M}{V_M}\left(1 - \frac{V_M}{V_S}\sin\theta\right)}$$

Ce rapport cyclique doit rester en-deçà d'une limite supérieure imposée par la discontinuité du courant :

$$\alpha < 1 - \frac{V_M}{V_S}\sin\theta$$

L'absorption sinusoïdale peut être obtenue naturellement en boucle ouverte si la fréquence n'est pas imposée.

En effet, si l'on se place à la limite de la discontinuité (mode auto-oscillant, cf. chapitre II, § 2.2.3), à temps de conduction fixé, le courant moyen sera sinusoïdal comme nous le montre l'expression ci-dessous :

$$i_{Lmoyen} = \frac{1}{2} i_{LM}\left(\frac{Ton}{Td} + \frac{Td - Ton}{Td}\right) = \frac{V_M}{2L} Ton \sin\theta = I_M \sin\theta$$

sachant que $i_{Lmax} = \frac{V_M}{L} Ton \sin\theta$.

De ceci on peut déduire :

$$Ton = \frac{2LI_M}{V_M} = \frac{4L}{V_M^2} P$$

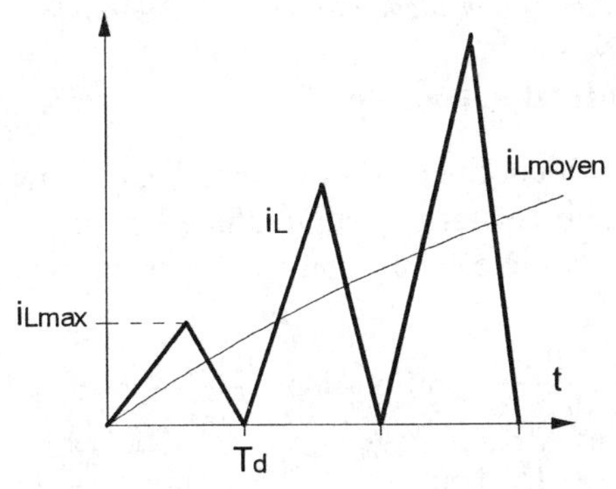

Figure II.72 : *Fonctionnement en conduction discontinue à temps de conduction fixé*

De façon similaire à la conduction continue, la fréquence évolue entre une valeur maximale (1/Ton) et une valeur minimale obtenue sur la crête de la sinusoïde :

$$Fd\min = \frac{1}{Ton + Toff} = \frac{1}{Ton}\left(\frac{1}{1 + \frac{Ve}{Vs - Ve}}\right) = \frac{1}{Ton}\left(1 - \frac{V_M}{Vs}\right) \quad \text{pour } \theta = \frac{\pi}{2}$$

En conduction discontinue, les valeurs des courants crêtes sont dans un facteur deux par rapport à celles obtenues en conduction continue. Ces contraintes étant de surcroît majorées par l'absorption sinusoïdale, ce mode sera plutôt réservé aux faibles puissances.

6.4. Exemple de l'alimentation FLYBACK

La structure FLYBACK est un exemple représentatif des convertisseurs mono-étage capables d'assurer le prélèvement sinusoïdal à l'entrée et la régulation d'une tension de sortie isolée.

Le courant primaire de cette alimentation étant découpé, il est nécessaire de placer un filtre à l'entrée (*l*e, Ce) afin d'atténuer sa composante haute fréquence. La composante basse fréquence devra toujours présenter une forme sinusoïdale redressée.

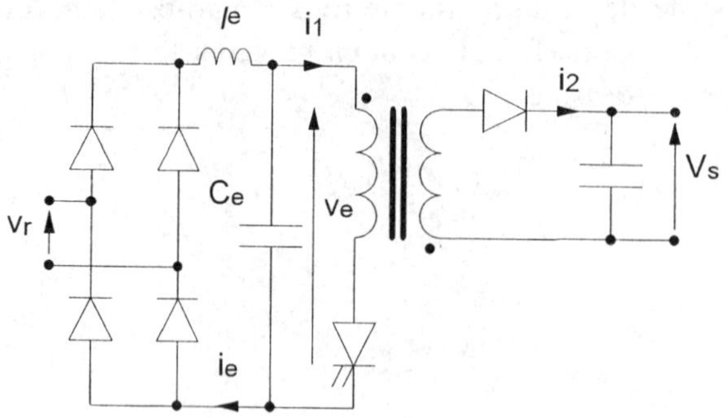

$v_e = V_M \sin\theta$

$\theta = \omega_r t,\ 0 < \theta < \pi$

$i_L = i_1 + m\, i_2$

$m = n_2/n_1$

Figure II.73 : *Alimentation FLYBACK en absorption sinusoïdale*

6.4.1. Analyse en conduction continue

En régime de conduction continue et à fréquence fixe, le rapport cyclique α est la grandeur de réglage qui assurera le suivi d'une consigne sinusoïdale. De façon similaire au hacheur parallèle, nous pouvons exprimer les grandeurs électriques basse fréquence :

$$(v_e)_{BF} = (v_T)_{BF} + L\frac{d(i_L)_{BF}}{dt} = (v_T)_{BF} + L\omega_r\frac{d(i_L)_{BF}}{d\theta} = V_M \sin\theta$$

$$(v_T)_{BF} = (1-\alpha)\left(v_e + \frac{V_S}{m}\right) \quad \text{d'où : } \frac{V_S}{m} - \alpha\left(V_M \sin\theta + \frac{V_S}{m}\right) + L\omega_r\frac{d(i_L)_{BF}}{d\theta} = 0$$

D'autre part, on désire obtenir : $(i_e)_{BF} = I_M \sin\theta = \alpha (i_L)_{BF}$

En éliminant α, on obtient l'équation différentielle suivante :

$$\frac{1}{2}L\omega_r\frac{d(i_L)^2}{d\theta} + \frac{V_S}{m}i_L = I_M \sin\theta\left(V_M \sin\theta + \frac{V_S}{m}\right)$$

Cette équation différentielle est valable en régime continu, donc pour des valeurs très importantes de L. L'évolution du rapport cyclique est alors quasi-sinusoïdale si i_L est faiblement ondulé. Cette solution n'est pas réaliste car elle conduirait à un dimensionnement excessif du transformateur.

Dans le cadre d'un dimensionnement plus réaliste (forte ondulation), les deux régimes, continu et discontinu, apparaissent sur une période basse fréquence. La loi de réglage évoquée précédemment n'est plus valable. La résolution devenant très complexe, la simulation est un passage obligé si l'on veut observer des tendances.

Un exemple de comportement obtenu par ce moyen (simulateur GENTIANE) est donné figure II.74. On y retrouve les évolutions du courant moyen à l'entrée, du courant magnétisant et du rapport cyclique, pour une faible valeur de L. Ces résultats correspondent à l'asservissement du courant d'entrée à une sinusoïde. Les principales caractéristiques de l'alimentation simulée sont :

- Entrée : 230V - 50Hz
- Sortie : 54V - 6A
- Rapport de transformation : m = 0,55
- Inductance primaire : L = 200µH

Les résultats mettent en évidence le passage en conduction discontinue lorsque la tension réseau avoisine zéro.

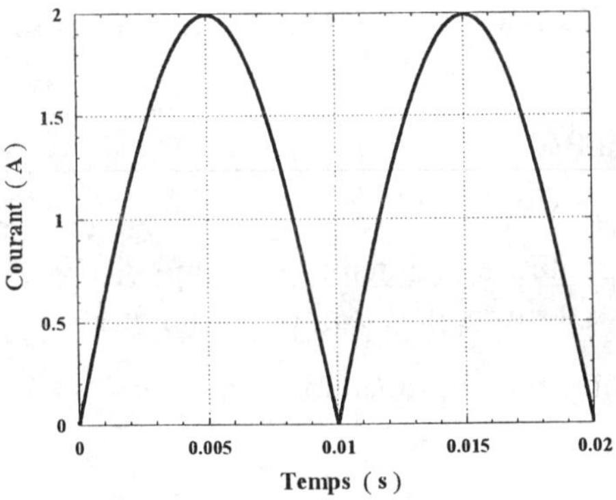

a - Courant moyen à l'entrée

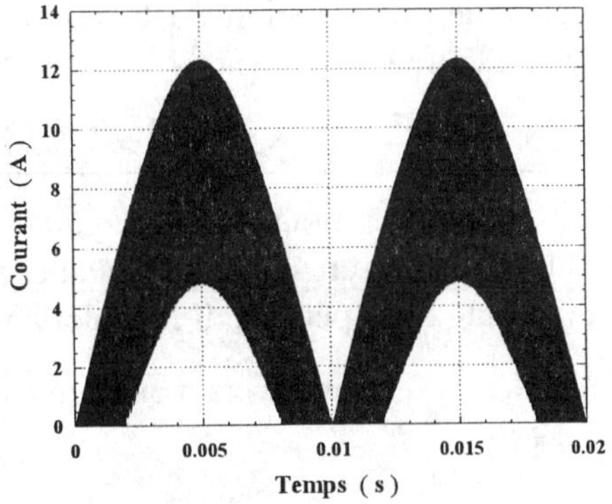

b - Courant magnétisant

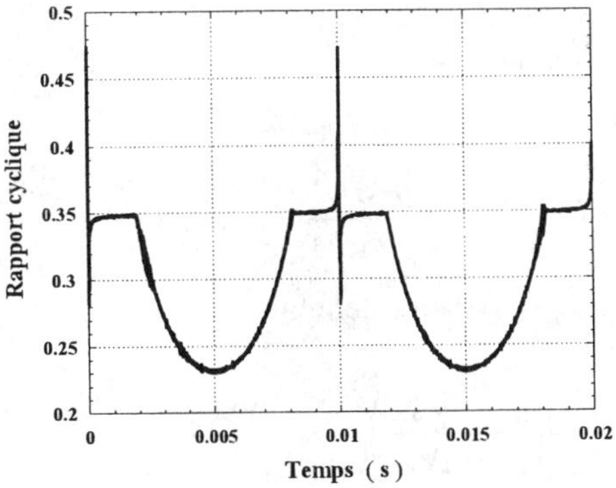

c - Rapport cyclique

Figure II.74 : *Evolution des grandeurs en conduction mixte (continue et discontinue)*

6.4.2. Analyse en conduction discontinue

En régime de conduction discontinue et à fréquence fixe, l'absorption sinusoïdale est obtenue naturellement si le rapport cyclique est maintenu constant.

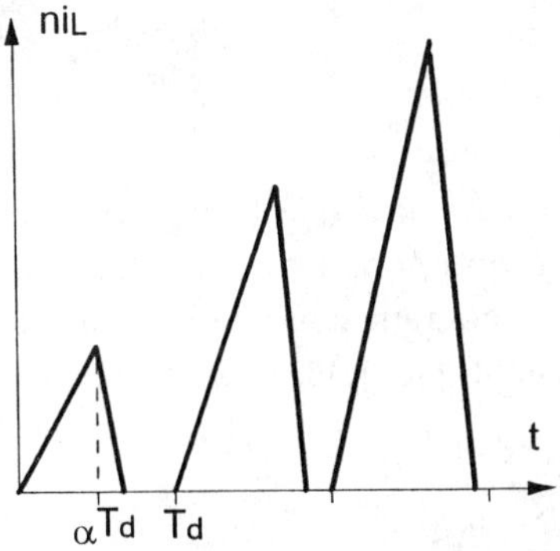

Figure II.75 : *Evolution des Ampère-tours en conduction discontinue*

A partir de l'observation de la figure II.75, nous pouvons exprimer le courant moyen d'entrée :

$$(ie)_{BF} = \frac{\alpha i_{L\,max}}{2} = \frac{\alpha}{2}\left(\alpha \frac{ve}{L} Td\right) = \frac{\alpha^2}{2}\frac{V_M}{LFd}\sin\theta$$

Cette expression nous montre que la composante basse fréquence du courant d'entrée est naturellement sinusoïdale. Si on désire maintenir le régime discontinu tout au long de la période, il faut alors imposer un rapport cyclique α tel que :

$\alpha \leq \dfrac{1}{1 + m\dfrac{V_M}{V_S}}$, la limite étant atteinte au sommet de la sinusoïde pour $\theta = \dfrac{\pi}{2}$.

Les contraintes maximales sont obtenues en $\theta = \dfrac{\pi}{2}$ et valent :

$$I_{T\,max} = \frac{\alpha V_M}{LFd} \qquad V_{Tmax} = V_M + \frac{V_S}{m}$$

La puissance s'exprime par :

$$P = \frac{1}{\pi}\int_0^{\pi}(ve)_{BF}(\theta)(ie)_{BF}(\theta)d\theta = \frac{1}{\pi}\int_0^{\pi}\frac{\alpha^2}{2LFd}V_M^2\sin^2\theta d\theta = \frac{\alpha^2 V_M^2}{4LFd}$$

On en déduit le facteur de dimensionnement :

$$Fd = \frac{\dfrac{4P}{\alpha V_M}\left(V_M + \dfrac{V_S}{m}\right)}{P} = 4\left(1 + \frac{V_S}{mV_M}\right)\left(1 + m\frac{V_M}{V_S}\right)$$

soit $(Fd)_{opt} = 16$ pour $m = \dfrac{V_S}{V_M}$

Le fonctionnement en mode auto-oscillant à fréquence variable est possible. Néanmoins, et contrairement au hacheur parallèle, ce mode de commande n'induit pas directement l'absorption sinusoïdale à temps de conduction fixé. Pour montrer cela, exprimons le courant moyen à l'entrée :

$$(ie)_{BF} = \frac{Ton}{Ton + Toff}\frac{ve(\theta)}{2L}Ton \quad \text{avec} \quad Toff = Ton\frac{mVe}{V_S}$$

On en déduit :

$$(ie)_{BF} = \frac{V_S}{2L}\frac{V_M\sin\theta}{V_S + mV_M\sin\theta}Ton$$

Cette dernière relation nous montre que l'absorption sinusoïdale ne sera possible qu'après un asservissement du courant d'entrée. Le temps de conduction (Ton) de l'interrupteur, ainsi que son courant commuté, seront modulés conformément aux expressions suivantes (sachant que $(ie)_{BF} = I_M\sin\theta$) :

$$Ton(\theta) = \frac{2LI_M}{V_S V_M}(V_S + mV_M\sin\theta)$$

$$I_{T\,max}(\theta) = 2I_M\left(1 + \frac{mV_M}{V_S}\sin\theta\right)$$

Ce mode de commande engendre un facteur de dimensionnement identique à celui du mode précédent à fréquence fixe.

Chapitre III

Alimentations à découpage à commutation naturelle

1. Introduction

Une des principales tendances de la conversion d'énergie de la dernière décennie est l'accroissement des fréquences de découpage. Lorsque l'on souscrit à cette tendance, en utilisant les convertisseurs à commutation commandée du chapitre II, on se heurte rapidement, entre autres problèmes, à l'accroissement parallèle des pertes par commutation dans les interrupteurs. Une première solution consiste à doter ces interrupteurs de circuits d'aide à la commutation (CALC, cf. chapitre IV), tout en conservant le principe des structures précédentes. Une deuxième solution réside dans la définition de convertisseurs dans lesquels les interrupteurs sont naturellement soumis à un régime de commutation à faibles pertes. L'introduction des principes de la commutation naturelle correspond à cette deuxième filière.

Rappelons (chapitre I) que l'on qualifie de convertisseur à commutation naturelle, tout convertisseur dont l'organisation permet de remplir les conditions nécessaires à la commutation spontanée (soit au blocage, soit à l'amorçage) des interrupteurs qui le constituent. Ainsi, pour cette commutation spontanée, les pertes par commutation associées sont nulles. Dans cette configuration, il est de surcroît aisé d'assister la commutation commandée restante, par introduction d'un CALC qui sera, par principe, non dissipatif. Indiquons également que, dans la littérature anglo-saxonne, les termes consacrés sont ZCS (zero-current-switching) pour la commutation spontanée de blocage associée à la commutation commandée d'amorçage, et ZVS (zero-voltage-switching) pour la commutation spontanée d'amorçage associée à la commutation commandée de blocage.

Ces différents points étant rappelés, il nous faut maintenant préciser que la commutation naturelle pourra prendre différentes formes dans les convertisseurs que nous allons étudier plus loin :

– soit, comme nous l'avons vu au chapitre I, la commutation spontanée d'un interrupteur est provoquée par la commutation commandée inverse d'un autre interrupteur de la structure, ce qui constitue la configuration la plus classique qui s'intègre parfaitement dans la démarche de synthèse des convertisseurs,

– soit la commutation spontanée d'un interrupteur est provoquée par l'évolution des grandeurs électriques du circuit, induite initialement par sa commutation commandée.

Dans ce chapitre, nous nous intéresserons à des convertisseurs qui incluent tous des circuits résonnants mais que l'on peut classer, selon les deux modes décrits plus haut, en deux familles distinctes qui sont :
– les alimentations à résonance qui opèrent selon le premier mode et qui sont généralement symétriques en terme d'excitation du transformateur,
– les alimentations quasi-résonnantes qui travaillent selon le second mode et qui sont généralement asymétriques.

2. Alimentations à découpage quasi-résonnantes

Cette famille d'alimentations, dédiée essentiellement au créneau des faibles puissances, a connu un important engouement dans le cadre de la surenchère relative aux fréquences de découpage, que nous évoquions dans l'introduction de ce chapitre. Les travaux menés dans ce domaine, par des équipes américaines en particulier, ont donné naissance à un nombre extrêmement important, pour ne pas dire excessif, de publications. L'imagination débordante des chercheurs n'est guère mise en défaut, si l'on se réfère au nombre tout aussi incroyable de variantes structurelles que suggèrent ces publications. Si chacune d'entre elles peut être considérée comme originale, aucune ne présente d'atouts nouveaux suffisamment significatifs pour détrôner les structures classiques dans les grands marchés des alimentations à découpage. Il faut préciser que la problématique de réalisation d'une alimentation haute fréquence de faible puissance reste essentiellement technologique, quel que soit le principe retenu. Une seule structure de cette famille connaît un développement industriel de grande envergure. Il s'agit du célèbre (dans l'univers de la conversion statique) Forward quasi-résonnant imaginé par le chercheur américain Vinciarelli dont le brevet date de 1983 ! Le volume extrêmement réduit de ce convertisseur et sa fréquence de découpage nominale (1MHz) ont étonné et rendu envieuse toute une génération de concepteurs. Depuis, sont apparues sur le marché des alimentations classiques, de taille tout aussi réduite et fonctionnant à des fréquences de "seulement" quelques centaines de kHz, preuves qu'une réflexion technologique poussée vaut probablement mieux qu'une augmentation de fréquence inconsidérée.
Ce propos préliminaire a pour objectif de souligner qu'il est impossible de passer en revue la myriade de convertisseurs quasi-résonnants (simple, double, multi-résonance) qui ont été imaginés, revue qui serait, de surcroît de peu d'intérêt, compte-tenu du fait que, pour la plupart, ces dispositifs ne quitteront jamais leur laboratoire d'origine ou ne connaîtront qu'un développement très marginal. Pour cette raison, nous traiterons ici uniquement des principales structures quasi-résonnantes, issues des alimentations Forward et Flyback, et pour lesquelles le fonctionnement peut être décrit de façon analytique.
Le principe qui préside à l'élaboration de telles alimentations consiste à substituer, dans des structures classiques, aux interrupteurs entièrement commandés, des interrupteurs à commutation spontanée dit résonnants. Nous présenterons donc, tout d'abord, ces interrupteurs résonnants.

2.1. Interrupteurs résonnants

A partir des éléments du chapitre I sur la structure des interrupteurs, il est simple de présenter le concept d'interrupteurs résonnants. Etant donné le contexte dans lequel nous nous trouvons, les interrupteurs que nous allons utiliser sont des interrupteurs caractérisés par une commutation spontanée et qui posséderont nécessairement trois segments.

On aboutit aux quatre fonctions de la figure III.1-a, auxquelles sont associés les CALC adéquats, à savoir un condensateur parallèle pour les fonctions de blocage (famille "thyristor dual", T_{B1} et T_{B2}, cf. chapitre I), une inductance série pour les fonctions d'amorçage (famille "thyristors", T_{A1} et T_{A2}, cf. chapitre I). Les interrupteurs résonnants $T_{RA(1,2)}$ et $T_{RB(1,2)}$ sont alors obtenus en ajoutant à chacune des fonctions précédentes l'élément dual du CALC associé, soit une inductance pour les fonctions de blocage, soit un condensateur pour les fonctions d'amorçage (figure III.1-b). Nous verrons, dans la suite, que cette architecture permet, dans la plupart des convertisseurs, de remplir les conditions de commutation spontanée de l'interrupteur de base qui s'y trouve plongé.

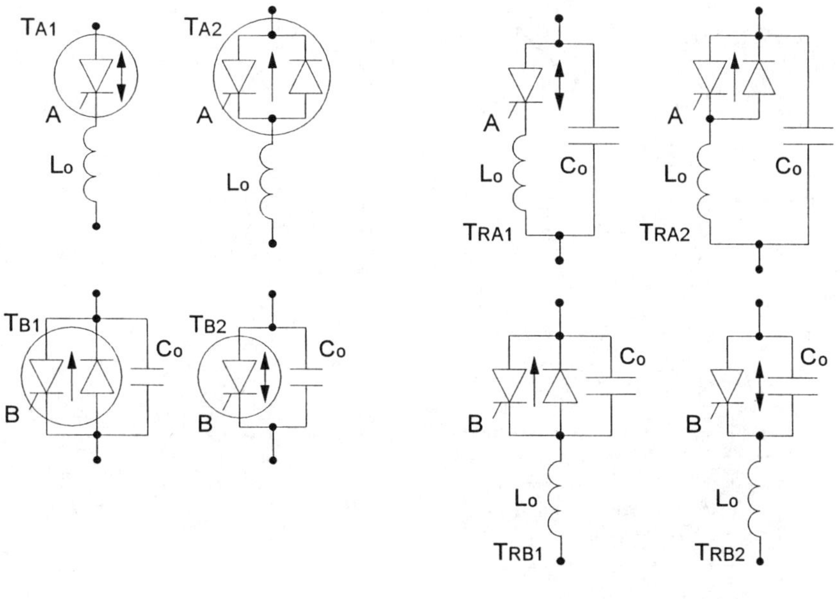

a - Interrupteurs de base *b - Interrupteurs résonnants*

Figure III.1 : *Elaboration des interrupteurs résonnants*

2.2. Hacheurs quasi-résonnants

Dans le chapitre II, nous avons vu que les alimentations isolées sont issues des différentes structures de hacheurs. Il en va de même avec les alimentations quasi-résonnantes, dont nous baserons la présentation sur l'étude préalable de hacheurs quasi-résonnants.

Compte-tenu de nos objectifs et de la systématique, donc de la généralisation, qui va rapidement apparaître, nous nous limiterons à une étude des hacheurs série et à stockage inductif qui préfigurent le Forward et le Flyback que nous décrirons ensuite.

2.2.1. Principes de synthèse

Tout comme celui de la constitution d'interrupteurs résonnants, le principe de synthèse des hacheurs quasi-résonnants est d'une grande simplicité puisqu'il consiste à substituer, dans le schéma d'un hacheur commandé, un interrupteur résonnant à l'interrupteur entièrement commandé. L'exemple de synthèse des hacheurs série résonnants est indiqué figure III.2 :

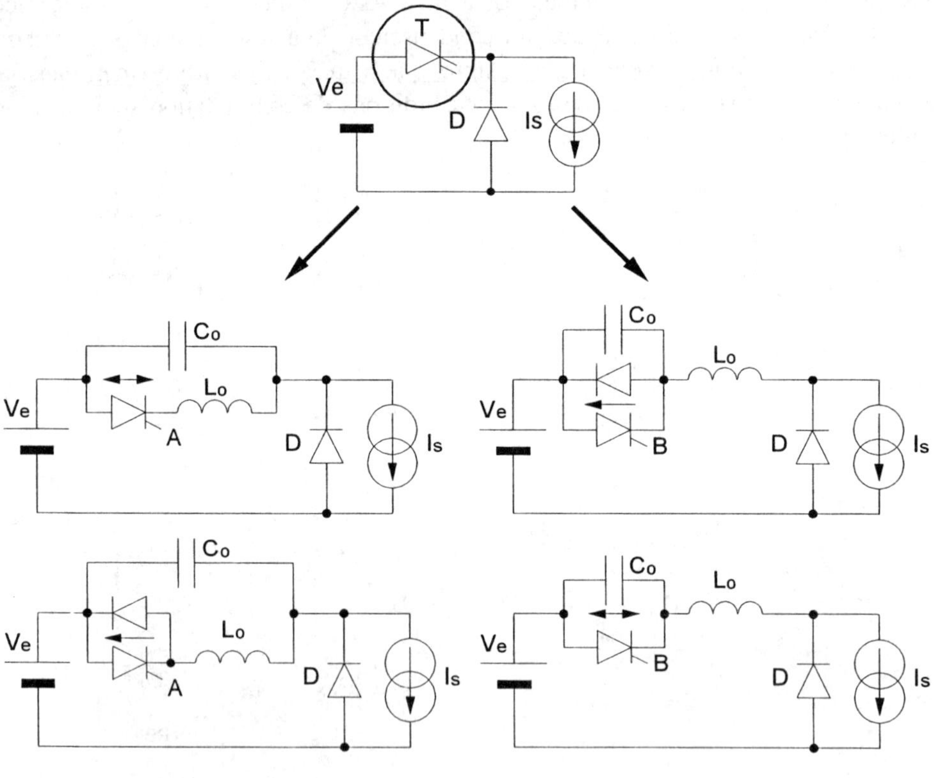

a - commande d'amorçage (ZCS) *b - commande de blocage (ZVS)*

Figure III.2 : *Hacheurs série quasi-résonnants*

On associera à la dénomination TRA des interrupteurs résonnants commandés à l'amorçage, la dénomination HSRA pour les hacheurs correspondants et, de façon identique, TRB et HSRB pour le blocage. A partir de l'étude de ces quatre convertisseurs, nous allons pouvoir, dans la suite, jeter les bases de la généralisation des principes de fonctionnement de cette famille quasi-résonnante.

2.2.2. Fonctionnement - exemple des hacheurs série

Nous baserons notre présentation sur l'analyse temporelle des grandeurs électriques des différents montages. Dans tous les cas, apparaîtra une succession de quatre phases de fonctionnement correspondant aux différents états des interrupteurs et des composants du circuit résonnant. *Afin de simplifier la mise en équation, nous prendrons systématiquement, dans ce qui suit, l'instant initial de la phase étudiée comme origine des temps.* Nous ferons l'hypothèse habituelle selon laquelle le courant de sortie est parfaitement continu et égal à I_S.

2.2.2.1. Hacheur série HS_{RA1}

Le schéma d'étude est indiqué figure III.3. La nouvelle situation du condensateur ne modifie en rien le principe de fonctionnement mais permet d'obtenir une configuration à énergie stockée nulle à la fin de chaque période.

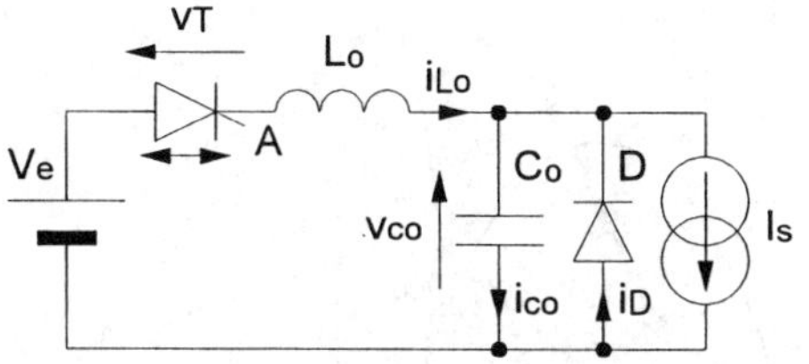

Figure III.3 : *Schéma de principe*

Dans ce cas, les quatre phases auxquelles nous aurons affaire sont :
– la conduction simultanée de D, initialement conductrice, et de T_{A1} du fait de l'amorçage de ce dernier (phase ①). La fin de cette phase est déterminée par le blocage de D,
– l'oscillation du circuit résonnant qui va aboutir au blocage de T_{A1} (phase ②), du fait de l'annulation du courant i_{Lo},
– la décharge à courant constant du condensateur C_o, dont la fin correspond à l'annulation de la tension v_{co} et la mise en conduction associée de D (phase ③),
– la conduction du courant de sortie par la diode D, mécanisme de "roue libre" tout à fait classique (phase ④).

Les formes d'ondes résultant de ces mécanismes sont représentées figure III.4. Les conditions initiales sont donc $i_{Lo} = i_c = 0$, $v_{co} = 0$, $i_D = I_S$.

Phase ① - durée t1

On amorce T_{A1}. La tension V_e est appliquée à L_o, induisant une croissance linéaire du courant i_{Lo} :

$$i_{Lo} = \frac{V_e}{L_o} t, \text{ avec } i_{Lo} + i_D = I_S$$

On en déduit : $i_D = I_S - \frac{V_e}{L_o} t$

Le courant décroît de façon complémentaire dans la diode qui se bloque à l'instant t_1 tel que :

$$t_1 = \frac{L_o I_S}{V_e}$$

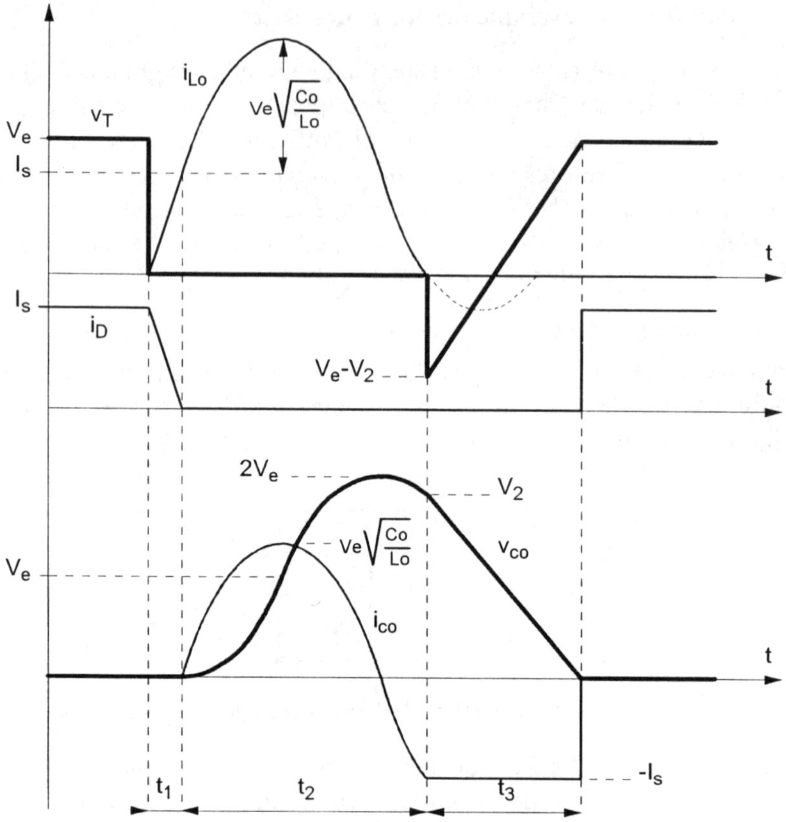

Figure III.4 : *Formes d'ondes*

Phase ② - durée t_2

D étant bloquée, la tension v_C peut évoluer, ce qui entraîne un phénomène d'oscillation, correspondant au schéma partiel de fonctionnement de la figure III.5.

Ce schéma constitue une configuration générale que l'on rencontrera dans les circuits suivants, en adaptant les différentes valeurs. Nous allons donc exprimer les différentes grandeurs pour des conditions initiales quelconques, afin de pouvoir réutiliser ces résultats par la suite.

Avec des conditions initiales $v_{Co}(0) = V_o$ et $i_{Lo}(0) = I_o$, les expressions temporelles de v_{Co} et i_{Lo} sont :

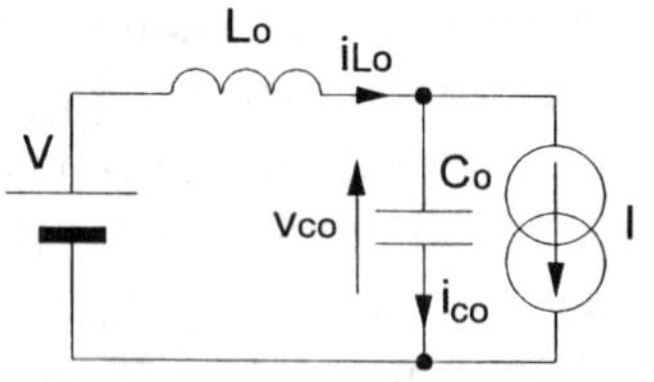

Figure III.5 : *Schéma partiel de fonctionnement pendant l'oscillation*

$$v_{Co}(t) = (V_o - V)\cos\omega_o t + (I_o - I)\sqrt{\frac{L_o}{C_o}}\sin\omega_o t + V \quad \text{E.III.1} \qquad \omega_o = \frac{1}{\sqrt{L_oC_o}}$$

$$i_{Lo}(t) = (I_o - I)\cos\omega_o t + (V - V_o)\sqrt{\frac{C_o}{L_o}}\sin\omega_o t + I \quad \text{E.III.2} \qquad \omega_o = 2\pi F_o$$

Dans l'exemple en cours d'étude, les différentes grandeurs sont $V = Ve$, $I = Is$, $Vo = 0$ et $Io = Is$. On en déduit la forme particulière des expressions précédentes :
E.III.1 $\Rightarrow v_{Co}(t) = Ve(1 - \cos \omega_o t)$

E.III.2 $\Rightarrow i_{Lo}(t) = Ve\sqrt{\frac{Co}{Lo}}\sin \omega_o t + Is$

Tout comme dans la présentation des hacheurs à commutation commandée, nous allons introduire des grandeurs normalisées que l'on retrouvera tout au long de ce chapitre et dont l'utilisation simplifie considérablement le formalisme. Il s'agit :

de la tension de sortie moyenne normalisée $y = \frac{Vs}{Ve}$,

du courant moyen de sortie normalisé $x = \frac{Is}{Ve}\sqrt{\frac{Lo}{Co}}$.

On peut alors écrire : $i_{Lo}(t) = Is\left(1 + \frac{1}{x}\sin \omega_o t\right)$

La condition de commutation est respectée si $x \leq 1$. Le courant i_{Lo} peut alors s'annuler et provoquer le blocage spontanée de l'interrupteur T_{A1} inclu dans T_{RA1}, ce qui se produit à l'insant t_2 :

$$i_{Lo}(t) = 0 \Rightarrow t_2 = \frac{1}{\omega_o}(\arcsin x + \pi)$$

A cet instant $v_{Co} = V_2 = Ve(1 - \cos \omega_o t_2)$, que l'on peut mettre sous la forme :

$$V_2 = Ve\left(1 + \sqrt{1 - \sin^2 \omega_o t_2}\right) = Ve\left(1 + \sqrt{1 - x^2}\right)$$

Phase ③ - durée t_3

Le courant Is est alors dérivé dans le condensateur Co dont la tension décroît linéairement à partir de la tension V_2 pour s'annuler à $t = t_3$:

$$v_{Co}(t) = V_2 - \frac{Is}{Co}t$$

$$v_{Co}(t_3) = 0 \Rightarrow t_3 = \frac{1}{x\omega_o}\left(1 + \sqrt{1 - x^2}\right)$$

Lorsque v_C s'annule, la diode D entre en conduction pour assurer la continuité du courant Is. On rentre alors dans la phase ④ qui est une classique phase de roue libre.

Il est maintenant possible de calculer l'expression de la valeur moyenne de la tension de sortie qui est également la valeur moyenne de la tension v_C (phases ② et ③). On a donc :

$$Vs = F\left[\int_0^{t_2} Ve(1 - \cos \omega_o t)dt + \int_0^{t_3}\left(V_2 - \frac{Is}{Co}t\right)dt\right]$$

$$Vs = F\left[\frac{Ve}{\omega_o}(\pi + \text{Arcsin}\, x) + \frac{Ve\, x}{\omega_o} + \frac{Co\, Ve^2}{2Is}\left(1 + \sqrt{1 - x^2}\right)\right]$$

dont on déduit :

$$Vs = \frac{FVe}{\omega_o}\left[\pi + \text{Arcsin}x + x + \frac{1}{2x}\left(1 + \sqrt{1 - x^2}\right)^2\right]$$

Finalement, on obtient :

$$y = \frac{F}{2\pi F_o}\left[\pi + \text{Arcsin}\,x + \frac{x}{2} + \frac{1}{x}\left(1+\sqrt{1-x^2}\right)\right] = \frac{F}{2\pi F_o} Y_1(x)$$

La fonction $Y_1(x)/2\pi$ est représentée figure III.6. Sa forme indique à l'évidence que y sera fortement dépendant de x (tension de sortie fortement dépendante du courant de charge). *D'autre part, l'expression de y(x) confirme ce que l'observation des grandeurs temporelles laissait supposer, à savoir que le réglage de y ne peut s'effectuer que par action sur la fréquence de commande F.*

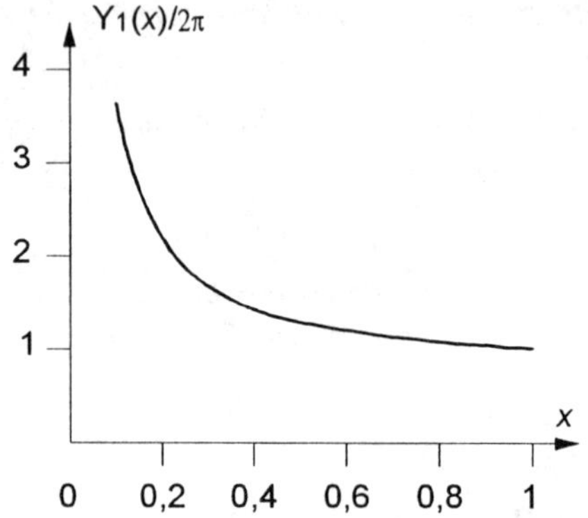

Figure III.6 : *Forme de $Y_1(x)/2\pi$*

Les calculs précédents sont valables si le condensateur C_o peut intégralement se décharger avant le réamorçage de T_{A1}. Il faut donc que la condition $t_1 + t_2 + t_3 \leq T$ soit vérifiée. Sachant que :

$$t_1 = \frac{L_o I_s}{V_e} = \frac{x}{\omega_o}$$

$$t_2 = \frac{1}{\omega_o}(\arcsin x + \pi)$$

$$t_3 = \frac{1}{x\omega_o}\left(1+\sqrt{1-x^2}\right)$$

la forme développée de cette condition est :

$$\frac{1}{2\pi F_o}\left[x + \pi + \text{Arcsin}\,x + \frac{1}{x}\left(1+\sqrt{1-x^2}\right)\right] = \frac{1}{2\pi F_o}\left[Y_1(x) + \frac{x}{2}\right] \leq \frac{1}{F}$$

que l'on peut mettre sous la forme finale :

$$Y_1(x) + \frac{x}{2} \leq \frac{2\pi F_o}{F}$$

Si l'on appelle x_L, le courant normalisé limite en deçà duquel le fonctionnement n'est plus conforme à la description précédente (non décharge de C_o), on aboutit à l'équation :

$$Y_1(x_L) + \frac{x_L}{2} = \frac{2\pi F_o}{F}$$

A partir de cette expression, il est possible de déterminer la valeur maximale de la fréquence de commande que l'on pourra utiliser si l'on exploite de façon optimale l'interrupteur T_{A1} (limite du blocage spontané), c'est-à-dire si $x_L = 1$:

$$\left[\frac{F}{Fo}\right]max = \frac{2\pi}{Y_1(1)+\frac{1}{2}} = 0,936, \text{ dont on déduit } y_{max}(1) = 0,925$$

Les différents éléments qui précèdent nous permettent, à présent, de représenter les caractéristiques de sortie de ce hacheur (figure III.7) :

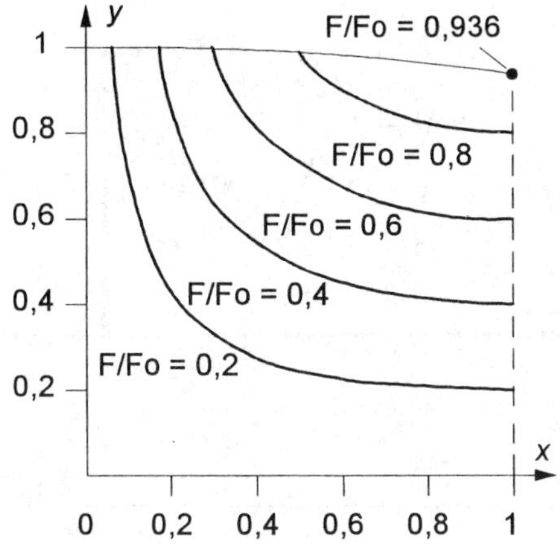

Figure III.7 : *Caractéristiques de sortie du hacheur HS_{RA1}*

Nous ne nous sommes pas intéressés ici au problème du fonctionnement discontinu qui ne manquerait pas de survenir dans un dispositif réel. La détermination des caractéristiques, dans ce régime, ne peut être effectuée analytiquement et sort du cadre de cette étude. Pour cette raison, nous laisserons dans l'ombre la partie gauche du plan $y(x)$. Nous donnerons quelques précisions sur ce régime dans le cas du hacheur HS_{RA2} (cf. paragraphe 2.2.5), dont les équations descriptives sont plus aisées à manipuler.

2.2.2.2. Hacheur série HS_{RA2}

Le schéma de principe du hacheur série HS_{RA2} est représenté figure III.8 :

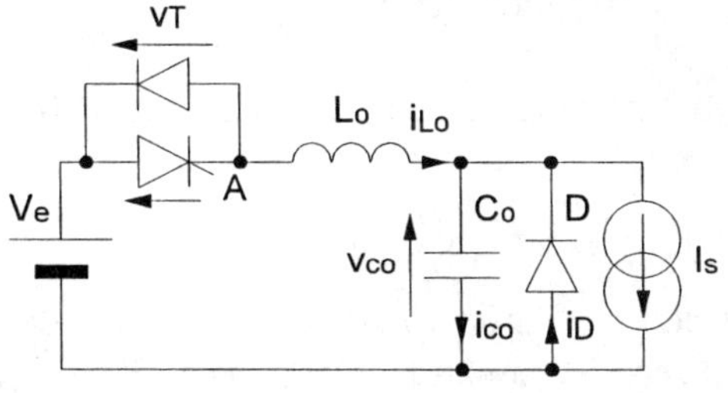

Figure III.8 : *Schéma de principe*

Cette structure ne diffère de la précédente que par l'interrupteur résonnant qui intègre une fonction de base bidirectionnelle en courant (T_{A2}, deux segments "courant", un segment "tension"). Nous allons retrouver l'essentiel du fonctionnement décrit dans le cas du hacheur HS_{RA1}. La seule différence concerne la phase ②. L'oscillation se prolonge au-delà de $t = 3\pi/2\omega_0$, du fait de l'inversion, maintenant possible, du courant dans l'inductance L_0. Ceci induit les nouvelles formes d'ondes de la figure III.9 :

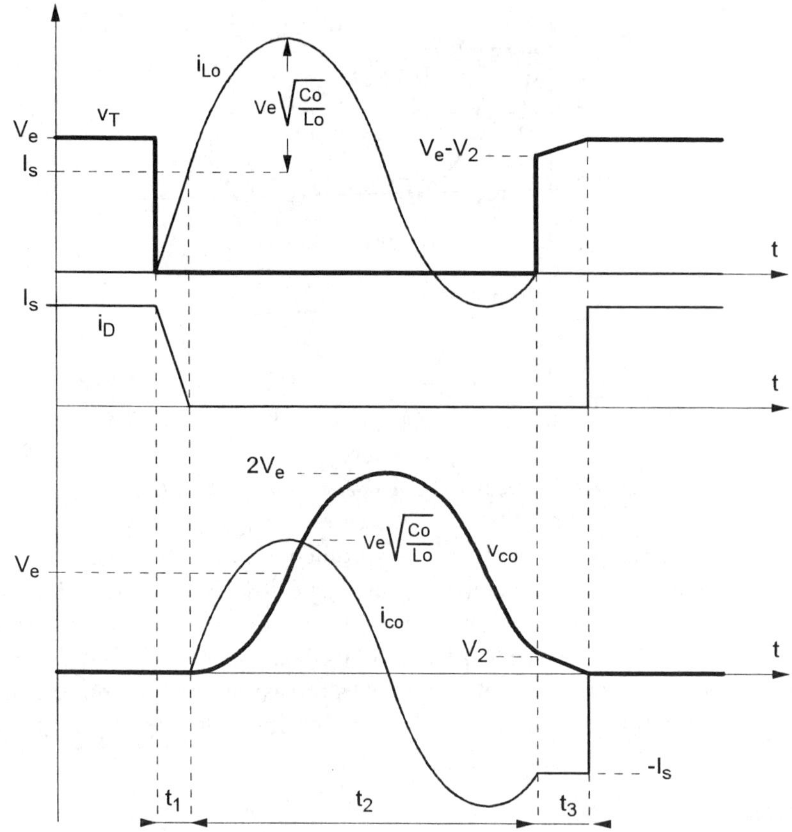

Figure III.9 : *Formes d'ondes*

La seule expression qui est modifiée par rapport au cas précédent est celle de t_2 qui devient :

$$t_2 = \frac{1}{\omega_0}(2\pi - \arcsin x), \text{ avec } \cos \omega_0 t_2 = \sqrt{1 - x^2}$$

Le calcul de la tension de sortie moyenne est donc identique, en y injectant l'expression modifiée de t_2. On aboutit alors au résultat suivant :

$$y = \frac{F}{2\pi F_0}\left[2\pi - \text{Arcsin}\, x + \frac{x}{2} + \frac{1}{x}\left(1 - \sqrt{1 - x^2}\right)\right] = \frac{F}{2\pi F_0} Y_2(x)$$

Cette nouvelle fonction caractéristique $Y_2(x)$ présente la particularité d'être quasiment constante et égale à 2π pour $x \leq 1$. Il s'ensuit que, contrairement au cas du hacheur HS_{RA1}, la tension de sortie normalisée ne dépend que de la fréquence de commande. Les caractéristiques de sortie théoriques sont donc des quasi-horizontales paramétrées par la fréquence de commande (figure III.10).

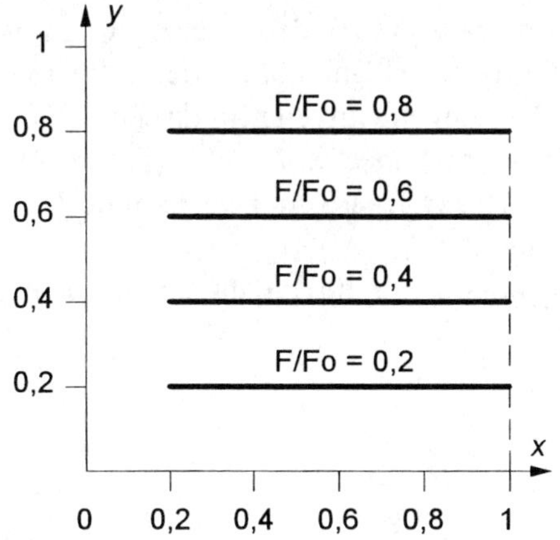

Figure III.10 : *Caractéristiques de sortie du hacheur HS_{RA2}*

Une autre propriété de cette structure est d'imposer un temps de conduction quasi-constant à l'interrupteur T_{A2}. En effet, ce temps de conduction s'exprime :

$$t_c = t_1 + t_2 = \frac{1}{\omega_o}(x + 2\pi - \text{Arcsin}\, x)$$

$$\text{Pour } 0 \leq x \leq 1, \quad \frac{1 + 3\pi/2}{\omega_o} = \frac{5{,}71}{\omega_o} \leq t_c \leq \frac{2\pi}{\omega_o} = \frac{6{,}28}{\omega_o}$$

ce qui correspond à une variation maximale de 10% de tc, sur l'intégralité de la plage d'utilisation du hacheur. Il en résulte qu'il est tout à fait possible de réaliser T_{A2} à partir d'un interrupteur entièrement commandé, piloté à temps de conduction fixe.

Ces propriétés intéressantes n'empêchent malheureusement pas la possibilité d'apparition du régime discontinu de courant en sortie, dans un dispositif réel. Nous aborderons ce problème au paragraphe III.2.2.5.

2.2.2.3. Hacheur série HS_{RB1}

Avec ce hacheur, nous abordons les principes de fonctionnement des structures quasi-résonnantes à commande de blocage. Le schéma de principe apparaît figure III.11.

Du fait de cette commande de blocage, on prendra comme origine d'observation l'instant où l'on bloque T_{B1}.

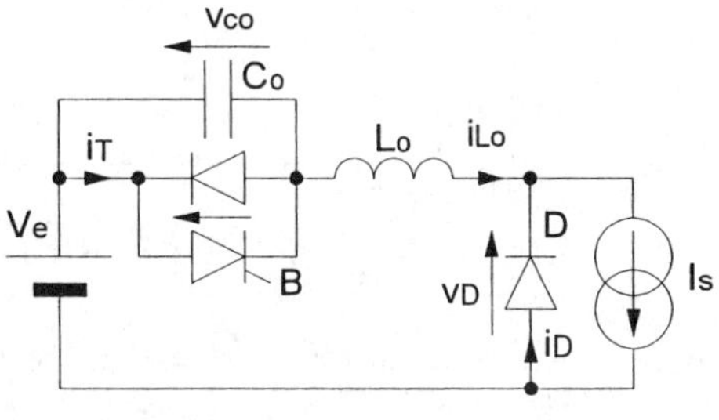

Figure III.11 : *Schéma de principe*

Les formes d'ondes obtenues sont représentées figure III.12. On retrouve quatre phases de fonctionnement qui sont :

– une phase de croissance linéaire de la tension v_{Co}, le condensateur C_o étant parcouru par le courant de charge (phase ①). L'interrupteur T_{B1} et la diode D sont bloqués simultanément jusqu'à ce que $v_{Co} = V_e$, condition qui entraîne la mise en conduction de D et qui correspond à la fin de cette phase,

– une phase d'oscillation entre C_o et L_o, déclenchée par la mise en conduction de D (phase ②). Cette phase provoque l'annulation de la tension v_{Co}, permettant ainsi l'amorçage spontané de T_{B1}, qui constitue la fin de cette phase,

– une phase de conduction simultanée de T_{B1} et D (phase ③), à laquelle correspond une croissance linéaire du courant i_{Lo}, qui se termine lorsque $i_{Lo} = I_s$ et $i_D = 0$, c'est-à-dire lorsque D se bloque,

– une phase classique de conduction directe du courant de charge par l'interrupteur (phase ④).

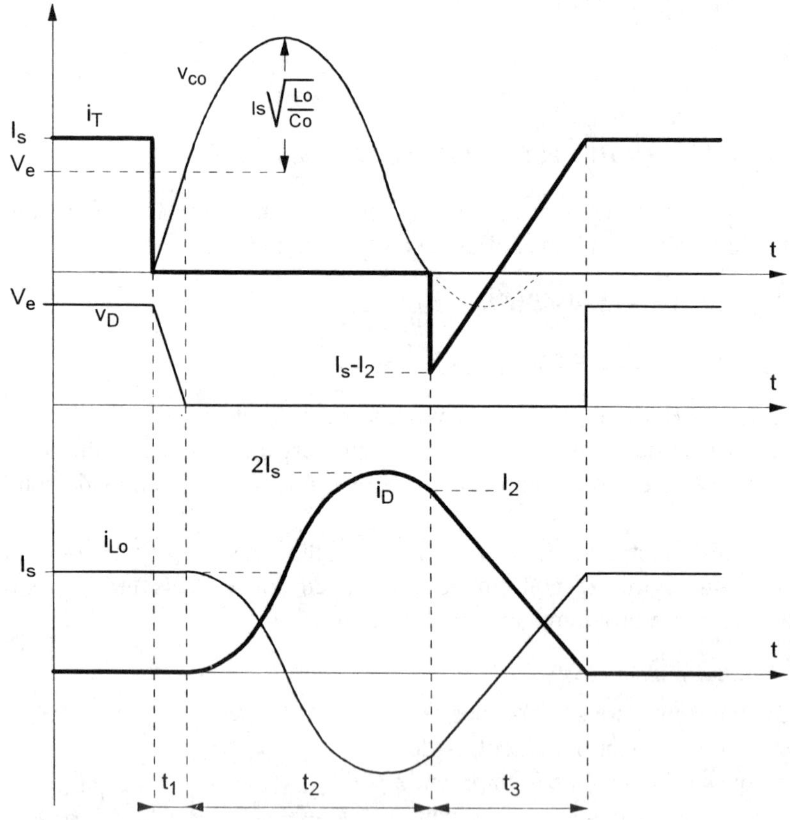

Figure III.12 : *Formes d'ondes*

A partir de cette entrée en matière, on peut procéder comme nous l'avons fait dans le cas du hacheur HS_{RA1}, c'est-à-dire décrire analytiquement et de manière fastidieuse, les différentes phases de fonctionnement.

On peut également utiliser une méthode beaucoup plus satisfaisante pour l'esprit qui consiste à appliquer les règles de la dualité. En effet, si les hacheurs HS_{RA1} et HS_{RB1} ne sont pas duaux (c'est HP_{RB1}, hacheur parallèle, qui serait le dual de HS_{RA1}), on peut noter qu'il existe des propriétés de dualité partielle, si l'on remarque la similitude des formes d'ondes de la figure III.4 et de la figure III.12. Principalement, citons la dualité parfaite entre i_{Lo}, v_T, v_{Co}, dans le cas de HS_{RA1} avec respectivement v_{Co}, i_T, i_D, dans le cas de HS_{RB1}. Le tableau ci-après résume les différentes relations de dualité partielle qui vont nous permettre une amorce de généralisation.

	HACHEUR HS_{RA1}	HACHEUR HS_{RB1}
Grandeurs duales	i_{Lo}, v_T, v_{Co} Lo, Co Ve $x = \frac{Is}{Ve}\sqrt{\frac{Lo}{Co}}$ $\omega_o = \frac{1}{\sqrt{LoCo}} = 2\pi Fo$	v_{Co}, i_T, i_D Co, Lo Is $\frac{1}{x} = \frac{Ve}{Is}\sqrt{\frac{Co}{Lo}}$ $\omega_o = \frac{1}{\sqrt{LoCo}} = 2\pi Fo$
Condition de commutation spontanée	Amplitude de l'oscillation de courant supérieure à Is $x \leq 1$	Amplitude de l'oscillation de tension supérieure à Ve $x \geq 1$
Phase ①	Conduction simultanée des interrupteurs Croissance linéaire de i_{Lo} $i_{Lo} = \frac{Ve}{Lo}t$ $t_1 = \frac{LoIs}{Ve} = \frac{x}{\omega_o}$	Etat ouvert simultané des interrupteurs Croissance linéaire de v_{Co} $v_{Co} = \frac{Is}{Co}t$ $t_1 = \frac{CoVe}{Is} = \frac{1}{x\omega_o}$
Phase ②	Oscillation $v_{Co}(t) = Ve(1 - \cos\omega_o t)$ $t_2 = \frac{1}{\omega_o}(\arcsin x + \pi)$	Oscillation $i_D(t) = Is(1 - \cos\omega_o t)$ $t_2 = \frac{1}{\omega_o}(\arcsin\frac{1}{x} + \pi)$
Phase ③	Etat ouvert simultané des interrupteurs Décroissance linéaire de v_C $V_2 = Ve\left(1+\sqrt{1-x^2}\right)$ $v_{Co}(t) = V_2 - \frac{Is}{Co}t$ $t_3 = \frac{1}{x\omega_o}\left(1+\sqrt{1-x^2}\right)$	Conduction simultanée des interrupteurs Décroissance linéaire de i_L $I_2 = Is\left(1+\sqrt{1-\frac{1}{x^2}}\right)$ $i_D(t) = I_2 - \frac{Ve}{Lo}t$ $t_3 = \frac{x}{\omega_o}\left(1+\sqrt{1-\frac{1}{x^2}}\right)$

Ces différentes relations vont nous permettre d'exprimer simplement l'expression de la tension de sortie moyenne délivrée par le hacheur HS_{RB1}. La conservation des puissances nous donne $V_sI_s = V_eI_{Lomoyen}$, soit $y = I_{Lomoyen}/I_s$. D'autre part, on a la relation $I_{Lomoyen} = I_s - I_{Dmoyen}$. Or, nous venons de voir que i_D est une forme duale de la tension aux bornes du condensateur du hacheur HS_{RA1}, qui constituait la tension de sortie de ce même hacheur. Nous pouvons donc déduire directement l'expression de I_{Dmoyen} :

HACHEUR HS_{RA1}	HACHEUR HS_{RB1}
$V_{cmoyen}(x) = \dfrac{F}{2\pi F_o} Y_1(x)\ V_e$	$I_{Dmoyen}(\dfrac{1}{x}) = \dfrac{F}{2\pi F_o} Y_1(\dfrac{1}{x})\ I_s$

Il alors aisé d'exprimer $y(x)$:

$$y(x) = \frac{I_s - I_{Dmoyen}}{I_s} = 1 - \frac{F}{2\pi F_o} Y_1\,(\frac{1}{x})$$

Nous pouvons maintenant représenter les caractéristiques de sortie de ce hacheur (figure III.13) :

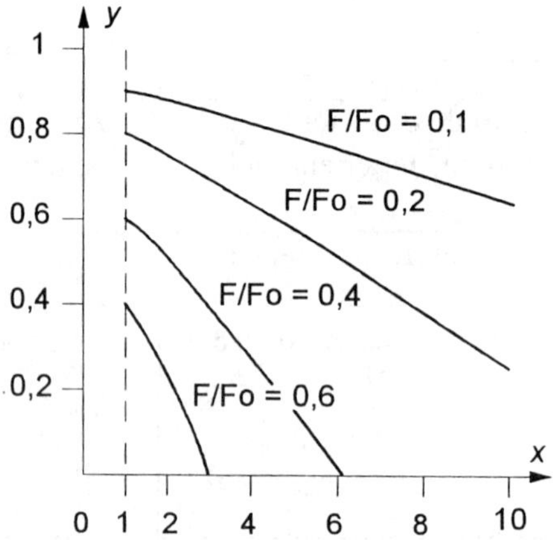

Figure III.13 : *Caractéristiques de sortie*

On remarque le comportement particulier de ce type de convertisseur qui possède des caractéristiques plongeantes, indiquant l'existence d'une limitation intrinsèque du courant de sortie.

Comme dans les hacheurs à commande d'amorçage, il existe une condition limite de fonctionnement qui est l'annulation du courant i_D avant le blocage de T_{B1}. D'après les relations de dualité partielle, cette condition est traduite par l'équation :

$$Y_1(\frac{1}{x_L}) + \frac{1}{2x_L} = \frac{2\pi F_o}{F}$$

qui mène à $(F/F_o)_{max} = 0{,}936$ et $y_{min}(1) = 0{,}075$, pour $x_L = 1$.

2.2.2.4. Hacheur série HS_{RB2}

Les différents résultats présentés dans les paragraphes précédents vont nous permettre de décrire brièvement le fonctionnement de ce dernier hacheur. Son schéma de principe est indiqué figure III.14 :

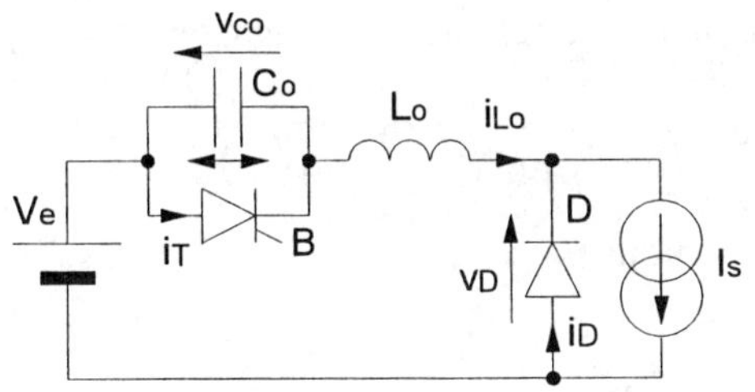

Figure III.14 : *Schéma de principe*

De la même façon que lors du passage du hacheur HS_{RA1} au hacheur HS_{RA2}, la seule modification par rapport au fonctionnement du hacheur HS_{RB1} apparaît sur la phase ②, durant laquelle la tension v_{CO} peut devenir négative, du fait des caractéristiques de T_{B2} (figure III.15).

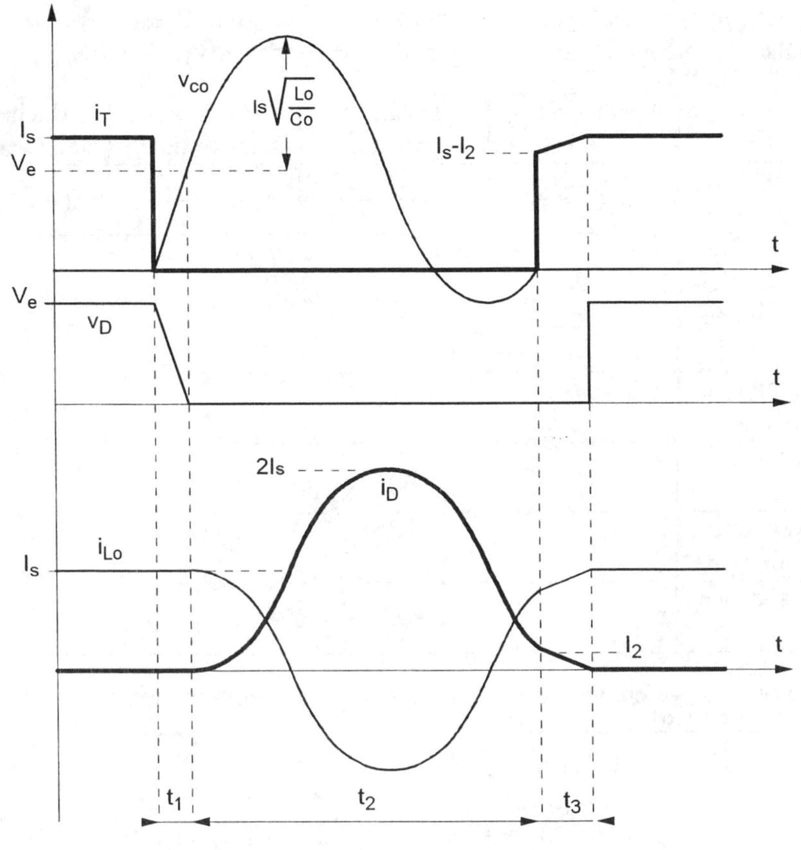

Figure III.15 : *Formes d'ondes*

On obtient une nouvelle expression de la durée t_2 qui devient :

$t_2 = \frac{1}{\omega_o}(2\pi - \arcsin \frac{1}{x})$

Parallèlement, le raisonnement que nous avons tenu pour déduire directement des relations du hacheur HS_{RA1} l'expression de la tension de sortie normalisée y de HS_{RB1}, est le même, à partir des relations du hacheur HS_{RA2}, pour obtenir y dans ce dernier cas :

$$y = 1 - \frac{F}{2\pi F_o} Y_2\left(\frac{1}{x}\right)$$

Sachant que $Y_2(x) \approx 2\pi$, nous pouvons écrire :

$$y = 1 - \frac{F}{F_o}$$

2.2.3. Eléments de généralisation (caractéristiques - contraintes)

2.2.3.1. Caractéristiques de sortie

Nous avons vu apparaître, au cours de la description des quatre hacheurs série quasi-résonnants, une systématique qui peut être étendue à l'intégralité des hacheurs décrits dans le chapitre II, qui peuvent tous fonctionner dans ce mode, pour peu que l'on y intègre les interrupteurs résonnants. Il est alors possible de généraliser le calcul des caractéristiques de sortie (cf tableau ci-dessous) :

	Hacheur série	Hacheur parallèle	Hacheur à stock. inductif	Hacheur à stock. capacitif
Fonction de réglage	$g(A) = A$	$g(A) = \frac{1}{1-A}$	$g(A) = \frac{A}{1-A}$	$g(A) = \frac{A}{1-A}$
Commutation commandée	régime continu de courant : $A = \alpha$ régime discontinu de courant : $A = \frac{1}{1+\frac{2x}{\alpha^2}}$			
Q-résonance mode A1	$A = \frac{F}{2\pi F_o} Y_1(x)$			
Q-résonance mode A2	$A = \frac{F}{2\pi F_o} Y_2(x) \approx \frac{F}{F_o}$			
Q-résonance mode B1	$A = 1 - \frac{F}{2\pi F_o} Y_1\left(\frac{1}{x}\right)$			
Q-résonance mode B2	$A = 1 - \frac{F}{2\pi F_o} Y_2\left(\frac{1}{x}\right) \approx 1 - \frac{F}{F_o}$			
$x = \frac{I_s}{V_e}\sqrt{\frac{L_o}{C_o}}$ en quasi-résonance, $x = \frac{LFI_s}{V_e}$ en commutation commandée				
$Y_1(x) = \pi + \text{Arcsin}\, x + \frac{x}{2} + \frac{1}{x}\left(1+\sqrt{1-x^2}\right)$ $Y_2(x) = 2\pi - \text{Arcsin}\, x + \frac{x}{2} + \frac{1}{x}\left(1-\sqrt{1-x^2}\right) \approx 2\pi$				

Ces résultats sont obtenus en introduisant la notion de fonction de réglage g(A) telle que :

$$y = g(A)$$

g, fonction de réglage
A, grandeur de réglage

Pour illustrer cette formalisation, il suffit de donner la fonction de réglage du hacheur série classique, commandé à fréquence fixe qui est $y = \alpha$, ce qui correspond à $g(A) = A$ et $A = \alpha$. Cette approche est utilisable pour tous les hacheurs et leurs différents modes de commande. Nous nous sommes limités dans le tableau ci-dessus aux hacheurs à commutation commandée à fréquence fixe (régimes continu et discontinu de courant) et à leurs homologues quasi-résonnants (régime continu de courant).
Les différentes expressions qui y sont consignées permettent de déterminer la forme des caractéristiques de sortie, dans chaque cas, en développant la fonction de réglage à partir du facteur de réglage adéquat.

2.2.3.2. Contraintes et facteurs de dimensionnement

De la même façon, il est possible d'avoir une approche générale de l'estimation du facteur de dimensionnement des interrupteurs, dans les différents hacheurs et pour les divers modes de fonctionnement. Les facteurs de dimensionnement, que nous avons exprimés dans le chapitre II, peuvent être mis sous la forme de fonctions de y. Lorsque l'on introduit un interrupteur résonnant, l'interrupteur interne est soumis à une surintensité en ce qui concerne la commande d'amorçage, à une surtension en ce qui concerne la commande de blocage. Dans le premier cas, le courant est majoré par rapport à la structure à commutation commandée d'un facteur $1 + 1/x$, dans le second cas, la tension est majorée d'un facteur $1 + x$. Le facteur de dimensionnement d'un hacheur quasi-résonnant est alors simplement obtenu en multipliant le facteur de dimensionnement du hacheur à commutation commandée homologue par l'un ou l'autre de ces termes. Les résultats correspondants aux quatre hacheurs du chapitre II sont consignés dans le tableau ci-dessous :

	Facteur de dimensionnement commutat. commandée	Facteur de dimensionnement commutation RA	Facteur de dimensionnement commutation RB
Hacheur Série	$\mathrm{Fd} = \frac{1}{\alpha} = \frac{1}{y}$	$\mathrm{FdA} = \frac{(1+x)}{xy}$	$\mathrm{FdB} = \frac{(1+x)}{y}$
Hacheur Parallèle	$\mathrm{Fd} = \frac{1}{1-\alpha} = y$	$\mathrm{FdA} = \frac{y(1+x)}{x}$	$\mathrm{FdB} = y(1+x)$
Hacheur à stockage inductif	$\mathrm{Fd} = \frac{1}{(1-\alpha)\alpha} = \frac{(1+y)^2}{y}$	$\mathrm{FdA} = \frac{(1+y)^2}{y}\frac{(1+x)}{x}$	$\mathrm{FdB} = \frac{(1+y)^2}{y}(1+x)$
Hacheur à stockage capacitif	$\mathrm{Fd} = \frac{1}{(1-\alpha)\alpha} = \frac{(1+y)^2}{y}$	$\mathrm{FdA} = \frac{(1+y)^2}{y}\frac{(1+x)}{x}$	$\mathrm{FdB} = \frac{(1+y)^2}{y}(1+x)$

A partir de ces différents résultats, nous pouvons représenter l'évolution des facteurs de dimensionnement de ces structures, en fonction de y et à x donné (figure III.16) :

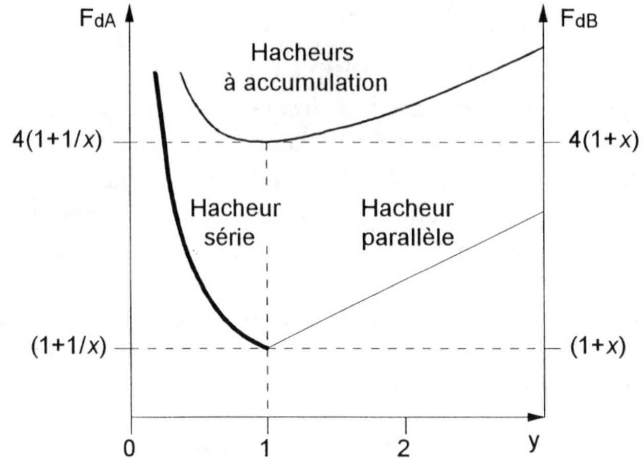

Figure III.16 : *Evolution des facteurs de dimensionnement*

On retrouve des tendances similaires à celles déjà observées au chapitre II. Le fonctionnement est optimal, pour les hacheurs à stockage, à $y = 1$. Tous ces facteurs de dimensionnement se trouvent majorés par rapport à leurs homologues de la commutation commandée. On constate également que la commutation RB est beaucoup plus contraignante que la commutation RA. En effet, rappelons que dans la commutation RA, la valeur maximale de x est 1, tandis qu'inversement, dans la commutation RB, 1 est la valeur minimale de x permettant la commutation spontanée. Dans le cas des structures RA, on aura donc $F_{dA} = 2F_d$, pour $x = x_{Amax} = 1$ (régime de courant nominal), ce qui correspond logiquement au doublement du courant instantané dans l'interrupteur. Dans le cas des structures RB, le facteur de dimensionnement au régime nominal dépend de la valeur de x_{Bmax} correspondante, sachant qu'à l'opposé le régime de charge minimale correspondra à $x_{Bmin} = 1$. Il faut donc imposer, en fonction du besoin, une dynamique du courant moyen de sortie que l'on caractérisera par le rapport $D_I = I_{smax}/I_{smin} = x_{Bmax}/x_{Bmin}$. Si l'on prend l'exemple numérique simple d'une dynamique de 10 (en pratique, des dynamiques plus importantes sont généralement requises), on obtient $x_{Bmax} = 10$ et par conséquent $F_{dB} = 11F_d$. *Cet accroissement considérable du facteur F_{dB} concerne la tension de blocage de l'interrupteur, ce qui rend quasi-inutilisable cette famille, en moyenne et haute tension.* Pour cette raison, nous ne présenterons, dans cette première partie, que les structures de type RA dont le surdimensionnement reste acceptable.

Nous verrons, dans la deuxième partie de ce chapitre, que la commande de blocage trouve tout son intérêt dans les alimentations à résonance dans lesquelles, inversement, la commutation d'amorçage présente de nombreux inconvénients.

2.2.4. Application aux hacheurs à stockage inductif HI_{RA}

Comme nous l'avons vu au chapitre II, le hacheur à stockage inductif préfigure l'alimentation de type Flyback. Il est donc intéressant d'utiliser les différents résultats qui précèdent pour présenter le fonctionnement de ce hacheur, ce qui permettra une introduction immédiate à l'étude des Flyback et plus particulièrement du Flyback RA2 (Paragraphe III.2.3). D'après le principe élémentaire de synthèse du paragraphe III.2.2.1, les structures HI_{RA1} et HI_{RA2} sont celles de la figure III.17 :

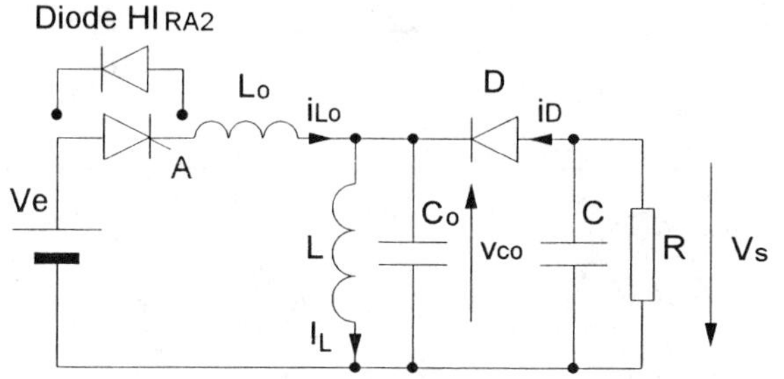

Figure III.17 : *Schémas de principe*

On retrouvera ici des formes d'ondes similaires à celles déjà obtenues dans le cas des hacheurs série. Ainsi le courant dans l'interrupteur $T_{A(1,2)}$, inclu dans la structure, est le courant que l'on obtiendrait dans l'interrupteur du hacheur à commutation commandée, auquel est superposé le courant d'oscillation. De la même façon, à cette oscillation de courant correspondent les variations de l'autre variable d'état qui est la tension aux bornes du condensateur C_o. En se plaçant dans les hypothèses d'un régime parfaitement continu de courant dans L et d'une tension de sortie constante, les formes d'ondes associées sont représentées figure III.18 :
Le fonctionnement, sur une période de découpage dont l'origine est l'amorçage de l'interrupteur, comprendra toujours quatre phases :

– phase ①, l'interrupteur $T_{A(1,2)}$ et la diode D conduisent simultanément, le courant croît linéairement dans le premier (pente $(V_e + V_s)/L_o$) et décroît symétriquement dans la seconde jusqu'à son blocage,

– phase ②, la diode D étant bloquée, une oscillation se développe entre L_o et C_o et induit finalement le blocage de $T_{A(1,2)}$,

– phase ③, la tension v_{co} retourne à son état initial ($v_{co} = - V_s$), chargé à courant constant I_L, la diode D rentrant alors en conduction,

– phase ④, D conduit, connectant le réservoir d'énergie constitué par L à la source de tension de sortie C.

En utilisant les données du paragraphe III.2.2.3.1, on peut directement exprimer la forme analytique de la tension normalisée de sortie :

$$HI_{RA2} : \; y = \frac{\frac{F}{2\pi F_o} Y_1(x)}{1 - \frac{F}{2\pi F_o} Y_1(x)} \qquad\qquad HI_{RA2} : \; y = \frac{\frac{F}{F_o}}{1 - \frac{F}{F_o}}$$

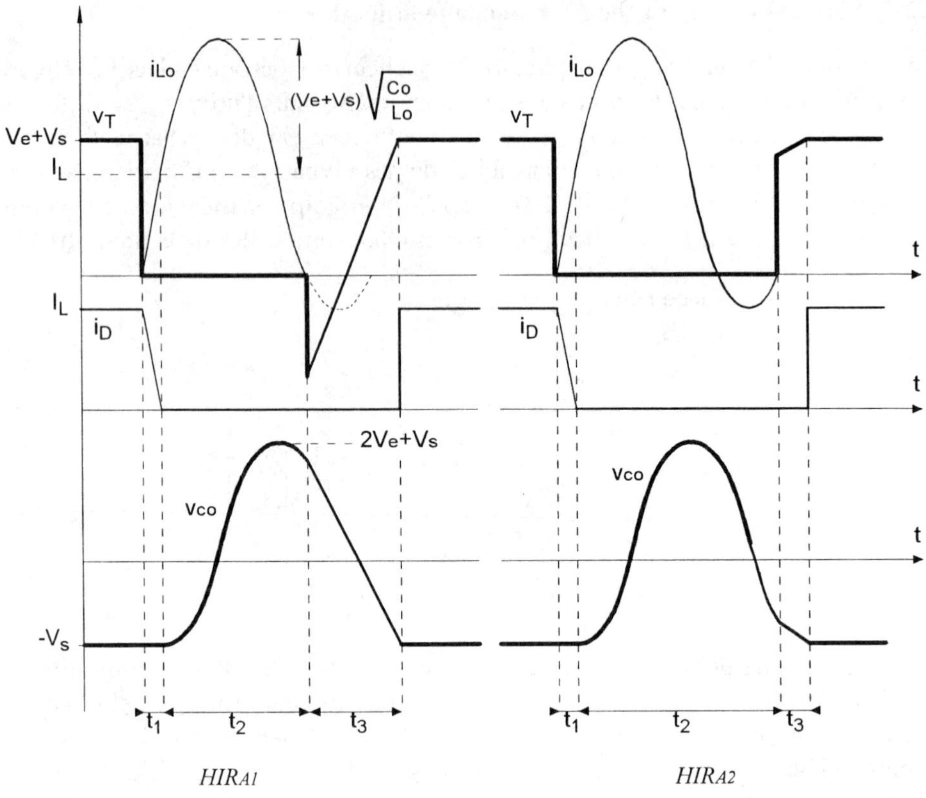

Figure III.18 : *Formes d'ondes*

La forme des caractéristiques de sortie en régime continu de courant, dans les deux modes RA1 et RA2 est donnée figure III.19 :

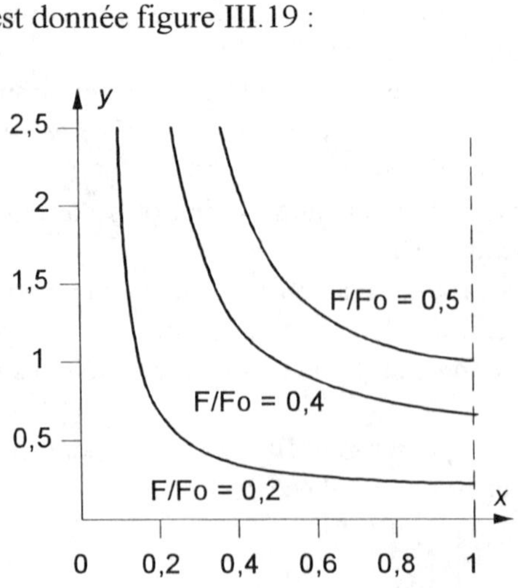

Figure III.19 : *Caractéristiques de sortie*

Les contraintes appliquées aux interrupteurs sont majorées par rapport au hacheur équivalent à commutation commandée d'un facteur $1 + 1/x$, comme nous l'avons vu au paragraphe III.2.2.3.2.

2.2.5. Régime discontinu-exemple du hacheur série HSRA2

Nous avons basé l'étude de ces hacheurs quasi-résonnants sur l'hypothèse de la conduction continue. Malgré cette hypothèse simplificatrice, l'introduction d'un mécanisme d'oscillation entraîne une importante complication de l'étude analytique. Il est donc aisé de comprendre que la prise en compte supplémentaire des phénomènes de conduction discontinue mène à des calculs rapidement inextricables. Néanmoins, il est possible de préciser les modifications introduites par la quasi-résonance et le mode de commande associé sur les conditions limites de fonctionnement en conduction continue, en s'appuyant sur l'exemple du hacheur série HSRA2.

Dans ce convertisseur, on peut faire l'approximation que la tension v_C est une oscillation pure non amortie, c'est-à-dire que l'expression $v_{CO} = (1 - \cos\omega_0 t)V_e$ est valable sur les phases ② et ③ (décharge linéaire négligée). Cette tension constituant la tension instantanée de sortie, si l'on connecte sur le hacheur le filtre de la figure III.20-a, en supposant que v_S = cte $= V_S$, on peut écrire que l'expression de v_L sur l'intervalle d'oscillation est :

$$v_L \approx (1 - \cos\omega_0 t)V_e - \frac{F}{F_0}V_e$$

Les formes d'ondes correspondantes sont représentées figure III.20-b :

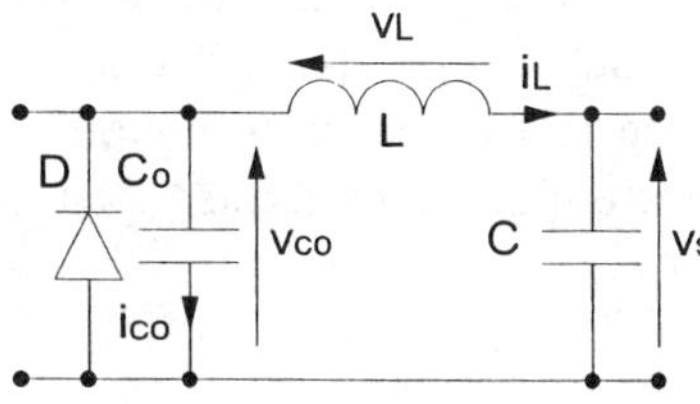

a - Introduction d'un filtre L, C

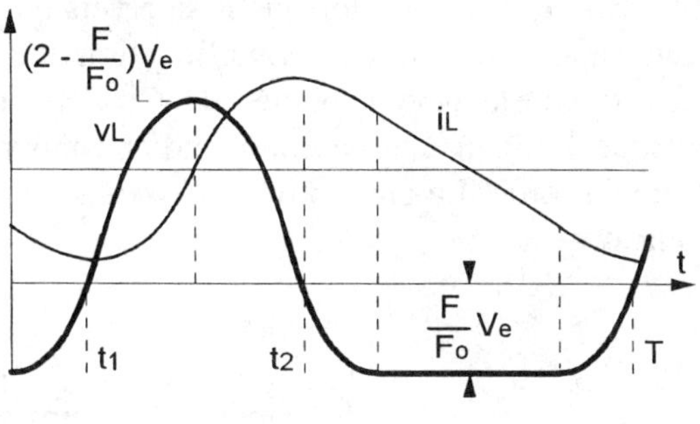

b - Formes d'ondes

Figure III.20 : *Ondulation de courant dans le hacheur HSRA2*

Dans le cadre de cette hypothèse, on peut exprimer l'ondulation de courant crête-à-crête, dans l'inductance L :

$$\Delta I_L = i_L(t_2) - i_L(t_1) = \int_{t_1}^{t_2} \frac{di_L}{dt}\,dt = \frac{1}{L}\int_{t_1}^{t_2} v_L\,dt$$

$$\Delta I_L = \frac{Ve}{L}\left[\left(1-\frac{F}{Fo}\right)t - \frac{1}{\omega o}\sin\omega o t\right]_{t_1}^{t_2}$$

Les instants t_1 et t_2 peuvent être explicités par les relations suivantes :

$$\cos\omega o t_1 = \cos\omega o t_2 = 1-\frac{F}{Fo} \text{ et } \sin\omega o t_1 = -\sin\omega o t_2$$

Dont on déduit :

$$\Delta I_L = \frac{Ve}{L}\left[\left(1-\frac{F}{Fo}\right)\left(\frac{2\pi}{\omega o}-2t_1\right)+\frac{2}{\omega o}\sin\omega o t_1\right]$$

Soit, finalement :

$$\Delta I_L = \frac{2\,LoIs}{L\,x}\left[(1-y)\left[\pi-\arccos(1-y)\right]+\sqrt{1-(1-y)^2}\right]$$

La limite de fonctionnement discontinu est atteinte lorsque le courant moyen de charge Is est égal à la demi-ondulation de courant crête-à-crête, ce qui se traduit par la condition analytique suivante :

$$\frac{\Delta I_L}{2} = Islim \Rightarrow xlim = \frac{Lo}{L}\left[(1-y)\left[\pi-\arccos(1-y)\right]+\sqrt{1-(1-y)^2}\right]$$

Deux valeurs extrêmes intéressantes sont obtenues pour $y=0$ et $y=1$, à savoir respectivement $xlim = \pi Lo/L$ et $xlim = Lo/L$. Nous pouvons maintenant représenter cette limite dans le plan $y(x)$ (figure III.21). Sur ce graphe apparaît également la limite qui serait obtenue en commutation commandée, avec un mode à fréquence variable (cf. paragraphe II.1.8). On retrouve donc des limites relativement similaires à ceci près que l'ondulation de courant ne s'annule jamais en mode quasi-résonnant. Ceci est dû à la forme de la tension vc qui comporte une composante purement harmonique lorsque F tend vers Fo.

Cette approche, outre la simplification initiale, est basée sur l'hypothèse d'une tension constante aux bornes de C. Cette hypothèse ne peut plus être vérifiée lorsque la fréquence de commande se rapproche de la fréquence de coupure du filtre de sortie. La partie inférieure de la courbe limite n'est donc donnée qu'à titre indicatif.

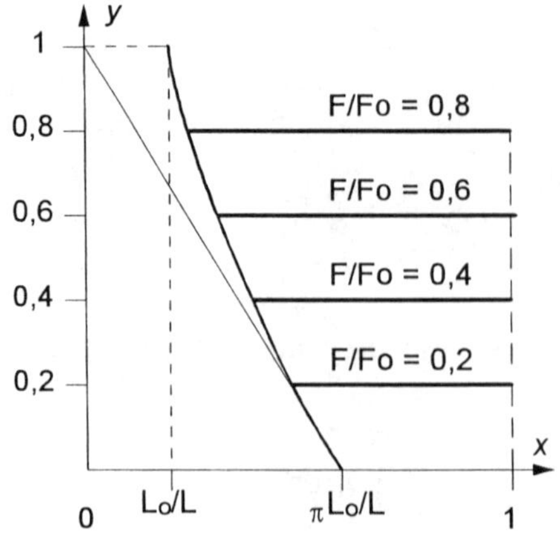

Figure III.21 : *Limite de conduction continue*

On peut avoir une idée de la difficulté d'expliciter ensuite le fonctionnement en régime discontinu. Il suffit, pour cela d'observer à nouveau le schéma de la figure III.19-a. Lorsque la diode D se bloque du fait de l'annulation du courant dans L (hypothèse du régime discontinu), il apparaît une nouvelle maille résonnante constituée de L, C, Co qui va induire un mécanisme d'oscillation (figure III.22).

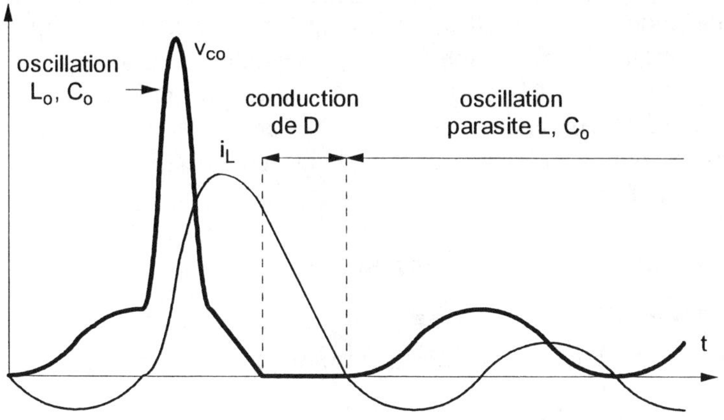

Figure III.22 : *Formes d'ondes en régime discontinu*

La valeur de Co étant généralement beaucoup plus faible que celle de C, la tension aux bornes de ce dernier peut être considérée comme constante pendant cette phase et excite le circuit L, Co, Co étant initialement déchargé. Ce mécanisme d'oscillation s'interrompt lors de la remise en conduction de l'interrupteur, donc au début de la phase de transfert direct. L'état de charge de Co à cet instant dépend du mécanisme précédent, ce qui rend impossible une résolution analytique du problème. A l'aide d'un simulateur numérique, on peut éventuellement déterminer la forme des caractéristiques de sortie en régime discontinu. Le réseau ainsi constitué se particularise par l'existence de points d'inflexion sur certaines caractéristiques et de points d'intersection entre certaines autres, ce qui rend extrêmement délicate la maîtrise des régulations lorsque le hacheur entre en régime discontinu. Ces dispositifs sont donc très mal appropriés au fonctionnement à large dynamique de tension et de courant de sortie. Ceci ne constitue pas un problème dans la réalisation d'alimentations à tension fixe et caractéristique de régulation carrée (régulation à tension fixe - limitation de courant).

2.3. Alimentations à découpage quasi-résonnantes

Les principes d'élaboration de convertisseurs isolés quasi-résonnants vont être identiques à ceux précédemment décrits, en introduisant des interrupteurs résonnants en lieu et place des interrupteurs entièrement commandés. Les études menées dans le chapitre II et la première partie de ce chapitre III contiennent tous les éléments permettant une présentation rapide de ces alimentations à découpage quasi-résonnantes.

Pour les raisons que nous avons invoquées dans le paragraphe relatif aux facteurs de dimensionnement, nous ne décrirons ici que des structures de type RA, sur la base des deux alimentations universelles que sont le Forward et le Flyback.
Un point qu'il est important de souligner, dès cette introduction, est le fait que, si la présence d'inductances est toujours indissociable de celle des composants magnétiques d'isolement, ces inductances de fuites peuvent constituer tout ou partie de l'inductance de résonance. Il en résulte que, au-delà de la réduction des pertes par commutation, l'introduction de ces techniques permet éventuellement d'exploiter ici l'imperfection majeure que constituent les inductances de fuite dans un convertisseur à commutation commandée. Ceci est vrai, d'une façon générale, pour toutes les inductances parasites, et donne un intérêt supplémentaire à cette famille de convertisseurs.

2.3.1. Alimentation FORWARD de type RA1

2.3.1.1. Principe de fonctionnement

Le schéma de principe de l'alimentation Forward de type RA1 est représenté figure III.23.

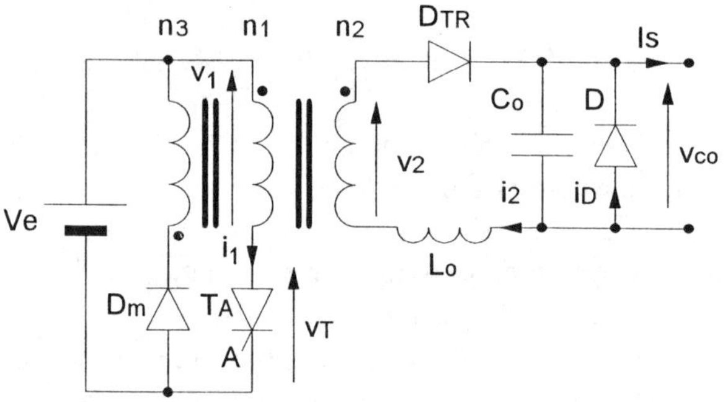

Figure III.23 : *Schéma de principe*

L'interrupteur T_A (interrupteur à deux segments, cf. chapitre I) et la diode D_{TR} peuvent être considérés comme les éléments constitutifs d'un interrupteur T_{A1}, la tension négative présente aux bornes de l'interrupteur dans HS_{RA1} étant bloquée ici par D_{TR}. Le circuit résonnant associé est composé de l'inductance de fuite du transformateur et d'un condensateur placé aux bornes de D, conformément à la structure originelle du hacheur HS_{RA1}. Parallèlement, on retrouve la classique maille de démagnétisation D_m, E_3 (n_3), avec $n_3 = n_1$. Il convient de souligner ici l'étonnante simplicité de cette alimentation, dont nous avons indiqué dans l'introduction de cette partie qu'elle constituait la base de la seule application industrielle d'envergure utilisant cette technique. En effet, il suffit de rajouter un condensateur à un Forward à commutation commandée pour obtenir ce schéma.
Les formes d'ondes obtenues apparaissent figure III.24. Elles sont tout-à-fait similaires à celles observées dans le cas du hacheur HS_{RA1}. La phase de démagnétisation qui se greffe sur ce fonctionnement est, elle-même, rigoureusement identique à celle du Forward classique décrit au chapitre II.

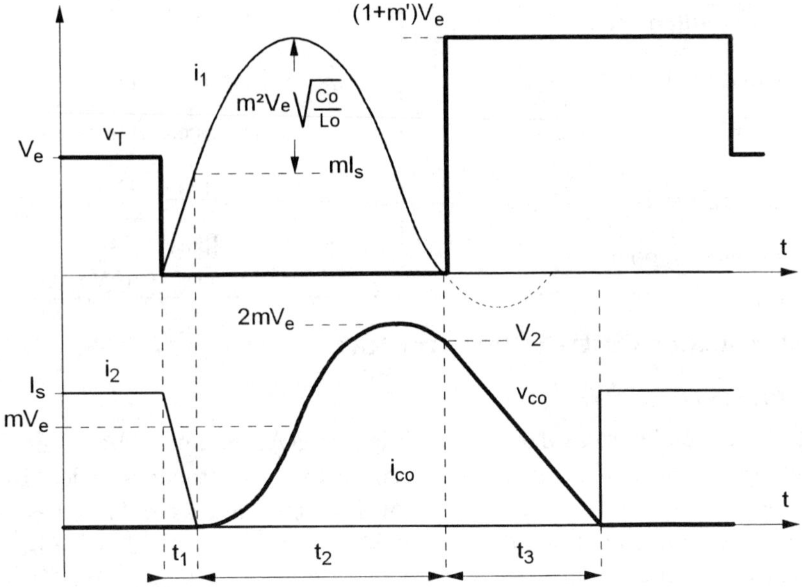

Figure III.24 : *Formes d'ondes*

Dans cette représentation, le courant magnétisant a été négligé. Sa forme serait identique à celle du courant magnétisant d'un Forward à commutation commandée. Son amplitude doit rester négligeable car il est interrompu par l'interrupteur primaire (les conditions de la commutation spontanée ne sont pas rigoureusement remplies). En effet, la commutation spontanée est due à la diode secondaire qui ne voit pas ce courant magnétisant. Rappelons que l'objectif n'est pas d'utiliser de véritables thyristors mais d'introduire des commutations à faibles pertes, en utilisant des composants rapides entièrement commandés. Le fait de devoir opérer une commutation de blocage n'est pas gênant si le courant à couper reste faible.

Toutes les expressions du III.2.2 restent valables en introduisant des grandeurs normalisées, pondérées par le rapport de transformation $m = n_2/n_1$:

$$y = \frac{V_S}{mV_e} \text{ et } x = \frac{I_S}{mV_e}\sqrt{\frac{L_o}{C_o}}$$

2.3.1.2. Principales relations et contraintes sur les composants

Les contraintes sur les composants diffèrent, par rapport au Forward classique, au niveau des courants dans T_A et D_{TR} qui sont majorés du courant de résonance, et de la tension aux bornes de D, qui est la tension d'oscillation. Pour ce qui est du facteur de dimensionnement de T_A, on peut utiliser les résultats du paragraphe III.2.2.3.2, sachant que la présence indispensable de la phase de démagnétisation va induire une valeur de Fd quatre fois supérieure à celle du hacheur correspondant, si l'on choisit $n_3 = n_1$. Ce choix correspond à la minimisation du facteur de dimensionnement obtenue en imposant une fréquence nominale de fonctionnement $F = F_o/2$, ce qui constitue le réglage homologue de la commande optimale à $\alpha = 1/2$ et $n_1 = n_3$ d'un Forward à commutation commandée (cf. Ch. II).

Interrupteur	Diode D_{TR}
$V_{Tmax} = (1+m')Ve = 2Ve$ $I_{Tmax} = mIs(1+\frac{1}{x})$ $Fd = 4\frac{(1+x)}{xy}$ $Fdmin = 8$, pour $x = y = 1$	$I_{DTRmax} = Is(1+\frac{1}{x})$ $V_{DTRmax} = mVe$ Diode D $I_{Dmax} = Is$ $V_{Dmax} = 2mVe$

2.3.2. Alimentation FORWARD de type RA2

2.3.2.1. Principe

D'une façon générale, le cas d'un Forward de type RA2 est plus délicat à envisager. En effet, quel que soit le mode de commutation, l'introduction de l'isolation galvanique (passage du hacheur série au Forward) nécessite la présence d'un interrupteur (généralement une diode) capable d'isoler la maille de roue libre, lors de la phase de démagnétisation du transformateur. Dans le cas précédent, nous avons pu facilement jouer sur la topologie de l'interrupteur T_{A1} pour parvenir à ce résultat. Le passage du hacheur HS_{RA2} à un Forward de même type pose un problème plus ardu car l'introduction du transformateur ne doit pas remettre en question le caractère de bidirectionnalité en courant instantané de l'interrupteur T_{A2}. L'interrupteur permettant l'isolement doit donc être lui-même bidirectionnel en courant, ce qui complique singulièrement le schéma de l'alimentation (figure III.25) :

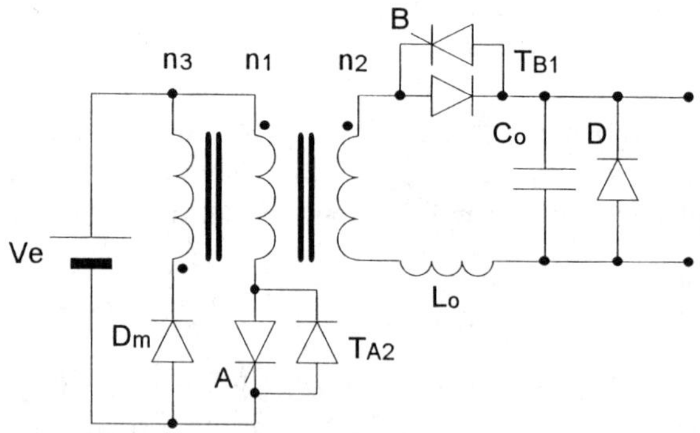

Figure III.25 : *Schéma de principe*

La fonction interrupteur qu'il est nécessaire de rajouter est une fonction thyristor-dual (T_{B1}) mais dont le blocage devra coïncider avec le second passage par zéro du courant secondaire. La mise en place d'une telle fonction n'est guère compatible avec les contraintes industrielles imposées par la réalisation d'alimentations de petite taille. Une autre solution, pour obtenir le mode RA2, est d'introduire la notion de démagnétisation résonnante.

2.3.2.2. FORWARD RA2 avec démagnétisation résonnante

Le schéma de principe d'une telle alimentation est représenté figure III.26 :

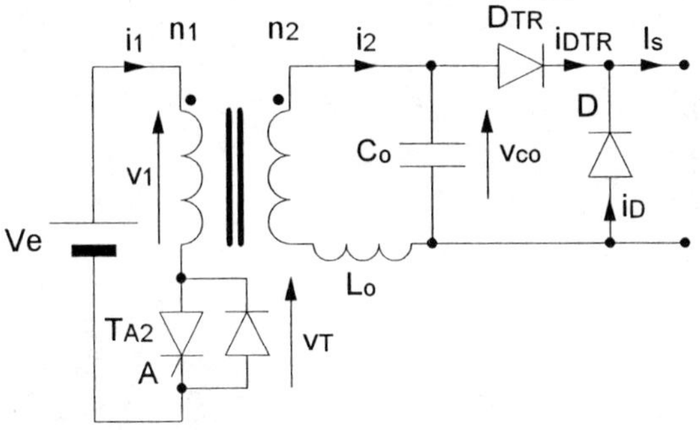

Figure III.26 : *Schéma de principe*

Le condensateur d'oscillation est placé en amont de la diode D_{TR}. Le fonctionnement pendant la phase de transfert direct est alors rigoureusement le même que dans le hacheur HS_{RA2} (figure III.8). En effet, dans ce hacheur, le courant circulant entre C_o et D est toujours positif, et de ce fait, la présence de D_{TR} (qui serait sans intérêt dans le cas du hacheur) ne modifie pas le mécanisme. Par contre, lorsque l'interrupteur T_{A2} se bloque spontanément, une phase de démagnétisation doit obligatoirement intervenir. Le condensateur C_o étant placé maintenant directement aux bornes de l'enroulement secondaire, on ne peut utiliser la maille de démagnétisation classique qui inter-agirait de façon désagréable avec ce dernier. La solution consiste à utiliser la résonance qui ne va pas manquer d'intervenir entre C_o et L_2, inductance magnétisante du transformateur vue du secondaire, pour effectuer la démagnétisation. Les formes d'ondes correspondantes apparaissent figure III.27.

Dans ce mécanisme, les Ampère-tours magnétisants, que nous noterons NI_{mag}, se répartissent entre le primaire et le secondaire, en fonction des différentes phases de fonctionnement. Contrairement au cas de figure d'un dispositif de démagnétisation classique, ces Ampères-tours magnétisants peuvent prendre des valeurs négatives. La façon la plus simple de mener l'analyse consiste à observer tout d'abord le déroulement de la conduction de T_{A2} (phases ① et ②) pendant laquelle vont apparaître des formes d'ondes déjà maintes fois présentées, à savoir :

– une croissance linéaire des courants i_1 et i_2, correspondant à la conduction simultanée de D_{TR} et D. Pendant cette phase, $v_{co} = 0$,

– une oscillation entre L_o et C_o, lorsque D se bloque, D_{TR} conduisant le courant Is.

La seule différence avec le fonctionnement théorique du hacheur HS_{RA2} provient de l'existence de NI_{mag}. Pendant la conduction de T_{A2}, on peut exprimer ces Ampère-tours magnétisants à l'aide des relations suivantes :

$$V_e = n_1 \frac{d\Phi}{dt} \text{ et } NI_{mag} = \mathcal{R}\Phi = n_1 i_1 - n_2 i_2$$

où Φ est le flux commun et *R* la réluctance du noyau magnétique.

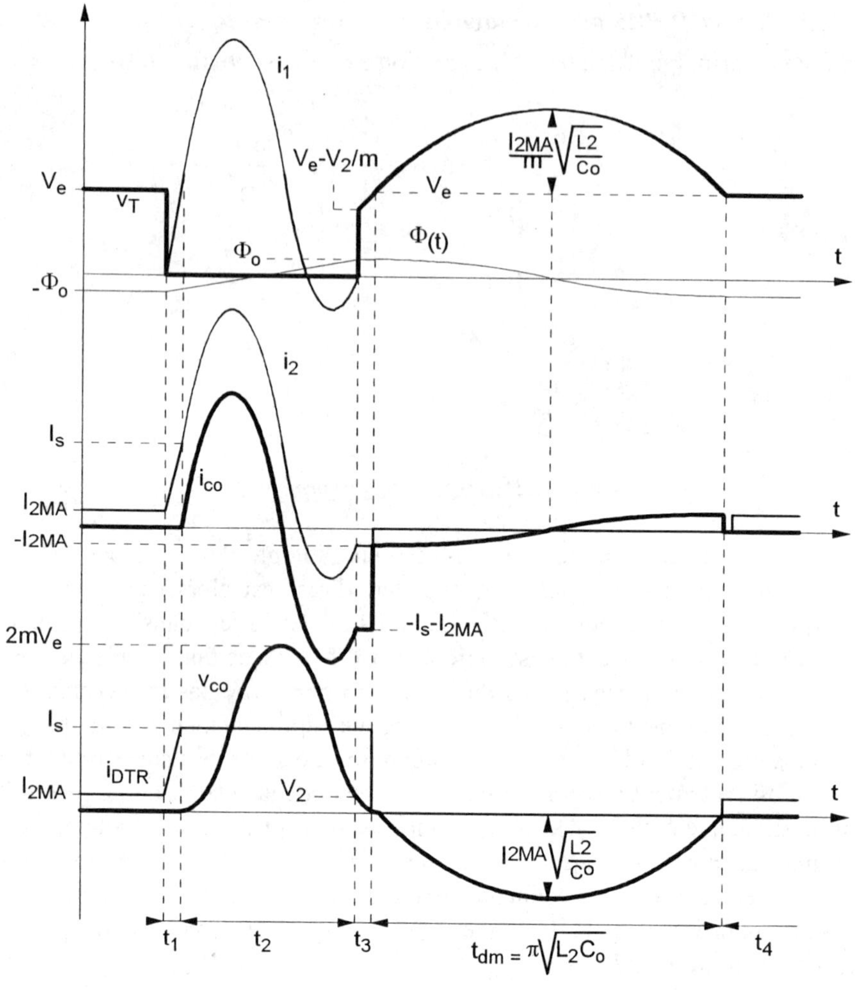

Figure III.27 : *Forme d'ondes*

Des expressions précédentes on déduit :

$$\Phi = \frac{Ve}{n_1}t - \Phi o$$

$NImag = \dfrac{RVe}{n_1}t - R\Phi o$, $- \Phi o$ étant le flux initial lorsque l'on amorce T_{A2}.

Pendant la phase ②, le mécanisme d'oscillation au secondaire impose :

$$i_2 = Is\left[1 + \frac{1}{x}\sin\omega o(t - t_1)\right] \text{ et } i_1 = mIs\left[1 + \frac{1}{x}\sin\omega o(t - t_1)\right] + \frac{NImag}{n_1}$$

Le courant primaire est majoré du courant magnétisant et s'annule donc avant i_2 (à $tc = t_1+t_2$), provoquant le blocage spontané de T_{A2}. A cet instant :

$$i_2 = -\frac{NImag(t_1 + t_2)}{n_2} = -I_{2MA}$$

Il y a eu transfert implicite de NImag du primaire au secondaire.

Pendant la phase ③, ce courant magnétisant, maintenant présent au secondaire, s'additionne au courant $-I_S$ dans le condensateur C_O ($i_{CO} = -I_S - I_{2MA}$) et contribue ainsi à sa décharge. Sur la représentation de la figure III.27, nous avons supposé que NI_{mag} ne variait pas pendant cette phase, ce qui est sensiblement vrai car la tension génératice du flux est maintenant v_{CO}, dont la valeur est faible.
Lorsque v_{CO} s'annule, la diode D entre en conduction et D_{TR} se bloque. La démagnétisation résonnante peut alors intervenir, mettant en jeu l'inductance propre secondaire L_2 et le condensateur C_O (on néglige L_O devant L_2). En prenant comme origine des temps le début de cette oscillation, les conditions initiales sont $v_{CO} = 0$ et $i_2 = -I_{2MA}$, ce qui mène aux relations :

$$i_2 = -I_{2MA}\cos\omega_o' t$$

$$v_{CO} = -I_{2MA}\sqrt{\frac{L_2}{C_o}}\sin\omega_o' t \qquad \text{avec } \omega_o' = 1/\sqrt{L_2C_o}$$

Pour $t = t_{dm} = \pi\sqrt{L_2C_O}$, la tension v_{CO} s'annule à nouveau, provoquant la mise en conduction de D_{TR}. Cette dernière va conduire le courant i_2 qui s'est inversé et vaut à cet instant I_{2MA}. Ceci induit $NI_{mag}/n_2 = -I_{2MA}$, valeur qui sera maintenue jusqu'à l'amorçage de T_{A2}, car la conduction de D_{TR} impose une tension nulle aux bornes de l'enroulement. Par conséquent, cette valeur de NI_{mag} correspondra à la valeur initiale $-\Phi_O$ du flux lorsque l'on amorce T_{A2}. *On constate donc l'existence d'un fonctionnement magnétique symétrique*, puisqu'à l'issue de la description des différentes phases de fonctionnement, nous pouvons conclure que NI_{mag} évolue entre deux valeurs extrêmes qui sont $+n_2I_{2MA}$ et $-n_2I_{2MA}$ et qui correspondent à des variations de flux comprises entre $-\Phi_O$ et $+\Phi_O$. De l'expression du flux indiquée plus haut, nous pouvons déduire :

$$2\Phi_O = \frac{V_e}{n_1}(t_1 + t_2)$$

$$\text{et } I_{2MA} = \frac{\mathcal{R}\Phi_O}{n_2} = \frac{\mathcal{R}mV_e}{2n_2^2}(t_1 + t_2) = \frac{mV_e}{2L_2}(t_1 + t_2)$$

Si l'on suppose que $t_c = t_1 + t_2 \approx 1/F_O$ (cf. paragraphe III.2.2.2.2), on obtient finalement :

$$I_{2MA} = \frac{mV_e}{2L_2F_O}$$

Il est essentiel de minimiser I_{2MA} par rapport au courant principal I_S délivré par l'alimentation. On exprime donc le rapport I_{2MA}/I_S qui vaut :

$$\frac{I_{2MA}}{I_S} = \frac{mV_e}{2L_2F_OI_S} = \frac{mV_e2\pi\sqrt{L_OC_O}}{2L_2I_S} = \frac{\pi L_O}{xL_2}$$

Ce premier critère montre qu'il faut préserver un rapport L_2/L_O élevé.
D'autre part, un fonctionnement correct de l'alimentation suppose que les conditions de démagnétisation soient remplies, ce qui se traduit par l'inéquation :

$$t_{dm} + \frac{1}{F_O} \le \frac{1}{F}$$

avec $t_{dm} = \pi\sqrt{L_2C_O}$, cette inéquation peut s'exprimer $\dfrac{F_O}{F} \ge 1 + \dfrac{1}{2}\sqrt{\dfrac{L_2}{L_O}}$.

Ceci permet de déduire que la valeur maximale de la fréquence de commande est telle que :

$$\frac{F_o}{F_{max}} = 1 + \frac{1}{2}\sqrt{\frac{L_2}{L_o}}$$

Il est également intéressant d'exprimer la valeur de la tension à laquelle sera soumis l'interrupteur T_{A2} :

$$V_{Tmax} = Ve + \frac{I_{2MA}}{m}\sqrt{\frac{L_2}{C_o}} = Ve\left(1 + \frac{1}{2L_2F_o}\sqrt{\frac{L_2}{C_o}}\right)$$

Finalement :

$$Fd = Ve\left[1 + \frac{\pi}{2\left(\frac{F_o}{F_{max}} - 1\right)}\right]\frac{1+x}{xy}$$

En supposant effectivement négligeable le courant magnétisant, nous pouvons maintenant exprimer le facteur de dimensionnement de l'interrupteur T_{A2} qui est :

$$Fd = Ve\left[1 + \frac{\pi}{2\left(\frac{F_o}{F_{max}} - 1\right)}\right]\frac{1+x}{xy}$$

Or, dans le mode RA2, nous savons que $y = F/F_o$. Ce facteur de dimensionnement peut être mis sous la forme d'une fonction de $y_{max} = F_{max}/F_o$, tension de sortie normalisée maximale, valeur pour laquelle il est préférable d'optimiser le dimensionnement de l'alimentation. On obtient alors :

$$Fd(y_{max}) = Ve\left[\frac{2(1 - y_{max}) + \pi y_{max}}{2(1 - y_{max})y_{max}}\right]\frac{1+x}{x}$$

Avec les expressions :

$$\frac{I_{2MA}}{I_s} = \frac{\pi L_o}{xL_2} \text{ et } \frac{1}{y_{max}} = 1 + \frac{1}{2}\sqrt{\frac{L_2}{L_o}},$$

nous disposons maintenant de tous les éléments pour réaliser le dimensionnement d'un tel dispositif. On montre tout d'abord , à x fixé, que $Fd(y_{max})$ est minimal pour $y_{max} = 0{,}443$. Pour $x = 1$, soit pour le courant nominal de l'alimentation, la valeur minimale correspondante est $Fd(0{,}443,\ 1) \approx 10$. A ce choix éventuel sont associés des rapports $L_2/L_o = 6{,}3$ et $I_{2MA}/I_s = 0{,}5$. Ce calcul n'a donc pas grande signification, puisque l'une des hypothèses initiales a consisté à négliger I_{2MA}, mais il montre que pour obtenir un résultat satisfaisant, à savoir l'obtention d'un rapport L_2/L_o plus conforme à la réalité technologique d'un transformateur et un courant magnétisant faible, il faut admettre une fréquence relative F_{max}/F_o plus basse.

Un exemple numérique plus réaliste est $y_{max} = 0{,}25$, ce qui conduit à :

- $L_2/L_o = 36$
- $I_{2MA}/I_s = 0{,}09$
- $Fd(0{,}25,\ 1) = 12{,}2$

Cet exemple confirme que, si la mise en oeuvre d'alimentations utilisant ces principes est tout-à-fait possible, elle nécessite d'admettre un fort taux de surdimensionnement (ce qui est parfaitement concevable en petite puissance si les avantages parallèlement obtenus sont importants) mais surtout de posséder une grande maîtrise de la conception du transformateur.
Ceci est une difficulté tout à fait générale de la réalisation d'alimentations utilisant des circuits résonnants associés à des transformateurs d'isolement. Il est probable que la faible pénétration industrielle de ces systèmes est due, en grande partie, à cet aspect.

2.3.3. Alimentation FLYBACK de type RA2

2.3.3.1. Principe de fonctionnement

Le schéma de principe du Flyback de type RA2 apparaît figure III.28. Il est directement issu du schéma du hacheur à stockage inductif HI_{RA2} présenté au paragraphe III.2.2.4. Comme dans le Forward, le schéma permet d'utiliser l'inductance de fuite du transformateur ramenée au secondaire comme tout ou partie de l'inductance de résonance.

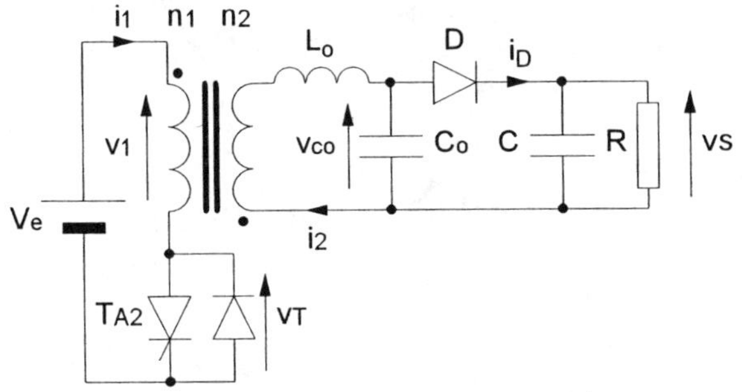

Figure III.28 : *Schéma de principe*

La seule différence notable avec le hacheur HI_{RA2} concerne la disposition de L_o qui se trouve placée ici entre l'inductance (couplée) et la diode, et non plus entre l'interrupteur et l'inductance. Ceci implique que L_o est parcourue par un courant qui est la superposition du courant oscillant apparaissant pendant la phase de stockage et du courant principal correspondant à la phase de transfert. Ceci constitue, avec l'introduction du rapport de transformation m lié à l'isolement galvanique, les seules différences avec le fonctionnement déjà décrit dans le cas du hacheur HI_{RA2}. Les formes d'ondes correspondantes sont représentées figure III.29, l'alimentation étant supposée être en régime continu de courant.

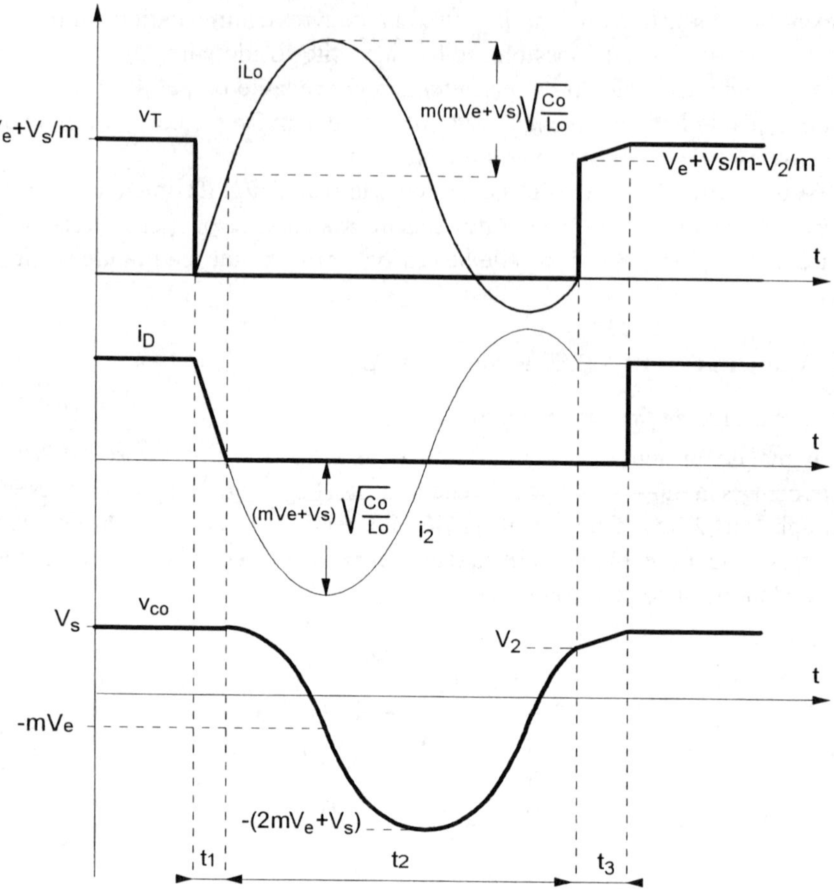

Figure III.29 : *Formes d'ondes*

2.3.3.2. Principales relations et contraintes sur les composants

Interrupteur	Diode D
$V_{Tmax} = (1+y)Ve$ $I_{Tmax} = mIs(1+\frac{1}{x})(1+y)$ $Fd = \frac{(1+y)^2}{y}\frac{(1+x)}{x}$ Fdmin = 8, pour $x = y = 1$	$I_{Dmoy} = Is$ $I_{Dmax} = (1+y)Is$ $V_{Dmax} = 2(mVe + Vs)$

$$\text{avec } y = \frac{Vs}{mVe} \text{ et } x = \frac{Is}{mVe}\sqrt{\frac{Lo}{Co}}$$

3. Alimentations à découpage à résonance

On peut considérer que les alimentations à résonance sont apparues avec le développement de convertisseurs statiques destinés au chauffage par induction. A une époque où le seul composant à semi-conducteur capable de commuter des puissances significatives était le thyristor, il a fallu concevoir des convertisseurs travaillant dans un contexte puissance-fréquence inhabituel ($P > 100kW$ - $f > 1kHz$). Compte-tenu des caractéristiques du composant thyristor, les structures retenues se devaient de fonctionner en commutation naturelle de blocage. Parallèlement, il était intéressant d'exploiter la nature inductive de la charge que constitue un inducteur. En associant à cet inducteur un condensateur convenablement choisi, il était possible de réaliser un circuit résonnant dont la fréquence propre correspondait à la fréquence de traitement thermique que l'on désirait obtenir, ce circuit étant excité par un convertisseur statique. Nos alimentations étaient nées.
Depuis lors, les composants et les techniques ont évolué, mais les qualités intrinsèques de ces convertisseurs demeurent, si bien que leurs principes sont repris, depuis une décennie, dans la réalisation de convertisseurs continu-continu isolés à fort couple puissance-fréquence. Rappelons que l'atout essentiel de ces dispositifs de conversion est la commutation naturelle qui va permettre de résoudre élégamment le problème de la commutation des interrupteurs.

3.1. Principes

3.1.1. Rappels des propriétés des circuits résonnants

Le principe de base est donc, comme dans la partie précédente, l'utilisation des propriétés des circuits résonnants. Ces circuits permettent de remplir les conditions de commutation naturelle en assurant le déphasage entre courant et tension de l'onduleur dont ils constituent la charge. Ils jouent également le rôle d'impédance variable, permettant ainsi la maîtrise du transfert de puissance par action sur la fréquence. Les deux circuits résonnants de base les plus fréquemment utilisés sont le circuit série et le circuit parallèle du second ordre (figure III.30).
Ces deux circuits sont duaux. Le circuit série, excité par une tension sinusoïdale de fréquence F, va être parcouru par un courant en avance sur cette tension, si $F < F_0$, en retard si $F > F_0$. Inversement, le circuit parallèle, excité par un courant sinusoïdal de fréquence F, va générer une tension en avance sur ce courant, si $F < F_0$, en retard si $F > F_0$. Dans les convertisseurs que nous allons étudier, les grandeurs d'excitation ne sont pas sinusoïdales. Néanmoins, il sera souvent possible de considérer que, du fait de l'effet de filtre de ces circuits, les grandeurs résultantes sont quasi-sinusoïdales. Quoiqu'il en soit, les relations de phase décrites ci-dessus restent vraies entre les grandeurs électriques fondamentales du circuit. Ces relations de phase vont être à la base du fonctionnement en commutation naturelle.

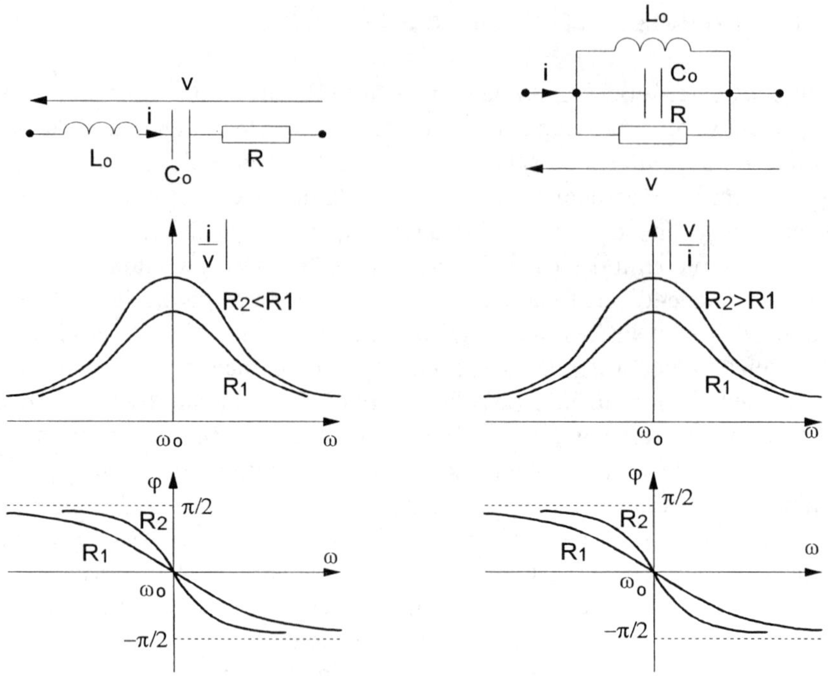

a - Circuit résonnant série *b - Circuit résonnant parallèle*

Figure III.30 : *Propriétés des circuits résonnants*

3.1.2. Structures de base - modes de commutation

3.1.2.1. Onduleurs de tension à commutation monotype - circuits série

Nous utiliserons la terminologie "commutation monotype" pour caractériser une structure de conversion dans laquelle n'apparaît qu'un seul type de commutation spontanée. Les interrupteurs de cette structure seront donc tous de même nature.

Le circuit résonnant série se comporte comme une source instantanée de courant. Il sera donc logiquement excité par un onduleur de tension, conformément à la figure III.31-a.

L'onduleur, mettant en oeuvre deux cellules de commutation identiques (dans lesquelles les interrupteurs à trois segments restent à définir plus précisément), applique au circuit résonnant une tension rectangulaire symétrique. Néanmoins, le circuit résonnant constituant un filtre sélectif, le courant y est quasiment sinusoïdal pour des fréquences proches de la fréquence de résonance. Le fondamental de la tension est parfaitement synchrone de sa forme instantanée (mêmes passages par zéro). On retrouve alors les deux configurations de la figure III.31-b, conséquences des propriétés énoncées plus haut. Elles correspondent aux deux cas suivants :

– $F < F_o$, le courant est en avance sur la tension,

– $F > F_o$, le courant est en retard sur la tension.

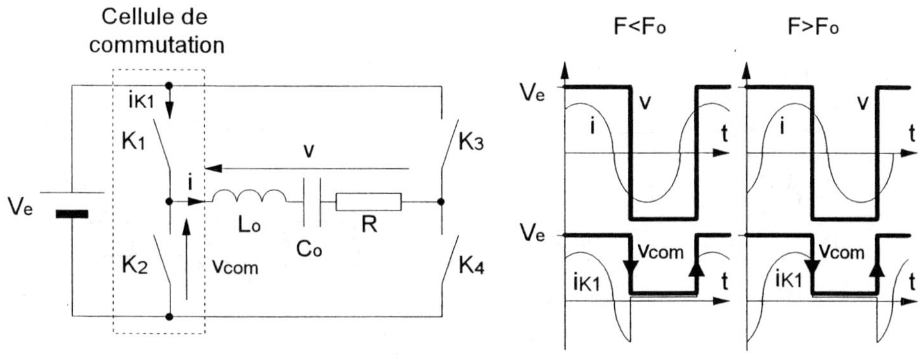

a - Schéma de principe *b - Formes d'ondes*

Figure III.31 : *Onduleur de tension sur charge résonnante série*

Ces deux configurations ont déjà été décrites dans le cadre du chapitre I (cf. paragraphe I.2.6). L'onduleur étant constitué de deux cellules de commutation identiques, l'observation des signes respectifs de la commutation (tension v_{com}) et du courant de sortie permet de conclure sur la nature des commutations. Nous avions abouti, dans le chapitre I, aux conclusions suivantes :

– si le courant est en avance sur la tension ($F < F_o$), on a affaire à une commutation spontanée de blocage et à une commande d'amorçage, les interrupteurs étant de type T_{A2},

– si le courant est en retard sur la tension ($F > F_o$), on a affaire à une commutation spontanée d'amorçage et à une commande de blocage, les interrupteurs étant de type T_{B1}.

Dans le cadre de la commutation monotype, le contrôle du convertisseur ne peut être effectué que par l'intermédiaire de la fréquence de commande.

3.1.2.2. Onduleurs de tension à commutation mixte - circuits série

A partir de la structure précédente (onduleur de tension-circuit série), on peut également mettre en oeuvre un mode de commutation mixte, qui correspond à l'association de deux cellules de commutations fonctionnant de façon différente. Pour cela, on introduit une commande en déphasage qui préserve la commutation naturelle tout en autorisant un mode de contrôle à fréquence fixe. La fréquence de commande est la fréquence de résonance du circuit série. La tension délivrée par chacune des cellules est identique à ce qu'elle était au paragraphe précédent, mais les deux cellules ne sont plus commandées en opposition de phase. On règle maintenant le déphasage entre les deux commandes. La structure et les formes d'ondes correspondantes apparaissent figure III.32. Globalement, la commande en déphasage permet d'appliquer au circuit résonnant une tension dont l'amplitude du fondamental est réglable. On contrôle donc la puissance transmise grâce au déphasage. Si l'on regarde ensuite le détail de la commutation de chaque cellule, on observe que la première (COM1) se retrouve dans la configuration "$F < F_o$" du cas précédent, la seconde (COM2) dans la configuration "$F > F_o$".

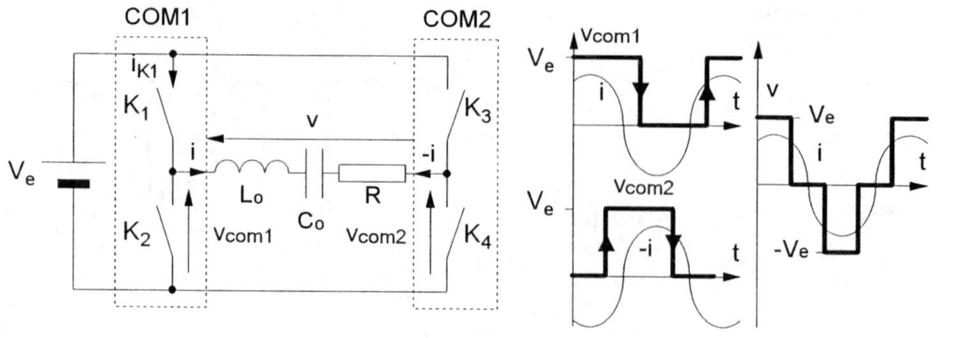

a - Schéma de principe *b - Formes d'ondes*

Figure III.32 : *Onduleur de tension mixte sur charge résonnante série*

On en déduit donc que :
– COM1 fonctionne en commande d'amorçage et doit être constituée d'interrupteurs T_{A2},
– COM2 fonctionne en commande de blocage et doit être constituée d'interrupteurs T_{B1},

3.1.2.3. Onduleurs de courant à commutation monotype - circuits parallèles

L'onduleur de courant, représenté figure III.33-a, est le montage dual de l'onduleur de tension.

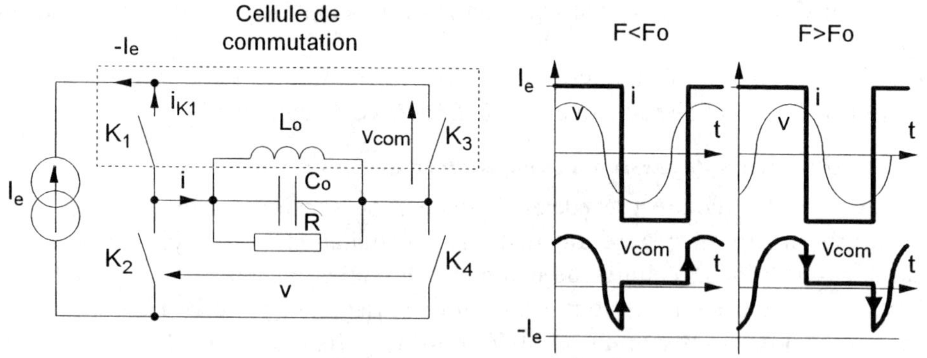

a - Schéma de principe *b - Formes d'ondes*

Figure III.33 : *Onduleur de courant sur charge résonnante parallèle*

Les interrupteurs sont des interrupteurs à trois segments bidirectionnels en tension et unidirectionnels en courant. Nous nous sommes placés dans le cas de figure où les deux cellules sont identiques. Ces deux cellules apparaissent de façon horizontale dans le schéma proposé. La source de tension est constituée par le circuit résonnant parallèle et le courant de sortie, dans le cas de la cellule supérieure, est – I_e.

L'analyse du fonctionnement montre que l'influence de la fréquence est inverse à celle observée dans les onduleurs de tension :
– pour $F < F_o$, les signes de la commutation et du courant, dans chaque cellule, sont opposés, ce qui correspond à une commande de blocage appliquée à des interrupteurs T_{B2},
– pour $F > F_o$, les signes de la commutation et du courant sont identiques, ce qui correspond à une commande d'amorçage appliquée à des interrupteurs T_{A1},

A partir de ces structures de base, il est possible d'imaginer différentes variantes, en augmentant par exemple l'ordre du circuit résonnant, avec comme objectif l'amélioration du contrôle de puissance. L'introduction future d'un tranformateur peut conduire à d'autres variantes. Nous préciserons, dans la suite, le fonctionnement des convertisseurs continu-continu isolés classiques à circuits résonnants du deuxième ordre en traitant, de surcroît, le cas particulier classique du convertisseur à résonance série-parallèle. Ces dispositifs se différencieront des structures que nous avons présentées du fait de la présence d'un transformateur et d'un redresseur requis par la fonction. Néanmoins les principes de fonctionnement seront tout à fait semblables.

3.2. Convertisseur à résonance série - $F > F_o$

La figure III.34. représente la structure de base d'un convertisseur continu-continu à résonance série non réversible :

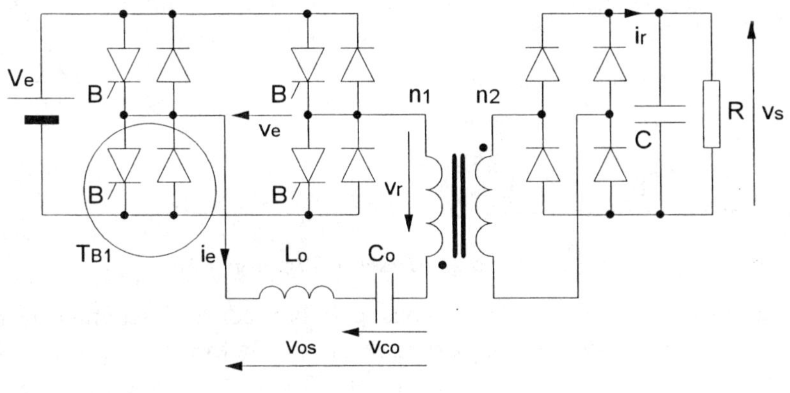

Figure III.34 : *Convertisseur à résonance série*

On reconnaît l'association onduleur de tension-circuit série, mais la charge est maintenant constituée par un transformateur, *un redresseur de courant à diodes et un filtre de type "source de tension"*. Compte-tenu du comportement d'un redresseur à diode, cette nouvelle charge se comporte, au premier harmonique comme une résistance pure. Les conclusions de l'analyse menée dans la partie précédente restent vraies. Par conséquent, le fonctionnement à $F > F_o$ correspond à la mise en oeuvre d'interrupteurs de type T_{B1}, c'est-à-dire de thyristors-duaux.

3.2.1. Fonctionnement pour F > Fo

Les principales formes d'ondes sont représentées figure III.35. Il apparaît que la période de fonctionnement est divisée en quatre intervalles déterminés par le déphasage entre la tension ve, issue de l'onduleur, et la tension vr, présente en amont du redresseur.

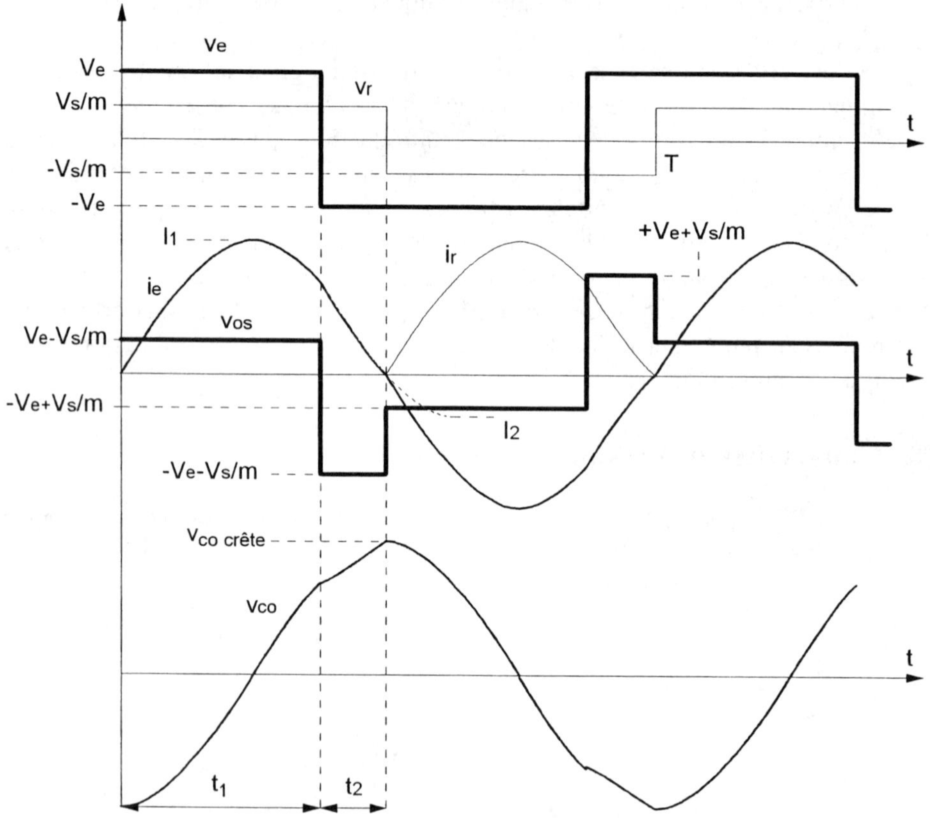

Figure III.35 : *Formes d'ondes pour F > Fo*

Pour chacun des quatre intervalles, nous pouvons écrire le courant ie dans la branche LoCo et la tension vco aux bornes de Co sous la forme :

$$ie = Ie \sin(\omega o t + \Phi)$$

$$vco = Vo - Ie\sqrt{\frac{Lo}{Co}}\cos(\omega o t + \Phi)$$

$$\text{avec } \omega o = \frac{1}{\sqrt{LoCo}}$$

où Vo est la tension aux bornes de l'ensemble LoCo pour l'intervalle considéré. Nous ferons par la suite l'hypothèse que RC >> T = 1/F. Le calcul en régime permanent est développé en annexe A. Il permet d'obtenir l'expression de la tension de sortie en fonction des variables connues (tension d'entrée, fréquence) et de la charge.

Nous continuerons ici d'utiliser des grandeurs normalisées :

tension normalisée, $y = \dfrac{Vs}{mVe}$*, et courant normalisé,* $x = \dfrac{Is}{mVe} m^2 \sqrt{\dfrac{Lo}{Co}} = \dfrac{mIs}{Ve}\sqrt{\dfrac{Lo}{Co}}$

$$q = \frac{m^2}{R}\sqrt{\frac{Lo}{Co}} = \frac{x}{y}, \text{ avec } m = n_2/n_1$$

On aboutit aux expressions suivantes :

– dans le cas d'une formulation à partir de la résistance de charge,

$$Vs = mVe \frac{-Q(1+\cos\theta) + \sqrt{2Q^2(1+\cos\theta) + (1-\cos\theta)^2}}{1-\cos\theta + Q^2(1+\cos\theta)}$$

avec $Q = \dfrac{\pi}{2}\sqrt{\dfrac{Lo}{Co}}\dfrac{m^2 Fo}{RF} = \dfrac{\pi Fo}{2F}\dfrac{x}{y} = \dfrac{mV_{cocrête}}{Vs}$, coefficient de surtension et $\theta = \pi\dfrac{Fo}{F}$,

– dans le cas d'une formulation de la tension de sortie normalisée en fonction du courant normalisé,

$$y = \sqrt{1 - \frac{1+\cos\theta}{1-\cos\theta}\left[\theta x + \left(\frac{\theta x}{2}\right)^2\right]} = \sqrt{1 - \left(\text{Cotg}\frac{\theta}{2}\right)^2\left[\theta x + \left(\frac{\theta x}{2}\right)^2\right]}$$

Nous pouvons déduire de ces différentes relations la forme des caractéristiques de sortie Vs(Is) paramétrées par la fréquence de fonctionnement. Ces caractéristiques (figure III.36) sont "plongeantes" et rendent possible le fonctionnement en court-circuit. L'expression du courant de court-circuit est :

$Iscc = \dfrac{2Ve}{\pi m\sqrt{\dfrac{Lo}{Co}}}\dfrac{F}{Fo}\left[\sqrt{\dfrac{2}{1+\cos\theta}} - 1\right]$, et la valeur normalisée associée :

$$xcc = \frac{2F}{\pi Fo}\left[\sqrt{\frac{2}{1+\cos\theta}} - 1\right] = \frac{2}{\theta}\left[\frac{1}{\cos(\theta/2)} - 1\right]$$

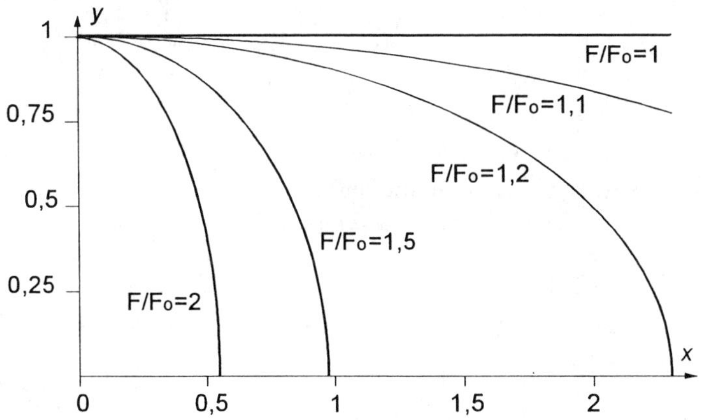

Figure III.36 : *Caractéristiques de sortie pour F>Fo*

3.2.2. Analyse au 1er harmonique

Le courant résonnant étant quasi-sinusoïdal, la puissance transmise est essentiellement portée par sa composante fondamentale. On peut donc mener une étude simplifiée au premier harmonique, sachant que l'approximation s'éloignera d'autant plus de la réalité que la fréquence de commande s'éloignera de la fréquence de résonance. Ceci revient à étudier le schéma équivalent de la figure III.37-a :

a - Schéma équivalent *b - Diagramme de Fresnel*

Figure III.37 : *Schéma équivalent au premier harmonique*

Ce schéma ne prend donc en compte que le premier harmonique de chacune des grandeurs repéré par l'indice 1. Nous avons donc :

$$v_{e1} = \frac{4V_e}{\pi}\sin\omega t$$

$$i_{e1} = I_{e1}\sin(\omega t - \varphi)$$

$$v_{r1} = \frac{4V_s}{m\pi}\sin(\omega t - \varphi)$$

i_{e1} et v_{r1} sont en phase, du fait du fonctionnement du redresseur, et sont déphasés du même angle φ par rapport à v_{e1}. Nous pouvons représenter le diagramme de Fresnel lié à ce schéma équivalent (figure III.37-b) dans lequel on retrouve les vecteurs $\vec{V}_{e1}$, $\vec{I}_{e1}$, $\vec{V}_{r1}$ associés à v_{e1}, i_{e1}, v_{r1}. $\overline{Z}$ est l'impédance complexe du circuit résonnant qui vaut :

$$\overline{Z} = \left(L_o\omega - \frac{1}{C_o\omega}\right)j = \frac{L_oC_o\omega^2 - 1}{C_o\omega}j = \frac{\left[\frac{F}{F_o}\right]^2 - 1}{\frac{F}{F_o}}\sqrt{\frac{L_o}{C_o}}\,j$$

Du diagramme de Fresnel, on déduit : $V_{e1}^2 = V_{r1}^2 + [Z\,I_{e1}]^2$.

D'autre part, la valeur du courant moyen de sortie I_s est la valeur moyenne du courant i_{e1}/m redressé, ce qui impose la relation :

$$I_s = \frac{2I_{e1}}{m\pi}, \text{ soit } I_{e1} = \frac{m\pi I_s}{2}$$

A partir de ces différentes relations, on aboutit à l'équation suivante :

$$\left[\frac{4V_e}{\pi}\right]^2 = \left[\frac{4V_s}{m\pi}\right]^2 + \left[\frac{\left[\frac{F}{F_o}\right]^2 - 1}{\frac{F}{F_o}}\sqrt{\frac{L_o}{C_o}}\frac{m\pi I_s}{2}\right]^2$$

On peut alors exprimer la tension de sortie normalisée :

$$y=\sqrt{1-\left[\frac{\pi^2}{8}\left(\frac{F}{Fo}-\frac{Fo}{F}\right)x\right]^2}$$

Cette relation (à laquelle correspondent des arcs d'ellipse) représente une bonne approximation de l'expression exacte pour F/Fo < 2. On vérifie qu'à vide, y = 1, quel que soit F/Fo. D'autre part, on peut donner une expression approchée du courant de court-circuit normalisé :

$$xcc=\frac{8F}{\pi^2 Fo}\frac{1}{\left[\frac{F}{Fo}\right]^2-1}$$

3.2.3. Eléments de dimensionnement - contraintes

3.2.3.1. Dimensionnement

Le dimensionnement est rendu complexe par la présence du circuit résonnant. Néanmoins, les éléments Lo,Co peuvent être déterminés en réalisant un compromis entre la tension maximale aux bornes du condensateur de résonance, la dynamique du courant de sortie Is et la dynamique de la fréquence de commande. Ce compromis résulte de la nécessité de définir une zone d'utilisation du convertisseur dans le plan *x,y* (figure III.38).

Cette zone d'utilisation est définie par les éléments caractéristiques suivants :

– la fréquence normalisée maximale (F/Fo)max, qui impose la limite de fonctionnement vers les faibles charges et le courant normalisé correspondant *x*m,

– la valeur maximale *x*M du courant normalisé qui est associée à la puissance maximale PM que peut délivrer le convertisseur,

– la valeur maximale de la tension normalisée y = 1, qui est associée à PM et qui est obtenue pour F = Fo.

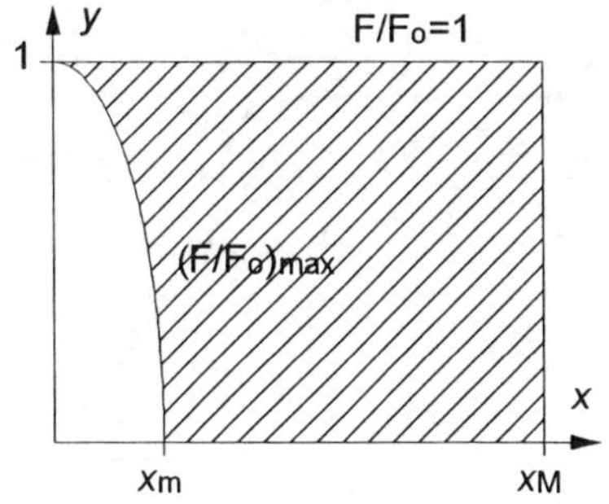

Figure III.38 : *Définition de la zone d'utilisation du convertisseur*

Rappelons que l'expression du facteur de surtension du circuit résonnant est :

$$Q=\frac{\pi}{2}\sqrt{\frac{Lo}{Co}}\frac{m^2Fo}{RF}=\frac{\pi}{2}\sqrt{\frac{Lo}{Co}}\frac{P\,Fo}{Ve^2F}=\frac{mV_{co\ crête}}{Vs}$$

De cette expression nous déduisons, pour la résonance et à charge maximale :

$$\frac{P_M}{Ve^2}\sqrt{\frac{Lo}{Co}}=\frac{2m(V_{co\ crête})_{max}}{\pi Vs}$$

et

$$\frac{\pi Fo}{2F}x_M=\frac{\pi}{2}x_M=\frac{(V_{co\ crête})_{max}}{Ve}$$

Avec la relation $Fo = \dfrac{1}{2\pi\sqrt{LoCo}}$, le couple Lo,Co est entièrement déterminé :

$$Lo = \frac{Ve^2}{2\pi P_M Fo} x_M$$

$$Co = \frac{P_M}{2\pi Fo Ve^2} \frac{1}{x_M}$$

On voit alors apparaître les éléments du compromis :

– pour minimiser la tension aux bornes des composants du circuit oscillant, il faut imposer une valeur x_M faible,

– pour obtenir une dynamique de courant x_M/x_m importante, il faut imposer, soit une valeur de x_M importante avec une faible dynamique de fréquence $(F/Fo)_{max}$, soit une valeur faible de x_M, avec une large dynamique de fréquence.

Ce choix doit évidemment être traité au cas par cas, en fonction des exigences de l'application. Il doit, de plus, prendre en compte la limitation supplémentaire introduite par les CALC (cf. paragraphe suivant), ce qui rend l'exercice délicat.

3.2.3.2. Influence des condensateurs d'aide à la commutation

Le circuit d'aide à la commutation d'un thyristor-dual se résume à un simple condensateur γ placé en parallèle. Dans le convertisseur à résonance, ces condensateurs interfèrent avec le circuit résonnant lors des commutations (figure III.39-a) :

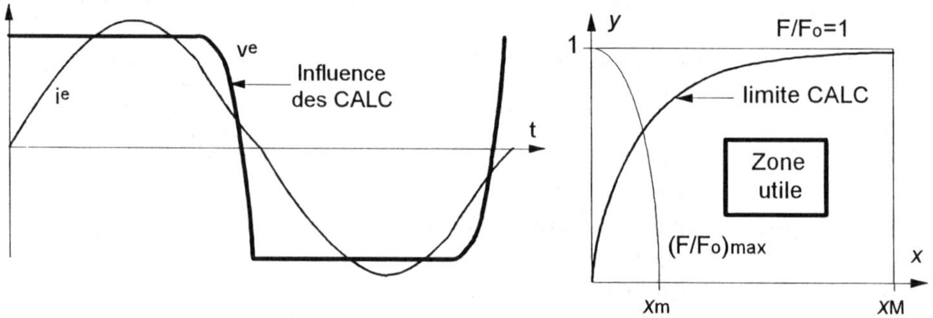

a - Modification de la commutation *b - Limitations dans le plan x,y*

Figure III.39 : *Limite de fonctionnement due aux CALC*

La vitesse d'évolution des tensions à leurs bornes est déterminée par le niveau de courant commuté par les thyristors-duaux.

Ces tensions doivent évoluer entre les deux niveaux extrêmes 0 et Ve, avant l'annulation du courant ie, afin que les conditions de commutation spontanée soient remplies. Si le courant commuté est insuffisant, cette évolution est incomplète et les deux thyristors-duaux d'une cellule restent bloqués. L'onduleur s'arrête alors totalement. Si les interrupteurs ne sont pas de vrais thyristors-duaux, il y a passage en commutation commandée d'amorçage.

La condition de commutation naturelle, liée au courant de sortie, est la suivante :

$$Is \geq \frac{2F}{\pi Fo}\frac{mVe}{\sqrt{\frac{Lo}{Co}}}\frac{1}{\frac{Co}{2\gamma}\left(1-\frac{Vs}{mVe}\right)}$$

soit en grandeur normalisée :

$$x \geq \frac{2F}{\pi Fo}\frac{1}{\frac{Co}{2\gamma}(1-y)}$$

Ceci se traduit, dans le plan *x,y*, par une limite de fonctionnement qui apparaît figure III.39-b.

3.2.3.3. Contraintes sur les composants - facteurs de dimensionnement

Les contraintes sur les différents composants ne sont pas maximales pour le même point de fonctionnement. Les interrupteurs commandés et les diodes secondaires sont classiquement dimensionnés pour le régime nominal. Pour les diodes constitutives des thyristors-duaux, le régime le plus défavorable est le régime de court-circuit, pour lequel le courant dans le circuit résonnant est quasiment en quadrature avec la tension.

Interrupteurs	Diodes primaires	Diodes secondaires
$I_{Tmax} = \frac{\pi}{2} mIs \approx \frac{\pi Pn}{2Ve}$ $V_{Tmax} = Ve$ $Fd = \frac{\pi}{2}\ (P = Pn)$	$I_{Dmax} = \frac{\pi}{2} mIs \approx \frac{\pi Pn}{2Ve}$ $I_{Dmoy} = \frac{mIs}{4} = \frac{Pn}{4Ve}$ $V_{Dmax} = Ve$ $Fd = \frac{1}{4}$	$I_{Dmax} = \frac{\pi}{2} Is$ $I_{Dmoy} = \frac{Is}{2}$ $V_{Dmax} = Vs$ $Fd = \frac{1}{2}\ (P = Pn)$

3.2.4. Caractéristiques générales - avantages et inconvénients

Avantages

– courant dans les interrupteurs directement lié au courant de charge,
– aucune perte à la fermeture dans les interrupteurs,
– CALC sans perte,
– commutation à faible gradient de tension,
– redressement à faible gradient de courant,
– bonne utilisation du transformateur :
  * symétrie dans le plan B (H),
  * condensateur en série (équilibrage naturel),
  * possibilité d'intégrer l'inductance de fuite dans l'inductance du circuit résonnant.

Inconvénients

– dimensionnement en courant π/2 fois plus important par rapport à un convertisseur symétrique à commutation commandée,

– fonctionnement à fréquence variable,
– zone d'utilisation limitée par les CALC et $(F/F_0)_{max}$ (fonctionnement à vide difficile),
– contraintes importantes sur les composants passifs (L_0, C_0, C),
– dimensionnement et régulation délicats.

Il est important de préciser ici tout l'intérêt du mode de fonctionnement à $F > F_0$ au sein de la famille des convertisseurs à résonance alimentés en tension. Par principe, les deux interrupteurs d'une cellule sont en série sur la source d'alimentation. La possibilité d'un court-circuit de bras reste le point le plus pénalisant quant à l'aspect "sûreté de fonctionnement". Or, cette possibilité est essentiellement liée à la commande d'amorçage qui est inexistante dans le mode décrit. Bien entendu, les interrupteurs doivent être réalisés et commandés pour fonctionner véritablement en thyristors-duaux, ce qui correspond fondamentalement à l'impossibilité de les amorcer si la tension n'est pas nulle à leurs bornes. Nous verrons plus précisément dans le chapitre IV, des schémas de principe pour réaliser une telle fonction.
Ce mode apporte un autre élément positif dont l'importance est considérable. Dans la réalisation effective des interrupteurs T_{A2} et T_{B1}, qui seront utilisés dans ces onduleurs en tension, interviendront immanquablement des diodes. Sur le plan technologique, ces diodes sont évidemment imparfaites et leur imperfection majeure est le phénomène de recouvrement (cf. Chapitre IV). Dans la fonction thyristor-dual, cette diode recouvre dans des conditions idéales, c'est-à-dire à tension nulle, car lui succède, au sens de la conduction, l'interrupteur commandé auquel elle est associée. Ceci permet, par exemple, d'utiliser la diode parasite d'un transistor MOS de puissance comme diode anti-parallèle et ce, même dans des convertisseurs fonctionnant à fréquence très élevée. Ceci est impossible dans la commande d'amorçage, où inversement, le recouvrement se fait dans des conditions classiques, c'est-à-dire défavorables.
Pour cette raison, les convertisseurs les plus à même de répondre efficacement à un besoin en fort couple puissance-fréquence sont certainement ceux commandés à $F > F_0$. Une nouvelle fois, l'équipe qui a le plus fortement contribué à développer de tels dispositifs jusqu'à l'industrialisation, est celle du LEEI de Toulouse, déjà citée dans le chapitre I. Ceci confirme qu'une réflexion amont sur la structure des convertisseurs comme celle présentée dans ce chapitre I n'est pas seulement un exercice de style mais peut déboucher sur la mise en place d'un outil puissant d'aide à la conception.

3.3. Convertisseur à résonance série - $F < F_0$

L'utilisation de ce convertisseur au-dessous de la fréquence de résonance conduit à la mise en oeuvre de la commande d'amorçage. La structure générale est identique mais les interrupteurs sont maintenant de type T_{A2}. Contrairement au cas précédent ($F > F_0$), il existe ici différents modes de fonctionnement selon que F est supérieure ou inférieure à $F_0/2$ et selon que le convertisseur est en régime continu ou discontinu de courant au niveau du circuit résonnant et donc, du redresseur.

3.3.1. Fonctionnement pour $F_o/2 < F < F_o$

Dans cette première gamme de fréquence, les deux régimes (continu ou discontinu) peuvent apparaître.

3.3.1.1. Fonctionnement en régime continu

Ce mode de fonctionnement est similaire au précédent ($F > F_o$), le courant i_e étant en avance sur la tension v_e (figure III.40).

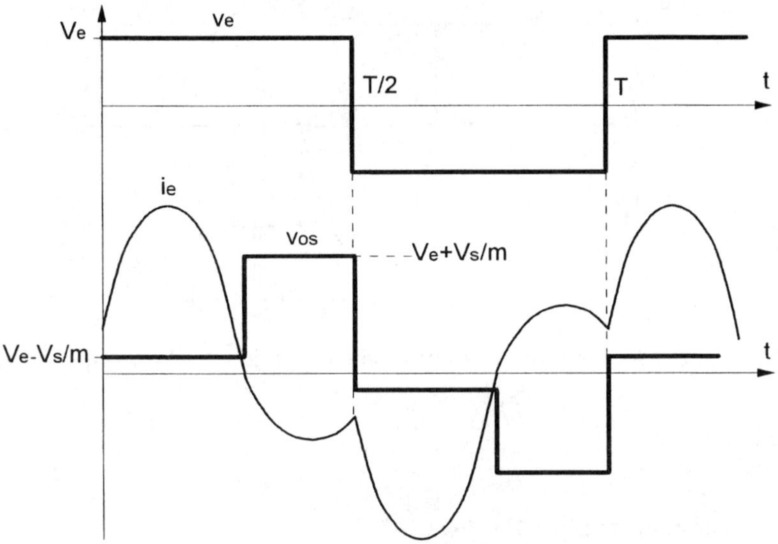

Figure III.40 : *Formes d'ondes en Régime continu pour F < Fo*

L'expression de V_s devient (cf. annexe A) :

$$y = \sqrt{1 + \frac{1+\cos\theta}{1-\cos\theta}\left[\theta x - \left(\frac{\theta x}{2}\right)^2\right]} = \sqrt{1 + \left(\mathrm{Cotg}\frac{\theta}{2}\right)^2\left[\theta x - \left(\frac{\theta x}{2}\right)^2\right]}$$

Il faut préciser que dans ce mode de fonctionnement apparaît une commutation de type "amorçage de l'interrupteur commandé-blocage de la diode opposée". On se trouve donc dans une configuration défavorable quant au mécanisme de recouvrement des diodes qui va induire la réapparition de pertes par commutation auxquelles le principe de conversion ne peut malheureusement rien.

3.3.1.2. Fonctionnement en régime discontinu

Le redresseur de sortie passe en conduction discontinue lorsque V_s atteint la valeur mV_e, qui constitue la valeur maximale de cette tension V_s (cf. annexe A). Les formes d'ondes, dans ce régime particulier, apparaissent figure III.41.

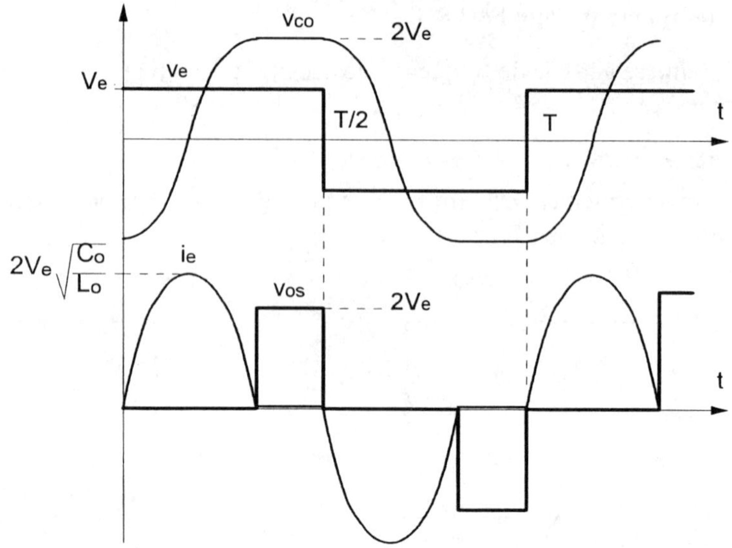

Figure III.41 : *Formes d'ondes en régime discontinu pour Fo/2 < F < Fo*

La valeur limite du courant normalisé correspondant à la frontière des deux régimes est :

$$x\lim = \frac{4F}{\pi Fo}$$

3.3.2. Fonctionnement pour F < Fo/2

Dans cette configuration, le courant résonnant s'annule avant la fin de la demi-période (figure III.42) :

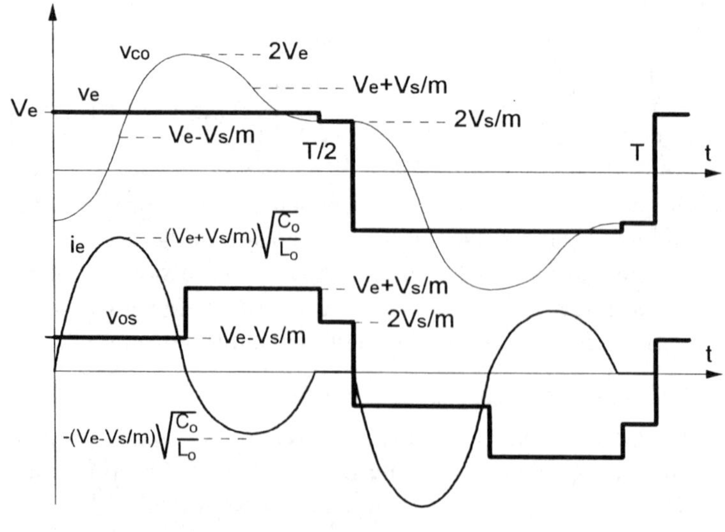

Figure III.42 : *Formes d'ondes pour F < Fo/2 et Vs < mVe*

Dans cette gamme, le convertisseur est donc constamment en régime discontinu. L'étude est également développée dans l'annexe A et l'on montre que ce convertisseur se comporte comme un générateur de courant de valeur proportionnelle à F/Fo :

$$Is = \frac{4VeF}{\pi mFo}\sqrt{\frac{Co}{Lo}}, \text{ soit } x = \frac{4F}{\pi Fo}$$

On peut remarquer que cette valeur constante de x correspond à la valeur limite des deux régimes, dans la gamme $Fo/2 < F < Fo$. Comme dans la configuration précédente, la tension maximale de sortie est $Vs = mVe$ et l'on retrouve un fonctionnement similaire lorsque cette valeur est atteinte (figure III.43) :

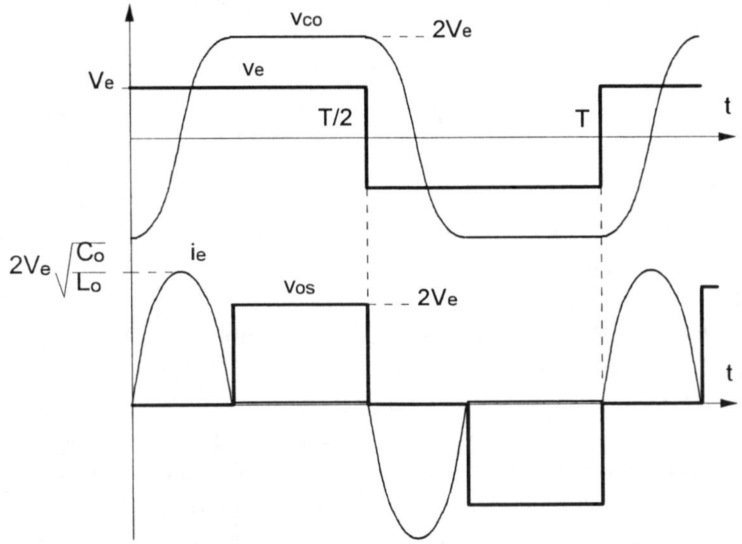

Figure III.43 : *Formes d'ondes pour F < Fo/2 et Vs = mVe*

Sur la figure ci-contre (III.44) sont représentées les caractéristiques de sortie pour les différents modes de fonctionnement. On y retrouve des caractéristiques verticales correspondant au mode à courant constant de la gamme F/Fo < 0,5.

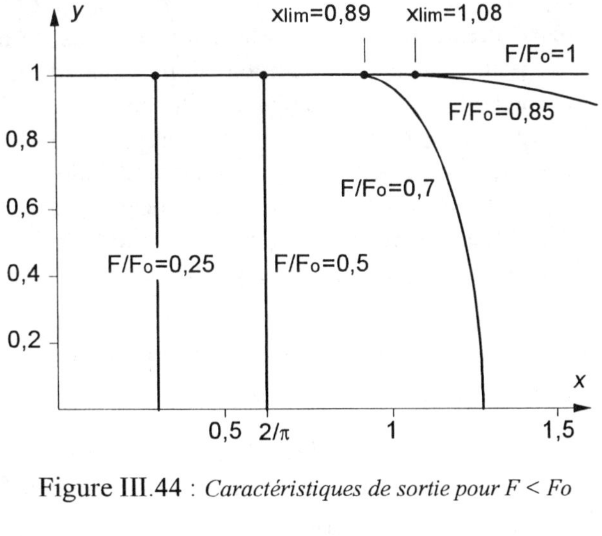

Figure III.44 : *Caractéristiques de sortie pour F < Fo*

3.3.3. Contraintes sur les composants - facteurs de dimensionnement

Nous nous intéresserons ici aux contraintes générées dans la gamme $F \leq Fo/2$, l'autre gamme n'étant quasiment jamais utilisée.

Interrupteurs	Diodes primaires	Diodes secondaires
$I_{Tmax} = \sqrt{\frac{Co}{Lo}}\left(Ve + \frac{Vs}{m}\right)$ soit $I_{Tmax} = \frac{m(1+y)}{x}$ $V_{Tmax} = Ve$ $Fd = \frac{(1+y)}{xy}$	$I_{Dmax} = Ve\sqrt{\frac{Co}{Lo}}$ $I_{Dmoy} = \frac{VeF}{\pi Fo}\sqrt{\frac{Co}{Lo}}$ $V_{Dmax} = Ve$ $Fd = \frac{F}{\pi Fo}\frac{1}{xy} = \frac{1}{4y}$	$I_{Dmax} = \pi Is$ $I_{Dmoy} = Is\frac{F}{Fo}$ $V_{Dmax} = Vs$ $Fd = \frac{F}{Fo}$

$$\text{avec } x = \frac{4F}{\pi Fo}$$

Si l'on s'intéresse au facteur de dimensionnement nominal des interrupteurs, on observe que, pour $F = Fo/2$ et $y = 1$ ($Vs = m\,Ve$), $Fd = \pi$. Les contraintes sur les interrupteurs sont donc deux fois plus importantes dans ce mode qu'à la résonance, inconvénient qui peut être en partie compensé par la nature beaucoup plus favorable des commutations puisque la phase "amorçage de l'interrupteur commandé-blocage de la diode opposée" est ici absente. Notons que ce mode s'apparente fortement à la quasi-résonance de type RA2, décrite précédemment.

Si l'on compare le mode de fonctionnement à $F < Fo$ au précédent, le principe même de la commande d'amorçage ne va pas dans le sens de la sûreté de fonctionnement déjà évoquée plus haut, car rien ne peut empêcher le court-circuit de bras en cas de défaut. La nature des commutations n'est pas propice à l'exploitation maximale des composants. En particulier, le recouvrement des diodes est un des principaux éléments limitatifs de ces structures. Si la commande d'amorçage a un intérêt évident dans le cas des onduleurs pour le chauffage par induction, du fait qu'elle permet l'utilisation des composants thyristors qui se prêtent bien à la réalisation de convertisseurs de puissance importante, il semble que, dans le cas des alimentations dont il est question ici, son utilisation s'accompagne de nombre d'inconvénients.

Soulignons néanmoins que le comportement en source de courant quasi-parfaite peut être intéressant dans certaines applications et que les CALC de ce type de convertisseur, qui se résument à des inductances placées en série avec les interrupteurs, n'introduisent pas de zone interdite car la commutation n'est pas dépendante du courant de charge mais de la tension d'entrée.

3.4. Caractéristiques de transfert des convertisseurs à résonance série

La figure III.45 résume les différentes caractéristiques de transfert du convertisseur à résonance série quelle que soit la fréquence de fonctionnement.

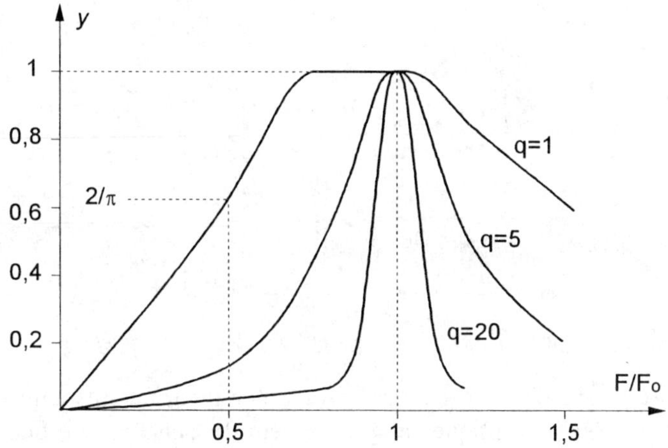

Figure III.45 : *Caractéristiques de transfert du convertisseur à résonance série*

On peut observer que ces caractéristiques de transfert s'apparentent fortement au diagramme de gain du circuit résonnant en régime sinusoïdal, ce qui n'est guère surprenant. On retrouve le gain maximal à la résonance et un accroissement du caractère sélectif lorsque la résistance de charge (donc d'amortissement) augmente.

3.5. Convertisseur à résonance parallèle

L'analyse du fonctionnement du convertisseur à résonance parallèle représenté figure III.46, se déduit directement de l'analyse effectuée pour le convertisseur à résonance série (annexe A) en exploitant les règles de la dualité. Ainsi, en remplaçant :

L_o par C_o — C_o par L_o
V_e par I_e — V_s par I_s
R par 1/R

nous pouvons déduire directement des calculs menés dans le cas de la résonance série l'expression du courant de sortie Is, pour $F < F_o$:

$$I_s = \frac{I_e}{m}\,\frac{-Q(1+\cos\theta)+\sqrt{2Q^2(1+\cos\theta)+(1-\cos\theta)^2}}{1-\cos\theta+Q^2(1+\cos\theta)}$$

avec $Q = \frac{\pi}{2}\sqrt{\frac{C_o}{L_o}}\frac{RF_o}{m^2F} = \frac{I_{L\text{crête}}}{mI_s}$, $m = \frac{n_2}{n_1}$ et $\theta = \pi\frac{F_o}{F}$

Les caractéristiques de sortie du convertisseur se déduisent directement de celles du convertisseur à résonance série, en appliquant les règles de la dualité (permutation tension-courant). Conformément au paragraphe I.1.1.2.3, les interrupteurs sont des thyristors-duaux (T_{B1}) pour $F < F_o$, des thyristors-diodes (T_{A2}) pour $F > F_o$.

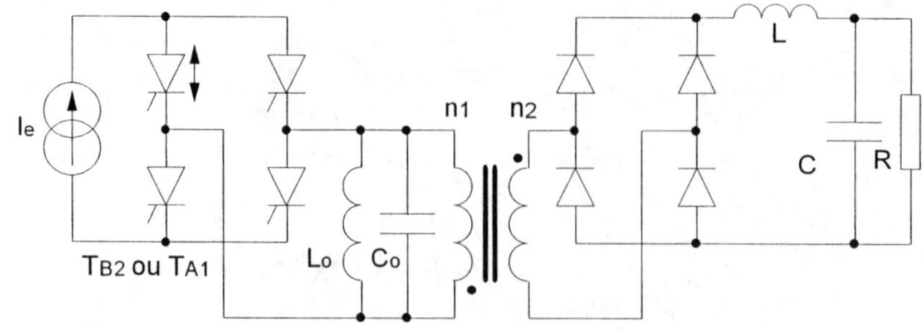

Figure III.46 : *Convertisseur à résonance parallèle*

La source de courant d'entrée ne peut être obtenue qu'en introduisant un autre convertisseur, ce qui complique singulièrement le schéma. Si une application requiert le comportement de ce type d'alimentation, on peut utiliser la résonance série-parallèle.

3.6. Convertisseur à résonance série - parallèle

Le schéma de principe est représenté figure III.47. Le transformateur est placé aux bornes du condensateur d'oscillation et le redresseur de sortie est un redresseur de tension. Nous nous intéresserons au fonctionnement à $F > F_0$, qui correspond, compte-tenu de la transformation de l'étage d'entrée, à l'utilisation de thyristors duaux.

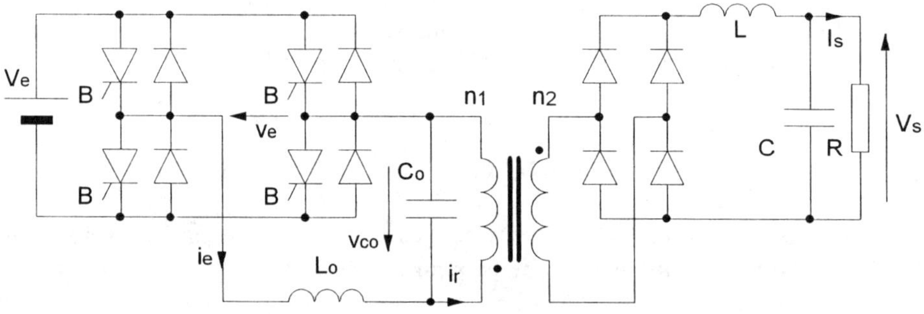

Figure III.47 : *Convertisseur à résonance série - parallèle*

L'analyse de son fonctionnement peut être menée au premier harmonique. Nous noterons v_{e1}, v_{co1}, i_{e1}, i_{r1}, les grandeurs fondamentale et V_{e1M}, V_{co1M}, I_{e1M}, I_{r1M}, leurs valeurs crêtes. Nous pouvons alors remplacer le redresseur de tension, le filtre de sortie et la charge par une résistance équivalente, notée R_{eq}. Pour exprimer R_{eq}, nous pouvons observer que :

$$V_s = \frac{2mV_{co1M}}{\pi} \text{ et } I_{r1M} = \frac{4mI_s}{\pi},$$

dont nous déduisons : $R_{eq} = \frac{V_{co1M}}{I_{r1M}} = \frac{\pi^2}{8m^2} R$

On obtient alors le schéma équivalent de la figure III.48, valable pour le fondamental. Nous avons donc affaire à un classique système du second ordre pour lequel nous pouvons exprimer deux fonctions de transfert intéressantes :

$$\frac{ie_1(\omega j)}{ve_1(\omega j)} = \frac{1}{Req} \frac{1 + ReqCo\omega j}{(1 - LoCo\omega^2) + \frac{Lo\omega}{Req} j}$$

$$\frac{vco_1(\omega j)}{ve_1(\omega j)} = \frac{1}{(1 - LoCo\omega^2) + \frac{Lo\omega}{Req} j}$$

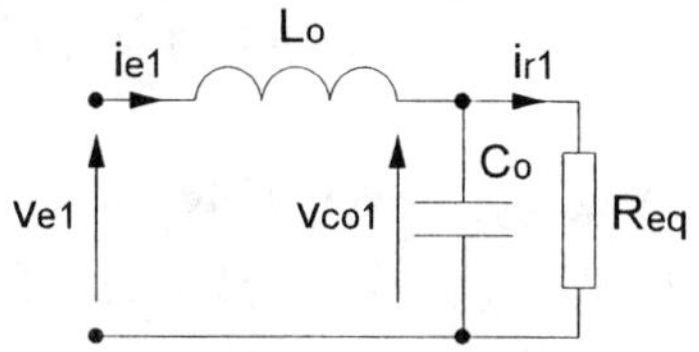

Figure III.48 : *Schéma équivalent au premier harmonique*

Sur la première, nous vérifions que le courant absorbé sur le pont est en retard sur la tension pour F > Fo, ce qui confirme le fonctionnement en commande de blocage dans cette gamme de fréquence. D'autre part, nous pouvons en déduire, pour des fréquences proches de la résonance, la valeur maximale Ie_{1M} de ie_1 , essentielle quant au dimensionnement du convertisseur. En effet, sachant que :

$$Req = \frac{\pi^2}{8m^2} R = \frac{\pi^2}{8m^2}\frac{Vs}{Is} \text{ et } Ve_{1M} = \frac{4Ve}{\pi} \text{ (amplitude du fondamental de } ve_1\text{)}$$

il vient :

$$Ie_{1M} = \frac{4Ve}{\pi}\frac{8m^2 Is}{\pi^2 Vs}\sqrt{\frac{1 + (ReqCo\omega)^2}{\left[1 - LoCo\omega^2\right]^2 + \left(\frac{Lo\omega}{Req}\right)^2}}$$

En utilisant les relations intermédiaires :

$$\frac{Lo\omega}{Req} = \frac{8m^2 F}{\pi^2 RFo}\sqrt{\frac{Lo}{Co}} = \frac{8F}{\pi^2 Fo}\frac{x}{y} \text{ et } ReqCo\omega = \frac{\pi^2 RF}{8m^2 Fo}\sqrt{\frac{Co}{Lo}} = \frac{\pi^2 F}{8Fo}\frac{y}{x},$$

on aboutit à :

$$Ie_{1M} = \frac{4mIs}{\pi}\frac{8}{\pi^2 y}\sqrt{\frac{1 + \left(\frac{\pi^2 F}{8Fo}\frac{y}{x}\right)^2}{\left[1 - \left(\frac{F}{Fo}\right)^2\right]^2 + \left(\frac{8F}{\pi^2 Fo}\frac{x}{y}\right)^2}}$$

A la résonance, soit F = Fo et $x = 1$, ce résultat devient :

$$Ie_{1M}(Fo) = \frac{4mIs}{\pi}\sqrt{1 + \left(\frac{\pi^2}{8}y\right)^2}$$

A partir de la seconde fonction de transfert, nous pouvons exprimer une forme analytique simplifiée de la tension de sortie du convertisseur en fonction du courant de sortie :

$$\frac{Vco_{1M}}{Ve_{1M}} = \frac{\pi^2 Vs}{8mVe} = \frac{1}{\sqrt{(1 - LoCo\omega^2)^2 + \left[\frac{Lo\omega}{Req}\right]^2}}$$

soit :

$$y = \frac{Vs}{mVe} = \frac{8}{\pi^2}\frac{1}{\sqrt{\left[1 - LoCo\omega^2\right]^2 + \left(\frac{Lo\omega}{Req}\right)^2}} = \frac{8}{\pi^2}\frac{1}{\sqrt{\left[1 - \left(\frac{F}{Fo}\right)^2\right]^2 + \left(\frac{8F}{\pi^2 Fo}\frac{x}{y}\right)^2}}$$

Nous pouvons maintenant exprimer la tension de sortie normalisée :

$$y = \frac{8}{\pi^2}\frac{\sqrt{1 - \left[\frac{F}{Fo}x\right]^2}}{\left[\frac{F}{Fo}\right]^2 - 1}$$

Les caractéristiques correspondant à cette relation sont représentées figure III.49. Les fonctionnements à vide et en court-circuit sont possibles, caractérisés par :

– la tension à vide normalisée : $y_o = \frac{8}{\pi^2}\frac{1}{\left[\frac{F}{Fo}\right]^2 - 1}$

– le courant de court-circuit normalisé : $x_{cc} = \frac{Fo}{F}$

3.6.1. Eléments de dimensionnement - contraintes

3.6.1.1. Dimensionnement

Le dimensionnement au régime nominal de ce convertisseur est guidé par le choix de la tension normalisée maximale, y_M, à la résonance, soit pour $x = 1$. Rappelons que le courant primaire maximal correspondant sera :

$$I_{e1M} = \frac{4mIs}{\pi}\sqrt{1 + \left(\frac{\pi^2}{8}y_M\right)^2}$$

Nous allons retrouver ici un compromis dual de celui rencontré dans le convertisseur à résonance série :

– pour obtenir une grande dynamique de tension avec une faible dynamique de fréquence, il faut choisir y_M élevé et donc, admettre un courant crête élevé,

– inversement, si l'on désire minimiser la contrainte en courant, il sera nécessaire d'augmenter la dynamique de fréquence.

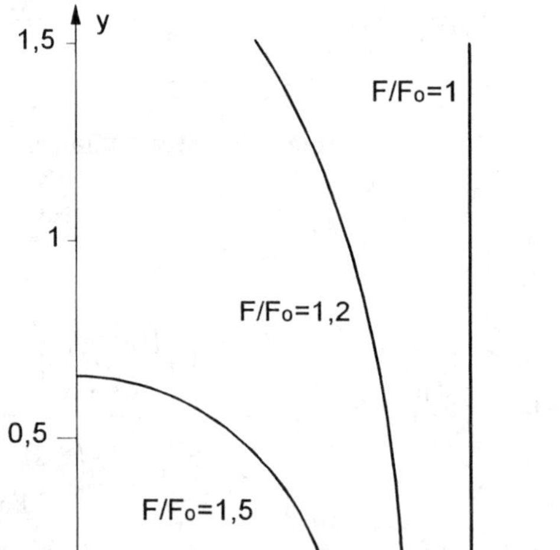

Figure III.49 : *Caractéristiques de sortie du convertisseur à résonance série - parallèle*

Lorsque ce choix est effectué, il suffit de remarquer que :

$$y = \frac{\mathrm{Vs}}{\mathrm{mVe}} = \frac{\mathrm{P}}{\mathrm{mVeIs}} = \frac{\mathrm{P}}{x\mathrm{Ve}^2}\sqrt{\frac{\mathrm{Lo}}{\mathrm{Co}}}\text{, soit } y_{\mathrm{M}} = \frac{\mathrm{P_M}}{\mathrm{Ve}^2}\sqrt{\frac{\mathrm{Lo}}{\mathrm{Co}}}\text{, pour } x = 1$$

Avec la relation $\mathrm{Fo} = \dfrac{1}{2\pi\sqrt{\mathrm{LoCo}}}$, le couple Lo,Co est alors entièrement déterminé :

$$\mathrm{Lo} = \frac{y_{\mathrm{M}}\mathrm{Ve}^2}{2\pi\mathrm{FoP_M}}$$

$$\mathrm{Co} = \frac{\mathrm{P_M}}{2\pi\mathrm{Fo}\, y_{\mathrm{M}}\mathrm{Ve}^2}$$

3.6.1.2. Contraintes sur les composants - facteurs de dimensionnement

Interrupteurs	Diodes primaires	Diodes secondaires
pour F = Fo $\mathrm{I_{Tmax}} = \dfrac{4\mathrm{mIs}}{\pi}\sqrt{1+\left(\dfrac{\pi^2}{8}y_{\mathrm{M}}\right)^2}$ $\mathrm{V_{Tmax}} = \mathrm{Ve}$ $\mathrm{Fd} = \dfrac{\pi}{2}\sqrt{1+\left(\dfrac{8}{\pi^2 y_{\mathrm{M}}}\right)^2}$ $\mathrm{Fd} \approx 2$, pour $y_{\mathrm{M}} = 1$	pour F = Fo $\mathrm{I_{Dmax}} = \dfrac{4\mathrm{Ve}}{\pi}\sqrt{\dfrac{\mathrm{Co}}{\mathrm{Lo}}}$ $\mathrm{I_{Dmoy}} = \dfrac{2\mathrm{Ve}}{\pi^2}\sqrt{\dfrac{\mathrm{Co}}{\mathrm{Lo}}}$ $\mathrm{V_{Dmax}} = \mathrm{Ve}$	$\mathrm{I_{Dmax}} = \mathrm{Is}$ $\mathrm{I_{Dmoy}} = \dfrac{\mathrm{Is}}{2}$ $\mathrm{V_{Dmax}} = \dfrac{\pi\mathrm{Vs}}{2}$ $\mathrm{Fd} = \dfrac{\pi}{4}$

Chapitre IV

Les composants à semi-conducteurs et leur environnement dans les alimentations à découpage

1. Eléments sur les composants de puissance

L'étude des composants de puissance à semi-conducteur est une discipline à part entière. Nous avons donc pris le parti, plutôt que de présenter de façon rapide et donc approximative des éléments de physique du semi-conducteur, de décrire simplement les principales caractéristiques externes des composants utilisés dans les alimentations à découpage. Les lecteurs désireux d'en savoir plus sur le fonctionnement intime de ces composants et sur la structure de leurs commandes pourront se référer à la bibliographie, dans laquelle sont cités des ouvrages remarquables sur le sujet.
Rappelons néanmoins que l'on peut classer ces composants en deux grandes catégories :
– les composants à jonction bipolaire permettant l'obtention de chutes de tension en conduction faibles mais dont le corollaire incontournable est l'existence de charges stockées,
– les composants à effet de champ qui, inversement, ne stockent pas de charge et sont donc très performants sur le plan dynamique, mais présentent le désagréable handicap de chutes de tension en conduction élevées, comparativement aux précédents.
Nous présenterons, pour chaque composant cité, les caractéristiques statiques essentielles puis quelques éléments sur le comportement dynamique, sachant que, en ce qui concerne les interrupteurs commandés, ce comportement ne pourra jamais être dissocié de leur commande.

1.1. Les diodes

Interrupteur non commandable, la fonction diode est non seulement indispensable mais omniprésente dans les convertisseurs. Le comportement des composants "diodes" aura donc une influence importante sur le fonctionnement d'un convertisseur. On utilise principalement les diodes PIN et des diodes shottky lorsque les tensions le permettent.

1.1.1. Les diodes PIN

1.1.1.1. Caractéristiques statiques

La structure de principe et les caractéristiques statiques d'une diode à jonction PIN apparaissent figure IV.1 :

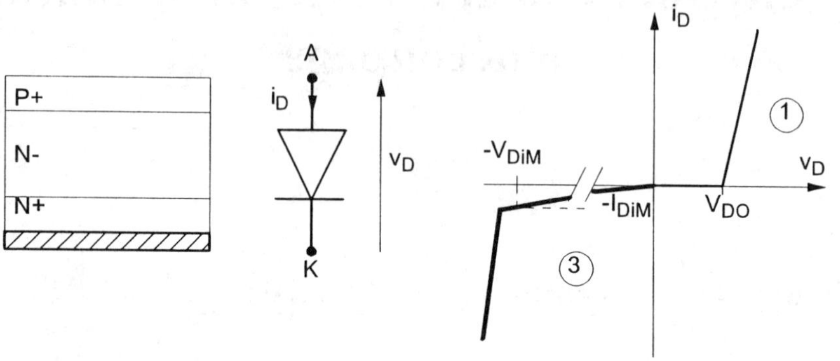

Figure IV.1 : *Structure et caractéristiques statiques d'une diode à jonction PN*

Cette structure est baptisée "P/I/N" du fait de l'empilement $P^+/N^-/N^+$. L'association N^-/N^+ apparaît dans quasiment tous les composants de puissance et résulte à la fois de considérations de principes et de considérations technonologiques (cf. bibliographie, notion d'injecteurs-problèmes de réalisation). La zone N^-, faiblement dopée, est assimilée à une zone "I" comme intrinsèque. C'est cette zone qui assure l'essentiel de la tenue en tension.

Si l'on s'en tient à une présentation purement externe, le quadrant ① correspond à la zone de polarisation directe de la diode et donc, à un état équivalent d'interrupteur fermé. Dans cette zone, les principales grandeurs caractéristiques sont :

– la tension de seuil V_{DO},
– la résistance dynamique R_{DO},
– le courant efficace I_{Deff},
– le courant moyen I_{Dmoy}.

Les deux premiers éléments sont propres à la diode. Si le constructeur indique les valeurs maximales admissibles des courants efficace et moyen, il appartient au concepteur de déterminer ces valeurs, dans le cas de son application. Il peut alors évaluer les pertes moyennes en conduction :

$$P_{Dcond} = V_{DO}\, I_{Dmoy} + R_{DO}\, I_{Deff}^2$$

Le comportement en polarisation inverse (état ouvert) est décrit par la caractéristique du quadrant ③. Le paramètre essentiel ici est la tension inverse V_{DiM} que peut supporter la diode. Le constructeur indique cette valeur en précisant généralement le courant de fuite I_{DiM} associé, ce qui peut permettre de calculer sommairement la résistance équivalente à l'état ouvert du composant considéré.

1.1.1.2. Comportement dynamique

La phase dont les particularités ont une influence considérable sur la commutation d'une cellule est le blocage de la diode. Par principe, la conduction d'un courant par une diode PIN entraîne l'existence d'une charge stockée, essentiellement dans la zone faiblement dopée (couche N^-). La phase de blocage va donc devoir s'accompagner de l'évacuation de cette charge stockée.

Pour présenter les phénomènes qui apparaissent dans le contexte d'un convertisseur à découpage, il nous faut prendre en compte un environnement représentatif de ce contexte. Pour cela, on introduit une cellule de commutation interrupteur-diode dans laquelle l'interrupteur est supposé parfait (figure IV.2). Nous nous intéresserons ici exclusivement au blocage de la diode. Nous aurons l'occasion de revenir plus tard sur la commutation d'une telle cellule.

On suppose que la diode conduit initialement Is, tandis que l'interrupteur Tp est ouvert. La mise en conduction de ce dernier va induire une évolution des grandeurs électriques dont la forme idéalisée est indiquée figure IV.3 :

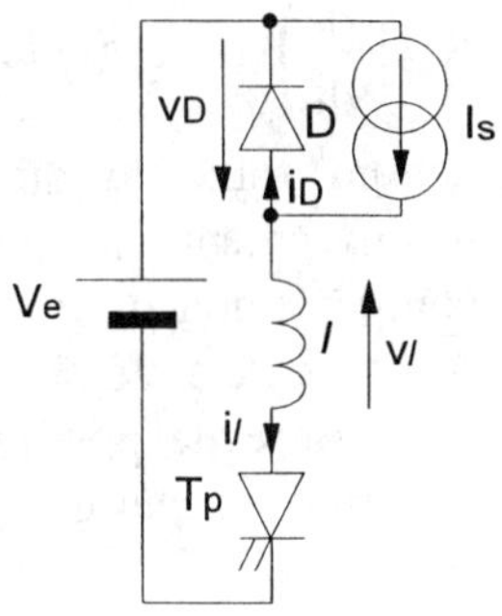

Figure IV.2 : *Cellule de caractérisation*

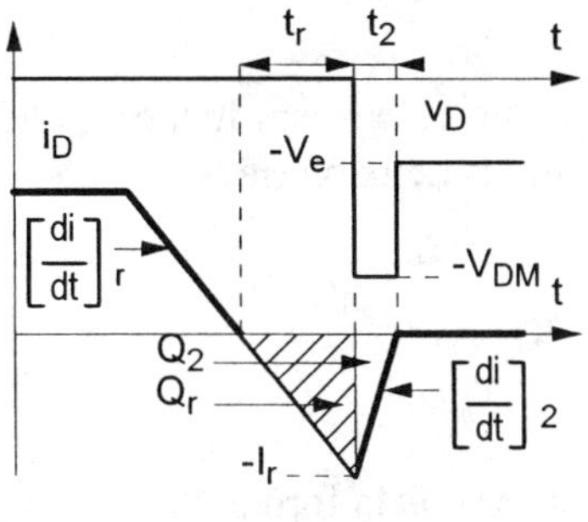

Figure IV.3 : *Formes d'ondes idéalisées pendant le recouvrement*

L'interrupteur étant ici parfait, la pente de décroissance du courant (di/dt)r est imposée par *l* avec :

$$\left(\frac{\mathrm{di}}{\mathrm{dt}}\right)_r = -\frac{Ve}{l}$$

Pendant cette décroissance, la diode est toujours conductrice mais une partie de la charge stockée pendant la conduction est éliminée par recombinaisons. La charge restante à l'annulation du courant et que l'on notera Qr, va alors être évacuée par le biais d'un courant inverse. Pendant cette phase (l'origine des temps est l'instant initial de cette phase), on peut écrire :

$$Q(t) = \int i_D(t)\ \mathrm{dt} = -\left(\frac{\mathrm{di}}{\mathrm{dt}}\right)_r \frac{t^2}{2} + Qr$$

A l'instant t = tr, lacharge Qr est évacuée, donc :

$$Q(tr) = 0 = -\left(\frac{di}{dt}\right)_r \frac{tr^2}{2} + Qr\text{, soit } tr = \sqrt{\frac{2Qr}{\left(\frac{di}{dt}\right)_r}}$$

On peut également calculer Ir :

$$Ir = \left(\frac{di}{dt}\right)_r tr = \sqrt{2Qr\left(\frac{di}{dt}\right)_r}$$

Durant toute la durée de ce phénomène, que l'on appelle généralement le recouvrement, la tension aux bornes de la diode reste quasiment nulle. Elle se comporte donc toujours comme un interrupteur fermé.

A l'issue de cette phase, la diode a retrouvé son pouvoir de blocage. Pour reformer la barrière de potentiel correspondant à l'état totalement bloqué, il faut encore apporter une charge – Q_2 telle que :

$$Q_2 = \frac{Ir\, t_2}{2}$$

Ceci s'accompagne du retour à 0 du courant i_D avec un $(di/dt)_2$ qui dépend essentiellement de la technologie de la diode. Cette variation de courant induit aux bornes de l une tension qui constitue une surtension δs pour la diode. Celle-ci est donc soumise à une tension totale qui vaut :

$$V_{DM} = Ve + l\left(\frac{di}{dt}\right)_2$$

Nous pouvons exprimer cette valeur en fonction du rapport des gradients de courant apparaissant pendant les deux phases :

$$V_{DM} = Ve\left[1 + \frac{\left(\frac{di}{dt}\right)_2}{\left(\frac{di}{dt}\right)_r}\right] = Ve\, Ks,$$

que l'on peut également mettre sous la forme :

$$V_{DM} = Ve\left[1 + \frac{Qr}{Q_2}\right],$$

le rapport des pentes étant identique au rapport des charges.

Certains constructeurs précisent l'ordre de grandeur de cette quantité Ks qui est liée très fortement à la technologie d'une diode donnée. Cet ordre de grandeur se situe entre 2 et 4 pour des diodes rapides. On constate donc la forte contrainte qu'introduit ce phénomène de recouvrement sur le plan du dimensionnement en tension de la diode. De surcroît, l'observation des formes d'ondes de la figure IV.3 indique l'existence de pertes puisqu'il y a simultanément courant et tension de mêmes signes aux bornes de la diode. L'expression de ces pertes, si la diode est plongée dans un circuit à découpage à fréquence fixe F, est :

$$Pr = F\, V_{DM} \frac{Ir\, t_2}{2}$$

Soit encore :

$$Pr = FVe\left[1+\frac{Qr}{Q_2}\right]Q_2 = FVe(Q_2 + Qr)$$

Ainsi, bien que ce composant diode soit à commutation entièrement spontanée, il se trouve néanmoins être le siège de pertes par commutation (proportionnelle à la fréquence de commutation). Nous avons supposé ici que l'interrupteur était parfait. Nous verrons plus loin (paragraphe IV.2.1.2.) que ces pertes, si elles sont toujours présentes dans le montage, peuvent se répartir entre le diode et l'interrupteur, lorsque ce dernier est imparfait.

Une estimation correcte de ces pertes passe obligatoirement par une connaissance correcte du terme $Q_2 + Qr$. Certains constructeurs en donnent l'évolution (cette somme est souvent appelée Qrr), en fonction de (di/dt)r, qui est un paramètre primordial, et à température de jonction fixée, ce second paramètre ayant également une influence considérable sur cette charge (des données définies à une température de jonction de 25°C sont de peu d'utilité). Cette charge dépend également de Is mais moins fortement. Nous allons donner, dans le paragraphe suivant, quelques ordres de grandeurs.

1.1.1.3. Quelques ordres de grandeurs à propos des diodes PIN rapides

La conception de tout composant à semi-conducteur résulte d'un compromis portant sur les trois points fondamentaux que sont la tenue en tension à l'état bloqué, la chute de tension à l'état passant, la rapidité. On retrouvera cette notion dans le cas de la diode. La tenue en tension étant imposée par l'application, nous nous intéresserons à l'évolution des deux autres paramètres en fonction de cette tenue en tension. Pour donner des ordres de grandeurs, nous avons sélectionné quelques diodes ultra-rapides appartenant aux familles basse, moyenne et haute tension, d'un calibre communément utilisé dans les alimentations à découpage. Ce calibre est le même dans tous les cas ($I_{Dmoy} = 12A$). Le tableau de la figure IV.4 résume les principales caractéristiques de ces différentes diodes :

V_{DiM}	V_{DO}	$tr + t_2$	Ir	$Qr + Q_2$
200V	0,85V	50ns	2A	0,05µC
500V	1,4V	150ns	6A	0,5µC
1000V	1,5V	300ns	12A	2µC

Paramètres de mesure : $T_J = 100°C$, Is = 12A, (di/dt)r = 60A/µs

Figure IV.4 : *Caractéristiques comparées de quelques diodes PIN ultra-rapides*

On constate bien la dégradation des performances en fonction de la tenue en tension. Pour les diodes haute tension, la nécessité de limiter la chute de tension à l'état passant conduit à des niveaux de charges stockées très élevés.

Ainsi, lorsque le concepteur parvient, par un meilleur choix structurel ou grâce à une astuce de montage, à passer à la gamme de tension inférieure, le gain obtenu sur les performances est très significatif. Ceci est un élément important dans la conception de l'étage redresseur d'une alimentation à découpage.

1.1.2. Les diodes shottky

Les diodes shottky ne font pas intervenir de mécanisme bipolaire. Le phénomène de recouvrement y est absent, ce qui est un atout précieux dans le découpage à haute fréquence. Pour parvenir à ce résultat, on utilise des jonctions métal/semi-conducteur (figure IV.5).

Du fait du fonctionnement par effet de champ, l'obtention de faibles niveaux de chute de tension à l'état passant impose l'existence d'une couche N^- de faible épaisseur, ce qui dédie ce type de composant aux applications basse tension, tendance renforcée par le fort niveau de courant de fuite qu'induit le principe. Nous pouvons préciser ici quelques ordres de grandeur des caractéristiques de telles diodes :

- $0,3V \leq V_{DO} \leq 0,6V$
- $I_{Dmoy} \leq$ qqes 100A
- $V_{DiM} \leq 100V$

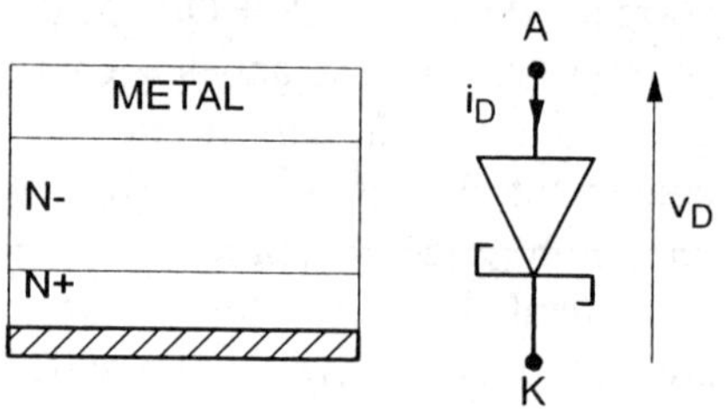

Figure IV.5 : *Structure d'une diode shottky*

1.2. Les composants commandés

Nous traiterons ici uniquement des composants commandés susceptibles d'être utilisés dans les alimentations à découpage (contexte haute fréquence - faible puissance). Il s'agit du transistor à jonction bipolaire, du transistor à effet de champ à grille isolée (MOSFET) et de l'IGBT (Insulated Gate Bipolar Transistor), dont nous ne traduirons pas l'appellation anglo-saxonne universellement utilisée, traduction qui mènerait d'ailleurs à une appellation française inexacte car il ne s'agit pas véritablement d'un transistor bipolaire.

1.2.1. Le transistor bipolaire

Historiquement, le transistor bipolaire est le premier composant entièrement commandé à avoir été introduit dans des convertisseurs à découpage (≈1975). Assez rapidement remplacé par le transistor MOSFET dans les alimentations de faible puissance, puis par l'IGBT en moyenne puissance, il reste un composant très performant, alliant performances dynamiques élevées et faible chute de tension à l'état passant. La défection des concepteurs à son égard a essentiellement pour origine l'importance du savoir-faire nécessaire à l'élaboration de la commande de base et le niveau élevé de l'énergie qui y est perdue.

1.2.1.1. Caractéristiques statiques

La structure simplifiée d'un transistor de puissance ainsi que les caractéristiques statiques associées sont représentées figure IV.6 :

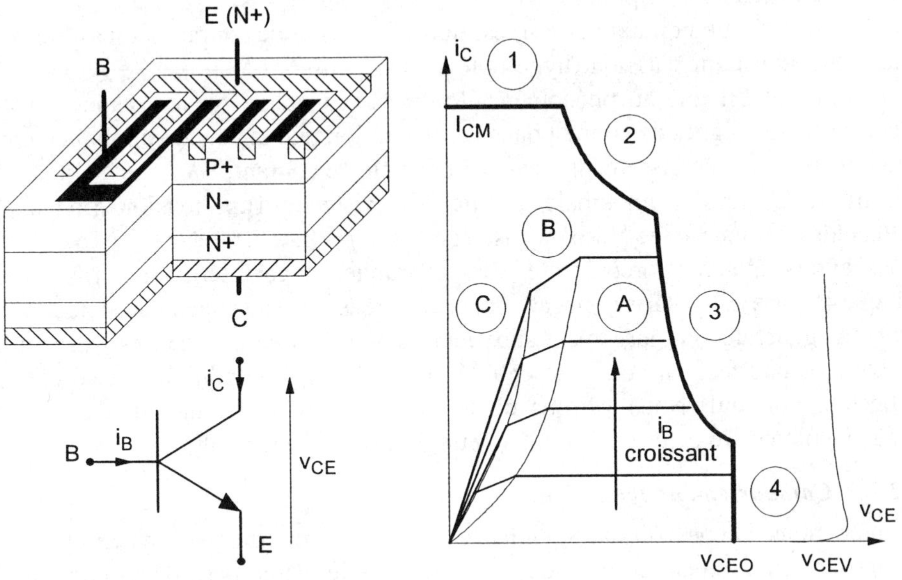

Figure IV.6 : *Structure et caractéristiques statiques*

Il s'agit d'un composant trois couches, le plus souvent de type NPN (NPIN), cette structure permettant d'obtenir les meilleures performances. La base (P^+) et l'émetteur (N^+) y sont fortement interdigités. En régime statique et dans le plan (i_C, v_{CE}), on peut distinguer trois zones de fonctionnement :

– la zone A qui correspond au régime linéaire et dans laquelle le transistor se comporte comme un générateur de courant commandé par le courant de base,

– la zone B, "inventée" par les utilisateurs du transistor bipolaire en commutation, est une zone intermédiaire dans laquelle le régime est déjà non-linéaire et la chute de tension (quelques Volt) est suffisamment faible pour une utilisation en interrupteur,

– la zone C est la zone de saturation où sont obtenues les chutes de tension les plus faibles (ordre de grandeur du Volt).

Pour un courant collecteur donné, l'évolution de la zone A vers la zone C est directement liée au niveau du courant de base injecté qui doit aller croissant. Dans les zones non-linéaires B et C, la notion de gain en courant n'a plus grande signification. On parle néanmoins de gain forcé, grandeur qui correspond toujours au rapport i_C/i_B, mais qui est maintenant imposée par l'utilisateur pour obtenir le niveau de saturation de son choix. Il nous faut préciser que, dans les deux cas, des charges seront stockées dans le composant. Le distinguo entre dans ces deux zones trouve son origine dans l'existence d'un compromis entre le niveau de charge stockée (performances dynamiques) et la chute de tension à l'état passant (pertes par conduction).

La zone B privilégie les performances dynamiques, la zone C, la chute de tension à l'état passant.

Sur la figure IV.6, nous avons également fait figurer les limites de fonctionnement statique d'un transistor bipolaire :

– la limite ① (courant maximal I_{CM}) est liée à la densité de courant admissible,

– la limite ② est une classique hyperbole de dissipation,

– la limite ③ est due au phénomène de second claquage qui correspond à une focalisation des lignes de courant dans l'émetteur lorsque la tension appliquée croît, et qui mène à un accroissement local de la densité de courant,

– la limite ④ (tension maximale) résulte de l'existence d'une tension d'avalanche collecteur-émetteur notée V_{CEO}, la base étant ouverte ($i_B = 0$).

Nous avons également représenté, sur ce graphe, la caractéristique d'avalanche lorsque la base est polarisée négativement. La tension d'avalanche associée, notée V_{CEV} est généralement largement supérieure à V_{CEO}. Le composant est susceptible de bloquer une tension comprise entre V_{CEO} et V_{CEV}, à condition que le courant collecteur soit nul. Nous verrons plus loin comment l'introduction d'un circuit d'aide à l'ouverture permet d'exploiter cette propriété intéressante.

1.2.1.2. Comportement dynamique

Comme nous l'avons dit dans l'introduction, le comportement dynamique d'un composant entièrement commandé est indissociable, d'une part, de sa commande, et, d'autre part, du contexte dans lequel il se trouve placé. La caractérisation la plus répandue, quel que soit le composant, utilise comme support la cellule de commutation (cf. chapitre I). Dans cette dernière, le courant commuté est imposé par la charge (courant I_S).

On s'intéresse alors aux évolutions du courant dans le composant entre les deux valeurs extrêmes 0 et I_S, ***car elles sont à l'origine de la succession de phénomènes qui vont intervenir dans la cellule, et la connaissance de leur forme est indispensable à une évaluation des pertes par commutation.*** Notons que, pendant les phases de commutation, la tension appliquée au composant est la tension d'alimentation V_e (cf. paragraphe IV.2.1.).

Dans le cas du transistor bipolaire, des formes typiques idéalisées sont représentées figure IV.7.

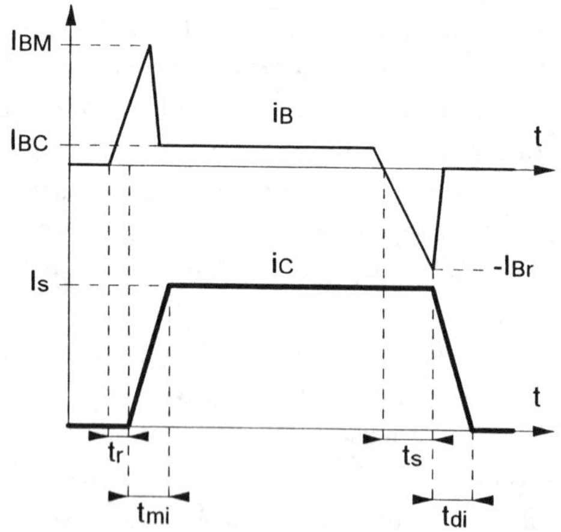

Figure IV.7 : *Formes typiques lors de la commutation*

A l'amorçage, afin de minimiser le temps de retard (tr) et le temps de montée (tmi), il est recommandé d'injecter dans la base une impulsion de courant de valeur crête largement supérieure à la valeur du régime établi.

Lorsque le transistor est correctement amorcé, il faut alors imposer une amplitude de courant correspondant à l'état de saturation souhaité. Nous reviendrons plus loin sur cette phase, différentes options étant envisageables.
La phase de fonctionnement la plus caractéristique du transistor bipolaire apparaît lors du blocage. De par sa nature, l'état de saturation correspond à l'existence de charges stockées, en particulier dans la base. Il faut donc évacuer ces charges pour bloquer le transistor. Pour parvenir rapidement à ce résultat, on ne peut échapper à l'utilisation d'une commande qui permette l'extraction d'un courant de la jonction base-émetteur. On retrouve alors, au niveau de cette jonction, un mécanisme assez semblable au recouvrement de la diode PIN présenté plus haut. Tant que les charges ne sont pas totalement évacuées, le composant reste conducteur. Ceci conduit à l'apparition du temps de stockage (ts), qui représente un retard pur en terme de commande et qui, du fait des valeurs typiques couramment rencontrées (la microseconde), constitue un handicap dans le découpage haute fréquence.
Ce temps de stockage, tout comme le temps de descente (tdi) qui va lui succéder, dépend fortement de l'état antérieur du composant, c'est-à-dire l'état de saturation dans lequel il se trouvait pendant la conduction. Nous allons donc revenir sur ce point.
Les performances du transistor bipolaire à l'ouverture tant au niveau du temps de stockage que du temps de descente du courant seront d'autant meilleures que le niveau de saturation sera faible. Parallèlement, la chute de tension ira croissant. Le compromis dont nous parlions au début de ce paragraphe apparaît clairement. Ce compromis doit évoluer en fonction de l'application, selon que ce sont les performances dynamiques ou les performances en conduction qui prédominent. Dans les systèmes à découpage dont il est question dans cet ouvrage, les performances dynamiques sont généralement primordiales. On utilise alors couramment des commandes de base maintenant le transistor dans l'état de quasi-saturation que nous avons déjà évoqué. Le principe d'un réseau permettant d'obtenir ce résultat (généralement baptisé réseau d'anti-saturation) est indiqué figure IV.8.

Grâce à ce réseau, la tension aux bornes du composant est contrôlée. En effet, on peut écrire :
$v_{dAS} + v_{CE} = v_{dB} + v_{BE}$, soit :
$v_{CE} = v_{dB}(i_B) + v_{BE}(i_B) - v_{dAS}(I_B^+ - i_B)$
Si l'on suppose que le courant I_B^+ est constant, l'équation précédente nous montre de façon purement qualitative que si la tension v_{CE} tend à évoluer sous l'effet des variations du courant collecteur, la boucle d'asservissement élémentaire constituée par ce réseau va s'opposer à cette variation. Ainsi, l'accroissement de v_{CE} du fait d'un accroissement parallèle de i_C (tendance à la désaturation) ne peut se traduire que par une augmentation de i_B, ce qui fait apparaître un effet de contre-réaction (tendance à la saturation). Le contrôle résultant n'est ni parfait, ni linéaire mais donne néanmoins d'excellents résultats.

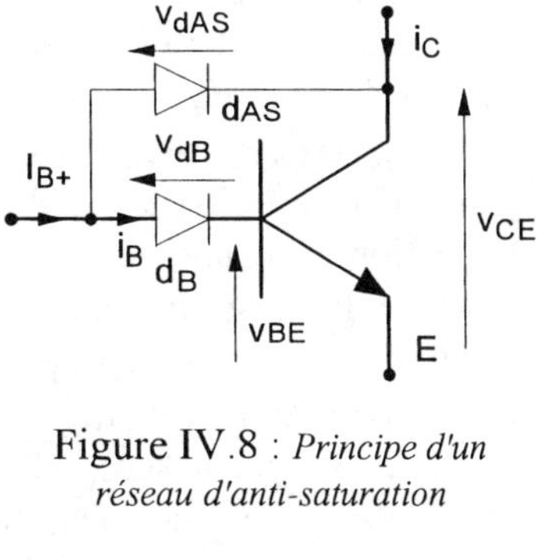

Figure IV.8 : *Principe d'un réseau d'anti-saturation*

La difficulté réside dans le réglage de la tension v_{CE} contrôlée qui doit correspondre à la zone de quasi-saturation. Ce réglage dépend des différents seuils introduits, y compris celui de la tension base-émetteur, qui peut varier notablement d'un transistor à l'autre. On peut être amené à introduire des seuils supplémentaires (diodes), soit dans la base, soit dans la branche de mesure de v_{ce} (d_{AS}), afin d'ajuster correctement ce niveau.
Pour conclure sur ce très bref aperçu du comportement dynamique du transistor bipolaire, nous pouvons proposer un schéma de principe d'une commande de base typique capable de délivrer la forme de courant de base décrite figure IV.7 et incluant une boucle d'anti-saturation (figure IV.9) :

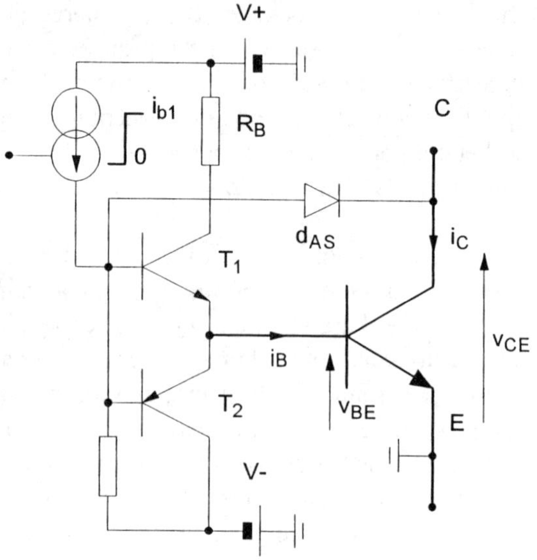

Figure IV.9 : *Exemple de schéma d'une commande base*

Un étage principal, constitué de T_1 et T_2 connectés respectivement à des alimentations positives et négatives, permet d'obtenir un courant de base positif ou négatif.
Cet étage est commandé par un générateur de courant contrôlé à deux états (0, i_{b1}), généralement élaboré à l'aide de transistors bipolaires. L'injection de i_{b1} détermine l'injection d'un courant de base i_B positif tandis que le blocage du générateur entraîne la mise en conduction de T_2 et la mise en oeuvre du mécanisme d'extraction sous faible impédance.
La boucle d'anti-saturation fonctionne selon le principe décrit précédemment mais le rôle de la diode d_b est tenu par la jonction base-émetteur de T_1. Cette technique limite la puissance absorbée sur l'alimentation positive, cette dernière ne fournissant que le courant de base nécessaire, contrairement à un réseau qui serait placé directement sur la base et qui devrait être alimenté en permanence par le courant de base maximal.

Une autre propriété du réseau d'anti-saturation est la génération naturelle de l'impulsion de courant à l'amorçage. En effet, pendant cette phase, la tension aux bornes du composant évolue à partir de valeurs élevées (imposées par le montage lorsque le transistor est à l'état bloqué) auquel le réseau réagit en injectant dans la base tout le courant disponible (pas de courant dévié dans d_{AS}). Le niveau du courant de base est régulé lorsque le transistor est finalement amorcé. Il suffit que les éléments de la commande soit dimensionnés de façon à ce que le courant maximal disponible soit supérieur au courant en régime établi pour obtenir cette impulsion d'amorçage.

1.2.1.3. Aires de sécurité en commutation

Nous avons présenté, au début de ce paragraphe sur le transistor bipolaire, les limitations rencontrées en régime statique. Ces limitations ne sont pas les mêmes en commutation car le composant peut subir de très fortes variations de puissance instantanée sans que celles-ci entraînent obligatoirement d'échauffement destructeur. Les constructeurs définissent ce que l'on appelle les aires de sécurité en commutation qui indiquent à l'utilisateur dans quelle zone du plan (i_C,v_{CE}) peut se déplacer le point de fonctionnement pendant les commutations. La forme de ces aires est généralement différente à la fermeture et à l'ouverture. Elle dépend fortement de la technologie du composant utilisé et de la nature de sa commande. Nous pouvons indiquer néanmoins des tendances générales (figure IV.10) :

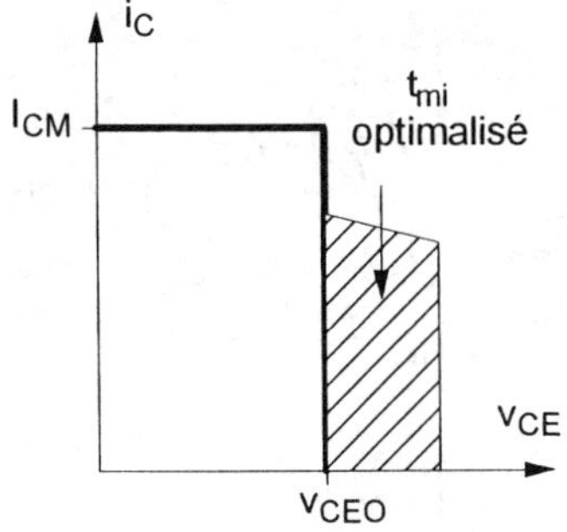

a - Fermeture

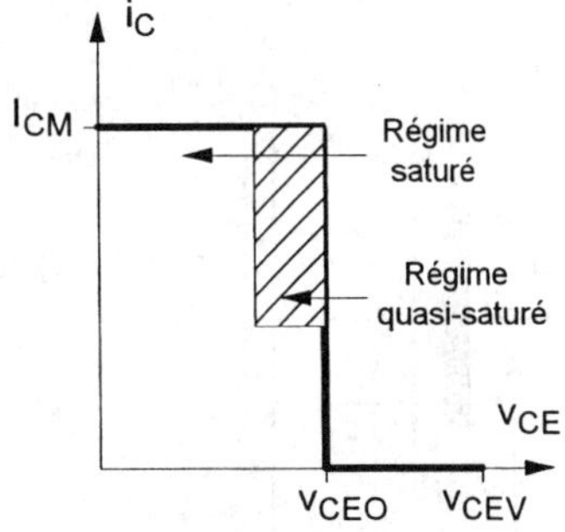

b - Ouverture

Figure IV.10 : *Aires de sécurité en commutation*

A la fermeture, le point de fonctionnement peut se déplacer dans un rectangle I_{CM}, V_{CEO}. Si la qualité de la commande permet l'obtention d'un temps de montée faible, cette aire peut être étendue dans la partie gauche (hachurée) du plan.
A l'ouverture, la zone d'utilisation est généralement plus réduite. En régime de saturation, on ne peut décrire l'intégralité du rectangle I_{CM}, V_{CEO}. Par contre, ceci est possible en régime de quasi-saturation. D'autre part, on retrouve ici la possibilité déjà évoquée d'appliquer au composant une tension V_{CEV} supérieure à V_{CEO}, dans la mesure où le courant collecteur est nul ou quasi-nul.

1.2.1.4. Quelques ordres de grandeurs à propos des transistors bipolaires

Si l'on sait maintenant réaliser de gros transistors bipolaires capables de commuter 1000V-1000A, le domaine qui nous intéresse plus précisément est toujours celui des alimentations à découpage. Dans ce contexte, le transistor typique appartient à la gamme 500V-20A. Un tel composant, dans la technologie dite de "troisième génération", pourra présenter les performances suivantes :

$V_{CEO} = 500V$, $V_{CEV} = 1000V$, $I_{CM} = 30A$

avec tdi et tmi $\leq$ 100ns et ts $\approx$ 500ns.

1.2.2. Le transistor à effet de champ et grille isolée (MOSFET)

Issu initialement de la micro-électronique, le transistor MOSFET, seul composant commandé fonctionnant uniquement par effet de champ, est rentré dans le domaine de la conversion d'énergie grâce à une évolution vers des technologies verticales (1975-1980). Le principe même de son fonctionnement permet d'affirmer d'emblée qu'il aura toujours des performances modestes en terme de chute de tension en conduction, mais ses performances dynamiques le rendent très attractif dans le contexte des convertisseurs de faible puissance.

1.2.2.1. Caractéristiques statiques

Fidèles à notre démarche, nous présentons sur la figure IV.11. une structure de principe et les caractéristiques statiques d'un transistor MOSFET :

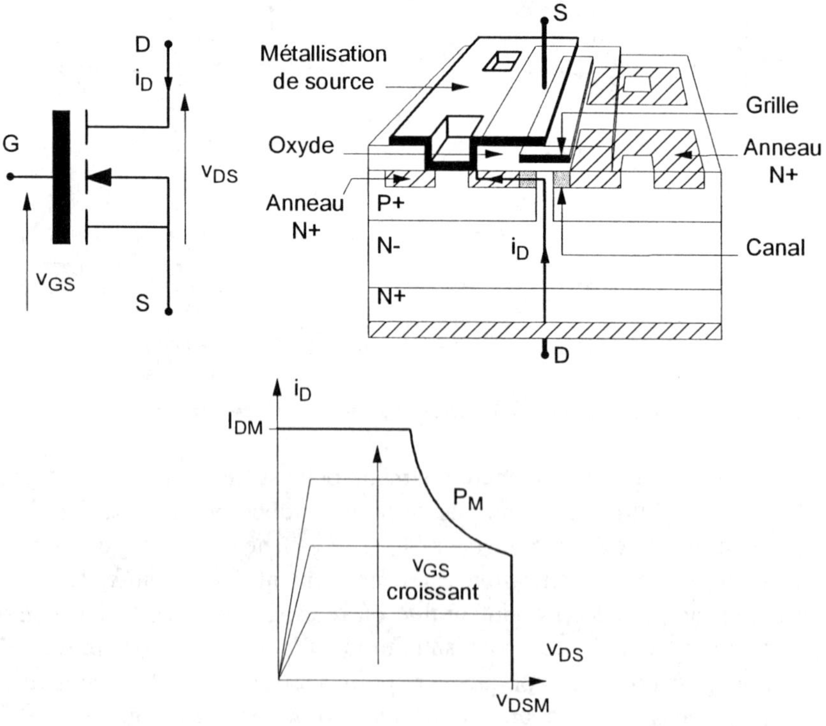

Figure IV.11 : *Structure et caractéristiques statiques d'un transistor MOSFET*

La structure représentée est à canal N et à enrichissement, toujours pour des raisons d'optimisation des performances. Il s'agit d'une structure multi-cellulaire dont ne sont représentés ici que quelques motifs élémentaires. Chacun de ces motifs peut être considéré comme un transistor MOSFET, lui-même élémentaire. En l'absence de tension grille-source v_{GS}, qui est la grandeur de commande, le composant est à l'état ouvert. Lorsque l'on applique une tension positive supérieure à un seuil critique généralement noté v_{GSTH}, un champ électrique est créé dans l'espace grille-source, champ qui va provoquer l'apparition d'un canal de type N dans la zone P. Le composant se présente alors comme un empilement composite de couches N et devient conducteur. Ceci explique le comportement résistif (résistance apparente notée R_{DSON}), sans effet de seuil, que l'on peut observer dans la partie gauche des caractéristiques statiques (à faible v_{DS}). On retrouve ensuite une zone linéaire dans laquelle le transistor MOSFET se comporte comme un générateur de courant.
Compte-tenu de sa structure, la résistance d'entrée présentée par la grille peut être considérée comme infinie. En statique, l'énergie de commande est donc nulle. Nous verrons plus loin qu'en régime dynamique, il faut prendre en compte d'importants effets capacitifs qui induiront l'existence d'une énergie de commande non nulle en régime de découpage. L'énergie mise en oeuvre restera néanmoins toujours très inférieure à celle que nécessite un transistor bipolaire, ce qui est un avantage considérable de ce transistor MOSFET.

1.2.2.2. Comportement dynamique

Pour apporter des précisions sur le comportement dynamique du transistor MOSFET, il est nécessaire d'introduire quelques éléments parasites. Les capacités parasites ont une influence importante sur ce comportement, d'une part, du fait de leurs valeurs élevées, d'autre part, parce qu'elles constituent quasiment les seuls freins du MOSFET sur le plan dynamique, dans une utilisation classique. Dans certains cas, un autre élément parasite peut perturber le fonctionnement. Il s'agit d'un transistor parasite de structure qui ne peut être éliminé. La localisation de ces différentes composantes est précisée figure IV.12 :

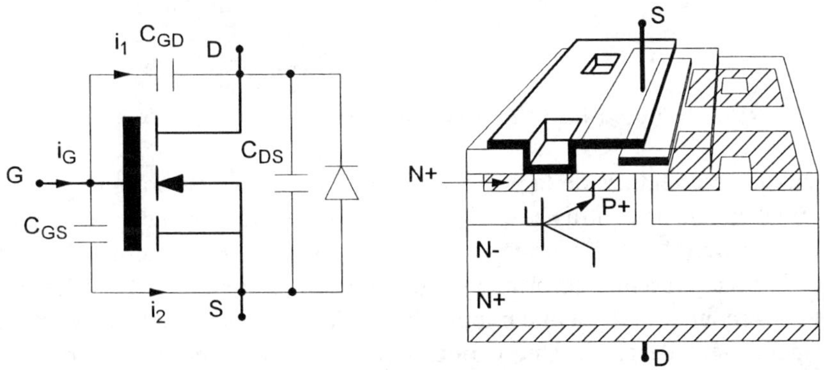

Figure IV.12 : *Composantes parasites d'un transistor MOSFET*

Dans ce schéma équivalent, on peut considérer que la jonction base-émetteur du transistor parasite est court-circuitée. Il intervient alors comme une diode antiparallèle parasite. Utilisée comme telle, cette diode se caractérise par un niveau de charges stockées très élevé, peu propice au découpage haute fréquence. Parallèlement, si le phénomène de recouvrement intervient dans les conditions du paragraphe IV.1.1., il peut y avoir destruction du composant si le dv_{DS}/dt appliqué pendant cette phase de blocage est trop élevé (>5000V/µs). Ceci fait que l'on évite généralement d'utiliser cette diode. Une des rares exceptions à la règle est l'utilisation du transistor MOSFET en thyristor-dual, fonction interrupteur dans laquelle le blocage de la diode intervient à tension nulle. Dans ce cas, il est tout à fait possible d'exploiter cette diode parasite.
Il nous faut maintenant revenir sur l'influence des capacités parasites représentées ci-dessus. Cette influence se fera naturellement sentir pendant les commutations. Pour mettre en évidence les phénomènes qui interviennent, nous allons nous intéresser à la phase de fermeture d'un transistor MOSFET intégré dans une cellule de commutation dont l'exploitation est maintenant devenue routinière.
Si, le transistor étant plongé dans cette cellule, on attaque la grille par un générateur de courant constant, on obtient les formes d'ondes idéalisées suivantes (figure IV.13) :

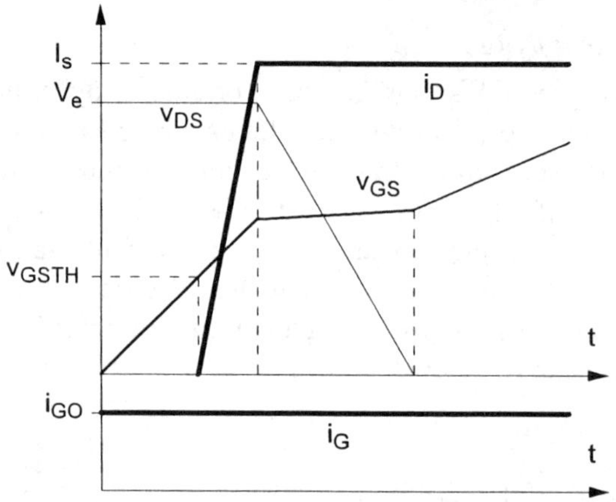

Figure IV.13 : *Formes d'ondes idéalisées à la fermeture*

Cette attaque particulière de la grille, qui n'est pas utilisée en pratique, correspond à un montage de test utilisé par les constructeurs pour évaluer directement la charge électrique ($I_{GO}.t$) à fournir à la grille pour réaliser la fermeture. Elle est très commode pour présenter la problématique de la commutation. L'évolution de la tension v_{GS} montre qu'il y a une importante variation de la capacité équivalente vue par le générateur de grille. Une explication purement qualitative est relativement simple à fournir en s'appuyant sur le schéma équivalent. Le générateur de grille doit fournir le courant de charge de C_{GS} et le courant de décharge de C_{GD}.

On peut écrire :

$i_G = i_1 + i_2$

avec $i_1 = C_{GD}\dfrac{d(v_{GS} - v_{DS})}{dt} = C_{GD}\left[\dfrac{dv_{GS}}{dt} - \dfrac{dv_{DS}}{dt}\right]$,

et $i_2 = C_{GS}\dfrac{dv_{GS}}{dt}$

Par principe, à la fermeture, l'évolution positive de v_{GS} va induire la décroissance de la tension v_{DS}. On peut donc considérer, tout en sachant que le mécanisme est non-linéaire, qu'il existe un gain en tension négatif de la forme :

$$-A_v = \frac{\partial v_{DS}}{\partial v_{GS}}$$

On peut alors exprimer le courant i_1 de la façon suivante :

$$i_1 = C_{GD}\frac{dv_{GS}}{dt}\left[1 - \frac{\partial v_{DS}}{\partial v_{GS}}\right] = C_{GD}\frac{dv_{GS}}{dt}(1 + A_v)$$

Donner une expression de la capacité équivalente C_{eq} vue de la grille nous est maintenant possible :

$$i_G = \left[C_{GD}(1 + A_v) + C_{GS}\right]\frac{dv_{GS}}{dt} = C_{eq}\frac{dv_{GS}}{dt}$$

La capacité C_{GS} est sensiblement constante. La capacité C_{GD} dépend de la tension de polarisation v_{DG} conformément à la figure IV.14.

On peut alors rapidement justifier les formes d'ondes de la figure IV.13. Lorsque la tension grille atteint v_{GSTH}, le courant s'établit dans le composant jusqu'à la valeur I_s imposée par la cellule. Pendant cette évolution, v_{DS} reste constant, $A_v = 0$, $C_{eq} = C_{GS} + C_{GDm}$.

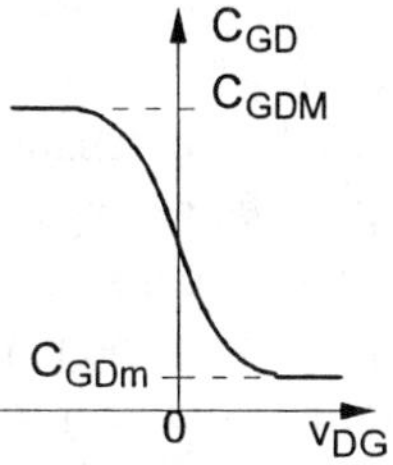

Figure IV.14 :
Variations de C_{GD}

La tension v_{DS} commence ensuite à décroître. La grandeur A_v prend alors une valeur non nulle qui peut aller jusqu'à quelques centaines. Le générateur de grille voit alors une capacité équivalente $C_{eq} = C_{GS} + C_{GDm}(1+A_v)$. Cet accroissement équivalent de la capacité de réaction C_{GD} est classiquement appelé "effet Miller". On peut le retrouver avec d'autres composants et dans d'autres domaines tels que l'amplification. Dans notre cas, cet effet mène à des valeurs de C_{eq} qui s'évaluent en nano-Farad voire en dizaines de nano-Farad. Dans le schéma de test proposé, la vitesse d'évolution de la tension v_{GS} devient naturellement beaucoup plus faible.

Ce phénomène est encore amplifié lorsque la tension v_{DS} devient inférieure à v_{GS}, auquel cas la valeur de la capacité de réaction croît jusqu'à C_{GDM}.

Lorsque vds atteint sa valeur finale, A_v devient nul et $C_{eq} = C_{GS} + C_{GDM}$. On retrouve une valeur plus raisonnable de C_{eq}, néanmoins majorée par rapport à la première phase de la fermeture.

Le fonctionnement est sensiblement le même à l'ouverture. Ceci montre qu'un générateur de commande de grille, dont on voudrait idéalement qu'il soit une source de tension, devra fournir d'importants courants transitoires lors des transitions de v_{GS}.

Nous conclurons ce paragraphe en indiquant que les aires de sécurité du MOSFET en commutation sont identiques à l'ouverture et à la fermeture et sont consituées par un rectangle I_{DSM}, V_{DSM}.

1.2.2.3. Quelques ordres de grandeurs à propos des transistors MOSFET

Comme nous l'avons vu, le MOSFET à un comportement résistif dans la zone qui intéresse l'électronicien de puissance. La résistance R_{DSON} correspondante résulte de la mise en série des résistances des différentes couches N intervenant dans le processus de conduction :

– la résistance du canal,
– la résistance de l'anneau N^+ situé sous la source,
– la résistance de la couche N^- assurant la tenue en tension.

La première dépend essentiellement de la technologie du composant (nombre de cellules, géométrie).

La seconde dépend également de l'aspect technologique mais est déja fortement influencée par la tenue en tension du composant.

La dernière enfin dépend exclusivement de la tenue en tension désirée. Les concepteurs de transistor MOSFET proposent une expression approchée de la résistance globale, expression issue de considérations physiques :

$$R_{DSON} = R_{canal} + \underbrace{(KN^+ V_{DSM}^{1,3})}_{\text{résistance zone } N^+} + \underbrace{(KN^- V_{DSM}^{2,5})}_{\text{résistance zone } N^-}$$

En basse tension ($V_{DSM} \leq 200V$), la résistance du canal est prépondérante. Le progrès technologique permet donc d'espérer une évolution sensible des chutes de tension dans cette gamme. Pour exemple, un transistor MOSFET 100V-40A pourra présenter une résistance à l'état passant de 0,04Ω, ce qui correspond à une chute de tension, au courant nominal, très proche de celle d'un bipolaire.

Dans la gamme supérieure ($V_{DSM} \leq 500V$), le terme intermédiaire devient prépondérant. Des progrès sont encore réalisés, mais de faible ampleur. Un composant classique de cette gamme est un transistor MOSFET 500V-20A avec une résistance à l'état passant de 0,3Ω. On s'éloigne donc déjà fortement des chutes de tension des composants bipolaires.

Dans la dernière gamme (jusqu'à 1000V), on ne peut espérer aucun progrès en utilisant des surfaces de silicium économiquement raisonnables. Ainsi, depuis bien des années, le composant standard de la gamme 1000V plafonne à un courant de quelques ampères et présente une résistance de quelques Ohm.

Même si des modules hybrides permettent de repousser les limites, en moyenne et haute tension, en intégrant plusieurs puces connectées en parallèle, le domaine de prédilection du transistor MOSFET sera toujours celui des basses tensions et (ou) des faibles puissances. Dans le contexte des alimentations à découpage, qui correspond souvent à ce domaine, son emploi est extrêmement répandu.

1.2.3. Le transistor "IGBT"

D'une certaine façon, l'IGBT (Insulated Gate Bipolar Transistor) est né du désir de marier les côtés favorables des filières MOSFET et bipolaire. Il n'est évidemment pas possible (loi de Murphy) de ne garder que les avantages de chacune de ces filières. L'objectif fixé par les concepteurs de ce type de composant était d'obtenir un interrupteur à faible chute directe et forte tenue en tension (donc fondamentalement bipolaire), facile à commander (grille isolée), tout en préservant des caractéristiques dynamiques acceptables. On peut dire maintenant que les résultats obtenus dépassent largement les espérances initiales et ce composant se taille la part du lion dans les systèmes de conversion conçus depuis le début des années 1990. Dans les alimentations à découpage, il tend à se substituer au transistor de puissance dans le domaine des moyennes et fortes puissances.

1.2.3.1. Caractéristiques statiques

La structure de principe représentée figure IV.15 :

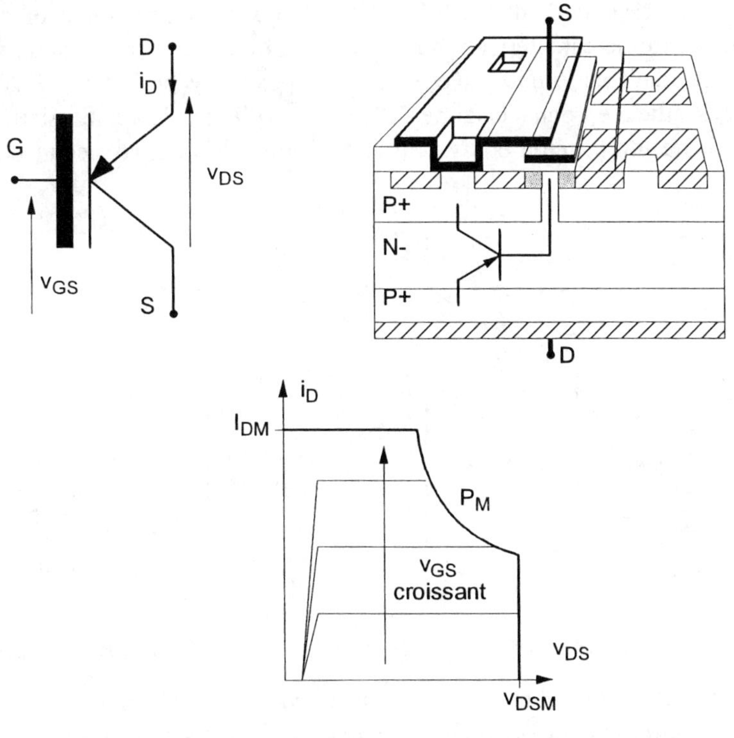

Figure IV.15 : *Structure et caractéristiques statiques de l'IGBT*

La structure de base est celle d'un transistor MOSFET auquel on a rajouté une couche P^+. Cette couche joue le rôle d'un injecteur et permet d'obtenir un effet bipolaire au niveau de la couche N^-, dont le fonctionnement, dans le cas du transistor MOSFET, est à l'origine du dilemme "tenue en tension-résistance à l'état passant".

L'introduction de ce comportement bipolaire résoud ce problème mais en fait apparaître un autre qui est le stockage de charges dans la couche N^- (cf. paragraphe suivant).

Les caractéristiques statiques sont tout-à-fait similaires à ce que nous avons déjà vu, si on les observe de façon globale. Si l'on détaille la zone à faibles valeurs de v_{DS} qui nous intéresse, on note que la jonction P^+N^- entraîne l'existence d'un seuil dans la chute de tension à l'état passant. On peut donc grossièrement utiliser un schéma équivalent similaire à celui de la diode pour déterminer la chute de tension en conduction, avec une tension de seuil constante v_{DSO} et une résistance dynamique R_{DSO}.

1.2.3.2. Comportement dynamique

Plusieurs aspects du comportement dynamique d'un IGBT sont similaires à ce que l'on obtient avec un transistor MOSFET. Ainsi la fermeture s'apparente fortement à celle de son homologue à effet de champ en terme de rapidité d'établissement du courant. De même, l'effet Miller précédemment décrit apparaît de façon identique.

La particularité essentielle de l'IGBT se situe à l'ouverture. Si l'on se place toujours dans un contexte de caractérisation qui est la cellule interrupteur-diode sur charge inductive, pendant cette phase d'ouverture se posera le problème de l'évacuation des charges stockées dans la zone N^-. Pour expliciter la manifestation externe correspondante, un schéma équivalent (très) simplifié peut être celui de la figure IV.16 :

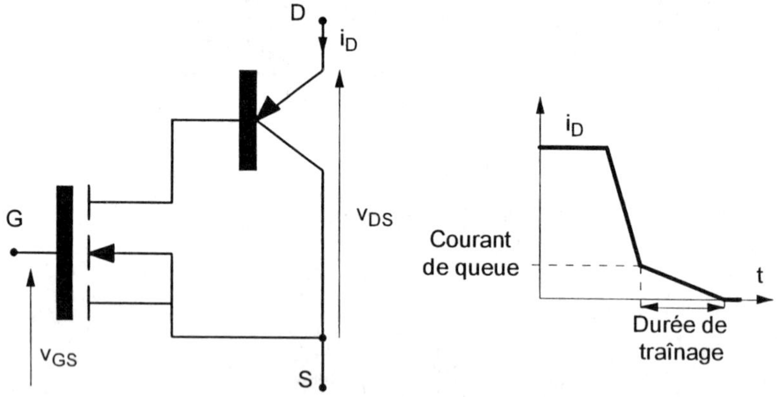

Figure IV.16 : *Schéma équivalent simplifié de l'IGBT et comportement à l'ouverture*

On retrouve, dans ce schéma, un transistor MOSFET et un transistor bipolaire résultant de l'empilement $P^+/N^-/P^+$. Lorsque l'interrupteur est fermé, il y a partage du courant entre les deux composants. A l'ouverture (cf. figure IV.16), une première phase, correspondant à l'ouverture du canal, va intervenir et induire une première évolution du courant (très rapide comme dans le transistor MOSFET). Une fois le canal ouvert, on peut considérer que le transistor bipolaire se retrouve base en l'air, des charges se trouvant stockées dans cette dernière. Elles sont éliminées par recombinaisons, mais parallèlement le transistor bipolaire se bloque lentement, créant ainsi l'apparition de la queue de courant représentée ci-dessus.

Si des progrès étonnants ont été réalisés dans la limitation de l'amplitude et de la durée de ce phénomène de traînage, ce dernier reste une importante limitation dynamique par rapport aux performances d'un transistor bipolaire rapide et interdit son utilisation en très haute fréquence.

1.2.3.3. Quelques ordres de grandeurs à propos des IGBT

D'une façon tout à fait générale, la technologie IGBT permet d'obtenir des chutes de tension à l'état passant de l'ordre de 2,5V à 4V, pour des tenues en tension allant jusqu'à 1500V. Une part importante de la production concerne des dispositifs modulaires dans lesquels, par des techniques d'hybridation, on associe un certain nombre de puces élémentaires pour obtenir des composants de fort calibre, la gamme de tension la plus répandue étant de 1200V, les courants pouvant atteindre prochainement les 1000A. Les temps de commutation à l'ouverture sont de l'ordre de une à deux microsecondes (traînage inclu).
En ce qui concerne notre contexte, des IGBT de plus faible calibre mais aux performances dynamiques plus élevées sont également fabriqués. On peut citer le cas de composants assez typiques, appartenant à la gamme 600V-40A, présentant une chute de tension de l'ordre de 2,5V et commutant en 200ns (traînage compris) avec une amplitude initiale du courant de queue de 20%. Si ce type de composant, apparu dans les années 1985, poursuit son étonnante évolution, il y a tout lieu de penser que sa pénétration dans le domaine des convertisseurs rapides va devenir très significative.

2. Commutation et environnement

L'objectif de ce paragraphe est de tenter de faire le lien entre les contraintes aussi fondamentales qu'incontournables imposées par les circuits et le comportement des interrupteurs réels qui seront réalisés à l'aide des composants à semi-conducteurs précédents. Les différentes observations qui résulteront de cette analyse nous conduiront à chercher des moyens de "soulager" les composants. Nous leur associerons alors un environnement à même de remplir cette fonction.

2.1. Forme générale de la commutation commandée dans une cellule interrupteur-diode

Nous avons rapidement décrit, dans le paragraphe précédent, les différents composants qui permettent de réaliser les fonctions interrupteur définies dans le chapitre I. Rappelons que, dans ce premier chapitre, nous avions montré, à l'aide d'une approche purement théorique, que la commutation dans une cellule interrupteur-diode imposait à cet interrupteur une trajectoire rectangulaire du point de fonctionnement dans le plan i_K, v_K. Ceci implique, compte-tenu de l'existence des temps de commutation non nuls des composants décrits plus haut, que ces derniers seront obligatoirement le siège de pertes par commutation, toujours dans l'hypothèse de l'absence de stockage d'énergie.

Nous allons maintenant, dans ce paragraphe, apporter quelques précisions sur la forme de ces phénomènes de commutation.
Notre démarche sera basée sur l'utilisation d'une approche qualitative simple (il serait présomptueux de parler de modèles), dont la seule ambition est de permettre une interprétation de certains des phénomènes observés dans une cellule de commutation réelle. Pour préserver cette simplicité, nous serons amenés à découpler des mécanismes qui forment un tout, mais dont la prise en compte globale serait extrêmement complexe.

2.1.1. Approche simplifiée des principaux phénomènes

Cette approche empruntera deux voies distinctes selon que l'on se situera à la fermeture ou à l'ouverture. Les choix qui seront fait ici pourront paraître arbitraires au lecteur. Ils résultent de notre volonté de représenter grossièrement ce que le concepteur de convertisseurs observe tous les jours et qui constitue une réalité dont on ne peut rendre compte fidèlement sans utiliser des modèles fins, faisant intervenir l'intimité des composants à semi-conducteurs, et nécessitant des moyens de calculs.
Le point commun des deux facettes de notre approche sera la prise en compte des capacités parasites.

2.1.1.1. Fermeture

Pour la phase de fermeture, le schéma équivalent des interrupteurs commandés que nous nous proposons d'utiliser apparaît dans la cellule de la figure IV.17 :

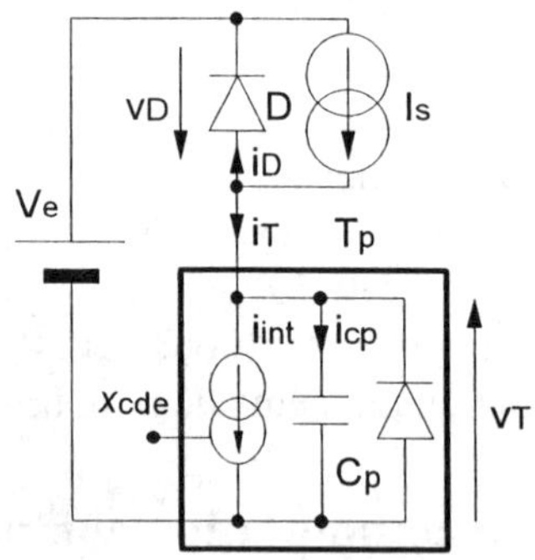

Figure IV.17 : *Représentation simplifiée pour la fermeture*

La forme de cette représentation se justifie à partir des éléments suivants :
– Tout composant à semi-conducteur commandé porte en lui un caractère de générateur de courant commandé (cf. caractéristiques statiques) qui peut se manifester tant que la notion de saturation ou de charges stockées n'est pas introduite, ce qui est le cas sur une part majoritaire de la phase de fermeture, même lorsque l'on a affaire à un composant bipolaire,
– les capacités parasites existent dans tous les composants de puissance (capacités de diffusion ou de transition) et présentent généralement des valeurs très significatives,

– la diode anti-parallèle, supposée ici parfaite, est indispensable pour rendre compte de l'effet de saturation du composant, le modèle générateur de courant-capacité parasite seul pouvant générer l'apparition d'une tension négative à ses bornes.

Les limitations d'un tel modèle restent très importantes et il nous faut les préciser ici. Il ne peut prendre en compte les non-linéarités complexes du générateur de courant que constitue un composant, en particulier s'il est bipolaire donc sujet aux phénomène de stockage de charges. Ainsi, si cette démarche est défendable à la fermeture, nous ne pourrons pas l'appliquer à l'ouverture. De la même façon, ce modèle suppose l'existence de capacités parasites de valeur constante alors que ces dernières sont également non-linéaires. Précisons que la forte zone de variation de la capacité principale représentée figure IV.17. correspond, pour la plupart des composants, au domaine des basses tensions (quelques dizaines de Volt). Dans les convertisseurs moyenne et haute tension, l'approximation d'une capacité constante sur l'essentiel des durées de commutation n'est pas absurde.

Enfin, ne sont pas prises en compte ici les inductances parasites dues au câblage ou aux connections internes aux boîtiers des composants. Nous introduirons ces éléments plus tard dans notre exposé, faisant ainsi apparaître la tentative de découplage des phénomènes dont nous parlions plus haut.

Nous pouvons maintenant décrire le fonctionnement de la cellule ainsi représentée en supposant que la diode D est parfaite. Pour cela, on suppose que la grandeur de commande x_{cde} impose une forme donnée au courant délivré par le générateur interne. D'autre part, il faut rappeler les équations électriques correspondant à la structure de cette cellule :

$$I_s - i_D = i_{int} + i_{cp} = i_T$$
$$V_e = - v_D + v_T$$

Les formes d'ondes correspondant alors à la phase de fermeture apparaissent figure IV.18 . La variation de i_{int} est supposée être de forme linéaire.

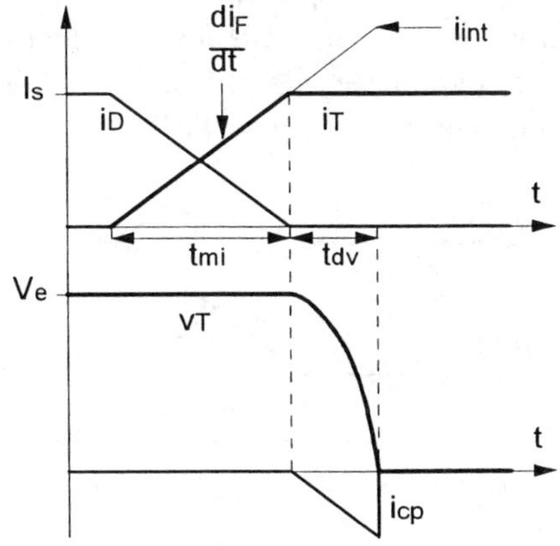

Figure IV.18 : *Commutation à la fermeture*

Les conditions initiales de cette phase correspondent à la conduction du courant Is par la diode D. L'interrupteur T_p est donc bloqué, avec $v_T = V_e$.

Lorsque le générateur interne est commandé, une première phase apparaît, pendant laquelle il y a conduction simultanée de D et de T_P. la conduction de D entraîne toujours $v_T = V_E$. Ceci montre, a postériori, que v_T n'évoluant pas, le courant i_{CP} est effectivement nul.
Lorsque le courant i_D s'annule, la diode D se bloque et le courant i_T a atteint la valeur I_S imposée par la cellule. Le générateur interne sert alors à décharger la capacité Cp, ce qui induit une forme parabolique de la tension v_T puisque :

$$C_P \frac{dv_T}{dt} = I_S - i_{int}, \text{ avec } i_{int} \text{ de forme linéaire.}$$

A capacité parasite donnée, on constate donc que la vitesse de variation de v_T sera d'autant plus grande que i_{int} évoluera rapidement. Quel que soit le composant utilisé, la commande aura une grande influence sur la vitesse d'évolution de i_{int} et donc sur celle de v_T.

2.1.1.2. Ouverture

Pour les raisons que nous avons évoquées plus haut, nous n'utiliserons pas la notion de générateur de courant commandé pour l'ouverture. Nous pouvons d'ailleurs indiquer au lecteur que, si l'on utilise cette représentation, on décrit un comportement que l'on ne retrouve pas dans la réalité, tout particulièrement avec les composants bipolaires. Notre approche sera ici encore plus simpliste.
Initialement la diode D est bloquée. Elle entrera en conduction lorsque la tension v_T aura atteint la valeur V_E. Pour cela, il faut que le condensateur Cp ait été chargé. L'hypothèse que nous formulerons ici est que, si cette tension peut évoluer, c'est que l'interrupteur a, d'une façon quelconque, retrouvé une partie de son pouvoir de blocage. Ainsi, il présente au montage une résistance apparente élevée dont on supposera qu'elle impose au courant issu de la charge de ne circuler que dans C_P. ***Rappelons que C_P correspond à une représentation d'un effet de jonction et que la scission que nous introduisons entre influence de la capacité parasite et fonctionnement intrinsèque du composant est purement artificielle, tout ceci étant globalement généré par les mécanismes de transfert de charge***. Si l'on retient néanmoins notre hypothèse simpliste, le condensateur va se charger linéairement sous l'effet du courant I_S (figure IV.19).

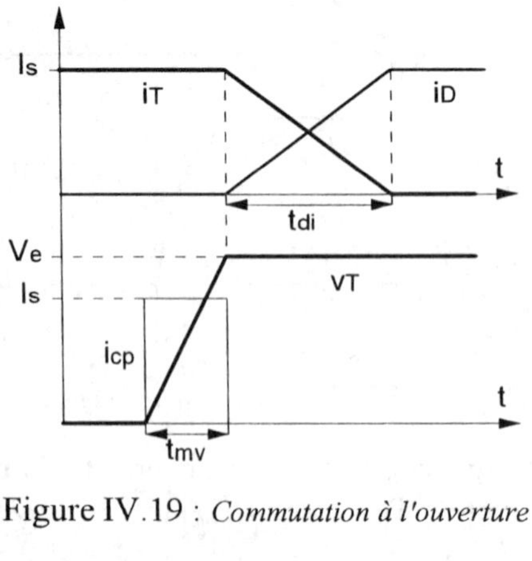

Figure IV.19 : *Commutation à l'ouverture*

Lorsque v_T atteint la valeur V_e, la diode D entre en conduction imposant alors un potentiel fixe aux bornes de l'interrupteur, ce qui induit $i_{Cp} = 0$. L'évolution du courant dans le composant qui apparaît ensuite (t_{mi}) est la manifestation de son caractère intrinsèque.
Ce que l'on peut constater maintenant, et qui se trouve confirmé par le comportement d'un montage réel, est que la forme de la tension v_T pendant l'ouverture dépend essentiellement du courant de charge de la cellule. La vitesse d'évolution va décroître avec ce courant de charge. Si la cellule est à vide, seul le courant de fuite de D peut permettre à la tension v_T d'atteindre sa valeur finale.

De cette analyse des commutations de fermeture et d'ouverture, nous pouvons tirer les conclusions suivantes (confirmées par l'expérience) :
– la forme des variations de tension dans la cellule, à la fermeture, dépendra essentiellement de la nature de l'interrupteur et de sa commande,
– cette même forme, à l'ouverture, dépendra toujours du composant (capacité parasite) mais également du courant de charge de la cellule,
– à l'observation des courbes, tant à l'ouverture qu'à la fermeture, l'existence de pertes par commutation dans l'interrupteur apparaît de façon évidente, puisque la puissance instantanée dans ce dernier est toujours positive sur la période de fonctionnement.
Nous allons maintenant apporter des précisions sur ce dernier point.

2.1.1.3. Pertes par commutation

La représentation des deux phases de commutation (figures IV.18 et 19) nous permet d'exprimer qualitativement ces pertes par commutations. Tout d'abord, nous pouvons isoler ce que nous appellerons les pertes intrinsèques correspondant aux phases pendant lesquelles le courant i_T varie :

$$P_T = \underbrace{\frac{1}{2} I_s\, V_e\, t_{mi}\, F}_{\substack{\text{Fermeture} \\ P_{TF}}} + \underbrace{\frac{1}{2} I_s\, V_e\, t_{di}\, F}_{\substack{\text{Ouverture} \\ P_{TO}}}$$

Parallèlement, l'existence de C_p introduit obligatoirement un terme de pertes supplémentaires lorsqu'il y a commande de fermeture. Nous avons supposé que la charge de ce condensateur à l'ouverture est due au courant I_s, ce qui est cohérent, compte-tenu de l'impossibilité physique que présente l'interrupteur à fournir de l'énergie, hors capacité parasite. Inversement, l'organisation de la cellule fait que l'énergie stockée dans C_p est dissipée dans cet interrupteur lors de la commande de fermeture. Si l'on choisit comme origine des temps l'instant initial de la décharge, l'analyse de la décharge de C_p conduit aux équations suivantes :

$i_{int} = I_s + \dfrac{di_F}{dt} t$, expression du courant interne qui conduit à :

$$v_T(t) = V_e - \frac{di_F}{dt}\frac{t^2}{2C_p}$$

De cette seconde équation, on peut déduire l'expression du temps de décharge :

$$t_{dv} = \sqrt{\frac{2C_pV_e}{\frac{di_F}{dt}}}$$

A partir de là, il est possible de calculer la puissance moyenne dissipée dans l'interrupteur pendant cette phase de décharge :

$$P_{FCp} = F\int_0^{t_{dv}} i_{int}(t)v_T(t)dt = F\int_0^{t_{dv}} (I_s + \frac{di_F}{dt}t)(V_e - \frac{di_F}{dt}\frac{t^2}{2C_p})dt$$

qui mène finalement à :

$$P_{FCp} = \frac{1}{2}C_pV_e^2F\left[1 + \frac{4}{3}\sqrt{\frac{2I_s^2}{C_pV_e\frac{di_F}{dt}}}\right]$$

Cette dernière expression nous montre que l'interrupteur dissipe effectivement l'énergie emmagasinée dans Cp mais également une fraction supplémentaire, due au fait que, pendant cette phase de décharge, le composant ne constitue pas un système énergétiquement isolé du reste du circuit puisqu'il conduit le courant I_s. On constate assez logiquement que l'on retrouve l'énergie stockée dans Cp si le courant I_s est nul ou si l'interrupteur commute instantanément (di_F/dt infini). On peut également faire les remarques suivantes :

– une assistance à la fermeture qui limiterait à des valeurs faibles le courant présent dans le composant pendant cette phase, permettrait de ne dissiper que l'énergie minimale,

– l'un des intérêts de la commutation spontanée de fermeture apparaît clairement puisque, cette fermeture commandée n'ayant pas lieu, l'ensemble des pertes liées à cette phase n'existe pas,

– si, pour des raisons de simplicité, nous n'avons pris en compte qu'une capacité parasite localisée aux bornes de l'interrupteur, les capacités parasites des autres éléments du montage (celle de la diode en particulier) joueront un rôle similaire,

– les ordres de grandeur des capacités parasites sont telles que les pertes associées ne deviennent significatives que pour des couples V_eF de valeurs élevées.

2.1.2. Influence du phénomène de recouvrement des diodes à la fermeture

A partir de la mise au point précédente, il est possible d'améliorer quelque peu l'approche en prenant maintenant en compte l'imperfection majeure qu'est le phénomène de recouvrement, dans l'autre antagoniste principal de cette cellule, à savoir la diode. Pour ce faire, on peut difficilement échapper à l'introduction de la notion d'inductance parasite de la maille de commutation, composante qui apparaît obligatoirement dans un montage réel et dont l'influence sera discutée en fonction de son ordre de grandeur. On ne prend plus en compte la capacité parasite. Le schéma équivalent et les formes d'ondes correspondantes à la fermeture apparaissent figure IV.20.

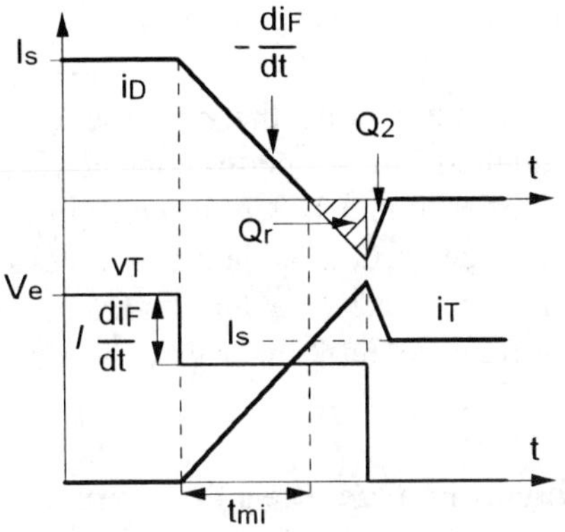

Figure IV.20 : *Influence du phénomène de recouvrement*

Lors de cette commutation de fermeture, le di_F/dt créé par le générateur interne induit une chute de tension $v_l = l\,di_F/dt$ dans l'inductance l. Ceci est à l'origine de la forme de tension en escalier aux bornes de l'interrupteur, forme que l'on observe très aisément dans un montage réel. Dans cette configuration, le di/dt de blocage est imposé à la diode par l'interrupteur. A l'observation des formes d'ondes ci-dessus, on peut dresser un bilan des pertes à la fermeture, dans ce cas. En effet, l'analyse menée dans le paragraphe IV.1.1.1., et dont la teneur reste parfaitement valable à ceci près que c'est l'interrupteur qui peut maintenant imposer la vitesse de variation du courant, permet d'aboutir au bilan suivant :

$$P_{TF} = F\left[\frac{1}{2} I_s\, t_{mi}(V_e - l\frac{di_F}{dt}) + Q_r(V_e - l\frac{di_F}{dt})\right]$$

$$P_D = F\left[Q_2 V_e + Q_r\, l\frac{di_F}{dt}\right]$$

Dans l'interrupteur, nous retrouvons deux termes. Le premier est constitué des pertes intrinsèques auxquelles se retranche une quantité liée à l dont nous verrons plus loin qu'elle correspond à une aide à la fermeture. Le second est une partie des pertes dues au recouvrement de la diode. La seconde partie de ces pertes est localisée dans la diode elle-même. La répartition de ces pertes dépend ensuite de la valeur de la chute de tension inductive $v_l = l\,di_F/dt$. On peut mener une rapide discussion en prenant deux valeurs extrêmes.

Si le câblage de la cellule est très soigné, l sera faible donc, à l'extrême, négligeable. Dans ce cas, le bilan nous donne :

$$P_{TF} = F\left[\frac{1}{2} I_s\, t_{mi} V_e + Q_r V_e\right]$$

$$P_D = F Q_2 V_e$$

On retrouve dans l'interrupteur les pertes intrinsèques auxquelles s'ajoute la fraction $Q_r V_e F$ due au recouvrement, le reliquat apparaissant dans la diode.

L'autre extrême consiste à prendre la valeur critique pour laquelle la chute de tension inductive $v_l = l\,di_F/dt$ vaut Ve.

Dans ce second cas, on obtient :
$P_{TF} = 0$ et $P_D = F(Q_2 + Q_r)Ve$
Cette valeur d'inductance conduit donc théoriquement à l'annulation des pertes dans l'interrupteur. Quoi qu'il en soit, les pertes dues au recouvrement sont toujours dissipées dans l'ensemble interrupteur-diode, la configuration la plus défavorable pour le premier étant un montage brut à faible inductance de câblage.
On note que, à l'issue de cette phase de fermeture, une énergie $Wl = l Is^2/2$ est stockée dans l. Il est important de déterminer ce qu'il advient de Wl à l'ouverture suivante.

2.1.3. Influence de l'inductance de maille à l'ouverture

En s'appuyant toujours sur le schéma de la figure IV.20, les formes d'ondes théoriques à l'ouverture sont celles de la figure IV.21.

La variation de courant imposée par l'interrupteur lors de l'ouverture induit dans l une tension qui constitue une surtension δs pour l'interrupteur. L'expression des pertes à l'ouverture dans T est alors :

$$P_{TO} = F\left[\frac{1}{2} Is\, tdi Ve + \frac{1}{2} Is\, tdi(-l\frac{di_0}{dt})\right]$$

avec $-l\dfrac{di_0}{dt} = -l\dfrac{Is}{tdi}$, on obtient :

$$P_{TO} = F\left[\frac{1}{2} Is\, tdi Ve + \frac{1}{2} l\, Is^2\right]$$

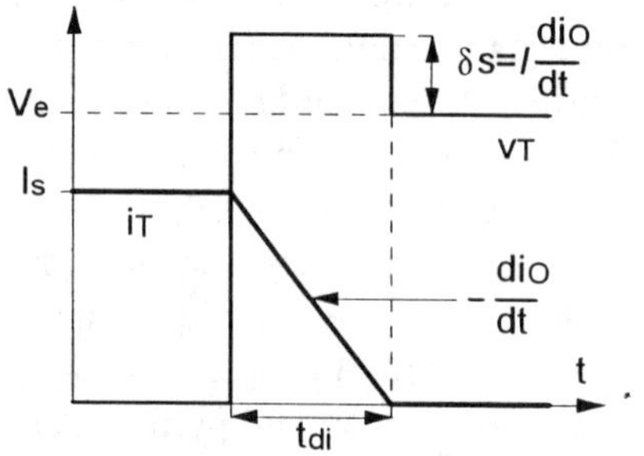

Figure IV.21 : *Influence de l'inductance de maille à l'ouverture*

On constate donc que toute l'énergie stockée dans l pendant la conduction est dissipée dans l'interrupteur à l'ouverture, entraînant de surcroît l'apparition d'une surtension de blocage.

2.1.4. Bilan sur le problème énergétique de la commutation commandée

Les différents points que nous avons évoqués montrent la difficulté de mener une analyse à la fois rigoureuse et complète puisque tous les phénomènes décrits interviennent simultanément dans la réalité. Même si l'on fait abstraction de la faiblesse de représentation des composants à semi-conducteurs, le découplage des comportements capacitifs et inductifs nous a fait traiter des équations différentielles élémentaires du premier ordre alors que les circuits véritablement mis en jeu sont, au moins, du second ordre. Un exemple d'allure réelle que pourraient avoir les courant et tension aux bornes de l'interrupteur de la cellule est représenté figure IV.22. Ce que l'on peut affirmer, dans un contexte de commutation commandée, c'est que la prise en compte globale des composantes parasites du circuit ne peut aller que dans le sens d'une aggravation des niveaux de pertes précédemment estimés qui constituent donc une information minimale très significative.

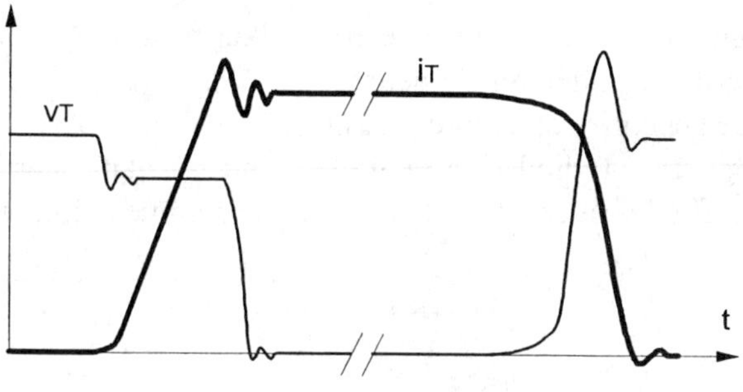

Figure IV.22 : *Allure des signaux réels aux bornes d'un interrupteur en commutation*

Nous pouvons maintenant résumer les problèmes clés de la commutation commandée, dans une cellule caractéristique interrupteur-diode :
– la trajectoire des points de fonctionnement de l'interrupteur, qui est un cycle rectangulaire aussi bien à l'ouverture qu'à la fermeture, associée à l'existence de temps de commutation, induit l'existence de pertes que nous avons qualifiées d'intrinsèques,
– le phénomène de recouvrement de la diode induit une majoration de ces pertes avec une répartition qui dépend des conditions de fonctionnement,
– une partie de l'énergie stockée dans les composantes parasites du montage se retrouve dissipée dans l'interrupteur,
– enfin, toutes ces pertes sont proportionnelles à la fréquence de découpage.
Ces observations sont autant d'arguments pour introduire des circuits auxiliaires susceptibles de résoudre tout ou partie de ces problèmes. Nous nous intéresserons à ces circuits dans le paragraphe IV.2.3.. Dans le paragraphe qui suit, nous indiquerons brièvement les avantages que peuvent apporter les convertisseurs à commutation naturelle par rapport à leurs homologues à commutation commandée, en ce qui concerne les contraintes de commutation.

2.2. Impact des techniques de commutation naturelle

Pour illustrer cet impact sur les contraintes supportées par les composants, nous nous placerons dans le contexte de convertisseurs décrits dans le chapitre III. Notre choix portera sur la résonance série qui, selon les modes de fonctionnement choisis, permet de passer en revue toutes les variantes possibles au sens de la commutation des différents composants. Ces modes, les composants associés et les formes d'ondes intéressantes pour la commutation sont rappelés figure IV.23 :

2.2.1. Commande de fermeture

La commande de fermeture correspond aux variantes b et c de la figure IV.23. Les interrupteurs sont de type thyristor-diode et seront donc réalisés à partir d'un composant commandé et d'une diode antiparallèle. L'analyse du mode b montre que l'apport de la commutation naturelle est relativement limité.

Si l'ouverture commandée est supprimée et que l'on peut assister la fermeture par une inductance série, deux défauts demeurent :
– la dissipation de l'énergie capacitive parasite,
– le recouvrement de la diode anti-parallèle qui se fait dans des conditions similaires, donc difficiles, à celle de la cellule précédemment étudiée.

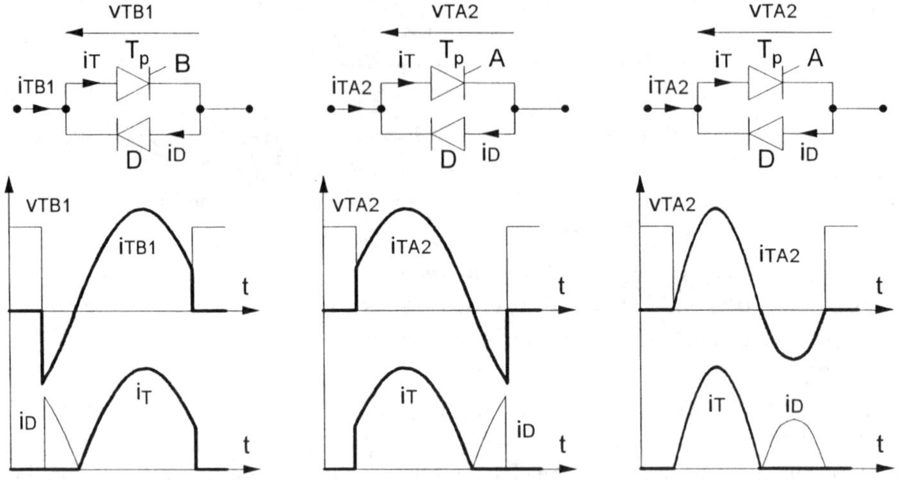

a-Résonance série à F > Fo *b-Résonance série à Fo/2 < F < Fo* *c-Résonance série à F < Fo/2*

Figure IV.23 : *Différentes variantes de commutation naturelle*

Si le dimensionnement du mode c est moins favorable (cf. chapitre III), le recouvrement de la diode anti-parallèle se produit dans des conditions beaucoup moins difficiles car le di/dt de blocage dépend maintenant de la résonance et sera très faible à pleine charge. Ce mécanisme est assez similaire à celui qu'on obtiendrait avec un convertisseur quasi-résonnant de type RA2.

2.2.2. Commande d'ouverture

Comme nous l'avions déjà souligné dans le chapitre III, ce mode est très favorable pour les interrupteurs (figure IV.23-a). Ces derniers sont des thyristors-duaux qui seront également constitués d'interrupteurs commandés munis d'une diode anti-parallèle.
Dans ce mode, la commutation commandée d'ouverture demeure mais peut être assistée à l'aide d'un condensateur. Les autres défauts ont disparu :
– par définition, il n'y pas de fermeture commandée,
– la capacité parasite joue le même rôle que le condensateur d'assistance et l'énergie correspondante est recyclée naturellement du fait de la commutation spontanée d'ouverture,
– le recouvrement de la diode anti-parallèle a lieu pendant que l'interrupteur associé conduit, donc à tension nulle, ce qui en fait disparaître tous les effets secondaires néfastes.

Du fait de la nature des composants, ce mode, lorsque l'on peut l'utiliser, est celui qui les exploite le mieux et qui permet d'atteindre le plus aisément des fréquences de découpage élevées.

2.3. Circuits d'Aide à La Commutation (CALC)

Nous avons largement vu, au paragraphe IV.2.1. tout l'intérêt que l'on peut trouver à assister les commutations. Nous allons maintenant présenter quelques circuits susceptibles de réduire sensiblement les pertes dans les interrupteurs. Toujours dans un souci de "faisabilité" de l'analyse, nous ne retiendrons ici que le concept de pertes intrinsèques qui sont généralement prédominantes. Nous utiliserons donc le bilan de pertes simplifié exprimé plus haut.
Rappelons les expressions de ces pertes :

$$P_{TF} = \frac{1}{2} I_s\, V_e\, t_{mi}\, F \text{ (fermeture) et } P_{TO} = \frac{1}{2} I_s\, V_e\, t_{di}\, F \text{ (ouverture)}$$

Cette simplification est confortée par les maigres éléments qui apparaissent dans les notices. Les constructeurs caractérisent leurs composants dans des conditions qui sont sensiblement celles de notre cellule. Les seules données qui sont ensuite indiquées sont des ordres de grandeurs de tmi et tdi, pour des paramètres d'environnement fixés. Elles permettent une première estimation mais ne sont malheureusement valables que pour le contexte dans lequel elles ont été mesurées. Ce qu'indique implicitement notre propos est que l'utilisateur devra fortement s'appuyer sur une démarche expérimentale pour obtenir des éléments conformes à son application. Il en sera de même pour le dimensionnement des circuits d'aide à la commutation.

2.3.1. Principe des circuits d'aide à la fermeture

Pour réaliser de tels circuits, on introduit paradoxalement une inductance ***localisée*** en série avec l'interrupteur (figure IV.24). Cette dernière va réagir de la même façon que les inductances de câblage qui vont d'ailleurs s'y ajouter pour constituer l'inductance globale d'assistance. La différence essentielle se situera dans le traitement de l'énergie emmagasinée qui ne devra pas être dissipée dans l'interrupteur lors de l'ouverture. Comme nous l'avons déjà vu, plusieurs fonctionnements sont possibles en fonction de la valeur de l et de la vitesse de croissance du courant. Si l'on considère, a priori, que l'interrupteur impose cette vitesse de croissance, on obtient :

$$v_l = l\frac{di_T}{dt} = \frac{l\, I_s}{t_{mi}}$$

Deux cas sont alors possibles (figure IV.25) :
– soit $l\, I_s/t_{mi} < V_e$, auquel cas $v_T = V_e - v_L = V_e - l\, I_s/t_{mi}$,
– soit $l\, I_s/t_{mi} \geq V_e$.

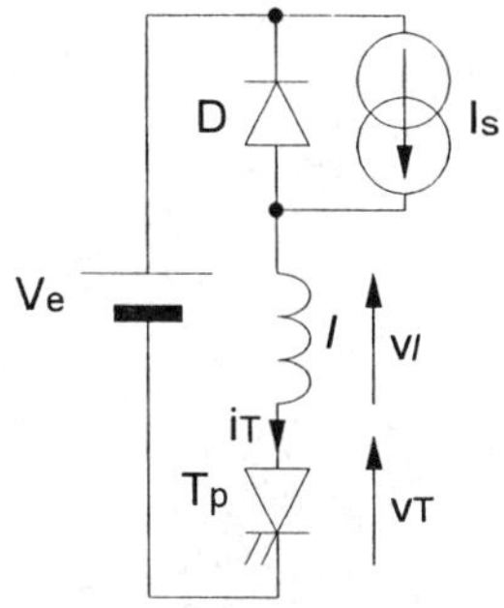

Figure IV.24 : *Inductance d'aide à l'amorçage*

Dans ce deuxième cas, la tension v_T est alors forcée à 0. La croissance de i_T est maintenant imposée par l, avec $di_T/dt = V_e/l$.

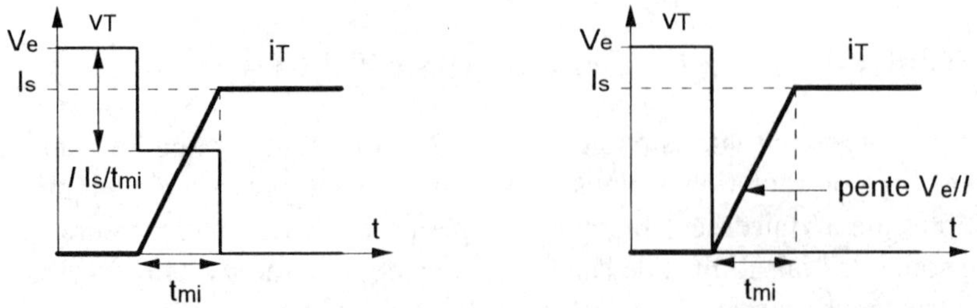

a - l Is/tmi < Ve   *b - l Is/tmi ≥ Ve*

Figure IV.25 : *Les deux configurations de fermeture avec CALC*

En théorie, une inductance de valeur $l = t_{mi}V_e/I_s$ suffit à annuler les pertes à la fermeture puisque, dans ces conditions, $v_T = 0$ pendant la croissance de i_T. En pratique, nous savons que le temps de descente de la tension ne peut être nul (cf. paragraphe IV.2.1), mais comme nous l'avons indiqué, nous négligerons cette partie du phénomène.

Cette inductance ne peut être introduite seule, puisqu'elle provoquerait, lors du blocage, les effets décrits au paragraphe IV.2.1.3. Il faut donc lui adjoindre un circuit permettant de dissiper l'énergie emmagasinée. Le circuit le plus élémentaire est le suivant :

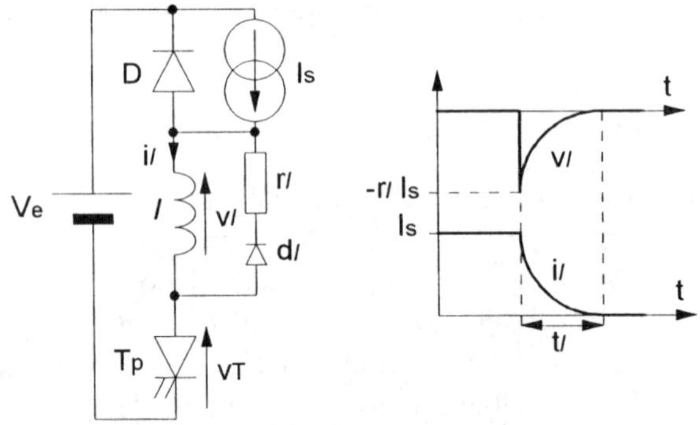

Figure IV.26 : *Circuit de dissipation rl-dl*

Lors de l'ouverture, le courant I_s est dévié dans la maille r_l-d_l. Ce courant décroît de façon exponentielle et peut être considéré comme nul au bout d'un temps $t_l = 3\tau$, τ étant la constante de temps du circuit l-r_l. Pour que le circuit soit correctement réinitialisé, l'interrupteur doit être maintenu bloqué pendant un temps $t_B \geq t_l$.

$$t_l = 3\tau = \frac{3l}{r_l}$$

Cette phase de dissipation impose à l'interrupteur une surtension δ_s telle que $\delta_s = r_l\, I_s$.

Les circuits de dissipation ou de restitution (circuits non dissipatifs) de cette énergie sont nombreux. Quelle qu'en soit la structure, ils introduisent, par principe, des contraintes d'environnement qui sont similaires à celles décrites dans l'exemple précédent.

Ainsi, évacuer l'énergie emmagasinée dans l nécessite, d'une part, la présence d'une tension à ses bornes qui constitue une surtension pour l'interrupteur, d'autre part, d'imposer une durée d'ouverture minimale à ce même interrupteur. Sur le plan qualitatif, le niveau de contraintes peut varier selon les circuits. Il est alors intéressant de pouvoir comparer leurs performances. Pour cela, on définit le facteur K_l, tel que :

$$K_l = \frac{t_l\, \delta s}{l\, Is}$$

Ce facteur est normalisé (inductance et courant donné). Plus il est faible, meilleur est le circuit (couple durée de réinitialisation - surtension). Dans le cas de la figure IV.26, ce facteur vaut :

$$K_l = \frac{3\tau\, \delta s}{l\, Is} = 3\frac{l}{r_l}\frac{r_l\, Is}{l\, Is} = 3$$

On montre simplement qu'une dissipation à tension constante (figure IV.27) donne de meilleurs résultats. Ce mode de dissipation peut être réalisé à l'aide d'une diode Zener, de tension Zener supérieure à Ve.

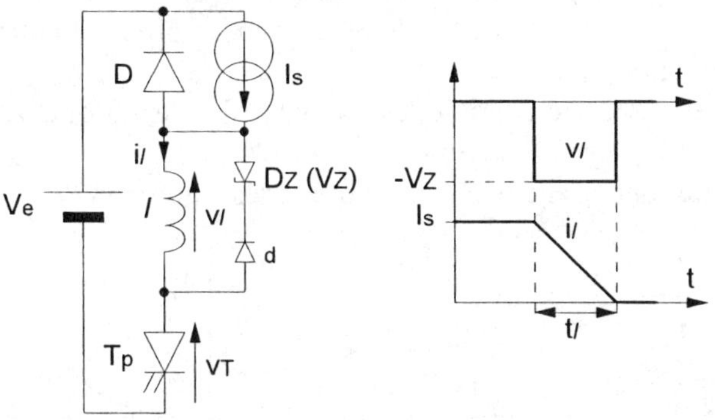

Figure IV.27 : *Dissipation à tension constante*

Dans ce cas, $\delta s = l\frac{di_L}{dt}$, d'où $t_l = \frac{l\, Is}{\delta s}$

Nous pouvons alors calculer K_l :

$K_l = \frac{l\, Is}{\delta s}\frac{\delta s}{l\, Is} = 1$, soit une valeur trois fois moindre que précédemment.

Dans tous les cas, l'élément dans lequel est dissipée l'énergie (ici Dz) devra être dimensionné pour la puissance moyenne correspondante qui est :

$$P_l = W_l\, f = \frac{l\, Is^2 F}{2}$$

2.3.2. Principe des circuits d'aide à l'ouverture

De façon duale, pour améliorer le processus d'ouverture, on ralentit l'évolution de la tension v_T en plaçant un condensateur aux bornes de l'interrupteur (figure V.28).

Tant que la tension $v_T = v_\gamma$ n'a pas atteint Ve, la diode D ne peut conduire, si bien que $i_T + i_\gamma = I_s$. Si l'on admet toujours l'hypothèse des transitions linéaires, les courants i_T et i_γ s'écrivent :

$$i_T = I_s - \frac{I_s\,t}{t_{di}} \text{ et } i_\gamma = \frac{I_s\,t}{t_{di}}$$

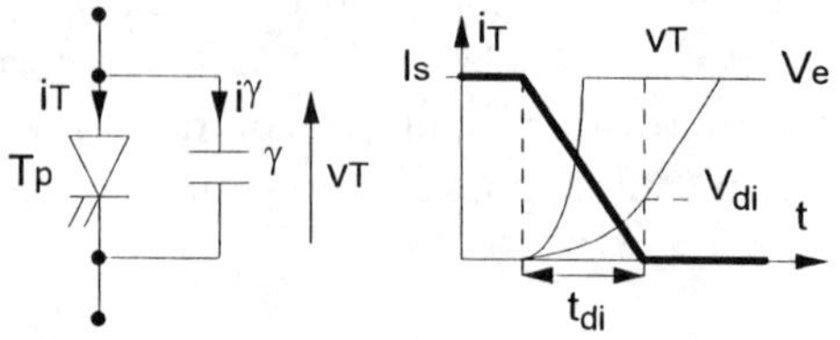

Figure IV.28 :
Circuit d'aide à l'ouverture

dont on déduit : $v_\gamma = \frac{1}{\gamma}\int i_\gamma\, dt = \frac{I_s\, t^2}{2\gamma\, t_{di}}$

La tension v_γ est de forme parabolique. Si l'on appelle V_{di} la valeur atteinte par v_γ à $t = t_{di}$, deux cas peuvent se présenter (figure IV.29) selon que V_{di} est inférieure à V_e ou atteint la valeur V_e pendant l'intervalle de temps $[0, t_{di}]$.

Le régime limite est obtenu pour γ_o tel que :

$$V_{di} = v_\gamma(t_{di}) = V_e = \frac{I_s\, t_{di}}{2\gamma_o}, \text{ soit } \gamma_o = \frac{I_s\, t_{di}}{2V_e}$$

*$\gamma \geq \gamma_o$ ($V_{di} \leq V_e$) : lorsque le courant s'annule dans T, Is parcourt γ dont la tension évolue alors linéairement jusqu'à Ve. A cet instant, la diode D entre en conduction et assure la conduction de Is.

*$\gamma < \gamma_o$ ($V_{di} > V_e$) : la diode conduit dès que $v_\gamma = V_e$, c'est-à-dire avant l'annulation de i_T.

Ces deux types de fonctionnement sont représentés figure IV.29.

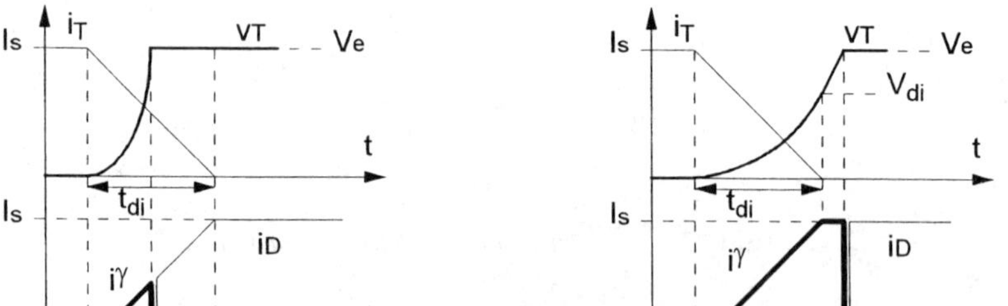

a - $\gamma < \gamma_o$ *b - $\gamma \geq \gamma_o$*

Figure IV.29 : *Les deux configurations d'ouverture avec CALC*

Nous nous intéresserons aux pertes au blocage dans le cas $\gamma \geq \gamma_o$:

$$P_{TO(CALC)} = F\int_0^{t_{di}} v_T\, i_T\, dt = F\int_0^{t_{di}} \frac{I_s\, t_{di}^2}{2\gamma\, t_{di}}\left(I_s - \frac{I_s\, t}{t_{di}}\right)dt = F\frac{I_s^2\, t_{di}^2}{24\gamma}$$

dans le cas limite $\gamma = \gamma_o = \dfrac{Is\ tdi}{2Ve}$, on obtient :

$$P_{TO(CALC)} = \frac{Is\ tdi\ Ve\ F}{12},$$

soit des pertes six fois inférieures à celles de l'interrupteur sans CALC, toutes choses étant égales par ailleurs. Si on laisse ce circuit en l'état, l'énergie accumulée dans γ lors de l'ouverture sera dissipée dans l'interrupteur lors de sa fermeture. Pour éviter ce phénomène, il faut insérer un circuit auxiliaire, la plupart du temps dissipatif, tel celui de la figure IV.30 :

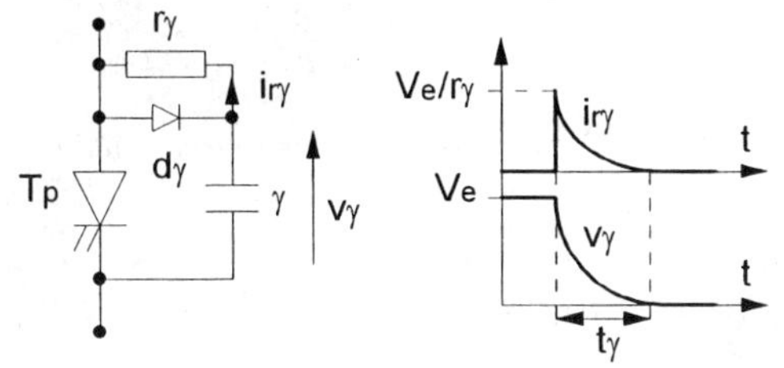

Figure IV.30 : *Circuit de dissipation rγ-dγ*

L'ouverture se fait conformément à la description précédente. Lors de la fermeture, l'énergie présente dans γ est dissipée dans $r\gamma$ ($Pr\gamma = F\gamma Ve^2/2$). Ce circuit, tout comme le précédent, introduit deux contraintes :

– une surintensité i_M apparaît dans l'interrupteur à la fermeture,

– afin que le condensateur soit correctement déchargé, l'interrupteur doit rester fermé pendant un temps au moins égal à $t\gamma = 3\tau = 3r\gamma\ \gamma$

On définit un facteur $K\gamma$, rendant compte de l'ampleur de ces contraintes :

$$K\gamma = \frac{t\gamma\ i_M}{\gamma\ Ve}$$

Dans le cas du circuit $d\gamma$ - $r\gamma$ de la figure IV.30, ce facteur vaut :

$$K\gamma = \frac{3(r\gamma\ \gamma)}{\gamma\ Ve}\frac{Ve}{r\gamma} = 3$$

Nous verrons dans le paragraphe 2.2.4 que certains circuits permettent d'améliorer considérablement $K\gamma$ et donc de réduire les contraintes correspondantes.

2.3.3. Association des circuits d'aide

Il est possible d'associer les deux circuits conformément au schéma de la figure IV.31. L'essentiel du fonctionnement des deux circuits demeure inchangé mais l'on peut néanmoins observer quelques modifications comme l'indiquent les chronogrammes de cette même figure IV.31.

* Fermeture

Tant que le courant i_T n'a pas atteint Is, la diode D conduit. Le potentiel A est donc égal à Ve, tout comme la tension aux bornes du condensateur γ qui ne peut se décharger pendant cette phase.

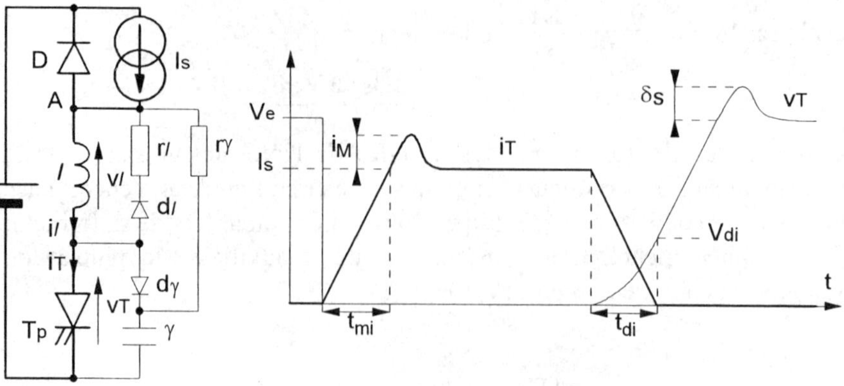

Figure IV.31 : *Association des circuits d'aide*

Lorsque D se bloque, le potentiel A devient libre, γ se décharge à travers le circuit l - rγ, provoquant l'apparition d'une surintensité dans l'interrupteur qui correspond maintenant à une décharge du second ordre amortie.

* Ouverture

Le circuit d'aide fonctionne conformément à la description du paragraphe 2.2.2 jusqu'à ce que $v_T = V_e$. A partir de cet instant, D conduit et $V_A = V_e$. La phase suivante correspond au schéma partiel de la figure IV.32.

Généralement la valeur de r_{eq} fait que le coefficient d'amortissement du circuit est supérieur à 1, ce qui induit l'aspect (purement qualitatif) des formes d'ondes de la figure IV.31, les valeurs de i_M et δs dépendant de l'amortissement du circuit.

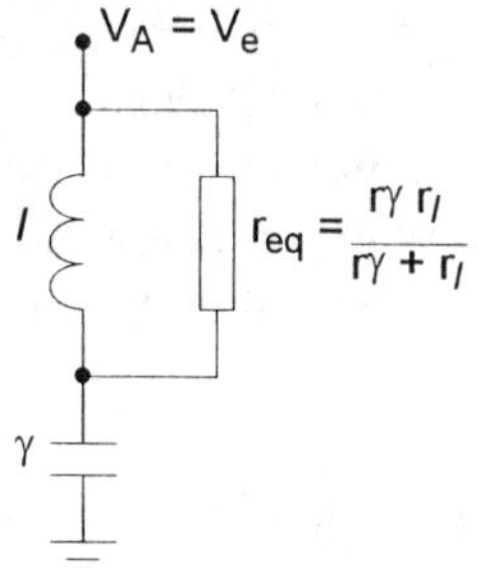

Figure IV.32 : *Circuit d'amortissement*

Remarque :

Nous avons négligé ici le courant de recouvrement de D. Ce dernier se superpose à i_M lors de l'amorçage.

Il est intéressant de représenter la forme de la nouvelle trajectoire de commutation dans le plan (i_T, v_T) (figure IV.33).

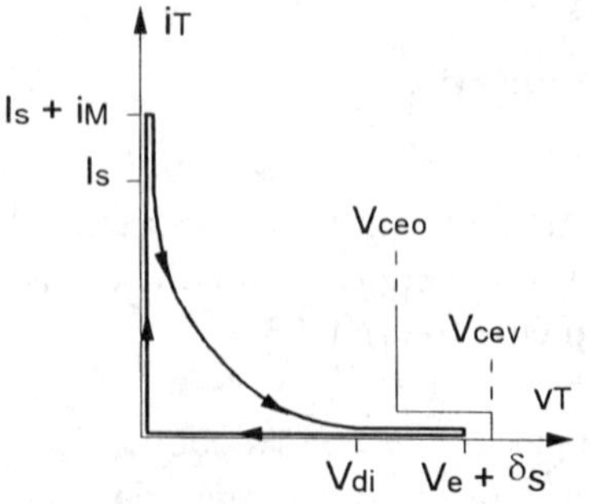

Figure IV.33 : *Trajectoires de commutation avec un CALC*

En dehors de la réduction des pertes, on notera l'intérêt de cette forme, lors du blocage, dans le cas d'un transistor bipolaire. Le courant s'annule pour une tension $V_{di} < V_e$. Il est alors possible, si sa base est polarisée en inverse, de soumettre le transistor à une tension V_e supérieure à V_{ceo} (cf. paragraphe IV.1.2.1.). Les deux conditions à respecter sont :

– $V_{di} < V_{ceo}$

– $V_e < V_{cev}$

On étend ainsi la plage d'utilisation du transistor.

L'inconvénient des circuits présentés est leur caractère dissipatif. Nous allons maintenant décrire quelques exemples de CALC permettant la récupération des énergies emmagasinées.

2.3.4. Exemple de circuits non dissipatifs

Nous nous limiterons ici à deux exemples de circuits d'aide à l'ouverture utilisables dans les convertisseurs non isolés et les alimentations à découpage asymétriques. Pour illustrer le comportement de ces deux circuits, nous utiliserons respectivement les supports d'une cellule de commutation "interrupteur - diode" et de l'alimentation Forward.

2.3.4.1. CALC non dissipatif dans une cellule de commutation

Le schéma et les formes d'ondes associées d'un circuit à l'ouverture non dissipatif typique que l'on peut adjoindre à l'interrupteur dans une cellule de commutation sont représentés figure IV.34.

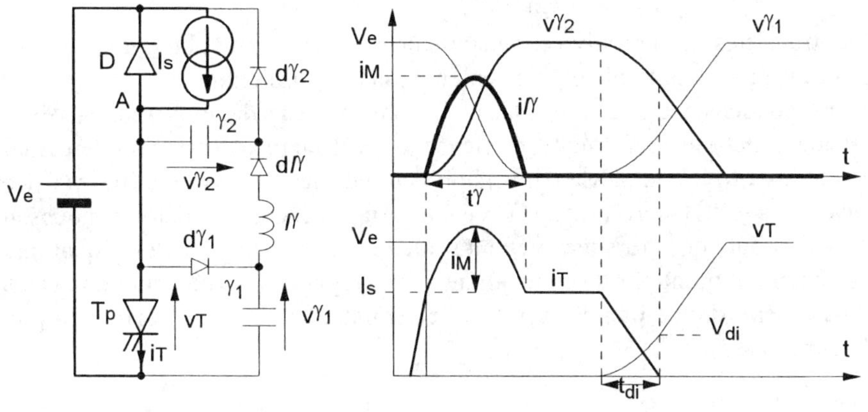

Figure IV.34 : *CALC à l'ouverture non dissipatif*

Le condensateur d'aide équivalent est constitué de γ_1 et γ_2. dl_γ et l_γ permettent de réaliser un transfert de charge entre γ_1 et γ_2. Pour décrire plus précisément ce fonctionnement, nous nous placerons à un instant initial où $v_{\gamma 1} = V_e$ et $v_{\gamma 2} = 0$. Lorsque l'on ferme Tp un mécanisme d'inversion intervient dans la maille constituée de Tp, γ_1, γ_2, dl_γ, l_γ.

Les équations correspondantes sont :

$$v_{\gamma 1} = \frac{\gamma_2 \, V_e}{\gamma_1 + \gamma_2} \cos\omega_i t + \frac{\gamma_1 \, V_e}{\gamma_1 + \gamma_2}$$

$$v_{\gamma 2} = -\frac{\gamma_1 \, V_e}{\gamma_1 + \gamma_2} \cos\omega_i t + \frac{\gamma_1 \, V_e}{\gamma_1 + \gamma_2}$$

$$i_{l\gamma} = V_e \sqrt{\frac{\gamma_e}{l_\gamma}} \sin\omega_i t$$

$$\text{avec } \omega_i = \frac{1}{\sqrt{l_\gamma \, \gamma_e}} \text{ et } \gamma_e = \frac{\gamma_1 \, \gamma_2}{\gamma_1 + \gamma_2}$$

Les formes d'ondes de la figure IV.34 correspondent au cas $\gamma_1 = \gamma_2 = \gamma$, pour lequel :

$$v_{\gamma 1} = \frac{V_e}{2}(1 + \cos\omega_i t) \text{ et } v_{\gamma 2} = \frac{V_e}{2}(1 - \cos\omega_i t)$$

$$i_{l\gamma} = V_e \sqrt{\frac{\gamma}{2 l_\gamma}} \sin\omega_i t$$

A la fin de cette inversion, $v_{\gamma 1} = 0$, $v_{\gamma 2} = V_e$. Au moment du blocage, le principe de fonctionnement est identique à celui d'un circuit classique. Mais ici, à la fois γ_1 et γ_2, le premier se chargeant, le second se déchargeant, participent au processus. La valeur du condensateur d'aide au blocage équivalent est donc 2γ.

Si l'on calcule le facteur K_γ, on obtient :

$$K_\gamma = \frac{t_\gamma \, i_M}{2\gamma V_e} = \frac{\pi \sqrt{\frac{l_\gamma \gamma}{2}} V_e \sqrt{\frac{\gamma}{2 l_\gamma}}}{2\gamma V_e} = \frac{\pi}{4} = 0{,}78$$

Les contreparties de la relative complexité de ce réseau sont l'obtention d'un facteur de contraintes K_γ très faible et, bien entendu, la non-dissipation de l'énergie stockée dans les condensateurs d'aide. Dans un convertisseur de moyenne ou de forte puissance, fonctionnant à fréquence élevée, ce type de réseau est très intéressant.

Dans un circuit réel, la phase d'inversion peut être légèrement amortie. $v_{\gamma 1}$ décroît jusqu'à $0 + \varepsilon$ et $v_{\gamma 2}$ croît jusqu'à $V_e - \varepsilon$. Au blocage, les deux condensateurs n'interviendront que lorsque v_T aura atteint la valeur ε. Les équations de fonctionnement montrent qu'en majorant γ_2 par rapport à γ_1, on peut compenser cet amortissement, du moins pour $v_{\gamma 1}$, la valeur finale de $v_{\gamma 2}$ s'écartant un peu plus de V_e (figure IV.35).

a - Circuit amorti avec $v_{\gamma 1} = v_{\gamma 2}$ *b - Circuit amorti avec $v_{\gamma 2} > v_{\gamma 1}$*

Figure IV.35 : *Compensation de l'amortissement*

Au blocage, l'aide est assurée dans un premier temps par γ_1 seul, γ_2 intervenant lorsque $v_T = \varepsilon'$.

2.3.4.2. CALC non dissipatif dans une alimentation mono-interrupteur - exemple du Forward

Une représentation simplifiée de la commutation dans un Forward est illustrée par la figure IV.36. Nous reviendrons plus en détail sur cette commutation dans le paragraphe suivant concernant l'écrêtage.

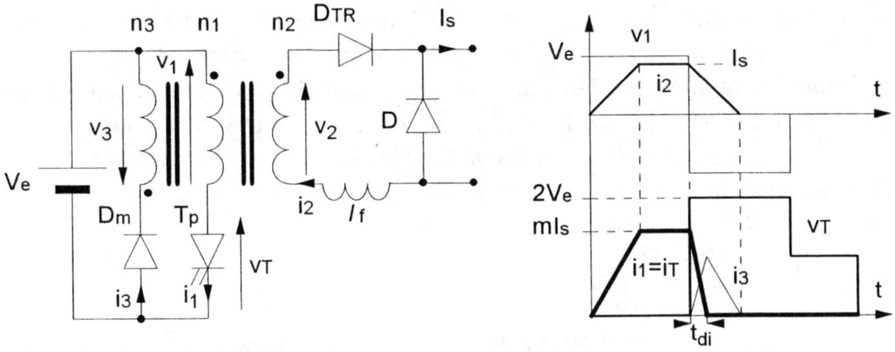

Figure IV.36 : *Commutation dans un Forward*

Le phénomène d'empiètement (cf. paragraphe II.4), dû à la présence de l_f, impose la forme trapézoïdale de i_2. Il a deux conséquences :

– l'amorçage de Tp a lieu naturellement à faibles pertes,

– si l'on suppose les deux enroulements primaires parfaitement couplés, le blocage est similaire à celui obtenu sur charge inductive avec diode de roue libre. Lorsque Tp se bloque, la diode Dm assure la conduction complémentaire de $m.i_2$. La décroissance de i_1 se fait sous tension $v_T = 2Ve$. Dans cette configuration, un circuit d'aide au blocage peut apporter une nette amélioration. Ce circuit peut être celui de la figure IV.37.

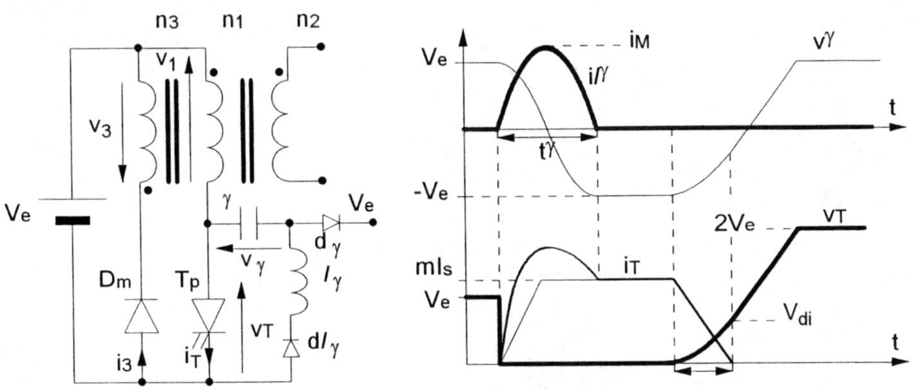

Figure IV.37 : *Calc non-dissipatif dans un Forward*

Nous faisons l'hypothèse que la valeur initiale de la tension v_γ est égale à Ve. L'amorçage de Tp provoque l'inversion de cette tension via la maille dl, l, γ, Tp. Les équations d'oscillations correspondantes sont :

$v_\gamma = V_e \cos\omega_i t$

$i_{l\gamma} = V_e \sqrt{\dfrac{\gamma}{l_\gamma}} \sin\omega_i t \qquad \text{avec } \omega_i = \dfrac{1}{\sqrt{l_\gamma \gamma}}$

à $t_\gamma = \pi\sqrt{l_\gamma \gamma}$, $v_\gamma = -V_e$, $i_l = 0$, Dm se bloque. On retrouve dans l'interrupteur ce courant d'inversion qui s'ajoute au courant de charge.

Lorsque l'on bloque l'interrupteur, le mécanisme d'aide à l'ouverture est identique à celui décrit dans le paragraphe IV.2.2.2. L'évolution de v_γ, donc de v_T, est parabolique puis linéaire. On suppose ici que le courant i_1 est sensiblement constant pendant cette phase. En réalité, i_1 commence à décroître lorsque $v_T = V_e$ ($v_\gamma = 0$) car à cet instant débute au secondaire le phénomène d'empiètement.

Il est intéressant de calculer le facteur K_γ de ce circuit :

$$K_\gamma = \frac{t_\gamma\, i_M}{\gamma\, 2V_e} = \frac{\pi\sqrt{l_\gamma \gamma}\; V_e\sqrt{\dfrac{\gamma}{l_\gamma}}}{2\gamma V_e} = \frac{\pi}{2} = 1{,}57$$

Il est quasiment deux fois moindre que celui du circuit classique (cf. IV.2.2.2). En contrepartie, le réseau nécessite une diode et une inductance supplémentaires.

Remarque :

En pratique, il y a un léger amortissement, lors de l'inversion, qui empêche vg d'atteindre la valeur –Ve. Lors du blocage, le circuit d'aide entrera en fonction avec un saut de tension correspondant au décalage entre $v_\gamma(t_\gamma)$ et –Ve.

3. Circuits d'écrêtage dans les alimentations à découpage

Nous engloberons sous le vocable d'écrêtage toutes les opérations permettant de contrôler et de limiter les surtensions de blocage aux bornes des interrupteurs de puissance. L'éventuelle nécessité de cet écrêtage trouve son origine dans la présence inéluctable d'inductances parasites dans les mailles où sont mis en jeu les phénomènes de commutation. Ces inductances parasites peuvent être des inductances de câblage, auquel cas les valeurs correspondantes sont généralement faibles si le câblage est réalisé avec un minimum de précautions, ou les inductances de fuites des transformateurs, dans le cas des convertisseurs isolés. Dans ce dernier cas, les ordres de grandeur atteints peuvent être relativement importants et c'est donc essentiellement dans ce type de configurations que le besoin de l'écrêtage se fait sentir.

Fidèle à notre démarche habituelle, nous présenterons la problématique de l'écrêtage sur l'exemple maintenant traditionnel de la cellule de commutation à un interrupteur et une diode. Nous envisagerons ensuite les cas des alimentations Forward et Flyback.

Nous trouverons certains points communs avec l'étude précédente, le problème de l'évacuation d'énergie se posant toujours, que l'inductance soit une inductance d'aide à la commutation ou une inductance parasite.

3.1. Ecrêtage dans les structures non isolées - exemple de la cellule de commutation

La figure IV.38 rappelle le schéma de la cellule de commutation "interrupteur-diode" dans laquelle nous avons fait apparaître une inductance localisée (cf. paragraphe IV.2.1.3) représentant l'ensemble des inductances de câblage et de connection de la maille de commutation.

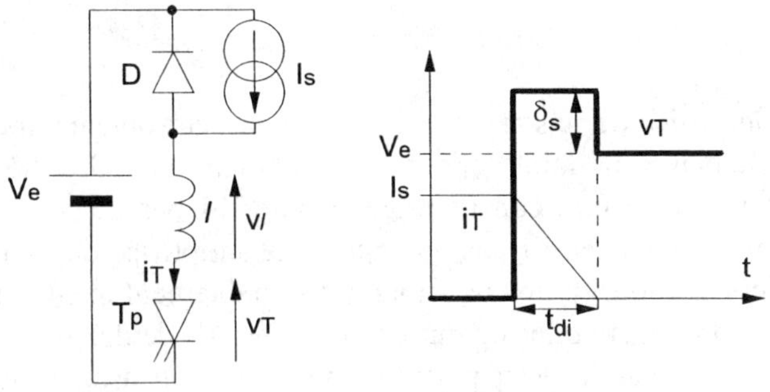

Figure IV.38 : *Ouverture dans une cellule avec inductance parasite*

A cette cellule sont associées des formes d'ondes idéalisées où les variations de tension sont toujours instantanées. Comme nous l'avons vu dans le paragraphe IV.2.2.1., l'inductance peut intervenir comme un dispositif d'aide à l'amorçage mais induit également une surtension lorsque l'interrupteur s'ouvre.

En effet, le di_T/dt engendré par ce dernier provoque aux bornes de l l'apparition d'une tension v_l telle que :

$$v_l = l\frac{di_T}{dt} = l\frac{I_S}{t_{di}}$$

Cette tension constitue la surtension de blocage δ_S que l'on retrouve fréquemment dans les montages utilisant des composants rapides. On constate que δ_S est inversement proportionnelle au temps de descente du courant et sera donc d'autant plus élevée que t_{di} sera faible.

La deuxième conséquence néfaste de ce mécanisme est que l'intégralité de l'énergie stockée dans l lors de la conduction de Tp, soit $W_l = l\, I_S^2/2$, est dissipée dans ce dernier à l'ouverture.

Nous avons présenté, dans le cas des circuits d'aide, différents réseaux permettant de résoudre ce problème. Il est important de préciser que le réseau écrêteur choisi doit tenir compte du fait que l'inductance est en réalité non localisée. Deux types de solutions peuvent alors être retenues (figure IV.39) :

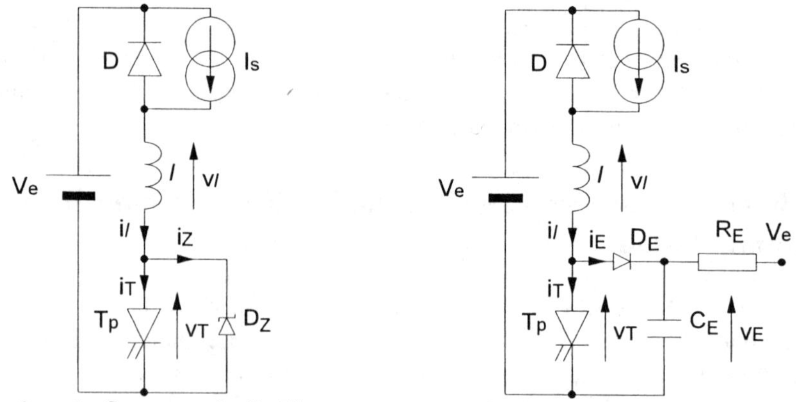

a - écrêteur 1 : Composant à effet Zéner *b - écrêteur 2 : réseau RCD*

Figure IV.39 : *Réseaux écrêteurs*

Par principe, on utilise de tels réseaux lorsque l'on veut obtenir une surtension de blocage sensiblement plus faible que dans le montage brut. Le di/dt imposé dans l'inductance devra donc être considérablement réduit par rapport à celui imposé initialement par l'interrupteur. Dans une approche simplifiée du comportement des écrêteurs ci-dessus, nous pouvons alors raisonnablement négliger le temps de descente du courant dans l'interrupteur devant le temps de décroissance du courant dans l'inductance, sachant que les pertes à l'ouverture intrinsèques de l'interrupteur ne seront pas prises en compte dans le bilan qui suivra.

Dans les deux cas de figure représentés plus haut, on obtient les formes d'ondes théoriques de la figure IV.40, en supposant que ces écrêteurs imposent une tension parfaitement constante aux bornes de Tp pendant la commutation d'ouverture.

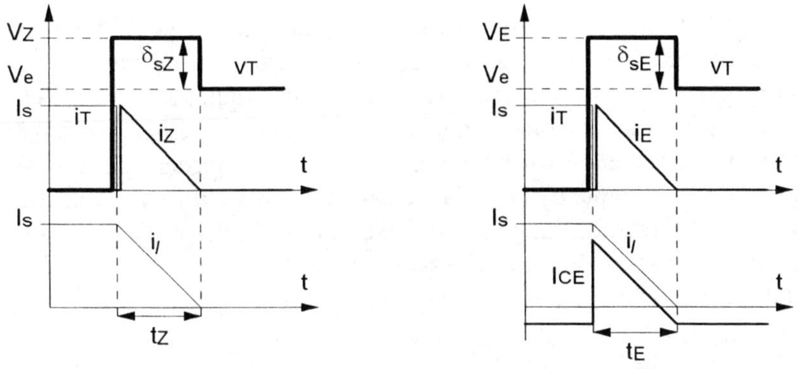

a - écrêteur 1 *b- écrêteur 2*

Figure IV.40 : *Formes d'ondes dues aux écrêteurs*

Il nous faut préciser ici quelques points sur le fonctionnement de l'écrêteur 2. Ce circuit diffère totalement d'un circuit d'aide à l'ouverture utilisant pourtant les mêmes composants de base. La résistance R_E est connectée à la source d'alimentation et la valeur de C_E n'a pas de commune mesure avec celle d'un CALC. Par définition, la fonction de ce réseau est de permettre la décroissance de i_l en imposant à l'interrupteur un potentiel supérieur à Ve mais parfaitement contrôlé. La diode D_E conduit uniquement pendant cette phase de décroissance. Durant le reste de la période, le réseau R_EC_E est isolé du montage. Le condensateur C_E reçoit donc de l'énergie pendant l'écrêtage, énergie qui est dissipée dans R_E au cours de la période. Le dimensionnement de R_E et C_E doit mener à un régime permanent dans lequel la tension aux bornes de C_E reste sensiblement constante, ce dernier étant parcouru par la quasi-totalité de la composante alternative de i_E. Un calcul sommaire peut consister à choisir une constante de temps R_EC_E très supérieure à la période de découpage, ce qui donne un premier élément du calcul. Le second élément résulte de la valeur de la tension d'écrêtage V_E désirée. Il est alors nécessaire de dresser un bilan énergétique. Le tableau de la figure IV.41 résume les éléments de ce bilan, pour les deux écrêteurs :

écrêteur 1	écrêteur 2
$\delta_{SZ} = V_Z - V_e$ $t_Z = \dfrac{l\, I_s}{\delta_{SZ}}$ $I_{Zmoy} = \dfrac{I_s\, t_Z\, F}{2} = \dfrac{l\, I_s^2 F}{2\delta_{SZ}}$ $P_Z = V_Z\, I_{Zmoy} = (1 + \dfrac{V_e}{\delta_{SZ}}) W_l\, F$	$\delta_{SE} = V_E - V_e$ $t_E = \dfrac{l\, I_s}{\delta_{SE}}$ $I_{Emoy} = \dfrac{I_s\, t_E\, F}{2} = \dfrac{l\, I_s^2 F}{2\delta_{SE}}$ $P_E = \delta_{SE}\, I_{Emoy} = W_l\, F$

Figure IV.41 : *Bilan énergétique*

On note une différence essentielle entre les deux structures. L'écrêteur 1 doit dissiper, à chaque période, une énergie supérieure d'un facteur $1 + Ve/\delta_{SZ}$ à l'énergie accumulée dans l. Ceci provient du fait que l'inductance et l'écrêteur 1 ne constituent pas une maille isolée et que la source V_e participe à la phase d'écrêtage. Si la structure de l'écrêteur est intéressante (un seul composant placé directement aux bornes de l'interrupteur), le bilan énergétique rend difficile son utilisation. Inversement, si l'écrêteur 2 est plus complexe, il fonctionne comme un réseau placé directement aux bornes de l et ne dissipe que W_l à chaque cycle. Le deuxième élément du calcul est donc la relation suivante :

$$P_R = \frac{(V_E - Ve)^2}{R_E} = \frac{\delta_{SE}^2}{R_E} = W_l\, F,$$

dont on peut extraire l'expression de R_E imposant une surtension donnée :

$$R_E = \frac{\delta_{SE}^2}{W_l\, F}$$

W_l doit être évidemment calculée dans le cas le plus défavorable, c'est-à-dire pour la valeur maximale du courant commuté. La surtension δ_{SE} évolue ensuite avec le niveau de ce courant commuté.

3.2. Ecrêtage dans les structures isolées

Dans les structures isolées mono-interrupteur, auxquelles nous allons nous intéresser ici, les mécanismes sont relativement différents du fait que les tensions mises en jeu, hors phénomènes de commutation, sont supérieures à la tension d'alimentation. D'autre part, les inductances intervenant dans les mailles de commutation sont les inductances de fuite des transformateurs qui, dans la plupart des cas, ont des valeurs bien supérieures à celle des inductances de câblage et font que les surtensions de blocage intrinsèques peuvent atteindre des niveaux inadmissibles dans des alimentations comme le Flyback.

3.2.1. Cas du FORWARD

En toute rigueur, si l'on veut décrire avec une grande exactitude les phénomènes qui nous intéressent, il nous faut utiliser le schéma de la figure IV.42 dans lequel le transformateur à trois enroulements est représenté à l'aide de deux transformateurs parfaits auxquels sont adjointes trois inductances de fuite l_{f1}, l_{f2} et l_{f3}, toutes ramenées au primaire et représentant les défauts de couplage entre les différents enroulements. Ces grandeurs peuvent être mesurées par l'intermédiaire d'essais qui sont décrits dans le chapitre V. Dans la réalité, compte-tenu de la structure des transformateurs, pour lesquels la hiérarchie de bobinage la plus couramment utilisée consiste à empiler ③, ① puis ②, l'inductance de fuite maximale apparaît entre ② et ③ tandis que l'inductance minimale lie ① et ③. Ceci induit, dans la représentation proposée, une valeur de l_{f1} généralement faible et de surcroît négative (cf. chapitre V). Nous négligerons donc l_{f1}, ce qui aura pour influence d'entraîner une estimation par excès des contraintes mais également une simplification considérable des calculs.

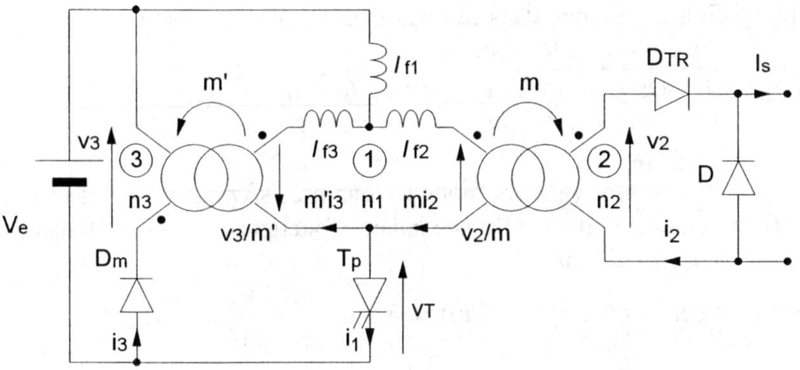

Figure IV.42 : *Schéma équivalent du Forward pour la commutation*

Comme dans le cas de la cellule de commutation précédente, l'ouverture de l'interrupteur, qui impose une variation de courant di_T/dt à l'environnement, est à l'origine des différents mécanismes. Les chronogrammes de la figure IV.43 rendent compte des deux phases de fonctionnement qui vont se succéder :

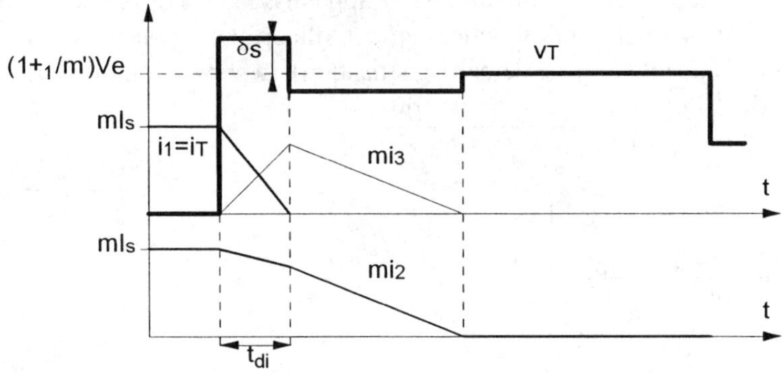

Figure IV.43 : *Formes d'ondes à l'ouverture*

Dans une première phase, l'interrupteur s'ouvre en imposant donc :

$$\frac{di_T}{dt} = \frac{di_1}{dt} = -\frac{mI_s}{t_{di}}$$

On fait tout d'abord l'hypothèse que, dès le début de la variation de i_1, l'enroulement de démagnétisation entre en fonction et que, parallèlement, l'empiétement apparaît au secondaire, provoquant le court-circuit transitoire de l'enroulement 2. Ainsi, $v_3/m' = V_e/m'$ et $v_2/m = 0$. Dans ces conditions, nous pouvons écrire les équations suivantes :

$$-\frac{V_e}{m'} = l_{f3}\, m'\frac{di_3}{dt} + l_{f2}\, m\frac{di_2}{dt}$$

$$i_1 = mi_2 - m'i_3$$

Ces deux égalités permettent d'aboutir aux expressions ci-dessous :

$$m'\frac{di_3}{dt} = -\frac{Ve}{m'(lf_2 + lf_3)} - \frac{lf_2}{lf_2 + lf_3}\frac{di_1}{dt} = -\frac{1}{lf_2 + lf_3}\left(\frac{Ve}{m'} + lf_2\frac{di_1}{dt}\right)$$

$$m\frac{di_2}{dt} = -\frac{1}{lf_2 + lf_3}\left(\frac{Ve}{m'} - lf_3\frac{di_1}{dt}\right)$$

Ces deux équations sont valables, nous l'avons précisé plus haut, si l'enroulement ③ est effectivement actif et si le secondaire fonctionne en empiétement, ce qui conduit aux deux conditions :

* $\frac{di_3}{dt} > 0$ (mise en conduction de Dm), soit $-lf_2\frac{di_1}{dt} > \frac{Ve}{m'}$
* $\frac{di_2}{dt} < 0$ (mise en conduction de D).

Si la première condition n'est pas respectée, cela signifie qu'il n'y a pas de problème de surtension puisque la variation de courant provoquée par l'ouverture de T_p à travers l'inductance lf_2 ne permet pas d'atteindre la tension théorique de blocage $(1 + 1/m')V_e$. Cette situation est rarissime et, en tout état de cause, il n'y a pas lieu d'aborder ce cas de figure dans un contexte d'écrêtage. La seconde inégalité est toujours respectée ***puisque di_1/dt est, par principe, négatif***.

Nous pouvons alors estimer la surtension apparaissant à l'ouverture et les pertes associées. Par rapport au fonctionnement théorique (contrainte en tension $(1 + 1/m')V_e$ pendant la phase de démagnétisation), la surtension introduite vaut :

$$\delta s = lf_3\, m'\frac{di_3}{dt} = -\frac{lf_3}{lf_2 + lf_3}\frac{Ve}{m'} - \frac{lf_2\, lf_3}{lf_2 + lf_3}\frac{di_1}{dt}$$

soit :

$$\delta s = \frac{lf_3\, lf_2}{lf_2 + lf_3}\left|\frac{di_1}{dt}\right|\left[1 - \frac{\frac{Ve}{m'}}{lf_2\left|\frac{di_1}{dt}\right|}\right]$$

L'expression des pertes à l'ouverture est :

$$P_{TO} = \frac{1}{2}\,\mathrm{tdi}\; mIs\left(Ve + \frac{Ve}{m'} + \delta s\right)F$$

En sachant que :

$$\mathrm{tdi} = -\frac{mIs}{\frac{di_1}{dt}} = \frac{mIs}{\left|\frac{di_1}{dt}\right|},$$

on obtient après transformation :

$$P_{TO} = F\left[\frac{1}{2}\,\mathrm{tdi}\; mIs\left(Ve + \frac{Ve}{m'}\right) + \frac{1}{2}\frac{lf_3\, lf_2}{lf_2 + lf_3}(mIs)^2\left(1 - \frac{Ve}{m'\, lf_2\left|\frac{di_1}{dt}\right|}\right)\right]$$

pertes par commutation intrinsèques — *pertes dues aux inductances de fuites*

Avant d'examiner cette expression, il nous faut préciser que, dans le cas du transformateur de cette alimentation, le couplage entre le primaire et l'enroulement de démagnétisation est généralement de bonne qualité pour les deux raisons suivantes :
– il n'y a pas de contrainte d'isolement particulière entre ces deux enroulements, contrairement à ce que réclame la plupart des cahiers des charges entre primaire et secondaire,
– le dimensionnement classique consiste à choisir $n_1 = n_3$, auquel cas un bobinage des deux enroulements "deux fils en mains" est possible.
Il résulte de ceci que l_{f3} est faible et communément d'une valeur 5 à 10 fois inférieure à celle de l_{f2}. Si l'on revient au bilan de puissance ci-dessus, on constate alors que l'influence des inductances de fuite est relativement limitée dans le cas de ce Forward. En effet, apparaît dans l'expression des pertes dues aux inductances un terme homogène à une énergie électromagnétique qui serait stockée dans une inductance équivalente correspondant à la mise en parallèle de l_{f2} et l_{f3}, donc de valeur inférieure à l_{f3}. De surcroît, ce terme est pondéré par un second terme négatif. La même tendance positive se retrouve sur l'expression de la surtension, si bien que, dans de nombreux cas, il est possible d'utiliser l'alimentation sous sa forme brute. On note que si $V_e/m' = l_{f2}\left|di_1/dt\right|$, la fraction des pertes due aux inductances disparaît, ce qui est parfaitement cohérent avec la condition exprimée plus haut ($di_3/dt > 0$).

La deuxième phase intervient lorsque l'ouverture de l'interrupteur est terminée ce qui correspond à $di_1/dt = 0$. Les différentes équations deviennent :

$$m'\frac{di_3}{dt} = m\frac{di_2}{dt} = -\frac{Ve}{m'(l_{f2} + l_{f3})}$$

$$\delta s = l_{f3}\, m'\frac{di_3}{dt} = -\frac{l_{f3}Ve}{m'(l_{f2} + l_{f3})}$$

Ceci correspond plus précisément à l'empiétement tel que nous l'avons décrit dans le chapitre II et dont la durée est très supérieure à la durée d'ouverture de l'interrupteur. Notons néanmoins que, pendant cette phase, la tension appliquée à l'interrupteur est inférieure à la tension théorique $(1 + 1/m')V_e$ car δs est négatif.
Compte-tenu de ce que nous avons dit sur l'influence relativement faible de ces inductances de fuite, nous ne poursuivrons pas plus avant nos investigations sur l'alimentation Forward, préférant nous apesantir sur le cas beaucoup plus épineux du Flyback.

3.2.2. Cas du FLYBACK

3.2.2.1. Influence des inductances de fuite

Dans le Flyback, le schéma équivalent (figure IV.44) est beaucoup plus simple puisque l'inductance couplée réalisant l'isolement galvanique ne comporte que deux enroulements. Nous ne ferons donc apparaître qu'une seule inductance de fuite notée l_{f2}.

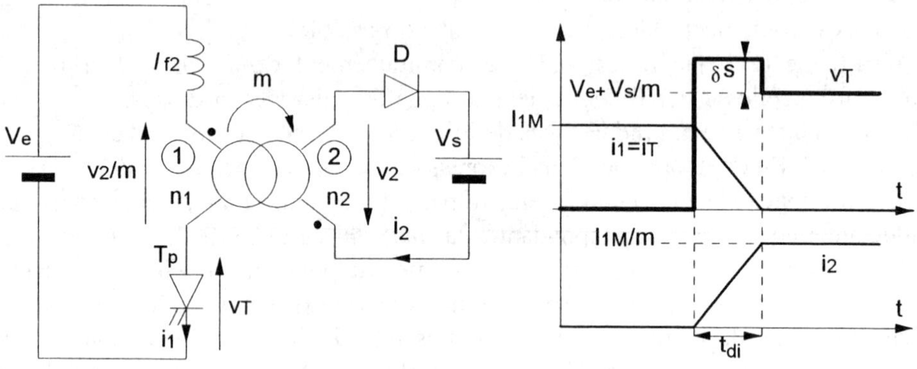

Figure IV.44 : *Schéma équivalent du Flyback et formes d'ondes pendant la commutation*

On suppose que les ampère-tours dans l'inductance principale restent constants pendant la commutation (avec I_{1M} valeur du courant i_1 atteinte à la fin de la conduction de T_p). Du fait de la simplicité du schéma, les équations représentatives du fonctionnement sont élémentaires :

$$i_1 = -mi_2 + I_{1M}$$

$$\delta s = -l_{f2}\frac{di_1}{dt} = \frac{l_{f2}\ I_{1M}}{tdi}$$

dont nous pouvons déduire :

$$P_{TO} = F\left[\frac{1}{2}tdi\ I_{1M}\ (Ve + \frac{Vs}{m}) + \frac{1}{2}l_{f2}\ I_{1M}^2\right] = F\left[\frac{1}{2}tdi\ I_{1M}\ (Ve + \frac{Vs}{m}) + W l_{f2}\right]$$

Contrairement au Forward, l'influence de l'inductance l_{f2} est considérable puisqu'elle intervient sans pondération dans les expressions de δs et P_{TO} et que, de surcroît, il s'agit là d'une inductance de forte valeur, du fait des nécessités de l'isolement primaire-secondaire. L'intérêt d'un dispositif d'écrêtage est ici beaucoup plus évident et nous allons nous intéresser à différentes solutions.

3.2.2.2. Introduction d'écrêteurs

La première solution consiste à introduire les écrêteurs 1 et 2 décrits au paragraphe IV.3.1. On obtient alors les formes d'ondes de la figure IV.45, représentées en négligeant maintenant le temps de descente du courant dans l'interrupteur pour les raisons déjà indiquées dans le même paragraphe IV.3.1. De la même façon, cette approximation exclut la prise en compte des pertes à l'ouverture intrinsèques de l'interrupteur mais rappelons que notre centre d'intérêt reste ici l'énergie électromagnétique stockée dans les inductances de fuite.

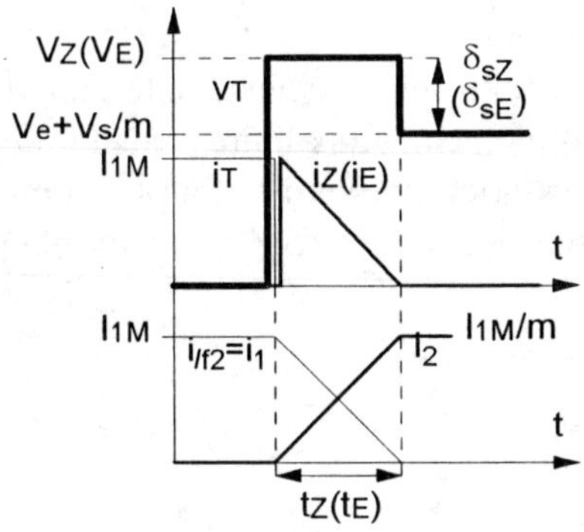

Figure IV.45 : *Formes d'ondes avec écrêteurs 1 et 2*

Par principe, ces écrêteurs doivent imposer, pendant l'ouverture, une tension supérieure à la tension théorique, soit dans le cas du Flyback, Ve + Vs/m. Nous définirons donc la surtension par rapport à cette tension théorique. Le tableau de la figure IV.46 dresse le bilan énergétique des deux écrêteurs :

Ecrêteur 1	Ecrêteur 2
$\delta_{SZ} = V_Z - V_e - \frac{V_s}{m}$	$\delta_{SE} = V_E - V_e - \frac{V_s}{m}$
$t_Z = \frac{l_{f2}\, I_{1M}}{\delta_{SZ}}$	$t_E = \frac{l_{f2}\, I_{1M}}{\delta_{SE}}$
$I_{Zmoy} = \frac{I_{1M}\, t_Z\, F}{2} = \frac{l_{f2}\, I_{1M}^2 F}{2\delta_{SZ}}$	$I_{Emoy} = \frac{I_{1M}\, t_E\, F}{2} = \frac{l_{f2}\, I_{1M}^2 F}{2\delta_{SE}}$
$P_Z = V_Z\, I_{Zmoy}$	$P_E = (\delta_{SE} + \frac{V_s}{m})\, I_{Emoy}$
$P_Z = \left[1 + \frac{V_e + V_s/m}{\delta_{SZ}}\right] W_{lf2}\, F$	$P_E = (1 + \frac{V_s/m}{\delta_{SE}}) W_{lf2}\, F$

$$\text{avec } W_{lf2} = \frac{l_{f2}\, I_{1M}^2}{2}$$

Figure IV.46 : *Bilan énergétique des écrêteurs 1 et 2*

Nous retrouvons ici la tendance déjà observée lors de l'étude de ces écrêteurs dans la cellule de commutation (paragraphe IV.3.1.) mais avec une aggravation du bilan due à la présence de la tension Vs/m ramenée au primaire et qui participe au mécanisme. A moins d'admettre des surtensions du même ordre de grandeur que la tension théorique d'ouverture, ce qui ne correspond pas à l'objectif de l'écrêtage, l'écrêteur 1 paraît ici totalement inutilisable compte-tenu de la puissance à dissiper dans Dz, tandis que l'écrêteur 2, bien que la puissance dissipée y soit moins importante, n'est guère plus satisfaisant. Ceci montre que ces dispositifs dissipatifs ne sont pas adaptés à ce type d'alimentation et qu'il faut donc chercher d'autres solutions.

3.2.2.3. Enroulement auxiliaire

Une autre solution, beaucoup plus satisfaisante sur le plan énergétique est l'introduction d'un enroulement auxiliaire identique à l'enroulement de démagnétisation de l'alimentation Forward et couplé au mieux avec le primaire. On aboutit alors à un schéma équivalent tout-à-fait similaire et qui est représenté figure IV.47 :

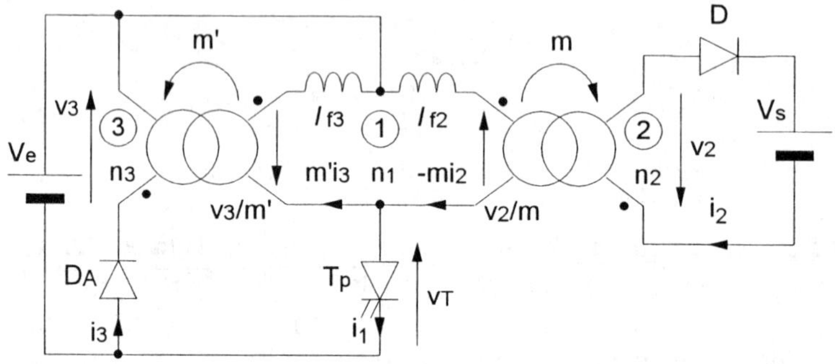

Figure IV.47 : *Schéma équivalent avec enroulement auxiliaire*

Les hypothèses d'analyse sont les suivantes :
– lors de l'ouverture de Tp, l'enroulement auxiliaire est immédiatement actif,
– la diode secondaire D entre immédiatement en conduction ramenant ainsi au primaire la tension Vs/m.

Les formes d'ondes idéalisées correspondantes sont indiquées figure IV.48 :

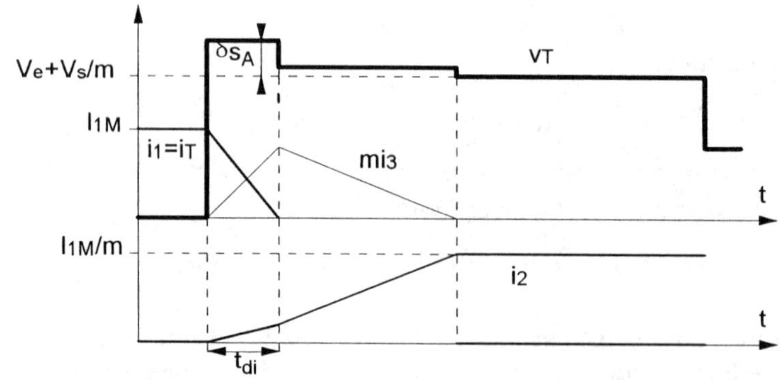

Figure IV.48 : *Formes d'ondes à l'ouverture avec enroulement auxiliaire*

Nous retrouvons deux phases de fonctionnement, la première correspondant à l'ouverture de Tp, la seconde au transfert des ampère-tours.

L'évolution des courants pendant la première phase va être régie par les équations suivantes :

$$m\frac{di_2}{dt} = \frac{1}{l_{f2} + l_{f3}}\left[\left(\frac{V_e}{m'} - \frac{V_s}{m}\right) - l_{f3}\frac{di_1}{dt}\right]$$

$$m'\frac{di_3}{dt} = -\frac{1}{lf_2 + lf_3}\left[\left(\frac{Ve}{m'} - \frac{Vs}{m}\right) + lf_2\frac{di_1}{dt}\right]$$

Afin que l'enroulement auxiliaire n'intervienne qu'à la commutation, il faut tout d'abord respecter en toutes circonstances la condition :

$$\frac{Ve}{m'} > \frac{Vs}{m}$$

D'autre part, les hypothèses initiales supposent l'accroissement, dès le début de cette phase, de i_2 et i_3, ce qui correspond aux inéquations suivantes :

* $\frac{di_2}{dt} > 0$ (mise en conduction de D),
* $\frac{di_3}{dt} > 0$ (mise en conduction de D_m), soit $-lf_2\frac{di_1}{dt} > \frac{Ve}{m'} - \frac{Vs}{m}$

La première inégalité est toujours vérifiée puisque di_1/dt est négatif. Si la seconde inégalité ne l'est pas, cela signifie que notre montage ne nécessitait pas l'introduction de l'enroulement auxiliaire. Nous laisserons donc ce cas de figure de côté.

Nous pouvons alors, de façon tout-à-fait similaire aux calculs menés dans le cas du Forward (paragraphe IV.3.2.1.), exprimer la surtension de blocage (par rapport à la tension théorique $Ve + Vs/m$) et les pertes dans l'interrupteur :

$$\delta_{SA} = lf_3\, m'\frac{di_3}{dt} + \frac{Ve}{m'} - \frac{Vs}{m} = \frac{lf_3\, lf_2}{lf_2 + lf_3}\left|\frac{di_1}{dt}\right|\left[1 + \frac{\frac{Ve}{m'} - \frac{Vs}{m}}{lf_3\left|\frac{di_1}{dt}\right|}\right]$$

$$P_{TO} = \frac{1}{2} t_{di}\, I_{1M}\left(Ve + \frac{Vs}{m} + \delta_{SA}\right)F$$

que l'on peut mettre sous la forme :

$$P_{TO} = F\left[\frac{1}{2} t_{di}\; I_{1M}\left(Ve + \frac{Vs}{m}\right) + \frac{1}{2}\frac{lf_3\, lf_2}{lf_2 + lf_3}(I_{1M})^2\left(1 + \frac{\frac{Ve}{m'} - \frac{Vs}{m}}{lf_3\left|\frac{di_1}{dt}\right|}\right)\right]$$

pertes par commutation intrinsèques — *pertes dues aux inductances de fuites*

Ces formes ne sont pas très explicites si l'on veut comparer ce résultat avec celui obtenu avec un écrêteur RCD. On peut tout d'abord faire intervenir le rapport entre lf_2 et lf_3 soit $k = lf_2/lf_3$ puis exprimer ces résultats en fonction des grandeurs de référence du montage brut que sont lf_2 et l'énergie $W_{lf2} = lf_2 I_{1M}^2/2$. On obtient :

$$\delta_{SA} = \frac{lf_2}{1+k}\left|\frac{di_1}{dt}\right|\left[1 + k\frac{\frac{Ve}{m'} - \frac{Vs}{m}}{lf_2\left|\frac{di_1}{dt}\right|}\right]$$

$$P_{TO} = F\left[\frac{1}{2}t_{di}\ I_{1M}\left(Ve+\frac{Vs}{m}\right)+W_{lf2}\frac{1}{1+k}\left(1+k\frac{\frac{Ve}{m'}-\frac{Vs}{m}}{l_{f2}\left|\frac{di_1}{dt}\right|}\right)\right]$$

A ce stade, l'introduction de quelques données numériques est inévitable. La réalisation correcte d'un enroulement auxiliaire permet d'obtenir aisément un facteur k supérieur à 5. Nous retiendrons cette valeur pour notre démonstration. Supposons d'autre part que, dans le montage brut, la surtension $\delta s = l_{f2}\, di_1/dt$ soit du même ordre de grandeur que Vs/m, ce qui est une approche optimiste vis-à-vis de nombre d'applications où la surtension intrinsèque peut largement dépasser cette valeur. On mènera donc la comparaison pour $\delta s = Vs/m$. Cette comparaison doit être conduite à partir du choix d'une valeur de surtension après écrêtage. Une valeur significative quant au niveau de réduction peut être 3, soit une surtension de 33% par rapport à Vs/m après écrêtage.

Pour obtenir ce résultat avec l'écrêteur RCD, il nous faut dissiper :

$$P_E = \left(1+\frac{Vs/m}{\delta_{SE}}\right)W_{lf2}\ F = 4W_{lf2}\ F,\ \text{avec}\ \delta_{SE} = \frac{Vs/m}{3}$$

Dans le cas de l'enroulement auxiliaire, on a :

$$\delta_{SA} = \frac{\delta s}{1+k}\left[1+k\frac{\frac{Ve}{m'}-\frac{Vs}{m}}{\delta s}\right] = \frac{\frac{Vs}{m}}{1+k}\left[1+k\frac{\frac{Ve}{m'}-\frac{Vs}{m}}{\frac{Vs}{m}}\right]$$

Avec k = 5, on obtient $\delta_{SA} = Vs/3m$ pour $Ve/m' = 1{,}2Vs/m$. La fraction des pertes due aux inductances vaut alors $W_{lf2}\ F/3$, soit une réduction d'un facteur 12 par rapport à l'écrêteur RCD et d'un facteur 3 par rapport à l'énergie intrinsèque. Cet exemple numérique, dont les données sont cohérentes par rapport à ce que l'on peut rencontrer dans la réalité, montre bien l'intérêt de l'introduction d'un enroulement auxiliaire en terme d'écrêtage. Cette technique prend toute son efficacité dans des alimentations Flyback de puissance importante (quelques centaines de Watt) dans lesquelles l'énergie stockée dans les inductances de fuite peut être considérable.

Remarque :

La deuxième phase, qui n'a pas de conséquence énergétique, fait intervenir un transfert d'ampère-tours entre ③ et ②, sous tension de commutation aux bornes de l_{f2} *et* l_{f3} *égale à Ve/m'-Vs/m. Si l'on a affaire à un Flyback en conduction discontinue, il peut se produire un affaiblissement sensible de la puissance transmise au secondaire, si la durée de cette phase est excessive. Cette durée dépend directement de la valeur de Ve/m'-Vs/m qui ne doit donc pas être trop faible. La nécessité d'un compromis entre la réduction de la surtension et des pertes associées et la minimisation de la chute de puissance utile se fait alors sentir.*

3.2.3. Influence des circuits d'aide à l'ouverture

Nous avons vu au paragraphe IV.2. la structure d'un circuit d'aide à l'ouverture non dissipatif. Ce type de circuit peut parfaitement contribuer à réduire voire à éliminer les pertes liées à l'existence des inductances de fuite. Nous allons voir ici les mécanismes d'échange entre ces dernières et ce circuit, toujours dans le cas du Forward et du Flyback. Pour cela, nous supposerons que le condensateur de ce circuit est largement dimensionné et que l'on peut négliger la phase de commutation de l'interrupteur, donc le temps de descente du courant devant la durée d'échange entre l_{f2} et le condensateur du CALC.

3.2.3.1. Cas du Forward

Contrairement aux hypothèses retenues dans l'étude des écrêteurs, les vitesses d'évolution des tensions v_T et v_1 sont ici limitées par principe. Dans l'hypothèse d'ouverture instantanée de l'interrupteur évoquée ci-dessus, les chronogrammes de fonctionnement à l'ouverture avec CALC apparaissent figure IV.49 :

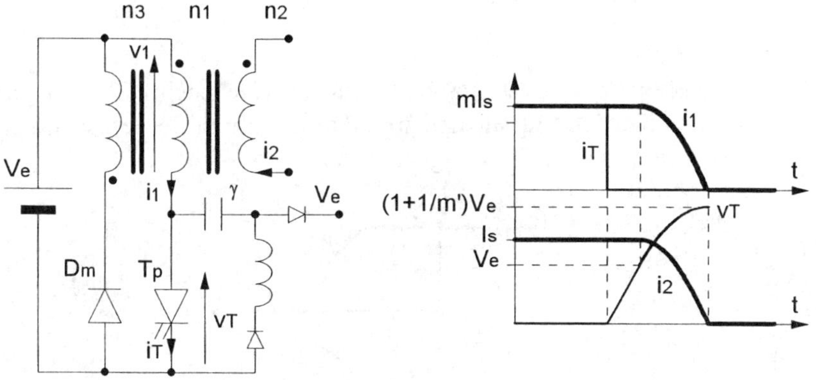

Figure IV.49 : *Formes d'ondes à l'ouverture en présence de CALC*

Tant que les tensions v_T et v_γ n'ont pas atteint la valeur Ve, l'enroulement de démagnétisation reste inactif et le secondaire ne change pas d'état, imposant la présence d'un courant $i_1 = mI_s$. Le condensateur γ se charge donc linéairement par l'intermédiaire de ce courant. Lorsque v_γ atteint la valeur Ve, la diode D peut entrer en conduction et le courant i_1 évoluer. Apparaît alors une phase d'oscillation entre l_{f2} et γ régie par les équations suivantes :

$$i_1 = mI_s \cos\omega_0 t$$

$$v_\gamma = V_e + mI_s\sqrt{\frac{l_{f2}}{\gamma}}\sin\omega_0 t$$

$$\text{avec } \omega_0 = \frac{1}{\sqrt{l_{f2}\,\gamma}}$$

Ces équations restent valables tant que v_γ reste inférieure à $1 + V_e/m'$, c'est-à-dire tant que l'enroulement de démagnétisation n'entre pas en fonction.

La configuration énergétique idéale correspond à une annulation du courant i_1 lorsque v_γ atteint la valeur $1 + Ve/m'$, ce qui correspond à la condition :

$$mIs\sqrt{\frac{lf_2}{\gamma}} = \frac{Ve}{m'}, \text{ soit } \gamma = \frac{lf_2(mIs)^2}{\left[\frac{Ve}{m'}\right]^2}$$

Dans cette configuration et pendant cette phase d'oscillation, toute l'énergie contenue dans lf_2 a été transférée dans γ. Cette dernière est ensuite recyclée à travers le fonctionnement classique du circuit décrit au paragraphe IV.2. Ce dimensionnement limite élimine totalement les pertes liées aux inductances de fuites et ne génère pas de surtension. Compte-tenu des valeurs de γ que nécessite un tel fonctionnement, il est à prévoir que les pertes à l'ouverture intrinsèque de l'interrupteur seront parallèlement négligeables. Inversement, un CALC à l'ouverture surdimensionné rend difficile le fonctionnement à faible charge. Quoiqu'il en soit et quel que soit le dimensionnement choisi par le concepteur, il est clair que l'introduction d'un tel circuit va dans le sens d'une meilleure gestion de l'énergie électromagnétique de fuite.

3.2.3.2. Cas du Flyback

Dans le cas du Flyback, le CALC a également un rôle positif. Si l'on greffe le CALC non-dissipatif précédent sur une structure initiale brute, le fonctionnement correspond aux formes d'ondes de la figure IV.50 :

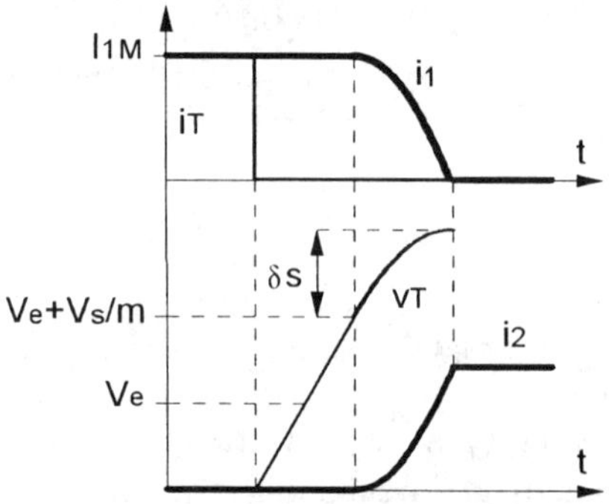

Figure IV.50 : *Formes d'ondes de l'ouverture en présence de CALC*

La principale différence avec le cas précédent réside dans l'instant d'intervention de la phase de transfert entre lf_2 et γ qui ne peut apparaître que lorsque v_γ atteint la valeur $Ve + Vs/m$. La forme de ce transfert est la même, mais la tension d'oscillation constitue maintenant une surtension δs :

$$\delta s = I_{1M}\sqrt{\frac{lf_2}{\gamma}}$$

dont la valeur peut déterminer le choix de γ à travers l'expression $\gamma = \dfrac{lf_2(I_{1M})^2}{\delta s^2}$

De la même façon, ce circuit permet de récupérer entièrement l'énergie stockée dans lf_2, mais la valeur du condensateur croît en raison inverse de δs^2.

On note que, la tension instantanée ayant dépassé la valeur $V_e + V_s/m$, un mécanisme va devoir intervenir pour que le système rejoigne l'état stable. Ce mécanisme, que nous ne décrirons pas ici car il est relativement complexe et ne modifie en rien le principe, correspond à une interaction entre les composants du CALC et l'inductance de fuite ramenée au primaire. Il permet d'aboutir à un niveau final de v_γ conforme aux conditions de bon fonctionnement du CALC.

Chapitre V

Les composants passifs dans les alimentations à découpage

1. Les composants magnétiques

1.1. Introduction

Dans les alimentations à découpage, les composants magnétiques sont des constituants essentiels tant sur le plan technique (ils ont un impact considérable sur les performances globales) qu'économique (ils représentent une part importante du coût d'une alimentation). Rappelons quels sont les principaux composants magnétiques qui apparaissent dans nos alimentations :
– les transformateurs de tension de puissance,
– les transformateurs de tension de commande,
– les transformateurs d'intensité (mesure),
– les inductances de filtrage d'entrée ou de sortie,
– les inductances de résonance,
– les inductances saturables.
La différence de performances qui peut exister entre deux systèmes d'alimentations de principe identique provient généralement des composants magnétiques. On comprend donc la nécessité d'appréhender correctement les différentes facettes de la réalisation de tels dispositifs, qui s'accompagne de problèmes spécifiques dus au contexte du découpage à fréquence élevée. L'objectif de ce paragraphe est donc de présenter ces problèmes, d'indiquer les limites actuelles de leur analyse et, enfin, de donner des ébauches de procédures de dimensionnement.
Un composant magnétique étant généralement constitué d'un noyau magnétique et de bobinages, nous nous intéresserons tout d'abord séparément à quelques aspects technologiques de ces deux composantes.

1.2. Les circuits magnétiques

Le rôle d'un circuit magnétique est de canaliser les lignes de champ magnétique. Pour cela, les matériaux constitutifs doivent présenter une perméabilité relative élevée, accepter parallèlement un niveau d'induction à saturation important et être le siège de pertes acceptables aux fréquences de travail qui nous concernent.

Bien entendu, le matériau idéal n'existant pas, les concepteurs d'alimentations à découpage utiliseront des matériaux présentant le meilleur compromis relativement aux trois points cités plus haut. Actuellement, ce sont les ferrites qui sont le plus couramment utilisés. Les poudres métalliques trouvent également un débouché significatif dans les inductances de filtrage. Enfin, le développement des techniques de post-régulation a conduit à l'introduction de matériaux amorphes. Nous allons donc nous intéresser maintenant aux principales caractéristiques de ces trois familles.

1.2.1. Quelques caractéristiques des matériaux utilisables en HF

1.2.1.1. Les ferrites

L'appellation "ferrite" concerne une importante variété de matériaux qui n'ont souvent en commun que le constituant de base (l'oxyde de fer Fe_2-O_3) et la technique de fabrication, le frittage (moulage à chaud et sous pression). Les couples les plus fréquemment associés à l'oxyde de fer sont manganèse-zinc (Ma-Zn) et nickel-zinc (Ni-Zn). On obtient des matériaux chimiquement stables, d'une grande dureté mais très sensibles aux chocs mécaniques et thermiques.

Les ferrites nickel-zinc sont caractérisés par des perméabilités relatives faibles (20 à 1000) mais dont la bande passante est élevée (10 à 100Mhz). Leur nature et les conditionnements associés (petits noyaux) les destinent plutôt aux applications électroniques.

Les ferrites manganèse-zinc sont plus directement liés aux applications de puissance qui nous concernent ici. Leurs perméabilités relatives sont nettement plus élevées (1000 à 10000) mais la bande passante est beaucoup plus basse ($\approx$ 1MHz).

Les inductions à saturation, toutes familles confondues, sont faibles ($0{,}2T \leq B_M \leq 0{,}4T$) et sont des fonctions décroissantes de la température de fonctionnement θ dont l'optimum se situe entre 60 et 80°C.

Comme dans tous les matériaux magnétiques, les pertes dépendent de la fréquence et de l'induction maximale. L'évolution de ces pertes peut être représentée à travers des formules empiriques dont un exemple est donné ci-dessous :

$$(P_{fer})_{vol} = 11\left[\frac{F}{10}\right]^{1,3}\left[\frac{B_M}{0{,}1}\right]^2$$

(ferrite Ma-Zn type 3C8)

$(P_{fer})_{vol}$ en mW/cm^3
F en kHz
B_M en Tesla
$\theta = 60°C$

Un point test, que nous réutiliserons par la suite, montre qu'à $B_M = 0{,}1T$, $F = 100kHz$, les pertes volumiques sont ici de l'ordre de $220 mW/cm^3$.

Ces pertes dépendent également de la température selon une tendance qui apparaît sur la figure V.1. Ces formes indiquent la possibilité d'un emballement thermique si, vis-à-vis de la résistance thermique équivalente R_{th} du noyau, les pertes sont telles que :

$$\frac{dP_{fer}}{d(\Delta\theta)} > \frac{1}{R_{th}}, \text{ avec } \Delta\theta = \theta - \theta_{amb}$$

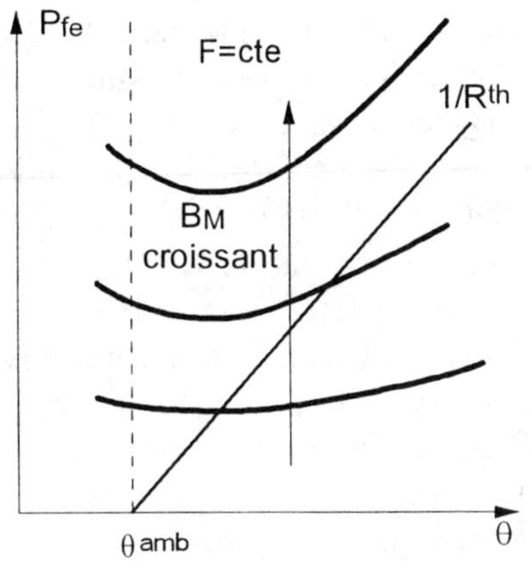

Figure V.1 : *Evolution des pertes en fonction de θ dans les ferrites*

Les ferrites sont fabriqués sous des formes très variées. Compte-tenu de leur large diffusion, nombre de ces conditionnements, outre le noyau proprement dit, incluent la carcasse et un dispositif de frettage qui permet une réalisation très simple et très rapide du composant magnétique. On peut citer de "grands standards" comme les noyaux en E de type "ETD", les pots "RM", les tores, dont le lecteur trouvera aisément les différentes caractéristiques et spécificités dans les catalogues des différents constructeurs qui, s'ils ont leurs matériaux propres, proposent tous des noyaux similaires. Les différentes structures évoquées ci-dessus permettent de réaliser des composants magnétiques pour des convertisseurs d'une puissance ne pouvant pas dépasser le kW. Au dessus, les noyaux sont généralement réalisés par assemblage de U et I qui présentent des dimensions relativement importantes. Les carcasses et les dispositifs d'assemblage doivent alors être conçus par l'utilisateur.

1.2.1.2. Les matériaux à entrefer réparti à poudres métalliques

Cette dénomination n'est pas véritablement adaptée car techniquement peu précise (les ferrites sont également à base de poudres) mais une classification rigoureuse n'est pas toujours facile. Ce type de matériaux est donc réalisé à l'aide de poudres métalliques dont les grains élémentaires sont entourés d'une couche d'oxyde constituant une première isolation entre ces grains, isolation ensuite renforcée par un liant organique qui donne également à l'ensemble sa rigidité mécanique. C'est ce liant qui constitue l'entrefer réparti dont le concept est très intéressant dans la réalisation des inductances car il permet la suppression de l'essentiel des problèmes liés à la présence d'un entrefer réel. Différents métaux ou alliages sont utilisés dans la constitution de tels matériaux.

Les matériaux les plus classiques et les plus économiques sont les poudres de fer. Les perméabilités relatives obtenues se situent entre 40 et 100. L'induction à saturation est comprise entre 1 et 1,4T. Le grand handicap de cette première famille est le niveau très élevé des pertes fer. Ainsi, pour le point test précédent ($B_M = 0,1T$, $F = 100kHz$), les pertes sont de l'ordre de $4W/cm^3$, soit 20 fois plus qu'un ferrite standard.

Ce type de matériau n'est donc utilisable qu'à faible sollicitation alternative d'induction, c'est-à-dire dans les inductances de lissage et de filtrage.
Un deuxième groupe largement exploité mais beaucoup moins économique correspond à l'utilisation d'un alliage fer-nickel-molybdène (ce dernier en faible proportion) qui donne à cette famille sa dénomination anglo-saxonne bien connue de "molypermalloy". Deux principaux types de ces matériaux sont réalisés, présentés par ordre croissant de performances "pertes-fréquence".
Le premier type est sensiblement constitué à parts égales de fer et de nickel. L'induction à saturation est élevée (1,4T) et les perméabilités relatives sont comprises entre 15 et 200. Les pertes au point test sont toujours de l'ordre de 4W/cm³, pour un matériau de perméabilité relative de 125.
Le second type comporte une forte proportion de nickel (80%) et privilégie les pertes par rapport à l'induction à saturation qui se situe aux alentours de 0,7T. Les perméabilités relatives de cette famille sont comprises entre 15 et 500. On peut donner l'exemple d'une formule d'approximation des pertes pour un tel matériau, présentant une perméabilité de 125 :

$$(P_{fer})_{vol} = 33\left[\frac{F}{10}\right]^{1,3}\left[\frac{B_M}{0,1}\right]^{2,14}$$

$(P_{fer})_{vol}$ en mW/cm^3
F en kHz
B_M en Tesla

Si l'on observe cette formule, on constate que les pertes sont toujours beaucoup plus importantes (facteur 3) que celles du ferrite standard cité plus haut. Si ces matériaux sont très adaptés, dans leur principe, à la réalisation des inductances, ils restent essentiellement cantonnés aux noyaux destinés aux inductances de lissage ou de filtrage, du fait de ces niveaux de pertes.
On peut trouver ces matériaux essentiellement sous forme de tores, de E et de U.

1.2.1.3. Les matériaux amorphes

Les matériaux amorphes sont obtenus par un procédé d'hyper-trempe correspondant à un refroidissement extrêmement rapide d'un alliage porté au-delà de sa température de fusion. Ce processus interdit la formation d'un réseau cristallin ordonné. Les techniques utilisées pour parvenir à ce résultat consistent à projeter un jet de métal en fusion sur une roue tournant à grande vitesse. La solidification extrêmement rapide du métal sur cette roue conduit à l'obtention de rubans très minces (20 à 50µm), de largeurs allant jusqu'à 15cm. Les principaux métaux entrant dans la composition de ces alliages amorphes sont le fer, le cobalt et le nickel. Comme dans le cas précédent, les caractéristiques magnétiques peuvent considérablement varier d'un alliage à l'autre. Les matériaux qui semblent les plus intéressants, en termes de pertes, sont à base de cobalt. Ils présentent des inductions à saturation de l'ordre de 0,6 à 0,8T. Intrinsèquement, les niveaux de pertes peuvent être largement inférieurs à ceux des ferrites classiques. On peut citer un ordre de grandeur de 50 à 100mW/cm³, au point test, pour les alliages les plus performants. Néanmoins, ces matériaux sont peu utilisés du fait de leur coût élevé et de la difficulté de réaliser des circuits magnétiques à partir d'un ruban de quelques dizaines de µm d'épaisseur qui doit, de surcroît, être recuit après formage.

Les seuls composants magnétiques à base de matériaux amorphes, utilisés de façon industrielle dans le domaine qui nous concerne, sont les inductances saturables destinées aux post-régulations magnétiques (cf. chapitre II), qui exploitent les cycles à fort coefficient de rectitude que permettent d'obtenir ces matériaux. Les circuits magnétiques sont alors de forme torique, obtenue par bobinage d'un ruban.

1.3. Les bobinages

L'un des principaux problèmes associés à la réalisation de bobinages parcourus par des courants à fréquence élevée est l'accroissement de la résistance apparente des conducteurs. Ce phénomène est lié à une répartition non homogène de la densité de courant dans la section des conducteurs, dès lors que l'on est en régime alternatif. Une tradition veut que l'on parle d'*effet de peau* lorsque l'on a affaire à un conducteur isolé et que l'on ajoute une notion d'*effet de proximité* lorsque plusieurs conducteurs sont associés, comme c'est le cas dans un bobinage. En réalité, il s'agit globalement du même type de phénomène dont la manifestation est différente selon qu'il s'agit d'un conducteur ou d'un groupe de conducteurs.
Il faut insister sur le fait que ces mécanismes existent quelle que soit la fréquence. Leur influence dépend, nous allons le voir, du couple section des conducteurs-fréquence de travail, mais peut parfaitement se manifester à la fréquence industrielle de 50Hz, dans des conducteurs de forte section. La sensibilisation des concepteurs d'alimentations à ce problème provient de son apparition immédiate avec des conducteurs de faible section, du fait de l'importance des fréquences de découpage.

1.3.1. Résistance d'un conducteur en régime alternatif

Afin de mettre en évidence l'aspect physique du problème, nous nous appuierons sur l'exemple d'un fil de section cylindrique (le classique conducteur émaillé), dont nous supposerons le rayon rc faible devant sa longueur, ce qui permettra de nous replacer dans les conditions d'étude d'un conducteur de longueur infinie. Le schéma d'étude est celui de la figure V.2.
La description du fonctionnement passe par la résolution des équations de Maxwell-Ampère et Maxwell-Faraday, dans leur forme correspondant à un domaine de fréquence pour lequel les courants de déplacement peuvent être négligés :

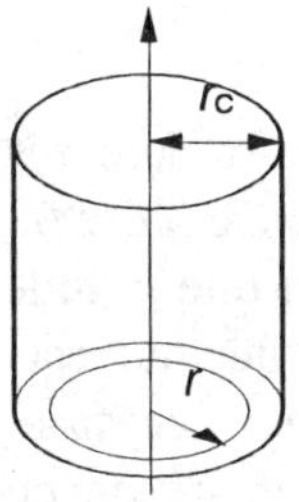

Figure V.2 : *cas du conducteur cylindrique*

$*\vec{\text{rot}}\ \vec{H} = \vec{J}$

$*\vec{\text{rot}}\ \vec{E} = -\dfrac{\partial \vec{B}}{\partial t}$

avec les équations constitutives du matériau :
$\vec{E} = \rho \vec{J}$, avec ρ, résistivité du matériau
$\vec{B} = \mu \vec{H}$, avec μ, perméabilité du matériau

Remarque : pour cette partie, il est fortement recommandé au lecteur intéressé de consulter les ouvrages cités en bibliographie et traitant des fonctions de Bessel.

Le dispositif présentant une symétrie de révolution, les modules H, J, E des différentes grandeurs ne dépendront que de r et la résolution des équations ci-dessus sera monodimensionnelle. Dans ces conditions, la première équation (Maxwell-Ampère) nous donne :

$$\frac{1}{r}\left[\frac{\partial(r\mathrm{H})}{\partial r}\right] = \mathrm{J}, \text{ soit } \frac{\partial \mathrm{H}}{\partial r} + \frac{1}{r}\mathrm{H} = \mathrm{J}$$

Si l'on différencie ce résultat par rapport au temps, on obtient :

$$\frac{\partial^2 \mathrm{H}}{\partial r \partial \mathrm{t}} + \frac{1}{r}\frac{\partial \mathrm{H}}{\partial \mathrm{t}} - \frac{\partial \mathrm{J}}{\partial \mathrm{t}} = 0 \qquad \text{E.V.1}$$

Parallèlement, dans notre configuration, la seconde équation (Maxwell-Faraday) peut se mettre sous la forme :

$$\frac{\partial \mathrm{E}}{\partial r} = \mu \frac{\partial \mathrm{H}}{\partial \mathrm{t}}, \text{ soit } \frac{\partial \mathrm{J}}{\partial r} = \frac{\mu}{\rho}\frac{\partial \mathrm{H}}{\partial \mathrm{t}} \qquad \text{E.V.2}$$

En reportant E.V.2 dans E.V.1, on aboutit à l'équation différentielle :

$$\frac{\rho}{\mu}\frac{\partial^2 \mathrm{J}}{\partial r^2} + \frac{\rho}{\mu r}\frac{\partial \mathrm{J}}{\partial r} - \frac{\partial \mathrm{J}}{\partial \mathrm{t}} = 0$$

Si le courant dans le conducteur est sinusoïdal, la densité de courant sera une forme exponentielle complexe, notée $\overline{\mathrm{J}}$, ce qui permet d'exprimer l'équation différentielle finale :

$$\frac{\partial^2 \overline{\mathrm{J}}}{\partial r^2} + \frac{1}{r}\frac{\partial \overline{\mathrm{J}}}{\partial r} - \frac{\mathrm{j}\omega\mu}{\rho}\overline{\mathrm{J}} = 0$$

La solution générale de cette forme d'équation est :

$$\overline{\mathrm{J}} = \overline{\mathrm{J}}_0 \; B_0\left[\frac{r\sqrt{2}}{\delta_\mathrm{p}}\mathrm{j}^{\frac{3}{2}}\right] + \overline{\mathrm{J}}_1 \; Y_0\left[\frac{r\sqrt{2}}{\delta_\mathrm{p}}\mathrm{j}^{\frac{3}{2}}\right]$$

avec $\overline{\mathrm{J}}_0$ et $\overline{\mathrm{J}}_1$, constantes complexes,

et $\delta_\mathrm{p} = \sqrt{\dfrac{2\rho}{\mu\omega}} = \sqrt{\dfrac{\rho}{\pi\mu F}}$

B_0 et Y_0 sont respectivement les fonctions de Bessel de première et de seconde espèce, d'ordre 0.

δ_p est une grandeur caractéristique, appelée épaisseur de pénétration ou épaisseur de peau, qui est une fonction décroissante de la fréquence et sur laquelle nous aurons l'occasion de revenir dans la suite.

La densité de courant étant finie dans le conducteur, y compris pour $r = 0$, la constante $\overline{\mathrm{J}}_1$ est obligatoirement nulle, car $Y_0(0) \to -\infty$. L'expression de $\overline{\mathrm{J}}$ devient :

$$\overline{\mathrm{J}} = \overline{\mathrm{J}}_0 \; B_0\left[\frac{r\sqrt{2}}{\delta_\mathrm{p}}\mathrm{j}^{\frac{3}{2}}\right] = \overline{\mathrm{J}}_0\left[B_\mathrm{R}(\Delta r) + \mathrm{j}B_\mathrm{I}(\Delta r)\right]$$

avec $\overline{\mathrm{J}}_0$, valeur de $\overline{\mathrm{J}}$ pour $r = 0$

et $\Delta r = \dfrac{r\sqrt{2}}{\delta_\mathrm{p}}$

B_R et B_I sont les fonctions de Kelvin associées à B_0.

A partir de cette expression et de l'équation E.V.2, il est possible de calculer $\overline{\mathrm{J}}_0$:

$$\overline{\mathrm{J}}_0 \frac{\sqrt{2}}{\delta_\mathrm{p}}\left[\frac{\partial B_\mathrm{R}(\Delta r)}{\partial \Delta r} + \mathrm{j}\frac{\partial B_\mathrm{I}(\Delta r)}{\partial \Delta r}\right] = \overline{\mathrm{J}}_0 \frac{\sqrt{2}}{\delta_\mathrm{p}}\left[B_\mathrm{R}'(\Delta r) + \mathrm{j}B_\mathrm{I}'(\Delta r)\right] = \mathrm{j}\frac{\mu\omega}{\rho}\overline{\mathrm{H}}(r)$$

A la périphérie du conducteur ($r = rc$), on a la condition limite suivante :

$$\overline{H}(rc) = \frac{\overline{I}}{2\pi\, rc}$$

dont on déduit :

$$\overline{J}o = \frac{\mu\omega}{\rho}\frac{\delta p}{\sqrt{2}}\frac{\overline{I}}{2\pi rc}\frac{j}{\left[B_R'(\Delta rc) + jB_I'(\Delta rc)\right]} = \frac{\overline{I}}{\pi\sqrt{2}\,\delta p\, rc}\frac{j}{\left[B_R'(\Delta rc) + jB_I'(\Delta rc)\right]}$$

avec $\Delta rc = \dfrac{rc\sqrt{2}}{\delta p}$

L'expression du module J(r) de la densité de courant complexe est alors :

$$J(r) = \frac{I}{\pi\sqrt{2}\,\delta p\, rc}\frac{\sqrt{B_R^2(\Delta r) + B_I^2(\Delta r)}}{\sqrt{B_R'^2(\Delta rc) + B_I'^2(\Delta rc)}}$$

Il est commode de normaliser cette grandeur par rapport au module Jc de la densité de courant que l'on obtiendrait en régime quasi statique :

$$\overline{J}c = \frac{\overline{I}}{\pi\, rc^2}$$

ce qui conduit à :

$$\frac{J(r)}{Jc} = \frac{\Delta rc}{2}\frac{\sqrt{B_R^2(\Delta r) + B_I^2(\Delta r)}}{\sqrt{B_R'^2(\Delta rc) + B_I'^2(\Delta rc)}}$$

Si l'on représente maintenant la progression de ce module J(r) du centre d'un conducteur de rayon fixé vers sa périphérie, pour différentes valeurs de Δrc, on obtient les courbes de la figure V.3.

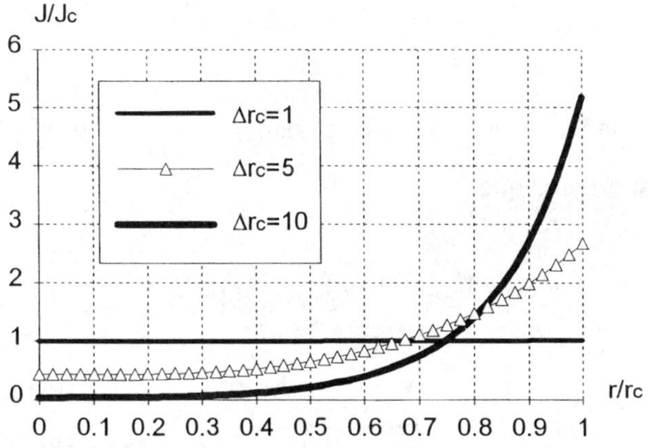

Figure V.3 : *Evolution de J dans le conducteur*

Cette répartition fortement hétérogène de J va induire un accroissement de la résistance apparente en régime alternatif du conducteur, notée Ra, par rapport à sa valeur en régime continu (F = 0).

Cette grandeur peut être calculée à travers l'expression des pertes Joule :

$$P_J = \iiint \rho J^2 \, dV = Ra\, I^2$$

Dans le cas qui nous préoccupe, cette expression devient :

$$P_J = \int_0^{rc} \rho J^2(r) lc\, 2\pi r\, dr = 2\pi\, \rho\, lc \int_0^{rc} J^2(r)\, r\, dr = Ra\, I^2$$

On peut alors exprimer Ra : $Ra = \dfrac{\rho\, lc\, 2\pi}{I^2} \displaystyle\int_0^{rc} J^2(r)\, r\, dr$

Jo étant proportionnelle à I, on voit que l'expression est logiquement indépendante du courant qui traverse le conducteur. Il est commode de normaliser cette relation par rapport à la résistance du même conducteur en régime continu, notée Rc. On obtient :

$$\frac{Ra}{Rc} = \frac{2(\pi rc)^2}{I^2} \int_0^{rc} J^2(r)\, r\, dr \text{, sachant que } Rc = \frac{\rho lc}{\pi rc^2}$$

$J^2(r)$ peut s'exprimer :

$$J^2(r) = \bar{J}\,\bar{J}^* = Jo^2 \; Bo\left[\Delta r\, j^{\frac{3}{2}}\right] Bo\left[\Delta r\, j^{-\frac{3}{2}}\right]$$

Sous cette forme, l'intégration est alors possible en utilisant la relation suivante, connue sous le nom d'intégrale de Lommel ;

$$\int_0^x Bo(kx) Bo(k'x) x\, dx = \frac{x}{k^2 - k'^2}\left[Bo(kx)\frac{\partial Bo(k'x)}{\partial x} - Bo(k'x)\frac{\partial Bo(kx)}{\partial x}\right]$$

En effet, notre intégrale devient :

$$\int_0^{rc} J^2(r)\, r\, dr = Jo^2 \int_0^{rc} Bo\left[\Delta r\, j^{\frac{3}{2}}\right] Bo\left[\Delta r\, j^{-\frac{3}{2}}\right] r\, dr$$

qui correspond à la forme précédente en posant : $k = \dfrac{\sqrt{2}}{\delta p}\, j^{\frac{3}{2}}$ et $k' = \dfrac{\sqrt{2}}{\delta p}\, j^{-\frac{3}{2}}$

En rappelant par ailleurs que :

$$\frac{\partial Bo\left[\Delta r\, j^{-\frac{3}{2}}\right]}{\partial r} = \frac{\sqrt{2}}{\delta p}\left[\frac{\partial B_R(\Delta r)}{\partial \Delta r} - j\frac{\partial B_I(\Delta r)}{\partial \Delta r}\right] = \frac{\sqrt{2}}{\delta p}\left[B_R'(\Delta r) - jB_I'(\Delta r)\right]$$

$$\frac{\partial Bo\left[\Delta r\, j^{\frac{3}{2}}\right]}{\partial r} = \frac{\sqrt{2}}{\delta p}\left[\frac{\partial B_R(\Delta r)}{\partial \Delta r} + j\frac{\partial B_I(\Delta r)}{\partial \Delta r}\right] = \frac{\sqrt{2}}{\delta p}\left[B_R'(\Delta r) + jB_I'(\Delta r)\right]$$

on aboutit au résultat final :

$$\frac{Ra}{Rc} = \frac{\Delta rc}{2}\left[\frac{B_R(\Delta rc) B_I'(\Delta rc) - B_R'(\Delta rc) B_I(\Delta rc)}{B_R'^2(\Delta rc) + B_I'^2(\Delta rc)}\right]$$

Il fait clairement apparaître que Ra dépend directement du rapport entre le rayon du conducteur et cette fameuse épaisseur de peau. Si l'on représente cette fonction, on obtient la courbe de la figure V.4.

On constate que la majoration de résistance est considérable lorsque le rayon du conducteur est plusieurs fois supérieur à l'épaisseur de peau.

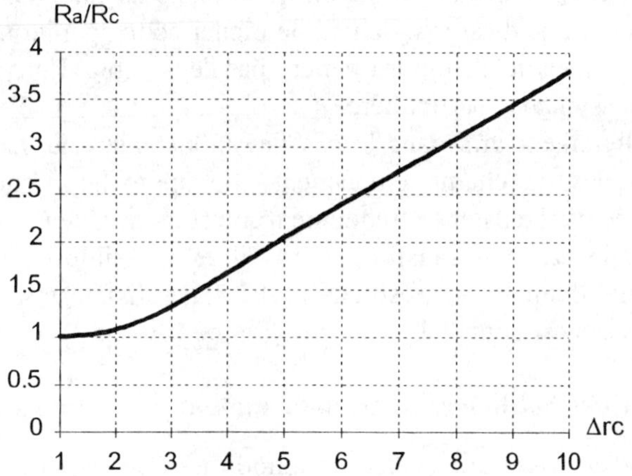

Figure V.4 : *Evolution de Ra/Rc en fonction de Δrc*

Cette courbe peut être également exploitée, à rayon du conducteur fixé, pour mettre en évidence l'accroissement de Ra avec la fréquence, puisque δp est inversement proportionnelle à la racine carrée de F. Nous pouvons indiquer ici quelques ordres de grandeur de δp. Ainsi, pour le cuivre et à quelques fréquences typiques, on obtient les valeurs suivantes :

F en kHz	20	50	100	200	500	1000
δp en mm	0,47	0,3	0,21	0,15	0,093	0,066

Certains auteurs ont proposé des formules d'approximation pour évaluer Ra. La plus connue est probablement celle de Levasseur, qui donne de bons résultats pour les fils cylindriques, et dont l'expression est la suivante :

$$\frac{Ra}{Rc} = 0,25 + \sqrt[6]{0,18 + \left[\frac{S}{pe\ \delta p}\right]^6}$$

avec :
* S, section du conducteur
* pe, périmètre du conducteur

Pour les conducteurs méplats, on peut citer un second et dernier exemple :

$$\frac{Ra}{Rc} = \sqrt[8]{1 + \left[\frac{a}{2\ \delta p}\right]^8}$$

* a, petit côté du méplat,
* b, grand côté du méplat,
* a << b

Le développement de cette partie avait un double objectif.
Tout d'abord, nous voulions montrer ce qu'est le comportement d'un conducteur en régime alternatif et à quels outils d'analyse les phénomènes correspondants font appel.

Parallèlement, la complexité des calculs dans ce cas simple d'un conducteur isolé présentant une symétrie de révolution permet de souligner toute la difficulté d'estimation des pertes Joule dans des configurations plus élaborées.
Ainsi, on comprendra qu'il est très délicat de mener cette opération à bien pour des bobinages dans lesquels le champ est généré par l'ensemble des conducteurs et qui ne présente pas de symétrie particulière.
Ceci est particulièrement vrai dans le cas des inductances au sein desquelles les répartitions spatiales du champ empêchent une approche monodimensionnelle, tendance renforcée par l'existence fréquente d'entrefers dans le noyau magnétique.
Par contre, dans le cas des transformateurs, il est possible de mener un calcul monodimensionnel donnant des résultats tout à fait satisfaisants, y compris sur le plan quantitatif. Ceci est donc l'objet du paragraphe suivant.

1.3.2. Résistance des bobinages de transformateur en régime alternatif

La possibilité d'effectuer un calcul monodimensionnel pour obtenir la loi d'évolution de la résistance en alternatif des bobinages d'un transformateur est liée à la répartition spatiale elle-même quasi monodimensionnelle du champ magnétique. La cause de cette intéressante particularité provient du fait que la somme des Ampère-tours est nulle dans la fenêtre (au courant magnétisant près). Si l'on applique, en statique, le théorème d'ampère sur un parcours quelconque parallèle à l'axe x de progression des enroulements dans la fenêtre (figure V.5), on trouve effectivement $H_x = 0$ (en supposant le champ nul dans le noyau magnétique donc en considérant un matériau à forte perméabilité relative). Selon l'axe y, deux solutions sont envisageables, soit choisir l'hypothèse d'une symétrie de révolution correspondant assez bien à toutes les structures magnétiques cylindriques dites en "pots", soit supposer que le composant est rectiligne et a une longueur L grande devant les dimensions des conducteurs selon x. Dans le premier cas, les solutions font intervenir les fonctions de Bessel, ce qui conduit à des calculs et des résultats extrêmement lourds. Dans le second cas, la résolution en coordonnées cartésiennes est beaucoup plus simple mais l'hypothèse est moins réaliste par rapport à la forme des composants réels. Néanmoins, ce second cas peut s'appliquer avec une bonne approximation à des structures cylindriques, dans la mesure ou la dimensions des conducteurs selon l'axe x est faible devant le rayon de courbure du bobinage. Nous nous placerons donc dans cette dernière hypothèse. On peut alors considérer que seule la composante H_z existe et qu'elle ne dépend que de x. Lui correspondra une densité de courant ne comportant elle-même qu'une composante $J_y(x)$.
En ce qui concerne les conducteurs, on utilisera une représentation en plaques massives (figure V.6-a), ce qui correspond à la réalité dans le cas de bobinages en "feuillards" occupant toute la fenêtre. Pour des conducteurs plus classiques (fils émaillés), on peut toujours se ramener à ce cas de figure en transformant chaque couche en un conducteur plan de mêmes dimensions mais présentant une résistivité apparente conduisant à la même résistance globale (Figure V.6-b).

A partir de ces hypothèses de travail, nous pouvons maintenant procéder au calcul en utilisant les mêmes équations de base que précédemment :

$*\,\vec{\text{rot}}\,\vec{H} = \vec{J}$ $\qquad\vec{E} = \rho\vec{J}$, avec ρ, résistivité du matériau

$*\,\vec{\text{rot}}\,\vec{E} = -\dfrac{\partial \vec{B}}{\partial t}$ $\qquad\vec{B} = \mu\vec{H}$, avec μ, perméabilité du matériau

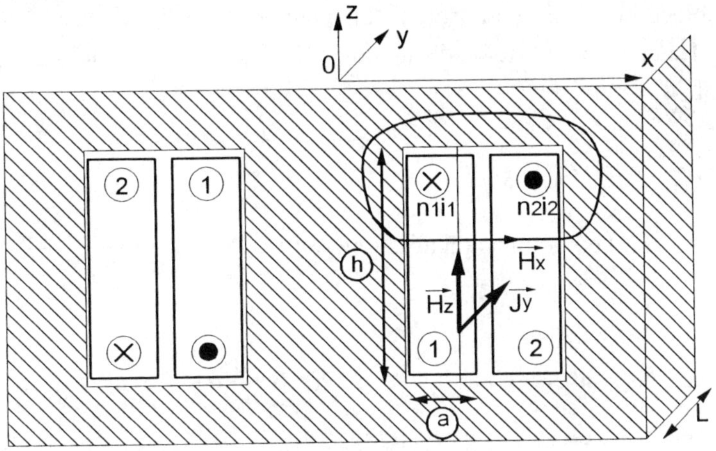

Figure V.5 : *Hypothèses de calcul monodimensionnel*

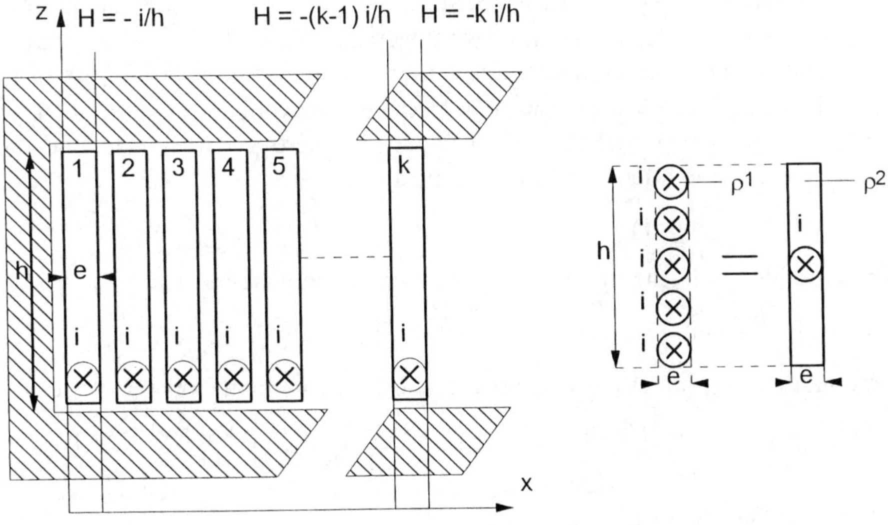

a - bobinage avec conducteurs plans *b - Conducteur plan équivalent*

Figure V.6 : *Hypothèses sur la structure des conducteurs*

Du fait du caractère monodimensionnel du problème, ces équations conduisent à :

$$* \; -\frac{\partial Hz}{\partial x} = Jy$$

$$* \; -\mu\frac{\partial Hz}{\partial t} = \rho\frac{\partial Jy}{\partial x}$$

dont on tire :

$$* \; \frac{\mu}{\rho}\frac{\partial Jy}{\partial t} - \frac{\partial^2 Jy}{\partial x^2} = 0$$

$$* \; \frac{\mu}{\rho}\frac{\partial Hz}{\partial t} - \frac{\partial^2 Hz}{\partial x^2} = 0$$

Si l'on se place en régime sinusoïdal, on peut associer à Hz et Jy les grandeurs complexes $\overline{Hz}$ et $\overline{Jy}$. Le système d'équations précédent devient alors :

$$* \; \frac{\mu\omega j}{\rho}\overline{Jy} - \frac{\partial^2 \overline{Jy}}{\partial x^2} = 0$$

$$* \; \frac{\mu\omega j}{\rho}\overline{Hz} - \frac{\partial^2 \overline{Hz}}{\partial x^2} = 0$$

Dans les deux cas, l'équation caractéristique est :

$$X^2 - \frac{\mu\omega j}{\rho} = 0$$

Dont les solutions sont $X_1 = \beta$ et $X_2 = -\beta$ avec $\beta = \frac{(1+j)}{\delta p}$ et $\delta p = \sqrt{\frac{2\rho}{\omega\mu}} = \sqrt{\frac{\rho}{\pi\mu F}}$.

La solution générale du système est alors :

$$* \; \overline{Jy} = \overline{A}e^{\beta x} + \overline{B}e^{-\beta x}$$

$$* \; \overline{Hz} = \frac{1}{\beta}(\overline{B}e^{-\beta x} - \overline{A}e^{\beta x})$$

Nous pouvons maintenant nous intéresser à un conducteur quelconque de rang k. Afin de simplifier la formulation, nous replacerons l'origine des x à l'aplomb de la face gauche du conducteur étudié. Les conditions aux limites sur les deux faces de ce conducteur (figure V.6-a) vont nous permettre d'expliciter les termes $\overline{A}$ et $\overline{B}$. Sur la face gauche (x = 0), le champ est celui généré par les k − 1 conducteurs précédents et, compte-tenu de l'orientation choisie, vaut :

$$\overline{Hz}(x=0) = \frac{(k-1)}{h}(-\overline{I})$$

Sur la face droite, le champ est celui généré par k conducteurs, d'où :

$$\overline{Hz}(x=e) = \frac{k}{h}(-\overline{I})$$

Ces conditions reportées dans l'expression de $\overline{Hz}$ permettent d'obtenir $\overline{A}$ et $\overline{B}$:

$$\overline{A} = \beta\frac{(-\overline{I})}{h}\frac{\left[(k-1)e^{-\beta e} - k\right]}{2Sh(\beta e)} \qquad \overline{B} = \beta\frac{(-\overline{I})}{h}\frac{\left[(k-1)e^{\beta e} - k\right]}{2Sh(\beta e)}$$

Finalement, on aboutit à :

$$\overline{Jy}(x) = \beta\frac{(-\overline{I})}{h}\frac{\left[(k-1)Ch[\beta(x-e)] - kCh(\beta x)\right]}{Sh(\beta e)}$$

A ce stade, il est possible d'observer la répartition de la densité de courant dans un conducteur en fonction de son rang k et de Δe.

Comme dans le cas du conducteur isolé, nous effectuerons une normalisation par rapport à la densité de courant en régime quasi-statique :

$$\bar{J}c = \frac{\bar{I}}{h\,e}$$

De l'expression de $\bar{J}y(x)$, on déduit alors les expressions de ses parties réelle et imaginaire normalisées, ainsi que celle de son module :

$$\Re\left[\frac{\bar{J}y}{\bar{J}c}\right] = -2\Delta e \frac{\begin{bmatrix} F_1(x)(Sh\Delta e \cos\Delta e + Ch\Delta e \sin\Delta e) \\ + F_2(x)(Ch\Delta e \sin\Delta e - Sh\Delta e \cos\Delta e) \end{bmatrix}}{Ch2\Delta e - \cos 2\Delta e}$$

$$\Im m\left[\frac{\bar{J}y}{\bar{J}c}\right] = -2\Delta e \frac{\begin{bmatrix} F_1(x)(Sh\Delta e \cos\Delta e - Ch\Delta e \sin\Delta e) \\ + F_2(x)(Ch\Delta e \sin\Delta e + Sh\Delta e \cos\Delta e) \end{bmatrix}}{Ch2\Delta e - \cos 2\Delta e}$$

$$\frac{Jy^2(x)}{Jc^2} = 2\Delta e^2 \frac{\begin{bmatrix} k^2(Ch2\Delta x + \cos 2\Delta x) + (k-1)^2(Ch2\Delta' x + \cos 2\Delta' x) \\ -2k(k-1)(Ch\Delta'' x \cos\Delta e + Ch\Delta e \cos\Delta'' x) \end{bmatrix}}{Ch2\Delta e - \cos 2\Delta e}$$

avec :

$$F1(x) = (k-1)Ch\Delta' x \cos\Delta' x - k\, Ch\Delta x \cos\Delta x$$

$$F2(x) = (k-1)Sh\Delta' x \sin\Delta' x - k\, Sh\Delta x \sin\Delta x$$

$$\Delta e = \frac{e}{\delta p},\ \Delta x = \frac{x}{\delta p},\ \Delta' x = \frac{x-e}{\delta p},\ \Delta'' x = \frac{2x-e}{\delta p}$$

Sur la figure V.7, sont représentées l'évolution de ces grandeurs normalisées dans un conducteur, selon sa situation dans le bobinage (rang k) et selon différentes valeurs de Δe, donc du rapport entre l'épaisseur du conducteur et l'épaisseur de peau.

Vis-à-vis de Δe, nous retrouvons la tendance déjà observée dans le cas du conducteur cylindrique isolé. Plus l'épaisseur est grande devant δp, plus l'hétérogénéité de J sera importante dans cette épaisseur.

Pour ce qui est de l'influence de k, on observe aisément que plus le rang du conducteur est élevé, plus cette hétérogénéité s'amplifie. Ceci s'explique qualitativement par le fait qu'un conducteur de rang k voit le champ magnétique généré par les k – 1 conducteurs qui le précèdent. Le premier conducteur voit son champ propre tandis que le dernier voit le champ généré par la totalité du bobinage. C'est ce phénomène que l'on traduit souvent par la notion d'effet de proximité.

Comme dans le cas précédent, il apparaît clairement que la résistance apparente d'un conducteur va se trouver majorée par rapport à sa valeur en régime continu.

Avec les données analytiques précédentes, il nous est possible de calculer son expression analytique. Les pertes Joule dans un conducteur vont ici s'exprimer :

$$P_J = \int_0^e \rho Jy^2(x)\ hL\, dx$$

A partir de cette relation et de l'expression de Jy^2 calculée plus haut, on obtient, pour un conducteur de rang, l'expression du rapport entre sa résistance en alternatif et sa résistance en continu :

$$\frac{Rak(\Delta e)}{Rck} = \Delta e \frac{\begin{bmatrix} [Sh2\Delta e + \sin 2\Delta e][k^2 + (k-1)^2] \\ -4k(k-1)[Sh\Delta e \cos\Delta e + Ch\Delta e \sin\Delta e] \end{bmatrix}}{Ch2\Delta e - \cos 2\Delta e}$$

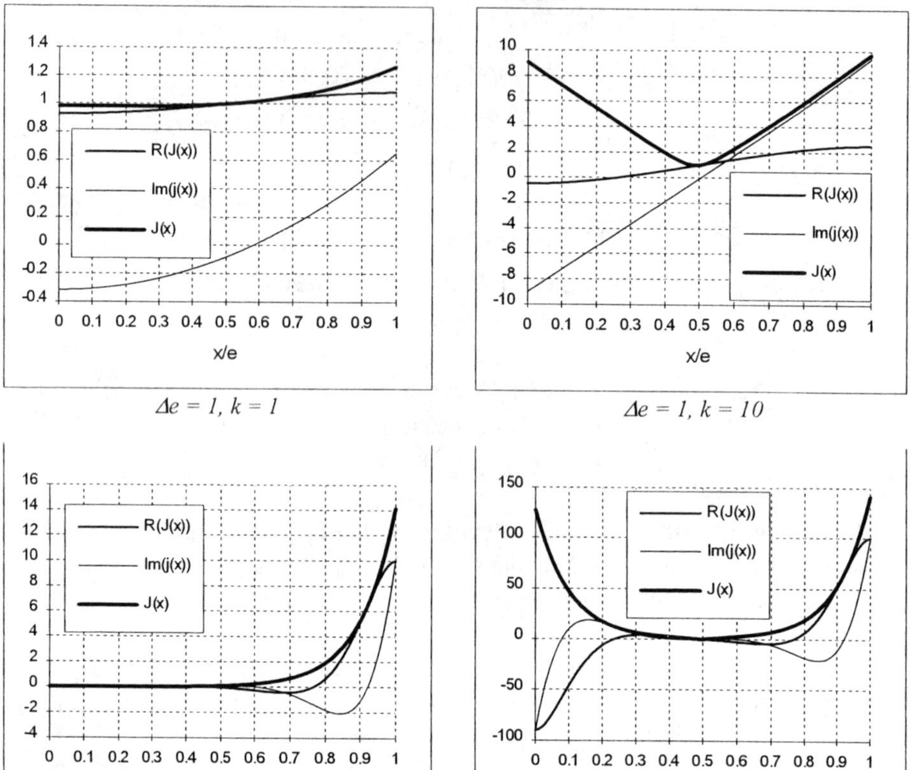

Δe = 1, k = 1 — *Δe = 1, k = 10*

Δe = 10, k = 1 — *Δe = 10, k = 10*

Figure V.7 : *Répartition de la densité de courant en fonction de k et Δe*

La figure V.8, qui fait apparaître l'évolution de ce rapport en fonction de k et Δe, confirme évidemment la tendance qui se dégageait de l'observation de J. Le rapport croît très sensiblement avec k et Δe.

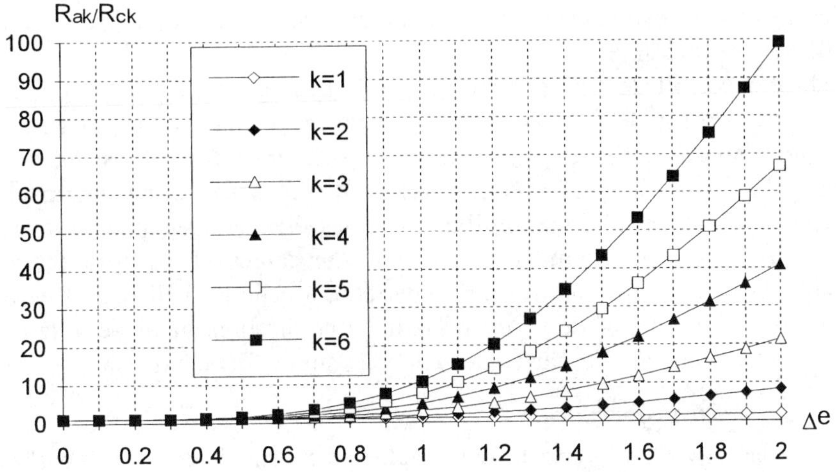

Figure V.8 : *Evolution de la résistance d'un conducteur en fonction de k et Δe*

1.3.3. Choix des conducteurs

Les recommandations que l'on peut faire quant au choix des conducteurs découlent des éléments mis en évidence dans les paragraphes précédents.
Le premier est l'importance du rapport entre les dimensions des conducteurs et l'épaisseur de peau. La première règle élémentaire consiste donc, dans une procédure de dimensionnement, à évaluer ce que seraient les conducteurs si l'on se trouvait en régime continu et à en comparer le rayon (cas d'un conducteur cylindrique) à l'épaisseur de peau dans le contexte fréquentiel considéré. Si ces dimensions sont inférieures à δp, on peut conserver le fil classique, ce qui est fait, par exemple, dans le cas du primaire des transformateurs dans la plupart des alimentations classiques fonctionnant sur le réseau monophasé.
Ceci nous permet d'aborder la problématique du cas de figure où δp est inférieure au rayon du conducteur. Le concepteur devra alors envisager d'utiliser des conducteurs dont la structure permet, sans s'affranchir totalement du problème, d'en réduire l'influence. Deux principaux types de conducteurs peuvent répondre à ce critère :
– les conducteurs à section rectangulaire fortement asymétrique, tels les méplats ou feuillard, que nous avons vus dans le paragraphe précédent,
– le fil de Litz.
La seconde solution consiste à fragmenter le conducteur en un certain nombre de conducteurs élémentaires isolés dont le diamètre redevient inférieur voire très inférieur à l'épaisseur de pénétration.
Pour que ce procédé soit efficace, il faut également que chacun des brins élémentaires occupe, statistiquement, toutes les positions sur la section du conducteur global, sur un parcours aussi petit que possible. Si ceci n'est pas réalisé, ces différents brins, dans l'hypothèse où le conducteur ainsi constitué est plongé dans le contexte d'un bobinage, n'embrassent pas le même un flux, ce qui entraîne la création de fem induites, donc de courants de circulation entre les brins.

L'efficacité du dispositif, en terme de réduction des pertes Joule, s'en trouverait considérablement réduite.

La réalisation du fil de Litz commence par le tressage de quelques conducteurs élémentaires à partir de fil émaillé cylindrique. Le premier motif obtenu sert de base à un nouveau tressage, puis l'opération peut être répétée plusieurs fois, en fonction du degré de performance désiré. Il est possible de fabriquer des conducteurs contenant plusieurs milliers de brins élémentaires, pour des sections équivalentes de quelques mm². Un tel conducteur contenant une forte proportion d'isolant, sa section apparente est très supérieure à celle d'un fil massif de même section utile (2 à 3 fois). Le point limitatif de l'utilisation du fil de Litz est son coût, considérablement plus élevé que celui d'un simple fil émaillé (facteur 4 à 5).

1.3.3.1. Cas des transformateurs

Comme nous l'avons vu dans le paragraphe précédent, il est possible d'estimer correctement les pertes Joule dans le cas des transformateurs. Lors de la conception, un choix préliminaire de la nature des conducteurs devra être effectué conformément aux tendances évoquées plus haut (rapport dimension des conducteurs/épaisseur de peau). Les pertes pourront alors être calculées à l'aide de la démarche décrite au 1.3.2.. Dans le cadre de procédures de dimensionnement toujours itératives, ce choix pourra être modifié ou affiné en fonction des résultats obtenus.

Il faut souligner que la structure des bobinages peut avoir une grande influence sur les performances. En effet, nous avons montré que les conducteurs voient un accroissement de leur résistance apparente d'autant plus sensible qu'ils baignent dans un champ d'amplitude élevé (k élevé). Une idée couramment utilisée dans les transformateurs haute fréquence consiste alors à réduire l'amplitude maximale du champ régnant dans la fenêtre. Ceci est possible en alternant des fractions successives des bobinages primaire et secondaire (figure V.9).

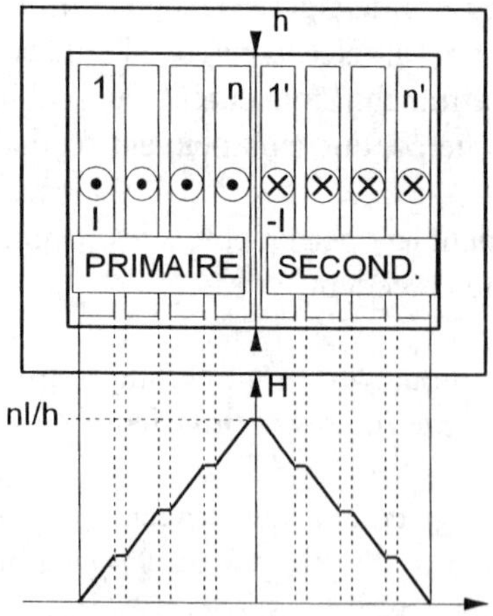

a – Bobinages non-imbriqués

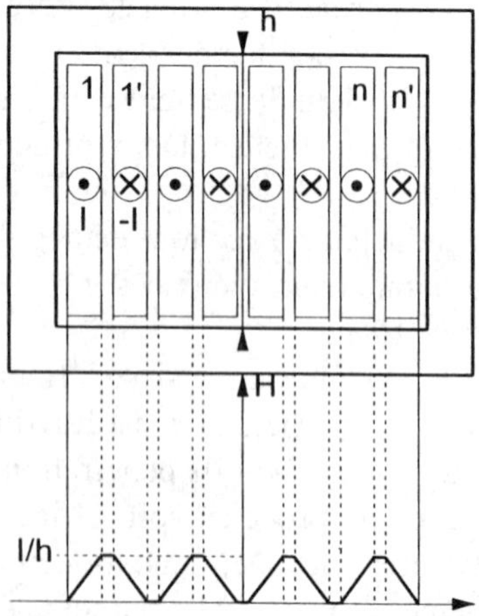

b – Bobinages imbriqués

Figure V.9 : *Effet de l'imbrication des bobinages sur le champ dans la fenêtre*

La configuration idéale, dont la réalisation reste néanmoins délicate, est celle qui se rapproche au mieux d'une imbrication spire par spire des bobinages, auquel cas le champ maximal vu par chaque conducteur tend vers son champ propre et sa résistance apparente est minimale (équivalent à $k = 1$). L'exemple de la figure V.9 illustre cette possibilité dans le cas favorable d'un rapport de transformation unitaire. Ceci est imaginable avec des conducteurs plans (feuillards ou conducteurs réalisés à partir de circuits imprimés dans les composants "planar") et donne d'excellents résultats.
Indiquons que la réduction des pertes liée à l'imbrication des bobinages s'accompagne également, comme nous le verrons dans le paragraphe V .1.7.1.3, d'une réduction de l'inductance de fuite.

1.3.3.2. Cas des inductances

Dans le cas des inductances, le problème est beaucoup plus délicat et nous ne pourrons ici que donner quelques recommandations. Pour ce type de composant, l'hypothèse monodimensionnelle du champ dans la fenêtre ne tient plus (pas d'annulation globale des Ampère-tours dans la fenêtre). L'estimation analytique des pertes Joule est alors quasiment impossible. La simulation par éléments finis peut donner de bons résultats mais n'est guère adaptée aux procédures itératives. Il faut reconnaître que la plupart des concepteurs industriels s'appuient sur l'expérience. Ceci étant, nous pouvant indiquer certaines tendances qualitatives.
La répartition du champ étant bidimensionnelle, il n'est plus possible, dans la plupart des cas, d'utiliser des conducteurs dont l'une des dimensions est privilégiée. Ainsi, l'application des feuillards à la réalisation des bobinages est fortement déconseillée, l'effet de peau pouvant se développer dans l'axe z. Les conducteurs symétriques (cylindriques) sont mieux adaptés, de préférence divisés.
Un autre élement spécifique aux inductances est l'entrefer. La présence de ce dernier dans le circuit magnétique s'accompagne de ce que l'on a coutume d'appeler l'épanouissement des lignes de champ. Quittant la colonne délimitée par le noyau, ces lignes de champ, qui sont des lignes principales, se déforment dans la fenêtre. Les conducteurs concernés par cette zone peuvent alors être le siège de pertes localisées très importantes. Les solutions que l'on peut appliquer pour remédier à cela sont :

- l'utilisation de noyaux à entrefer réparti,
- la fragmentation de l'entrefer en plusieurs zones élémentaires, l'épanouissement étant d'autant plus faible que le rapport entre l'entrefer et le parcour moyen dans le noyau est faible,
- l'éloignement les bobinages supportant les courants les plus importants de cet entrefer.

1.4. Techniques de dimensionnement

1.4.1. Principes fondamentaux

Nous nous intéresserons ici aux composants magnétiques comportant un noyau magnétique. A ce noyau sont, bien sûr, associés des bobinages. Dimensionner un composant magnétique de cette nature consiste à prédéterminer, à partir du cahier des charges, les caractéristiques respectives du noyau et des bobinages. Or, ces caractéristiques sont, par principe, totalement inter-dépendantes. La méthode de dimensionnement doit donc permettre une approche globale avant de revenir sur chacun des deux blocs. A ces derniers correspondent deux grandeurs primordiales respectives qui ont même dimension. Il s'agit de :

– la surface effective du noyau magnétique, notée S_F, qui devra permettre une "canalisation correcte" des lignes de champ, avec la contrainte des pertes fer,

– la surface nécessaire pour loger les bobinages, notée S_B, dont la détermination doit prendre en compte les contraintes d'isolement et de pertes Joule.

La méthode globale que nous évoquions consiste à exprimer le produit de ces deux surfaces et obtenir ainsi une expression caractéristique qui conduit, nous le verrons, à une première définition relativement précise du volume du futur composant magnétique. Cette technique est particulièrement commode dans le contexte des alimentations à découpage pour lesquelles ont été développées de larges gammes de structures magnétiques "prêtes à l'emploi". Il nous faut maintenant expliciter clairement cette méthode en détaillant plus avant les démarches mises en jeu dans le cas des transformateurs de tension et des inductances.

1.4.1.1. Transformateurs de tension

Intéressons-nous au cas représentatif des alimentations à découpage à transfert direct, d'un transformateur monophasé à N enroulements dans lequel le flux dans le noyau est imposé par une tension alternative v_1 (figure V.10).

On peut alors écrire : $v_1 = n_1 \frac{d\Phi}{dt}$

Si l'on suppose une répartition parfaitement uniforme de l'induction B dans le noyau, on en déduit :

$$v_1 = n_1 S_F \frac{dB}{dt}$$

D'une façon tout à fait générale, il est alors possible d'exprimer B :

$$B = \frac{1}{n_1 S_F} \int v_1(t)\,dt$$

La connaissance de v_1, dont la forme dépend du montage dans lequel est intégré le transformateur, permet de déterminer la forme de l'induction et sa valeur crête B_M, essentielle pour le dimensionnement.

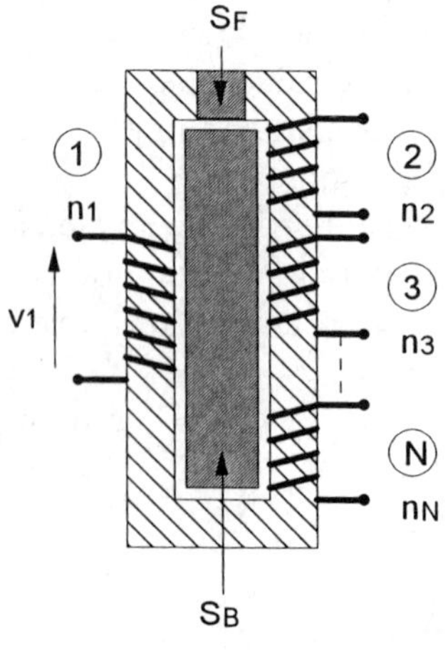

Figure V.10 : *Transformateur monophasé à N enroulements*

D'une façon générale, on pourra toujours exprimer B_M sous la forme :

$$B_M = \frac{\beta V}{n_1 S_F F}$$

– V, valeur caractéristique de la tension v_1 (valeur efficace, valeur crête, etc...),
– β, coefficient dépendant de la forme de v_1,
– F, fréquence de fonctionnement.

Dans cette équation, B_M est une grandeur qui devra être choisie par le concepteur, en fonction des contraintes technologiques liées au noyau magnétique. C'est alors une relation entre S_F et des paramètres qui seront imposés par la structure de l'alimentation, par les choix technologiques, que l'on peut exprimer :

$$S_F = \frac{\beta V}{n_1 B_M F}$$

Cette première relation correspond à la partie "noyau magnétique". Il nous faut maintenant en exprimer une seconde relative à la partie "bobinage". Chaque brin de l'un des N bobinages a une section utile s_N. La surface de fenêtre nécessaire au bobinage est donc $S_B = n_1 s_1 K_{B1} + n_2 s_2 K_{B2} + ... + n_N s_N K_{BN}$. Les coefficients K_B supérieurs à 1, prennent en compte l'inévitable écart entre la section effective des conducteurs et la section nécessaire au bobinage, lié à la forme de ces conducteurs et à la présence des différents niveaux d'isolement. Si l'on introduit comme paramètre de dimensionnement la densité de courant, qui va indirectement déterminer le niveau de pertes Joule en fonction des courants efficaces dans les enroulements, on aboutit à la forme suivante :

$$S_B = n_1 \frac{I_{1eff}}{J_1} K_{B1} + n_2 \frac{I_{2eff}}{J_2} K_{B2} + ... + n_N \frac{I_{Neff}}{J_N} K_{BN}$$

Dans une structure à transfert direct, il existe toujours une relation linéaire entre les ampère-tours dans les enroulements. On peut alors simplifier l'expression ci-dessus en ramenant les différents termes au même courant, préférentiellement, à celui qui va porter la puissance transmise par l'alimentation. Si, conventionnellement, on suppose qu'il s'agit de i_1, on obtient :

$$S_B = \left[\frac{K_{B1}}{J_1} + \frac{a_2 K_{B2}}{J_2} + ... + \frac{a_N K_{BN}}{J_N}\right] n_1 I_{1eff}$$

avec $n_N I_{Neff} = a_N n_1 I_{1eff}$

Nous possédons maintenant deux relations qui nous permettent d'exprimer le produit des aires, A_{TR} :

$$A_{TR} = S_B S_F = \left[\frac{K_{B1}}{J_1} + \frac{a_2 K_{B2}}{J_2} + ... + \frac{a_N K_{BN}}{J_N}\right] \frac{\beta \mathbf{V\ I_{1eff}}}{B_M F}$$

On constate que cette expression ne contient pas de paramètre secondaire, tel le nombre de spires des différents bobinages, et est proportionnelle à une grandeur homogène à une puissance, $V I_{1eff}$. Il est toujours possible d'exprimer ce terme en fonction de la puissance que doit transmettre l'alimentation :

$$A_{TR} = S_B S_F = \left[\frac{K_{B1}}{J_1} + \frac{a_2 K_{B2}}{J_2} + ... + \frac{a_N K_{BN}}{J_N}\right] k_{TR} \frac{\mathbf{P}}{B_M F}$$

avec $k_{TR} = \dfrac{\beta\, V\, I_{1eff}}{P}$

Ce produit des aires apparaît alors comme une grandeur tout à fait caractéristique puisqu'il permet une définition globale du composant en fonction de la puissance que ce dernier devra convertir.

1.4.1.2. Inductances

La démarche dans le cas des inductances est tout à fait similaire à ceci près que le flux n'est plus imposé par une tension mais par les Ampère-tours présents dans les bobinages. Si l'on prend comme support démonstratif une inductance à un seul enroulement supposée fonctionner en régime linéaire (pas de saturation du noyau), la première relation est $n\Phi = L\, i$, dont on peut déduire :

$n\, S_F\, B = L\, i$, puis :

$$S_F = \frac{L\, I_M}{n\, B_M}$$

I_M étant le courant maximal parcourant l'inductance auquel est associée l'induction maximale B_M.

La surface de fenêtre s'exprime selon le même principe que précédemment :

$$S_B = \frac{K_B}{J}\, n\, I_{eff}$$

Le produit des aires vaut alors :

$$A_i = S_B\, S_F = \frac{K_B\, \mathbf{L\, I_M\, I_{eff}}}{J\, B_M}$$

On note que ce produit est maintenant proportionnel à un terme $L\, I_M\, I_{eff}$ qui est homogène à une énergie et qui peut toujours s'exprimer en fonction de l'énergie maximale ($L\, I_M^2/2$) stockée dans l'inductance considérée :

$$A_i = S_B\, S_F = k_i\, K_B \frac{\mathbf{1}}{\mathbf{2}} \frac{\mathbf{L\, I_M}^2}{J\, B_M} = k_i\, K_B \frac{\mathbf{W_L}}{J\, B_M}$$

$$\text{avec } k_i = \frac{I_{eff}}{I_M}$$

On retrouve donc une logique de dimensionnement similaire à la précédente qui permet d'appréhender le composant de façon globale à partir de la grandeur fondamentale que constitue l'énergie stockée pour une inductance.

Ce calcul suppose que la valeur de L a été ajustée. Cette valeur dépend d'un paramètre dont nous n'avons pas tenu compte pour l'instant, c'est-à-dire l'entrefer de longueur e. La notion d'entrefer est primordiale dans une inductance car c'est dans l'air qu'il est le plus "facile" de stocker de l'énergie électromagnétique. En effet, rappelons que l'énergie électromagnétique volumique que l'on peut stocker dans un milieu de perméabilité relative μr est de la forme :

$$W_{emv} = \frac{B^2}{2\mu_r\mu_o}$$

Ainsi, à même induction B, l'énergie stockée par unité de volume dans un matériau magnétique est μr fois plus faible (avec μr généralement supérieur à 1000) que dans l'air.

Nous pouvons maintenant préciser que, dans une inductance, le noyau ne sert qu'à focaliser les lignes de champ dans la zone d'entrefer afin d'y obtenir des valeurs élevées de B. La démarche proposée plus haut reste valable car l'épaisseur d'entrefer reste toujours faible devant la longueur de la ligne de champ moyenne l_{ch}, mais suppose que le champ est uniforme dans l'entrefer sur une surface identique à celle du noyau, ce qui ne peut être rigoureusement vrai (épanouissement d'entrefer). Si l'on fait néanmoins cette hypothèse, on obtient :

$$L = \frac{n^2 \mu_o S_F}{\frac{l_{ch}}{\mu_r} + e}$$

Pour calculer l'entrefer de façon simple, on fait généralement l'approximation que l'énergie électromagnétique dans le noyau est négligeable devant celle de l'entrefer, c'est-à-dire que $l_{ch}/\mu_r << e$, auquel cas :

$$L \approx \frac{n^2 \mu_o S_F}{e}, \text{ dont on déduit } e \approx \frac{n^2 \mu_o S_F}{L}$$

L'ensemble "noyau à forte perméabilité + entrefer" peut être considéré comme un noyau plein équivalent de ligne de champ moyenne l_{ch} et de perméabilité relative équivalente μ_{req}. En effet, L peut se mettre sous la forme :

$$L = \frac{n^2 \mu_r \mu_o S_F}{l_{ch}\left[\frac{\mu_r e}{l_{ch}} + 1\right]} = \frac{n^2 \mu_{req} \mu_o S_F}{l_{ch}}, \text{ avec } \mu_{req} = \frac{\mu_r}{\left[\frac{\mu_r e}{l_{ch}} + 1\right]}$$

Il est possible de substituer à ce dispositif classique un noyau sans entrefer dit à "entrefer réparti", qui présente cette perméabilité relative équivalente. Ce type de comportement est obtenu avec les poudres présentées au début de ce chapitre. La notion de produit des aires garde toute son utilité mais au calcul de l'entrefer on substitue celui de la perméabilité équivalente.

1.4.1.3. Volume d'un composant magnétique

Nous avons montré que le produit des aires caractérisait le composant magnétique. On peut ensuite faire apparaître le lien entre ce produit A et le volume *V* du composant. La relation qui existe entre les deux dépend fortement de la géométrie du composant, aussi nous faut-il utiliser un exemple (figure V.11) :

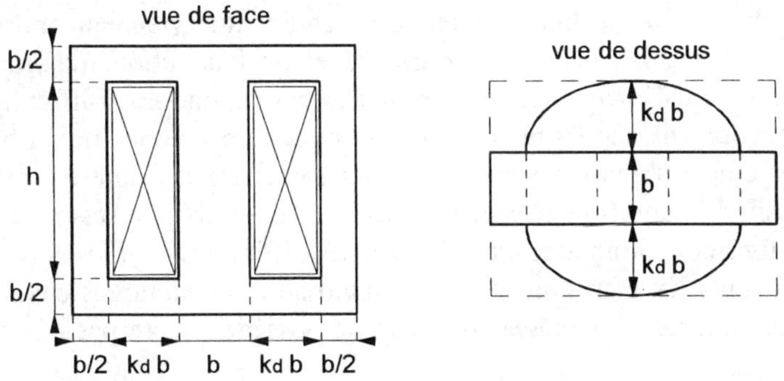

Figure V.11 : *Exemple de géométrie d'un composant magnétique*

Dans cet exemple, nous supposons que la colonne interne est de section carrée, ce qui induit $S_F = b^2$. D'autre part, on définit le rapport entre les surfaces S_B et S_F :

$$Kd = \frac{S_B}{S_F}$$

On déduit de tout ceci que :

$$*A = Kd\, b^4 \text{, et inversement } b = \left[\frac{A}{Kd}\right]^{\frac{1}{4}}$$

$$*h = \frac{Kd}{kd} b$$

Si l'on observe le schéma de la figure ci-dessus, on observe que le transformateur est inscrit dans un volume qui vaut :

$V = (2b + 2kd\, b)(h + b)(2kd\, b + b)$

que l'on peut également mettre sous la forme :

$$V = 2b^3(1 + kd)(1 + \frac{Kd}{kd})(1 + 2kd)$$

On obtient finalement :

$$V = \frac{2}{Kd^{\frac{3}{4}}}(1 + kd)(1 + \frac{Kd}{kd})(1 + 2kd)\ \mathbf{A}^{\frac{3}{4}}$$

Cette relation entre V et A fait évidemment intervenir les caractéristiques géométriques du noyau. Nous avons choisi ici un cas très simple. Dans d'autres configurations, le coefficient multiplicatif peut prendre une forme beaucoup plus complexe mais la relation primordiale (fonction en puissance 3/4) demeure. Ceci confirme, bien évidemment, l'intérêt, dans le cas des transformateurs, d'accroître la fréquence pour diminuer le volume mais indique également que, à produit A donné, il peut y avoir une importante démarche d'optimisation du volume de la part du concepteur du noyau.

On peut enfin noter que, pour une gamme de noyaux à dimensions homothétiques comme il en existe beaucoup, le coefficient multiplicatif géométrique est constant.

1.4.2. Limites théoriques à une procédure rigoureuse

La méthode décrite précédemment impose de disposer d'outils permettant de faire les choix de nature technologique. Ces choix interviennent au niveau des coefficients K_B, de la densité de courant J et de l'induction maximale B_M. On s'aperçoit alors, qu'à chacun de ces paramètres correspond une difficulté d'analyse, rendant actuellement impossible une procédure de dimensionnement rigoureuse qui devrait idéalement aboutir, à partir du cahier des charges, à une définition précise du composant et à une connaissance a priori de l'ensemble de ses performances. Si nous reprenons ces paramètres dans l'ordre, ces difficultés sont les suivantes :

– les coefficients K_B sous-entendent une maîtrise des techniques d'isolement entre conducteurs, couches, bobinages, que l'on ne possède encore pas ou mal en haute fréquence,

– le choix de la densité de courant suppose que l'on sache précisément estimer les pertes Joule dans un bobinage parcouru par un courant alternatif, éventuellement constitué de conducteurs à structure complexe (fil de Litz), jouxtant un circuit magnétique, ce qui est loin d'être le cas,
– le choix de l'induction maximale qui, contrairement aux techniques de dimensionnement basse fréquence, n'est pas l'induction à saturation du noyau mais une valeur permettant d'obtenir des pertes fer compatibles avec le bon fonctionnement du dispositif,.

La difficulté de définition de ces paramètres rejaillit directement sur la détermination d'une grandeur qui est le juge de paix absolu, à savoir la température de fonctionnement des différentes parties du composant magnétique. Il s'agit d'un dispositif hétérogène au sens des matériaux utilisés et les comportements thermiques de chacune des composantes (conducteurs, isolants, noyau) sont couplés. Même si l'on disposait des moyens d'analyse adéquats au niveau de chacun des paramètres précédents, cette approche thermique demeurerait probablement la difficulté principale d'une prédétermination complète. La modélisation numérique nous propose, pour chacun de ces problèmes, un outil logiciel (éléments finis) permettant d'obtenir des résultats mais l'imbrication de ces différents problèmes fait que la construction de cette procédure est actuellement difficilement concevable.

Bien entendu, on fabrique néanmoins des alimentations à découpage et, par conséquent, les composants magnétiques qui s'y trouvent. Comme cela se produit très souvent dans les techniques de dimensionnement et de réalisation, c'est l'expérience qui compense, tant bien que mal, les limitations des outils théoriques. Un composant magnétique d'alimentation à découpage est généralement élaboré à partir de noyaux standards. Il est, de surcroît, de taille réduite. Il est alors relativement aisé de mettre en place une procédure dans laquelle le rebouclage expérimental par construction de prototypes successifs (en nombre raisonnable) remplace en partie le rebouclage théorique. Néanmoins, pour que cette démarche soit valable, il faut avoir une idée relativement précise du premier composant de cette boucle, ce que peut permettre la procédure simplifiée que nous allons maintenant proposer.

1.4.3. Proposition d'une méthode simplifiée

Cette méthode consiste à utiliser les expressions des produits des aires pour mener un premier dimensionnement du composant magnétique. L'organigramme de la procédure proposée est indiqué figure V.12.

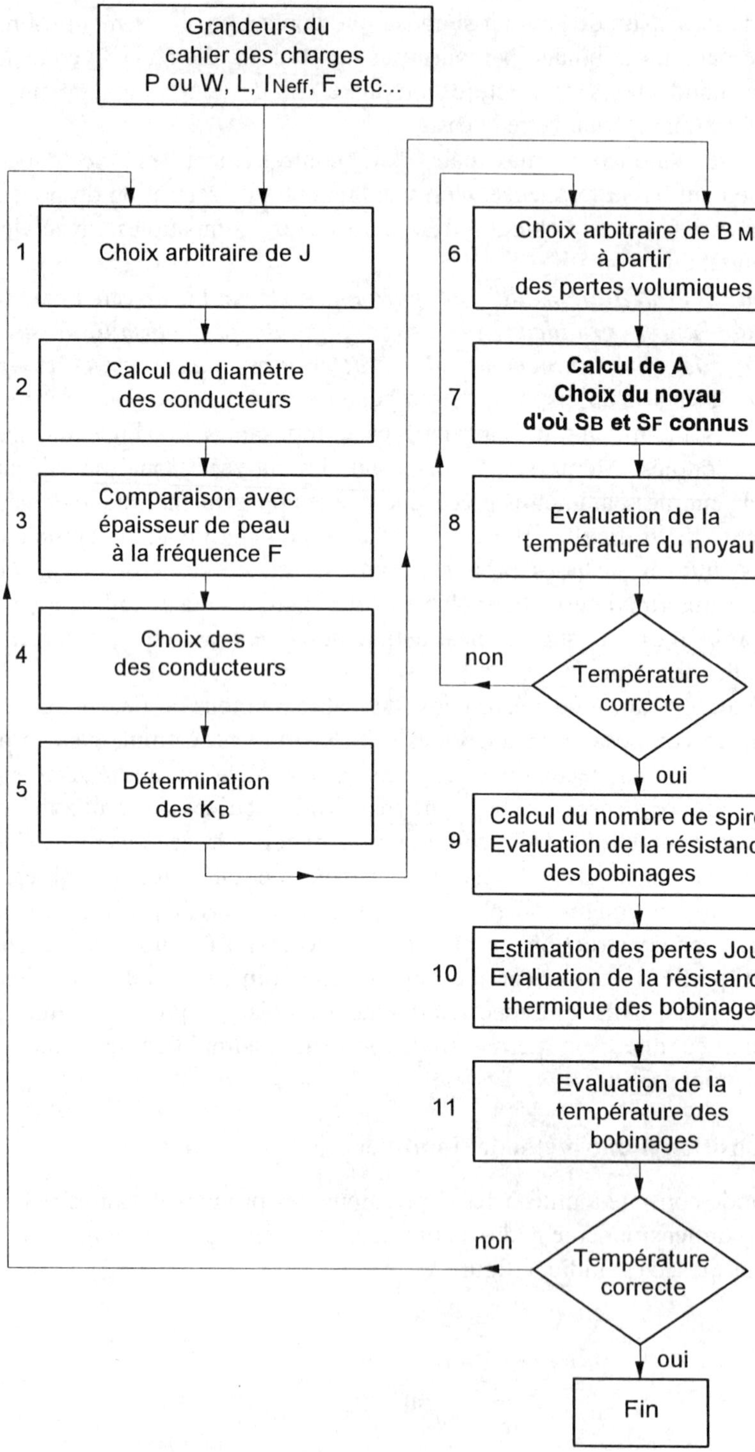

Figure V.12 : *Procédure de dimensionnement simplifiée*

1.4.3.1. Etapes 1 à 5 - Choix de J et des conducteurs

Le choix de J va essentiellement dépendre de la structure des conducteurs, du volume des bobinages, de la structure du transformateur, de la fréquence de découpage utilisée. En effet, ce choix va déterminer les pertes Joule et la façon dont ces pertes vont être évacuées vers l'extérieur. Dans la majorité des cas, les densités de courant admises sont comprises entre 1 et 10A/mm².

La première partie du processus que nous proposons est la suivante :

– imposer arbitrairement une valeur médiane de J, par exemple 5A/mm²,

– les courants efficaces dans les enroulements étant connus, car imposés par l'application, calculer les sections de conducteurs correspondant à la valeur de J préalablement imposée et en déduire le diamètre de ces conducteurs en supposant les sections circulaires,

– calculer l'épaisseur de peau à la fréquence de découpage de l'application, la comparer aux diamètres des différents conducteurs, et selon le rapport et le contexte, effectuer le choix de conducteurs classiques, en feuillard ou divisés,

– la forme des conducteurs étant connue, évaluer les valeurs des coefficients K_B, en tenant compte de l'isolement entre couches et de la tenue d'isolement entre enroulements imposée par le cahier des charges.

A ce niveau de la démarche on ne peut procéder à un rebouclage car ce dernier nécessite de connaître l'ensemble de la structure. On poursuit donc l'organigramme en s'intéressant maintenant au circuit magnétique.

1.4.3.2. Etapes 6 à 8 - choix de B_M - calcul de A et choix du noyau

Après une première évaluation des caractéristiques des conducteurs, il faut poursuivre la procédure en s'intéressant au circuit magnétique. Comme dans le cas précédent, une initialisation arbitraire est indispensable. Avec des matériaux comme les ferrites, dont les capacités d'échange thermique sont médiocres, les pertes volumiques admissibles sont de l'ordre de 0,1 à 0,5W/cm³. En choisissant une valeur médiane, on peut alors, à partir des caractéristiques du matériau utilisé, déterminer l'induction maximale dans le noyau. A ce stade, il nous faut préciser que les constructeurs de noyaux en ferrites indiquent l'évolution des pertes en régime sinusoïdal en fonction de B_M (figure V.13-a) et de F. Il nous faut établir le lien entre cette caractérisation et les formes d'induction créées dans les circuits magnétiques de nos alimentations. Si l'on prend l'exemple typique du transformateur d'une alimentation Forward, la forme de l'induction, au régime nominal, est celle de la figure V.13-b :

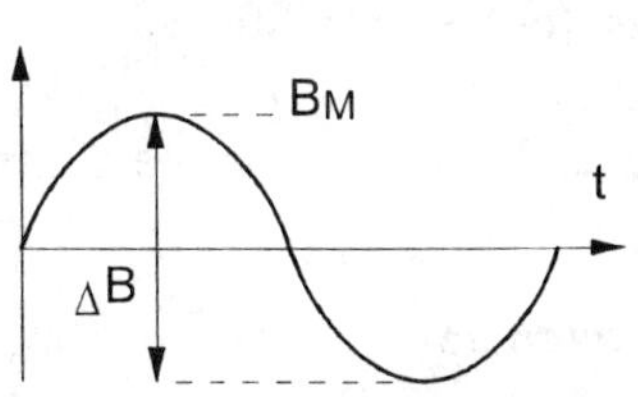

a - Caractérisation des constructeurs

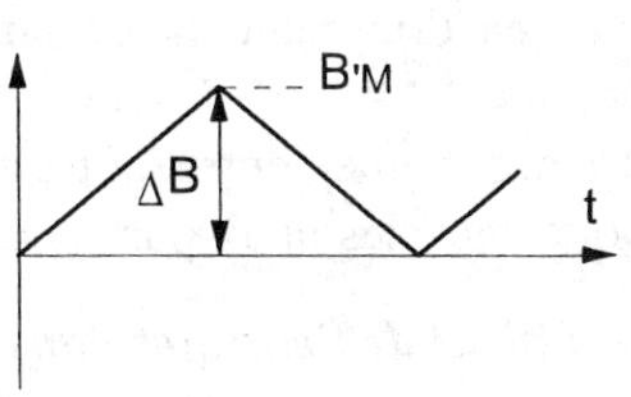

b - Forme de l'induction dans un forward

Figure V.13 : *Choix de l'induction maximale*

La première observation concerne la forme des grandeurs. L'induction n'est pas de forme sinusoïdale dans l'exemple considéré. Il s'avère que cette forme triangulaire, omniprésente dans les composants magnétiques de nos alimentations, induit dans les ferrites sensiblement les mêmes pertes, à même amplitude et même fréquence de la composante alternative, que l'onde sinusoïdale. De ce point de vue, on peut donc exploiter directement les abaques ou les fonctions d'approximations donnés par les constructeurs.

La seconde remarque est que, dans l'alimentation Forward, la valeur maximale B'_M calculée est la valeur crête-à-crête de la composante alternative, tandis que le constructeur définit les pertes en fonction de la valeur crête de l'induction. Pour cet exemple, il faut donc prendre garde à considérer, vis-à-vis de l'évaluation des pertes volumiques, une valeur crête de $B'_M/2$.

Lorsque le choix de B_M est effectué, on dispose de tous les paramètres nécessaires à la détermination du produit caractéristique A. La connaissance de cette grandeur essentielle permet alors de choisir un noyau magnétique, sachant que ce dernier devra présenter un produit des aires (grandeur qui n'apparaît pas directement dans les notices mais que l'on peut aisément retrouver) supérieur ou égal à celui calculé.

Lorsque le noyau est choisi, les paramètres S_B et S_F sont connus ainsi que le volume de matériau magnétique. Ce dernier point mène directement à l'évaluation des pertes fer et, à travers la résistance thermique du noyau, à l'estimation de sa température moyenne, ***en l'absence de bobinages.*** A ce niveau, un rebouclage est indispensable, pour deux raisons :

– la procédure peut déboucher sur une température excessive,

– les pertes fer dans un ferrite dépendent fortement de la température, ce qui peut provoquer un emballement thermique (cf. paragraphe V.1.2.1.1.).

Lorsque cette partie de la démarche donne un résultat correct, on peut revenir, connaissant le noyau, au problème des bobinages.

1.4.3.3. Etapes 9 à 11 - détermination des bobinages

Le déroulement des étapes précédentes induit la connaissance de B_M et S_B. Il nous est maintenant possible de calculer le nombre de spires de chaque bobinage. Cette opération, associée au choix des conducteurs de la première partie, permet d'obtenir, en utilisant éventuellement des formules d'approximations (Ra), la résistance et le volume des différents bobinages. A partir de ces éléments, la dernière étape consiste en une estimation des pertes Joule et de la température ***des bobinages seuls***. Si cette température est incorrecte, la procédure doit être rebouclée en diminuant la densité de courant et (ou) en modifiant la nature des conducteurs.

Cet organigramme, entre autres lacunes, ne prend pas en compte l'interaction thermique entre les deux parties du composant.

1.4.3.4. Calcul de l'entrefer dans le cas des inductances

Lorsque la procédure précédente a abouti à une première définition du composant, il reste à déterminer l'entrefer, dans le cas des inductances.

Rappelons que, si l'on formule l'hypothèse de la concentration de l'énergie électromagnétique dans l'entrefer, l'inductance s'exprime :

$$L \approx \frac{n^2 \mu_o S_F}{e}, \text{ dont on déduit } e \approx \frac{n^2 \mu_o S_F}{L}$$

Dans la réalité, la présence de l'entrefer entraîne immanquablement un épanouissement des lignes de champ, ce qui correspond à un accroissement de la surface apparente de la zone d'entrefer. Il existe des formules empiriques, d'origine expérimentale, qui permettent d'effectuer une correction. Un exemple est donné ci-dessous :

$$e_{réel} = (1 + \frac{2e}{P})e$$

où $e_{réel}$ est l'entrefer réel à pratiquer, e est l'entrefer calculé et P, le périmètre de la section du noyau. Cette expression montre également que le fractionnement de l'entrefer évoqué dans le paragraphe V.1.3. permet de mieux contrôler la valeur de l'inductance.

Si l'on prend l'option d'un matériau à entrefer réparti, la démarche consiste à calculer la perméabilité équivalente sachant que :

$$L = \frac{n^2 \mu_{req} \mu_o S_F}{l_{ch}}, \text{ dont on déduit } \mu_{req} = \frac{L l_{ch}}{n^2 \mu_o S_F}$$

Ceci suppose que les pertes, dont le calcul est déterminant dans la procédure précédente, soient quasiment indépendantes de la perméabilité équivalente dans la gamme de matériaux considérée. Si tel n'est pas le cas, le choix de μ_{req} doit être intégré dans la boucle relative à la détermination de A.

1.5. Etudes de cas

Nous avons vu, jusqu'à présent, quelques principes généraux qui permettent de jeter les bases d'un premier dimensionnement. Nous allons maintenant apporter quelques précisions sur le calcul de A, dans des cas particuliers significatifs.

1.5.1. Transformateurs de tension - exemple du FORWARD

Le transformateur du Forward, comme nous l'avons vu à plusieurs reprises, est un composant dont la structure minimale comporte trois enroulements. Nous nous intéresserons ici à ce cas minimal (alimentation mono-voie), les résultats en multi-voies étant tout à fait identiques. Une méthode couramment utilisée et fort commode consiste à négliger l'enroulement de démagnétisation. Cette simplification vient du fait que le courant magnétisant est généralement faible devant les courants actifs et nécessite donc un bobinage d'un volume réduit par rapport aux bobinages principaux. Dans cette hypothèse, le calcul de A est relativement simple. Les grandeurs électriques idéalisées correspondant au mode de fonctionnement particulier de ce transformateur sont indiquées figure V.14 :

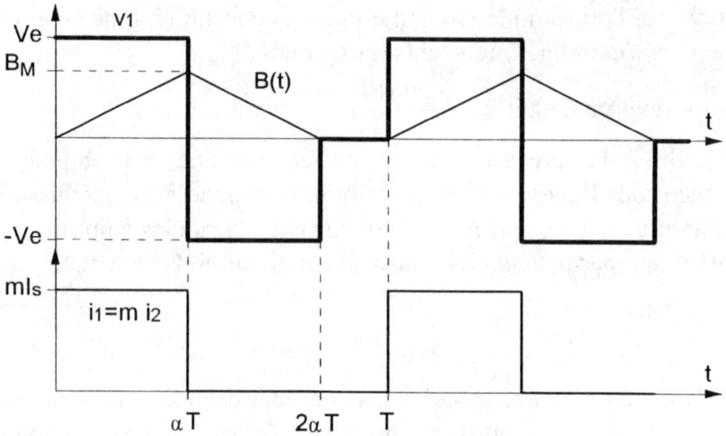

Figure V.14 : *Formes des grandeurs électriques dans le transformateur*

On en déduit que l'induction B croît pendant la conduction de l'interrupteur et décroît pendant la phase de démagnétisation (cf. chapitre II). L'induction B_M est donc atteinte à $t = \alpha_M T$, α_M étant le rapport cyclique maximal de l'alimentation. Les expressions de B_M puis de S_F sont alors :

$$B_M = \frac{V_e \alpha_M T}{n_1 S_F} = \frac{V_e \alpha_M}{n_1 F S_F}$$

$$S_F = \frac{V_e \alpha_M}{n_1 B_M F}$$

D'autre part, dans cette structure à transfert direct qu'est le Forward et dans l'hypothèse d'un courant magnétisant négligeable, on peut écrire :

$$n_1 I_{1eff} = n_2 I_{2eff}$$

L'expression de la surface de fenêtre est alors :

$$S_B = \frac{n_1 K_{B1} I_{1eff}}{J_1} + \frac{n_2 K_{B2} I_{2eff}}{J_2} = \left[\frac{K_{B1}}{J_1} + \frac{K_{B2}}{J_2}\right] n_1 I_{1eff}$$

Il nous est maintenant possible d'exprimer A_{TR} :

$$A_{TR} = S_B S_F = \left[\frac{K_{B1}}{J_1} + \frac{K_{B2}}{J_2}\right] \frac{V_e I_{1eff} \alpha_M}{F B_M}$$

Comme nous l'avons indiqué dans notre présentation générale, il est intéressant de faire apparaître la puissance convertie par l'alimentation. Si l'on suppose le rendement unitaire et si l'on néglige les ondulations de courant, l'expression de la puissance est :

$$P = V_e I_{1moy}$$

On peut remarquer parallèlement que, compte-tenu de la forme idéalisée de i_1 :

$$I_{1moy} = \alpha_M m I_s = \sqrt{\alpha_M}\, I_{1eff}$$

Ceci permet d'aboutir à la forme finale de A_{TR} :

$$A_{TR} = \left[\frac{K_{B1}}{J_1} + \frac{K_{B2}}{J_2}\right] \frac{P \sqrt{\alpha_M}}{F B_M}$$

1.5.2. Inductances

Les inductances peuvent être classées en deux groupes principaux, les inductances de lissage ou de filtrage en régime continu qui sont parcourues par des courants dont la composante moyenne est prépondérante, d'une part, et les inductances de résonance ou de filtrage alternatif qui sont parcourues par des courants alternatifs, d'autre part.

1.5.2.1. Inductances de lissage

Ces inductances sont parcourues par des courants quasiment continus portant une faible composante alternative de forme généralement triangulaire (cf. filtre de sortie d'une alimentation Forward). La composante alternative de l'induction qui sera liée directement à cette ondulation de courant, dans le cas d'un noyau fonctionnant en régime supposé linéaire (non-saturé), sera donc également faible par rapport à la composante moyenne. Nous avons donc affaire ici à la seule configuration dans laquelle la fréquence n'a pas d'influence décisive car les grandeurs sont quasiment continues. Les pertes Joule ou électromagnétiques dues aux ondulations sont généralement très faibles et l'on peut, par exemple, faire fonctionner les matériaux à des valeurs d'induction proches de la saturation. Si l'on considère le cas d'une inductance de lissage à un seul bobinage, on peut assimiler, dans l'hypothèse d'une ondulation de courant relative faible, I_M, I_{eff} et I_{moy}. L'expression approchée de Ai est alors simplement :

$$A_i = S_B S_F = \frac{K_B \, L \, I_M \, I_{eff}}{J \, B_M} \approx \frac{K_B \, L \, I_{moy}^2}{J \, B_M}$$

1.5.2.2. Inductances de résonance

Contrairement au cas précédent, une inductance de résonance est soumise à des sollicitations purement alternatives. On y retrouvera donc tous les problèmes de pertes liés à l'existence de courants et de champs magnétiques alternatifs de fortes amplitudes, avec la difficulté supplémentaire de l'entrefer. Le calcul de Ai, en supposant un courant parfaitement sinusoïdal, donne :

$$A_i = S_B S_F = \frac{K_B \, L \, I_M \, I_{eff}}{J \, B_M} \approx \frac{K_B \, L \, I_M^2}{\sqrt{2} \, J \, B_M}$$

puisque $I_{eff} = \dfrac{I_M}{\sqrt{2}}$

1.5.3. Cas particulier de l'inductance couplée du FLYBACK

L'inductance couplée du Flyback est un cas particulier très significatif sur lequel il est intéressant de s'attarder. Rappelons que le Flyback est une alimentation qui est principalement utilisée en régime discontinu de courant, à l'inverse des structures à transfert direct. Nous allons donc montrer ici l'une des principales causes du choix de ce mode.

Sur la figure V.15 sont rappelées les formes de courant observées dans les deux modes de fonctionnement au régime nominal.

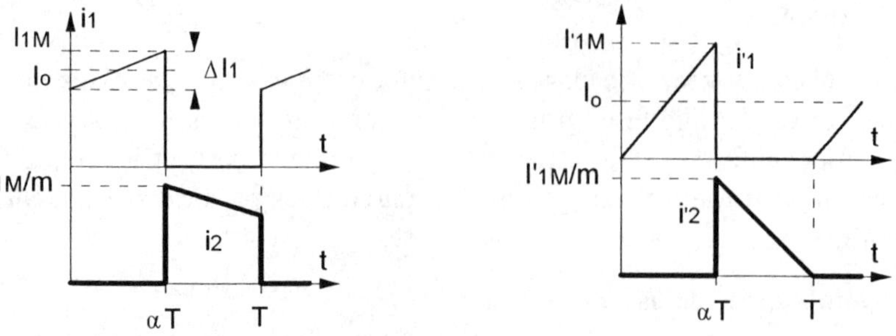

a - Régime continu de courant *b - Régime discontinu de courant*

Figure V.15 : *Formes d'ondes dans les deux régimes de fonctionnement du Flyback*

A l'aide de cette représentation, nous pouvons calculer les différentes contraintes correspondant aux deux fonctionnements et en déduire les grandeurs A, caractéristiques du dimensionnement. Pour comparer les deux modes, de ce point de vue, il est indispensable de raisonner à puissance transmise identique dans les deux cas. Pour cela, il suffit de référencer les différents courant par rapport au même courant primaire αI_o, correspondant aux Ampère-tours moyens dans l'inductance couplée, et au même rapport cyclique. On supposera, d'autre part, que l'alimentation en régime discontinu est dimensionnée au régime limite pour la puissance nominale. L'ondulation de courant en mode continu sera négligée dans le calcul des courants efficaces. Les différents résultats apparaissent ci-dessous :

Régime continu	Régime discontinu
$I_{1eff} \approx \sqrt{\alpha}\, I_o$ $I_{2eff} \approx \sqrt{1-\alpha}\, \dfrac{I_o}{m}$	$I_1'{}_{eff} \approx 2\sqrt{\dfrac{\alpha}{3}}\, I_o$ $I_2'{}_{eff} \approx 2\sqrt{\dfrac{1-\alpha}{3}}\, \dfrac{I_o}{m'}$
$S_B = \left[\dfrac{K_{B1}}{J_1}\sqrt{\alpha} + \dfrac{K_{B2}}{J_2}\sqrt{1-\alpha}\right] n_1 I_o$	$S'_B = \left[\dfrac{K'_{B1}}{J'_1}\sqrt{\alpha} + \dfrac{K'_{B2}}{J'_2}\sqrt{1-\alpha}\right] \dfrac{2}{\sqrt{3}} n'_1 I_o$
$L_1 = \dfrac{V_e\,\alpha}{\Delta I_1\, F} = \dfrac{V_e\,\alpha}{\Delta I_{1rel}\, I_o\, F},\ \Delta I_{1rel} = \dfrac{\Delta I_1}{I_o}$	$L'_1 = \dfrac{V_e\,\alpha}{I'_{1M}\, F} = \dfrac{V_e\,\alpha}{2 I_o\, F}$
$S_F = \dfrac{L_1\, I_{1M}}{n_1\, B_M} \approx \dfrac{L_1\, I_o}{n_1\, B_M} = \dfrac{V_e\,\alpha}{\Delta I_{1rel}\, n_1\, B_M\, F}$	$S_F = \dfrac{L'_1\, I'_{1M}}{n'_1\, B'_M} \approx \dfrac{2 L_1\, I_o}{n'_1\, B'_M} = \dfrac{V_e\,\alpha}{n'_1\, B'_M\, F}$
$A_i = \left[\dfrac{K_{B1}}{J_1}\sqrt{\alpha} + \dfrac{K_{B2}}{J_2}\sqrt{1-\alpha}\right] \dfrac{V_e\,\alpha\, I_o}{\Delta I_{1rel}\, B_M F}$	$A'_i = \left[\dfrac{K'_{B1}}{J'_1}\sqrt{\alpha} + \dfrac{K'_{B2}}{J'_2}\sqrt{1-\alpha}\right] \dfrac{2 V_e\,\alpha\, I_o}{\sqrt{3} B'_M F}$

On peut considérer, qu'à fréquence de fonctionnement donnée, les grandeurs J, K_B et B_M seront similaires dans les deux modes. Si l'on exprime le rapport des grandeurs A, on aboutit alors à :

$$\frac{Ai}{A'i} = \frac{\sqrt{3}}{2\Delta I_{1rel}}$$

Un rapide exemple numérique permet de mettre en évidence l'écart de dimensionnement entre les deux options. L'intérêt du régime continu de courant est de permettre une réduction des contraintes en courant. Pour bien exploiter cet avantage, il faut donc choisir une ondulation de courant relative faible. Une valeur de 20% donne Ai/A'i = 4,33. Conformément au lien entre A et le volume V explicité dans le paragraphe V.1.4.1.3., on en déduit la valeur du rapport des volumes, c'est-à-dire $V/V' = (Ai/A'i)^{3/4} = 3$, ce qui est considérable et confirme le bien-fondé du choix du mode discontinu de courant..

1.6. Transformateurs d'intensité

Les transformateurs d'intensité ne sont bien évidemment pas des composants de puissance mais des capteurs. La très large utilisation qui en est faite dans les alimentations, généralement comme éléments de chaînes de surveillance, mérite néanmoins que l'on en dise ici quelques mots. Les critères de conception et de réalisation de tels transformateurs sont totalement différents de ceux retenus dans le cas de composants magnétiques de puissance. Il s'agit de capteurs, pour lesquels l'aspect énergétique est secondaire tandis que la sensibilité, la précision, la bande passante, l'immunité au bruit deviennent des notions primordiales. Nous ne pourrons pas traiter ici de tous ces points mais nous nous proposons de montrer comment les caractéristiques électromagnétiques du composant influent sur sa précision et sa bande passante.

1.6.1. Relations caractéristiques

La structure de principe d'un transformateur d'intensité, très souvent réalisé à partir d'un circuit magnétique toroïdal, est indiquée figure V.16 :

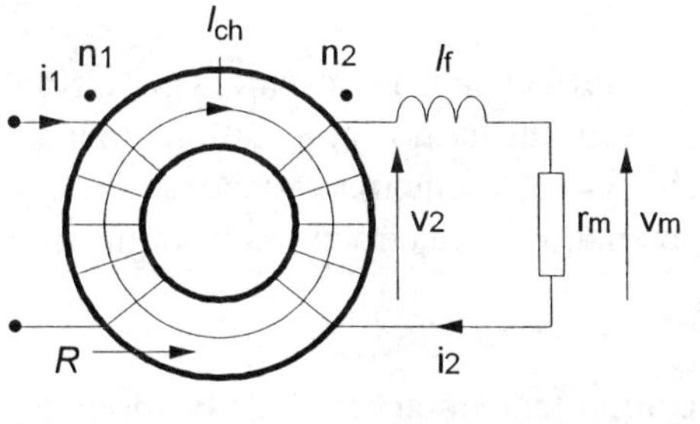

Figure V.16 : *Structure de principe d'un transformateur d'intensité*

Le circuit a une section S_F et le matériau constitutif présente une perméabilité μ. On appelle Φ le flux commun.

On considère un schéma équivalent très simple (cf. paragraphe suivant) qui ne prend en compte que l'inductance de fuite secondaire, notée l_f.
A l'aide de la transformée de Laplace, ce dispositif peut être décrit par le système d'équations suivant :
$*\mathcal{R}\Phi = n_1 i_1 - n_2 i_2$
$*v_2 = n_2\, p\Phi = (l_f p + r_m)\, i_2$
De ce système, il est aisé de déduire la forme du rapport de transformation i_2/i_1 :

$$\frac{i_2}{i_1} = \frac{n_1}{n_2}\frac{n_2^2}{n_2^2 + l_f \mathcal{R}}\frac{\left[\dfrac{l_f \mathcal{R} + n_2^2}{r_m \mathcal{R}}\right]p}{1 + \left[\dfrac{l_f \mathcal{R} + n_2^2}{r_m \mathcal{R}}\right]p}$$

Si l'on introduit l'inductance propre secondaire $L_2 = n_2^2/\mathcal{R}$, cette expression peut être modifiée de la façon suivante :

$$\frac{i_2}{i_1} = \frac{n_1}{n_2}\frac{1}{1 + \dfrac{l_f}{L_2}}\frac{\left[1 + \dfrac{l_f}{L_2}\right]\dfrac{L_2}{r_m}p}{1 + \left[1 + \dfrac{l_f}{L_2}\right]\dfrac{L_2}{r_m}p}$$

Nous avons donc affaire à une fonction de transfert de type "passe-haut" qui indique l'impossibilité logique de restituer l'image d'une composante continue de courant, et dont la forme caractéristique est :

$$\frac{i_2}{i_1} = K_{AT}\frac{n_1}{n_2}\frac{\dfrac{p}{\omega_c}}{1 + \dfrac{p}{\omega_c}},$$

La pulsation de coupure est $\omega_c = \dfrac{1}{1 + \dfrac{l_f}{L_2}}\dfrac{r_m}{L_2}$.

On y retrouve également un coefficient d'atténuation, K_{AT}, qui pondère le rapport de transformation statique théorique n_1/n_2 et dont l'expression est :

$$K_{AT} = \frac{1}{1 + \dfrac{l_f}{L_2}}$$

Ce coefficient aura une influence directe sur la précision du capteur. Dans un composant magnétique utilisant un noyau à forte perméabilité, le rapport l_f/L_2 est généralement très faible. K_{AT} est donc très proche de 1 et ω_c de r_m/L_2. L'expression de ω_c à partir des caractéristiques du circuit magnétique est alors :

$$\omega_c = \frac{r_m\, l_{ch}}{n_2^2\, \mu\, S_F}$$

Cette description du comportement en terme de bande passante (petits signaux) ne tient pas compte de la possibilité de saturation du matériau magnétique qui induirait un dysfonctionnement du capteur. Il nous faut donc exprimer le module de l'induction due à l'existence de la tension secondaire, pour évaluer une seconde bande passante, en régime de grands signaux.

On obtient :

$$v_2 = n_2\, S_F \frac{dB}{dt} = lf \frac{di_2}{dt} + r_m\, i_2$$

Si l'on se place en régime de courant sinusoïdal et en utilisant la notation complexe, on peut écrire :

$$i_2 = I_{2M}\, e^{j\omega t} \text{ et } n_2\, S_F \frac{dB}{dt} = (lf\,\omega j + r_m)\, I_{2M}\, e^{j\omega t},$$

dont on déduit :

$$B(j\omega t) = \frac{(lf\,\omega j + r_m)\, I_{2M}\, e^{j\omega t}}{n_2\, S_F\, \omega}$$

La valeur crête de B à la pulsation ω est donc :

$$B_M = \frac{I_{2M}\sqrt{(lf\,\omega)^2 + r_m^2}}{n_2\, S_F\, \omega}$$

B_M est une fonction décroissante de ω. Aux pulsations où peut intervenir une éventuelle saturation du noyau, $lf\omega$ est généralement négligeable devant r_m. L'expression simplifiée de B_M est alors :

$$B_M = \frac{r_m\, I_{2M}}{n_2\, S_F\, \omega} \approx \frac{r_m\, n_1 I_{1M}}{n_2^2\, S_F\, \omega}$$

Cette expression permet de calculer aisément le couple (I_{1M}, ω) pour lequel B_M atteint la valeur de l'induction à saturation. En fixant la valeur de I_{1M} (calibre du capteur), on peut estimer la valeur de la pulsation minimale de fonctionnement qui est, dans la plupart des cas, inférieure à la pulsation du modèle en petits signaux.

Nous nous sommes intéressés, dans ce qui précède, à la première limitation des transformateurs d'intensité qui se situe donc dans le domaine des basses fréquences. Physiquement, il est évident que, comme tout capteur, ces transformateurs présenteront également des limitations en haute fréquence. Un exemple d'influence est celui de la capacité propre du primaire ramenée au secondaire (cf. paragraphe suivant), qui mène au schéma équivalent de la figure V.17 :

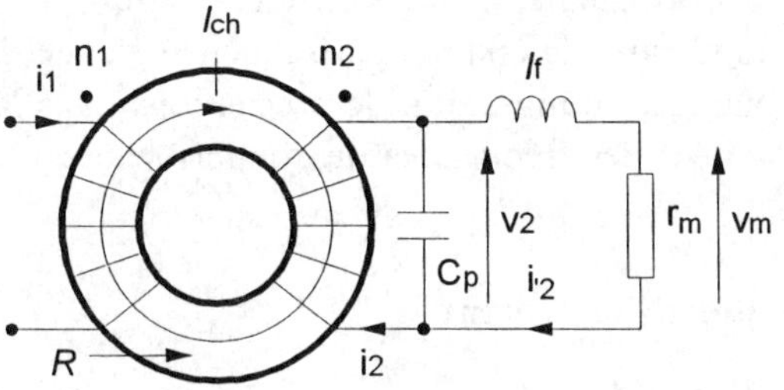

Figure V.17 : *Schéma équivalent prenant en compte la capacité propre primaire*

Les équations de base deviennent :

$$*R\Phi = n_1 i_1 - n_2 i_2$$

$$*v_2 = n_2\, p\, \Phi = \frac{lf p + r_m}{1 + r_m C_p\, p + lf C_p\, p^2}\, i_2$$

dont on déduit le nouveau rapport i_2/i_1 :

$$\frac{i_2}{i_1}=\frac{n_1}{n_2}\frac{1}{1+\dfrac{R}{n_2{}^2\,p}\dfrac{l_f p+r_m}{1+r_m C_p\,p+l_f C_p\,p^2}}$$

Le courant mesuré par l'intermédiaire de r_m est maintenant i'_2, tel que :

$$i'_2=\frac{1}{1+r_m C_p\,p+l_f C_p\,p^2}\,i_2$$

Si l'on exprime le rapport de transformation effectif i'_2/i_1, on obtient :

$$\frac{i'_2}{i_1}=\frac{n_1}{n_2}\frac{p}{(1+r_m C_p\,p+l_f C_p\,p^2)\,p+\dfrac{R}{n_2{}^2}(l_f p+r_m)},$$

En reprenant les paramètres caractéristiques de la fonction de transfert précédente, ce rapport devient :

$$\frac{i'_2}{i_1}=K_{AT}\frac{n_1}{n_2}\frac{\dfrac{p}{\omega_c}}{1+\dfrac{p}{\omega_c}+K_{AT}\dfrac{r_m C_p\,p^2}{\omega_c}(1+\dfrac{l_f}{r_m}p)}\approx\frac{n_1}{n_2}\frac{\dfrac{p}{\omega_c}}{1+\dfrac{p}{\omega_c}+\dfrac{r_m C_p\,p^2}{\omega_c}+\dfrac{l_f C_p\,p^3}{\omega_c}}$$

Les pulsations caractéristiques $1/r_m C_p$ et r_m/l_f sont généralement très grandes devant ω_c. En basse fréquence, les termes liés à la présence de C_p sont alors négligeables et l'on retrouve la fonction de transfert précédente.

Inversement, en haute fréquence, le terme constant du dénominateur devient négligeable devant les termes fréquentiels. On aboutit alors à la fonction de transfert approchée :

$$\frac{i'_2}{i_1}\approx\frac{n_1}{n_2}\frac{1}{1+r_m C_p\,p+l_f C_p\,p^2}$$

Cette forme fait apparaître l'existence d'une pulsation de coupure haute $\omega_o=\dfrac{1}{\sqrt{l_f C_p}}$.

Dans le cas de transformateurs d'intensité d'un calibre de quelques dizaines d'Ampère, dédiés à la mesure de courants à fréquence élevée dans le contexte des alimentations à découpage, un minimum de précautions dans la réalisation permet d'atteindre assez aisément des fréquences de coupure hautes de quelques dizaines de MHz.

1.6.2. Eléments de dimensionnement

**Régime purement alternatif*

Pour réaliser un capteur destiné à la mesure d'un courant purement alternatif, deux points principaux sont à prendre en considération :

– le respect d'un rapport élevé entre la pulsation fondamentale ω_i du courant à mesurer et la pulsation de coupure basse ω_c du transformateur,

– l'obtention d'une tension de mesure significative aux bornes de r_m.

Cette double exigence fait apparaître les influences antagonistes du rapport r_m/n_2. En effet, si l'on se place dans la configuration la plus répandue, qui correspond à $n_1 = 1$, on doit considérer les deux relations suivantes :

$$v_m = \frac{r_m}{n_2} i_1 \qquad \text{et} \qquad \omega_c = \frac{r_m \, l_{ch}}{n_2^2 \, \mu \, S_F}$$

Le choix du circuit magnétique est alors déterminant et l'obtention de performances satisfaisantes nécessite de retenir un matériau magnétique à perméabilité initiale élevée.
Si l'application requiert une bande passante haute particulièrement importante, les composantes parasites devront être faibles ce qui impose une tendance à la minimisation du nombre de spires n_2, pas toujours compatible avec les contraintes précédentes.

**Régime alternatif avec composante continue*
Il est possible d'utiliser un transformateur d'intensité pour mesurer la composante alternative d'un courant ayant également une composante continue I_{10}. Cette dernière va provoquer l'apparition d'une composante continue de l'excitation magnétique dont le module sera :

$$H_0 = \frac{n_1 I_{10}}{l_{ch}}$$

Cette composante continue va déplacer le point de repos magnétique sur la caractéristique B(H) du matériau et peut l'amener rapidement dans la zone de saturation. La perméabilité du matériau vis-à-vis de la composante alternative (dite perméabilité réversible) va alors diminuer et entraîner la réduction de la pulsation de coupure basse.
Il faut donc tenir compte de cet effet et prendre en compte, dès la conception, la composante continue maximale de courant susceptible de parcourir le primaire du transformateur. On peut alors évaluer, en fonction de la géométrie du noyau, la valeur de H_0 correspondante, de laquelle, à l'aide des données du constructeur, on pourra déduire un ordre de grandeur de la perméabilité réversible associée. Une estimation de la nouvelle pulsation de coupure basse est alors possible.
Il est également possible, si l'on veut obtenir une bande passante indépendante de la composante continue, de munir le noyau d'un entrefer tel que le régime de saturation ne soit jamais atteint.

1.7. Modèles électriques simplifiés d'un composant magnétique

1.7.1. Modèle inductif

Le premier modèle que l'on peut utiliser est un modèle qui ne fait intervenir que le comportement électromagnétique du composant. Il est donc basé sur les équations de base des circuits couplés. Les composants magnétiques que nous avons rencontrés comportant, soit deux, soit trois enroulements, nous allons envisager ces deux cas de figure.

1.7.1.1. Composant à deux enroulements

La structure de principe d'un composant magnétique monophasé à deux enroulements est indiquée figure V.18.

La réluctance du circuit magnétique est $\mathcal{R}$. Compte-tenu du choix de l'orientation, le système d'équations associé, à travers la transformée de Laplace, est :

$v_1 = L_1 p\, i_1 + M p\, i_2$ E.V.3

$v_2 = L_2 p\, i_2 + M p\, i_1$ E.V.4

On définit généralement la mutuelle inductance à travers un facteur de couplage k, inférieur à 1, qui rend compte de l'imperfection de ce couplage :

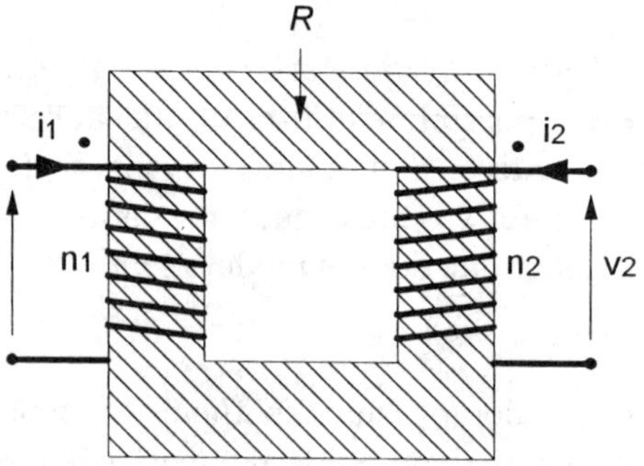

Figure V.18 : *Structure de principe d'un composant magnétique à deux enroulements*

$$M = k\sqrt{L_1 L_2} = k\frac{n_2}{n_1}L_1 = k\frac{n_1}{n_2}L_2$$

avec $L_1 = n_1^2 / \mathcal{R}$ et $L_2 = n_2^2 / \mathcal{R}$, inductances propres primaire et secondaire.

De l'équation E.V.4 de notre système, on peut alors déduire : $i_2 = \dfrac{v_2 - Mp\, i_1}{L_2 p}$

En reportant dans la première (E.V.3), on obtient l'expression suivante :

$$v_2 = \frac{n_2}{k\, n_1}\left[v_1 - (1-k^2)L_1 p\, i_1\right] \qquad \text{E.V.5}$$

A partir de cette expression caractéristique, il est possible de donner les paramètres des deux schémas équivalents inductifs les plus couramment utilisés et dont la représentation est donnée figure V.19 :

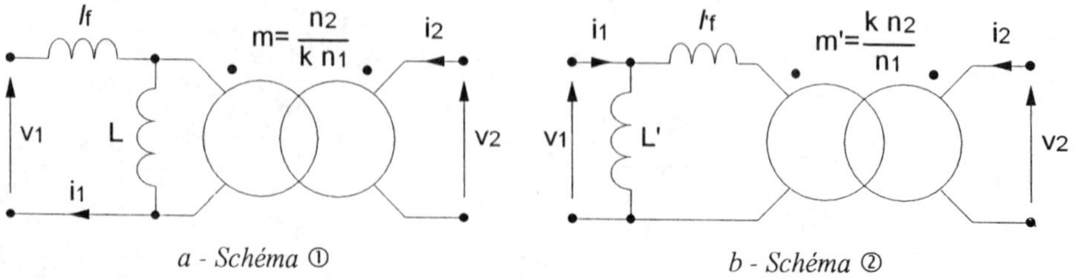

Figure V.19 : *Schémas équivalents inductifs*

Dans le schéma ①, l'expression de la tension v_2 est :

$v_2 = m\left[v_1 - lf\, p\, i_1\right]$

Si l'on identifie avec l'équation E.V.5, on obtient directement :

$$lf = (1-k^2)L_1 \qquad m = \frac{n_2}{k\, n_1}$$

Il est ensuite aisé d'en déduire L, sachant que, dans le fonctionnement à vide, l'inductance vue par v_1 est toujours L_1. En effet, $L_1 = lf + L$, ce qui mène à :

$$L = k^2 L_1.$$

Dans le cas du schéma ②, l'inductance L' est directement L_1. L'expression de v_2 devient :

$$v_2 = m'\left[v_1 - l'f\, p\,(i_1 - \frac{v_1}{L_1 p})\right] = m'(1+\frac{l'f}{L_1})\left[v_1 - \frac{l'f\, L_1}{l'f + L_1} p\, i_1\right]$$

De la même façon, si l'on identifie cette forme à l'équation E.V.5, on obtient les paramètres suivants :

$$l'f = \frac{(1-k^2)}{k^2} L_1 = \frac{lf}{k^2} \qquad m' = \frac{k\, n_2}{n_1} = k^2 m \qquad L' = L_1 = \frac{L}{k^2}$$

Expérimentalement, il est facile de mesurer ces paramètres par une mesure à vide et une mesure en court-circuit, effectuées indifféremment au primaire ou au secondaire, le premier cas étant mieux adapté aux schémas proposés. L'inductance mesurée à vide, notée L_v, est toujours L_1. L'inductance mesurée en court-circuit, notée L_{cc}, est l'inductance $lf = (1 - k^2)L_1$. La mesure de ces deux grandeurs nous donne k :

$$k = \sqrt{1 - \frac{L_{cc}}{L_v}}$$

On en déduit ensuite les paramètres des deux schémas conformément au tableau ci-dessous :

	Schéma ①	Schéma ②
$L_v = L_1$	$L = k^2 L_v$	$L' = L_v$
L_{cc}	$lf = L_{cc}$	$l'f = L_{cc}/k^2$

Dans le cas d'un transformateur sans entrefer, le coefficient k atteint aisément des valeurs supérieures à 0,99. Dans cette hypothèse, les deux schémas deviennent tout à fait similaires. Les valeurs des inductances de fuite globales lf et $l'f$, qui apparaissent dans les deux schémas sont quasiment identiques. Cela justifie le fait que l'on utilise généralement la notion d'inductance de fuite globale ramenée au primaire ou au secondaire, sans préciser la nature du schéma utilisé, ce dernier ayant peu d'influence sur la valeur de cette inductance. Parallèlement, les rapports de transformation sont effectivement très proches de la valeur théorique n_2/n_1, que nous avons utilisée dans les chapitres précédents.

Inversement, dans le cas d'une inductance couplée comme celle du Flyback, le coefficient de couplage est plus faible (ordres de grandeur : 0,9 à 0,95), et les paramètres des deux schémas peuvent être sensiblement différents.

Remarque :
Il est possible de représenter un troisième schéma (figure V.20) dans lequel le rapport de transformation est n_2/n_1. Il est rarement utilisé, du fait de sa structure en T qui n'est guère commode à exploiter.

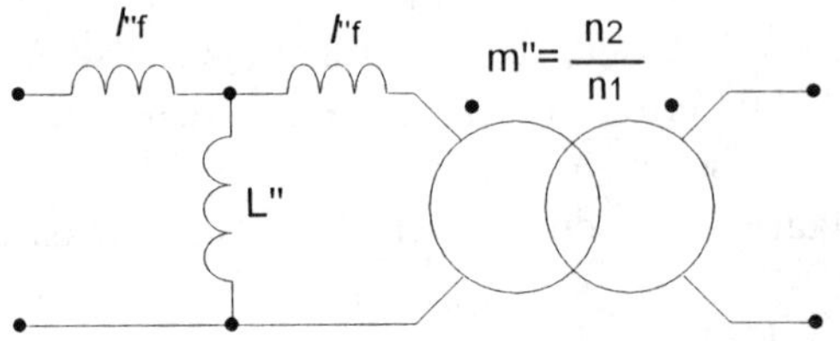

$$l_f'' = (1-k)L_1 = \frac{L_{cc}}{1+k}$$
$$L'' = kL_1 = kL_v$$

Figure V.20 : *Schéma en T*

1.7.1.2. Composants à trois enroulements

L'approche précédente peut être généralisée à un composant monophasé à N enroulements.

Cette généralisation est relativement lourde et nous préférons traiter du cas particulier de la structure à trois enroulements (figure V.21), typique de l'alimentation Forward ou de l'alimentation Flyback à enroulement auxiliaire (cf. chapitre IV).

Le système d'équations caractéristique de cette structure est le suivant :

$$v_1 = L_1p\, i_1 + M_{12}p\, i_2 + M_{13}p\, i_3$$
$$v_2 = M_{12}p\, i_1 + L_2p\, i_2 + M_{23}p\, i_3$$
$$v_3 = M_{13}p\, i_1 + M_{23}p\, i_2 + L_3p\, i_3$$

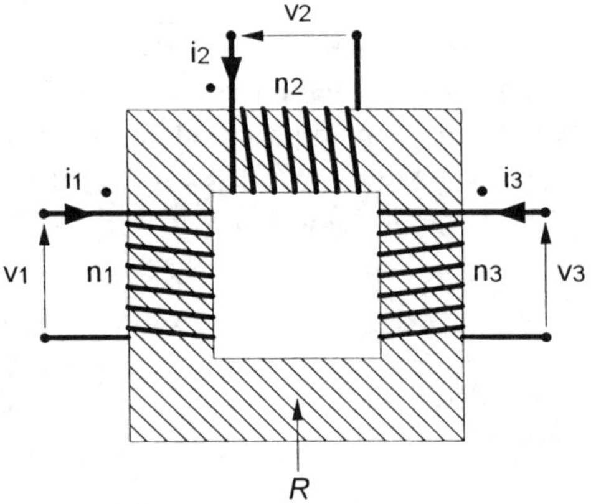

Figure V.21 : *Structure de principe d'un composant magnétique à trois enroulements*

Les inductances propres sont liées par les relations suivantes :

$$\frac{L_1}{n_1^2} = \frac{L_2}{n_2^2} = \frac{L_3}{n_3^2} = \frac{1}{R}$$

De même, pour les mutuelles inductances :

$$M_{12} = k_{12}\sqrt{L_1\,L_2} = k_{12}\frac{n_2}{n_1}L_1 = k_{12}\frac{n_1}{n_2}L_2$$

$$M_{13} = k_{13}\sqrt{L_1\,L_3} = k_{13}\frac{n_3}{n_1}L_1 = k_{13}\frac{n_1}{n_3}L_3$$

$$M_{23} = k_{23}\sqrt{L_2\,L_3} = k_{23}\frac{n_3}{n_2}L_2 = k_{23}\frac{n_2}{n_3}L_3$$

k_{12}, k_{13}, k_{23} sont les coefficients de couplage respectifs entre les trois enroulements.

Comme nous l'avons fait dans le cas précédent, nous allons chercher ici à exprimer des relations entre les différentes grandeurs qui nous permettront de définir un schéma équivalent électrique facilement exploitable. Nous prendrons toujours l'enroulement ① comme enroulement de référence.

Dans cette optique, le système d'équations ci-dessus permet d'aboutir aux deux équations suivantes :

$$v_2 = \frac{k_{23}\,n_2}{k_{13}\,n_1} v_1 + \frac{n_2}{n_1}(k_{12} - \frac{k_{23}}{k_{13}}) L_1 p\, i_1 + \left(\frac{n_2}{n_1}\right)^2 \left[1 - \frac{k_{12}\,k_{23}}{k_{13}}\right] L_1 p\, i_2$$

$$v_3 = \frac{k_{23}\,n_3}{k_{12}\,n_1} v_1 + \frac{n_3}{n_1}(k_{13} - \frac{k_{23}}{k_{12}}) L_1 p\, i_1 + \left(\frac{n_3}{n_1}\right)^2 \left[1 - \frac{k_{13}\,k_{23}}{k_{12}}\right] L_1 p\, i_3$$

Si l'on fait le choix a priori d'un schéma similaire à celui de la figure V.14-b, dans lequel l'inductance magnétisante est l'inductance propre L_1, on peut définir le courant i'_1, qui est le courant i_1 sans sa composante magnétisante :

$$i_1 = i'_1 + \frac{v_1}{L_1 p}$$

On exprime maintenant nos deux équations en fonction de i'_1 :

$$v_2 = \frac{k_{12}\,n_2}{n_1} v_1 + \frac{n_2}{n_1}(k_{12} - \frac{k_{23}}{k_{13}}) L_1 p\, i'_1 + \left(\frac{n_2}{n_1}\right)^2 \left[1 - \frac{k_{12}\,k_{23}}{k_{13}}\right] L_1 p\, i_2$$

$$v_3 = \frac{k_{13}\,n_3}{n_1} v_1 + \frac{n_3}{n_1}(k_{13} - \frac{k_{23}}{k_{12}}) L_1 p\, i'_1 + \left(\frac{n_3}{n_1}\right)^2 \left[1 - \frac{k_{13}\,k_{23}}{k_{12}}\right] L_1 p\, i_3$$

système que l'on peut mettre sous la forme finale :

$$v_2 = \frac{k_{12}\,n_2}{n_1}\left[v_1 - (\frac{k_{23}}{k_{12}\,k_{13}} - 1) L_1 p\, i'_1 - \left[\frac{1}{k_{12}^2} - \frac{k_{23}}{k_{12}\,k_{13}}\right] L_1 p (-\frac{k_{12}\,n_2}{n_1} i_2)\right] \qquad \text{E.V.6}$$

$$v_3 = \frac{k_{13}\,n_3}{n_1}\left[v_1 - (\frac{k_{23}}{k_{12}\,k_{13}} - 1) L_1 p\, i'_1 - \left[\frac{1}{k_{13}^2} - \frac{k_{23}}{k_{12}\,k_{13}}\right] L_1 p\, (-\frac{k_{13}\,n_3}{n_1} i_3)\right] \qquad \text{E.V.7}$$

En posant :

$$m = \frac{k_{12}\,n_2}{n_1} \qquad m' = \frac{k_{13}\,n_3}{n_1}$$

$$l_{f1} = (\frac{k_{23}}{k_{12}\,k_{13}} - 1) L_1 \qquad l_{f2} = \left[\frac{1}{k_{12}^2} - \frac{k_{23}}{k_{12}\,k_{13}}\right] L_1 \qquad l_{f3} = \left[\frac{1}{k_{13}^2} - \frac{k_{23}}{k_{12}\,k_{13}}\right] L_1$$

On peut déduire des équations E.V.6 et E.V.7 le schéma équivalent suivant :

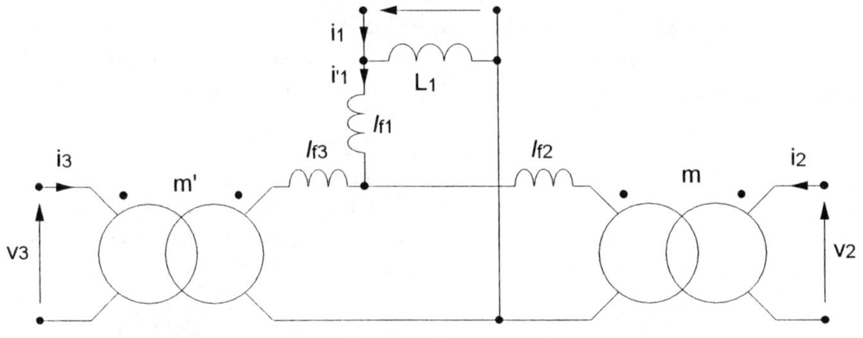

Figure V.22 : *Schéma équivalent d'un composant magnétique à trois enroulements*

Notons que l_{f2} et l_{f3} peuvent se mettre sous la forme :

$$l_{f2} = \left[\frac{1}{k_{12}^2} - \frac{k_{23}}{k_{12}\,k_{13}}\right]L_1 = -l_{f1} + \left[\frac{1}{k_{12}^2} - 1\right]L_1$$

$$l_{f3} = \left[\frac{1}{k_{13}^2} - \frac{k_{23}}{k_{12}\,k_{13}}\right]L_1 = -l_{f1} + \left[\frac{1}{k_{13}^2} - 1\right]L_1$$

On remarque que ces différentes inductances de fuite équivalentes peuvent prendre éventuellement des valeurs négatives selon les coefficients de couplage. En fait, physiquement, une seule de ces trois inductances peut présenter cette particularité dans une configuration donnée. Pour mettre ceci en évidence il nous faut définir les inductance de fuite supplémentaires suivantes :

* $l_{f12} = l_{f1} + l_{f2}$, inductance de fuite entre ① et ②, ③ étant non connecté,
* $l_{f13} = l_{f1} + l_{f3}$, inductance de fuite entre ① et ③, ② étant non connecté,
* $l_{f23} = l_{f2} + l_{f3}$, inductance de fuite entre ② et ③, ① étant non connecté,

Ces trois grandeurs sont, par principe, positives (cas de figure à deux enroulements) et parfaitement mesurables (cf. paragraphe V.1.7.1.4.). Ceci montre que, si l'une des trois inductances, l_{f1}, l_{f2}, l_{f3}, a une valeur négative, les deux autres valeurs sont nécessairement positives.

La présence éventuelle d'une "inductance négative" n'a, bien évidemment, aucune signification physique. Il s'agit d'un élément fictif, lié à la structure du schéma équivalent. Ce dernier, basé sur les équations des circuits couplés, reste néanmoins parfaitement valable. En prenant un exemple concret, on peut d'ailleurs justifier la présence d'un terme négatif. Supposons une situation où $l_{f1} < 0$. Cette configuration correspond simplement à un cas de figure où, du fait des différents couplages, l'inductance de fuite l_{f23} est supérieure à la somme des inductances de fuite l_{f12} et l_{f13}.

La mesure des différents paramètres est similaire à ce que nous avons décrit dans le cas de la structure à deux enroulements. En se plaçant au primaire, on effectue une première mesure à vide qui donne $L_{v1} = L_1$. On mesure ensuite L_{cc12}, l'enroulement ② étant court-circuité, puis L_{cc13}, l'enroulement ③ étant court-circuité. De ces trois mesures, on peut déduire :

$$k_{12} = \sqrt{1 - \frac{L_{cc12}}{L_{v1}}} \qquad k_{13} = \sqrt{1 - \frac{L_{cc13}}{L_{v1}}}$$

Pour le dernier coefficient de couplage, on réitère un essai à vide, par exemple au secondaire, essai qui donne $L_{v2} = L_2$. Enfin, un dernier essai, enroulement ③ en court-circuit, nous donne L_{cc23}. Il est alors possible d'exprimer k_{23} :

$$k_{23} = \sqrt{1 - \frac{L_{cc23}}{L_{v2}}}$$

A partir de la connaissance de ces coefficients de couplage et de L_1, le calcul des différentes inductances du schéma équivalent est immédiat en utilisant les relations exprimées plus haut.

1.7.1.3. Détermination des inductances de fuite

Nous avons vu dans le paragraphe précédent comment l'on pouvait représenter un composant magnétique et trouver expérimentalement les valeurs des paramètres du schéma équivalent. Cette démarche suppose que le composant existe et ne constitue qu'une caractérisation. Dans une démarche de conception, il peut être important de pouvoir prédéterminer les éléments du schéma (exemple de l'exploitation des inductances de fuites dans des mécanismes de résonance). Il faut alors utiliser la méthode proposée ci-après.

Le principe de calcul des inductances de fuite dans un composant magnétique comportant un noyau peut être explicité à partir de la coupe de la figure V.23 correspondant à un transformateur à deux enroulements concentriques bobinés sur la jambe centrale d'un noyau à trois jambes et séparés par une couche d'isolant :

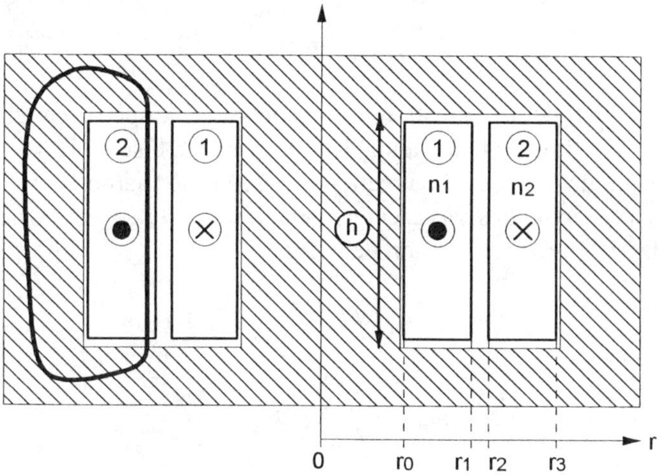

Figure V.23 : *Coupe d'un composant magnétique en vue du calcul des inductances de fuite*

Dans l'hypothèse d'un courant magnétisant nul, la somme des Ampère-tours présents dans les bobinages est nulle. Mais si l'on choisit un contour fermé quelconque passant dans la fenêtre, il apparaît immédiatement que l'application du théorème d'Ampère met en évidence l'existence d'un vecteur excitation magnétique de module H non nul. On peut en déduire qu'il y a une énergie électromagnétique stockée dans la fenêtre à travers la relation :

$$W_{EM} = \iiint \frac{\mu_0 H^2}{2} dV$$

Cette énergie correspond par définition à des lignes de champ qui n'enlacent pas l'intégralité des deux bobinages. Il s'agit en fait d'une énergie de fuite à laquelle nous pourrons associer une inductance de fuite comme nous le verrons plus loin. Pour l'instant, nous nous proposons de voir dans quelles circonstances un calcul raisonnablement simple de cette énergie est possible à partir de l'expression générale ci-dessus.

Quelle que soit la forme du composant, il est nécessaire de retenir les premières approximations suivantes :
– le système est observé en régime statique ou quasi-statique (pas d'effet de peau dans les bobinages),
– le module H de l'excitation magnétique est nul (négligeable) dans le noyau et corollairement, le courant magnétisant est nul,
– les lignes de champ dans la fenêtre sont parfaitement rectilignes et orthogonales à la direction de progression des Ampère-tours, notés globalement nI,
– ces Ampère-tours évoluent de façon continue dans la section des bobinages (on ne tient pas compte des isolants entre conducteurs).

* *Cas des enroulements concentriques*
D'après ces hypothèses, dans le schéma de la figure V.23, H ne dépend que de r et s'écrit :

$$H(r) = \frac{nI(r)}{h}$$

Cette forme résulte de l'application du théorème d'Ampère, en choisissant un contour fermé, de forme quelconque dans le noyau puisque H y est nul, et se refermant dans la fenêtre selon la direction des lignes de champ.
Parallèlement, nous pouvons représenter, toujours dans le cas de la figure V.23, la progression de nI et de H en fonction de r (figure V.24) :

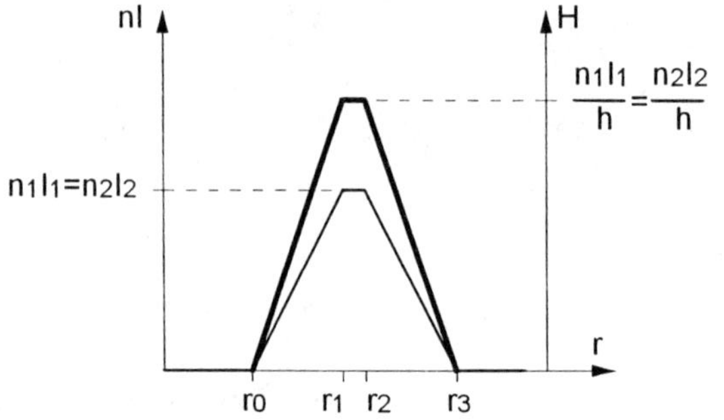

Figure V.24 : *Progression des Ampère-tours et de H(r) dans la fenêtre*

La progression de H dans la fenêtre a la même forme, compte-tenu de l'expression de $H(r)$ et la valeur maximale atteinte est ici $n_1I_1 = n_2I_2$.

Le problème qui se pose ensuite est celui de l'intégration volumique. Il est clair que si le composant ne présente pas une ébauche de symétrie de révolution, H deviendra une fonction bidimensionnelle, hors du contexte d'une coupe donnée du composant. Le calcul est imaginable, mais aboutirait à des expressions analytiques totalement inexploitables. On est donc contraint de se limiter à des structures magnétiques présentant une quasi-symétrie de révolution. Les noyaux dit en "pots" correspondent relativement bien à cette hypothèse.

Précisons que les principes de calcul présentés ici sont souvent utilisés dans des cas où il y a absence manifeste de toute forme de symétrie de révolution (structures en E, assemblages de U et de I, etc...). S'il semble que l'application de la méthode décrite donne, dans ces derniers cas, des résultats relativement corrects, les lecteurs doivent être conscients du niveau élevé d'approximation que cela suppose et qui n'est justifié que par l'expérience. La prudence est donc de mise !

Si l'on revient à l'hypothèse de la symétrie de révolution évoquée plus haut et toujours dans le cadre de notre exemple, on peut alors exprimer W_{EM} sous la forme :

$$W_{EM} = \int_{r_0}^{r_3} \frac{\mu_0 H^2(r)}{2} h \, 2\pi r \, dr$$

Comme nous l'avons dit plus haut, on peut l'identifier à l'énergie stockée dans une inductance de fuite globale définie, au choix, par rapport à l'enroulement ① ou ②. On obtient :

$$W_{EM} = \int_{r_0}^{r_3} \frac{\mu_0 H^2(r)}{2} h \, 2\pi r \, dr = \frac{1}{2} l_{f12} I_1^2 = \frac{1}{2} l_{f21} I_2^2$$

Dans les structures de bobinages concentriques, sur chaque intervalle de la fenêtre, H est toujours proportionnel à n_1I_1 ou n_2I_2, selon l'option choisie. Dans l'exemple de la figure V.23, les expressions de H sont les suivantes :

– pour $r_0 \leq r \leq r_1$, $\quad H = \dfrac{n_1I_1(r - r_0)}{h(r_1 - r_0)} = \dfrac{n_2I_2(r - r_0)}{h(r_1 - r_0)}$

– pour $r_1 \leq r \leq r_2$, $\quad H = \dfrac{n_1I_1}{h} = \dfrac{n_2I_2}{h}$

– pour $r_2 \leq r \leq r_3$, $\quad H = \dfrac{n_1I_1(r_3 - r)}{h(r_3 - r_2)} = \dfrac{n_2I_2(r_3 - r)}{h(r_3 - r_2)}$

On aboutira alors à des relations générales de la forme :

$$\frac{1}{2} l_{f12} I_1^2 = \pi\mu_0 \frac{(n_1I_1)^2}{h} \int_{r_0}^{r_3} X^2(r) \, r \, dr \qquad \frac{1}{2} l_{f21} I_2^2 = \pi\mu_0 \frac{(n_2I_2)^2}{h} \int_{r_0}^{r_3} X^2(r) \, r \, dr$$

avec $X(r) = \dfrac{h\,H(r)}{n_1I_1} = \dfrac{h\,H(r)}{n_2I_2}$, fonction affine par morceaux

dont on déduit :

$$l_{f12} = 2\pi\mu_0 \frac{n_1^2}{h} \int_{r_0}^{r_3} X^2(r) \, r \, dr \qquad l_{f21} = 2\pi\mu_0 \frac{n_2^2}{h} \int_{r_0}^{r_3} X^2(r) \, r \, dr$$

A ce niveau, on obtient des expressions qui restent relativement lourdes. Une dernière approximation est possible si l'épaisseur de chaque bobinage est faible devant leur rayon moyen. On peut alors identifier l'élément de surface $2\pi r \, dr$ à $2\pi r_B \, dr$, r_B étant le rayon moyen du bobinage considéré.

Dans l'exemple étudié, on obtient l'expression suivante (cas de l_{f12}) :

$$l_{f12} = 2\pi\mu_o \frac{n_1^2}{h} \left[\frac{r_0 + r_1}{2} \int_{r_0}^{r_1} X^2(r)\, dr + \frac{r_1 + r_2}{2} \int_{r_1}^{r_2} X^2(r)\, dr + \frac{r_2 + r_3}{2} \int_{r_2}^{r_3} X^2(r)\, dr \right]$$

avec :

* $X(r) = \dfrac{(r - r_o)}{(r_1 - r_o)}$ pour le premier bobinage,
* $X(r) = 1$ pour l'isolant,
* $X(r) = \dfrac{(r_3 - r)}{(r_3 - r_2)}$ pour le second bobinage.

Le résultat final sera :

$$l_{f12} = \mu_o\, \pi\, n_1^2\, \frac{r_3^2 + 2r_2^2 - 2r_1^2 - r_0^2}{3h}$$

Cette simplification peut être étendue à un nombre quelconque d'éléments de bobinage.

* *Cas des enroulements superposés*

Dans le cas des composants à enroulements superposés (figure V.25), la méthode est identique mais les hypothèses sont différentes :

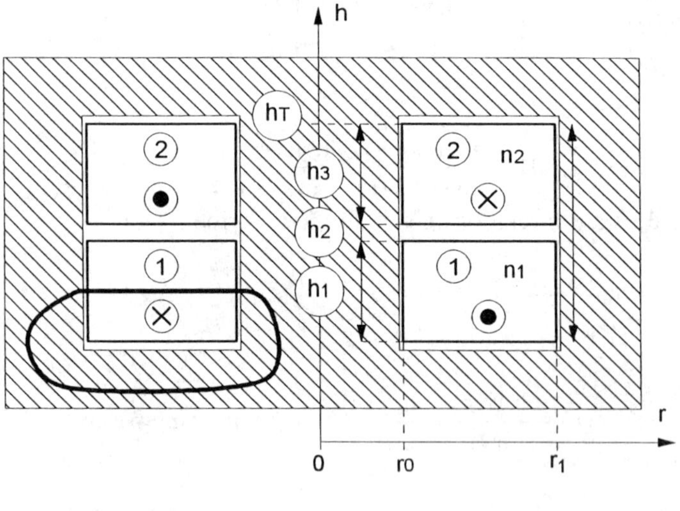

Figure V.25 : *Cas des enroulements superposés*

Par rapport au cas précédent, la progression des Ampère-tours se fait selon l'axe vertical. H ne dépend maintenant que de h. L'expression de W_{EM} devient :

$$W_{EM} = \int_0^{h_T} \frac{\mu_o H^2(h)}{2} \pi(r_1^2 - r_0^2)\, dh$$

Le calcul est alors tout à fait similaire au précédent, en exprimant initialement H(h) sur les différentes zones.
Ce type de calcul, qu'il s'agisse de structures concentriques ou superposées, ne présente aucune difficulté particulière mais n'est pas d'une extrême légèreté. Nous en donnons le résultat pour quatre structures typiques à deux enroulements, sur la figure V.26 :

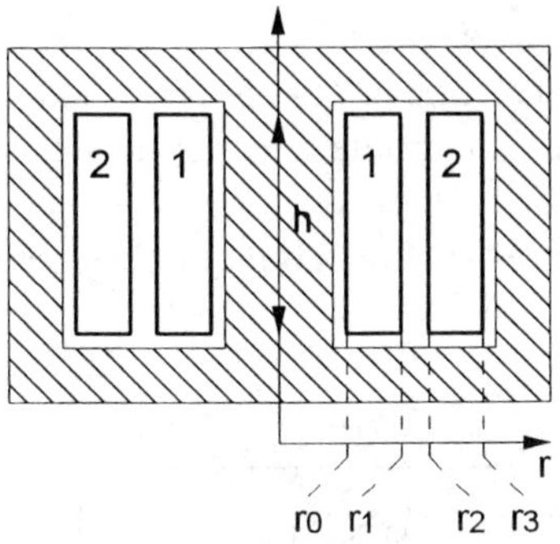

$$l_{f12} = k_l \frac{r_3^2 + 2r_2^2 - 2r_1^2 - r_0^2}{3h}$$

a - Enroulements concentriques

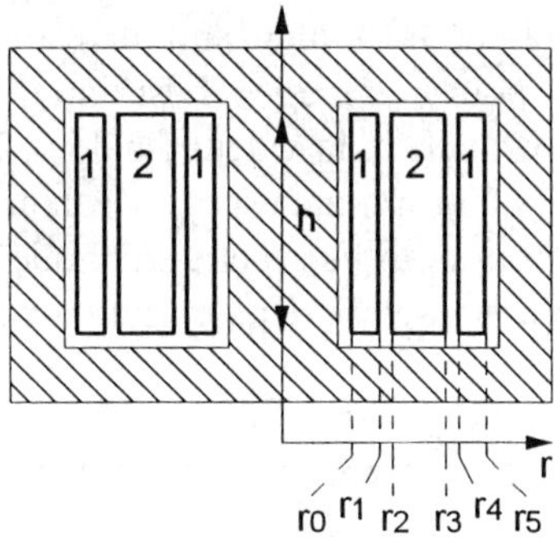

$$l_{f12} = k_l \frac{2(r_2^2 - r_1^2 - r_3^2 + r_4^2) - r_0^2 + r_5^2}{12h}$$

b - Enroulements concentriques imbriqués

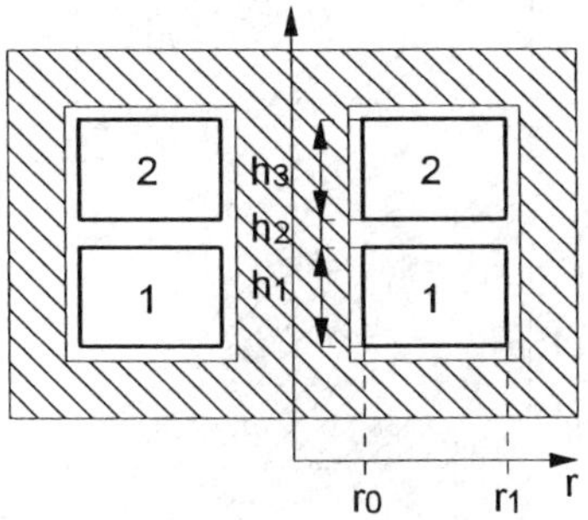

$$l_{f12} = k_l \frac{(r_0 + r_1)(h_1 + 3h_2 + h_3)}{3(r_1 - r_0)}$$

c - Enroulements superposés

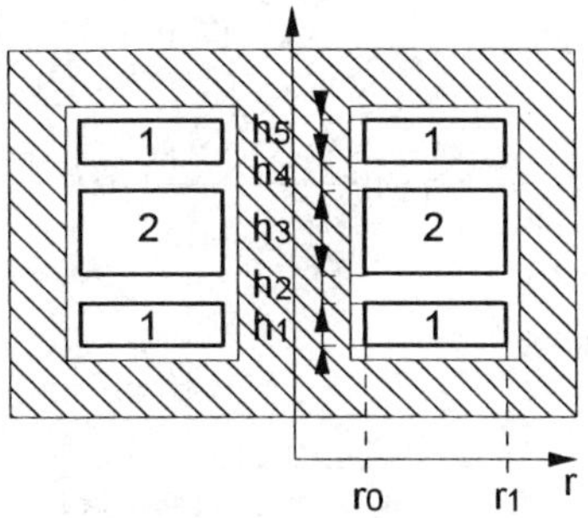

$$l_{f12} = k_l \frac{(r_0 + r_1)(h_1 + 3h_2 + h_3 + 3h_4 + h_5)}{12(r_1 - r_0)}$$

d - Enroulements superposés imbriqués

$$k_l = \mu_0 \, \pi \, n_1^2$$

Figure V.26 : *Expressions des inductances de fuite pour quelques structures typiques*

Compte-tenu de l'aspect rébarbatif de ces calculs, une méthode graphique permet de donner des informations qualitatives, en particulier lorsqu'il s'agit de comparer des structures de bobinages. Si l'on s'intéresse au cas des structures concentriques, il faut représenter graphiquement, en fonction de la répartition des enroulements, la fonction $X^2(r)\,r$ en fonction de r.

L'aire délimitée par la courbe ainsi tracée et l'axe r est proportionnelle à l'inductance de fuite entre les deux enroulements considérés. Pour expliciter cette démarche, reprenons l'exemple de la figure V.23 :

– sur l'intervalle $r_0 \leq r \leq r_1$, H est une fonction linéaire croissante de r dont la valeur initiale est 0, la valeur finale $n_1 I_1/h$. $X^2(r)\, r$ est donc un polynôme croissant d'ordre 3, dont la valeur initiale est 0, la valeur finale r_1,

– pour $r_1 \leq r \leq r_2$, H est une constante égale à $n_1 I_1/h$. $X^2(r)\, r$ est une fonction affine croissante dont la valeur initiale est r_1, la valeur finale r_2.

– enfin, pour $r_2 \leq r \leq r_3$, H est une fonction linéaire décroissante de r dont la valeur initiale est $n_1 I_1/h$, la valeur finale 0. $X^2(r)\, r$ est un polynôme décroissant d'ordre 3, dont la valeur initiale est r_2, la valeur finale 0.

On peut alors utiliser cette méthode pour comparer l'influence de l'imbrication ou de l'isolement entre deux enroulements (figure V.27) :

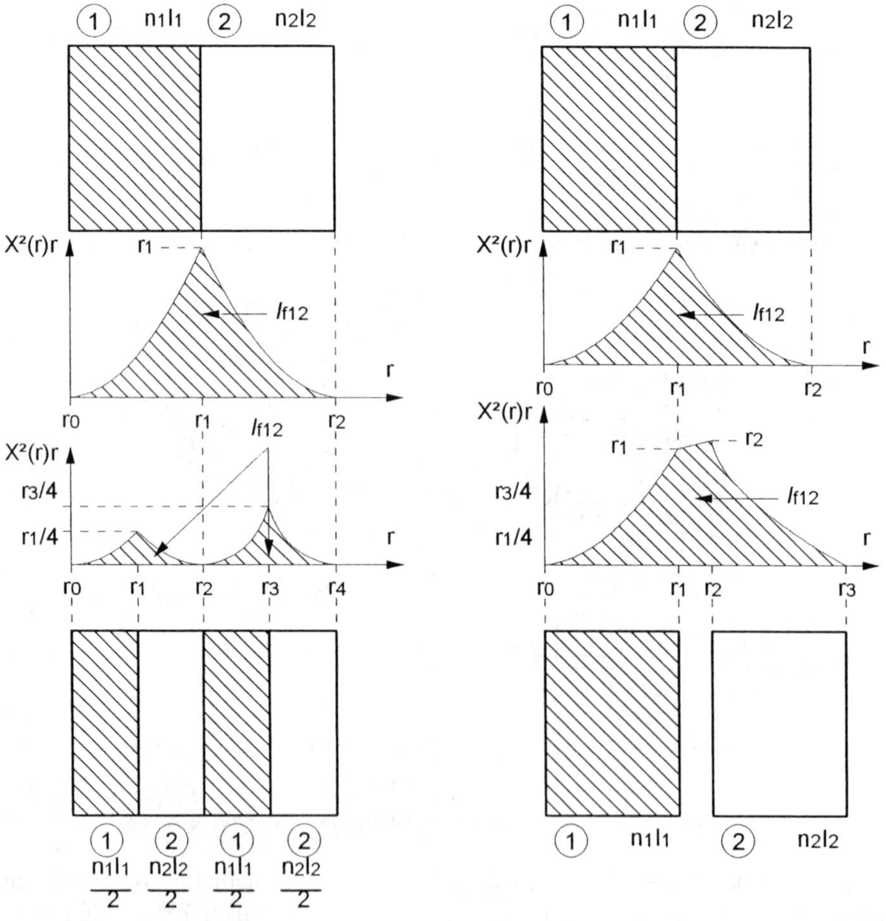

a - Influence de l'imbrication *a - Influence de l'isolement*

Figure V.27 : *Comparaisons graphiques de structures d'enroulements*

On constate alors rapidement (figure V.27-a) l'importante diminution de l'inductance de fuite qu'apporte l'imbrication. Inversement, un accroissement de l'épaisseur de la couche d'isolant, sur laquelle il n'y a pas évolution de H et donc évolution linéaire de $X^2(r)\,r$, entraîne un accroissement simultané de l_f.
On peut également exploiter cette méthode pour évaluer les niveaux de couplage dans une structure à trois enroulements comme le transformateur d'une alimentation Forward. Une forme représentative de l'agencement des trois enroulements et les surfaces caractéristiques des inductances de fuite associées sont données figure V.28 :

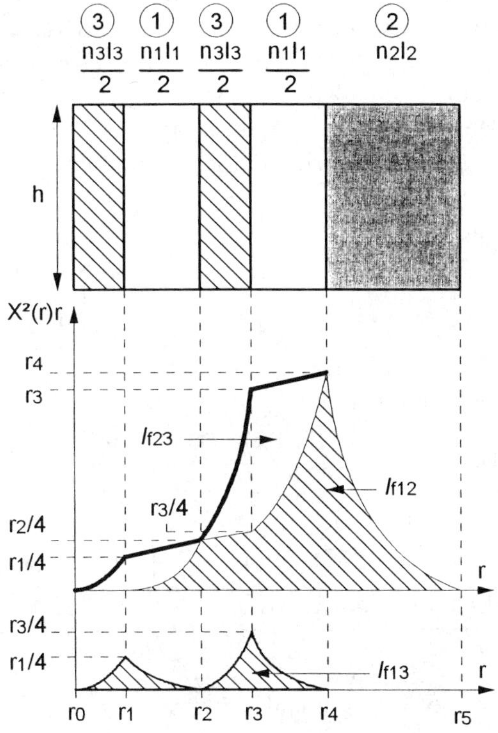

Figure V.28 : *Cas du transformateur du Forward*

On y retrouve un enroulement auxiliaire ③ fortement imbriqué avec le primaire, tandis que le secondaire est logé dans la dernière partie de la fenêtre. Dans cette représentation, nous avons traité l'association par paires d'enroulements. Pour cela, il suffit de considérer que l'enroulement non pris en compte n'est parcouru par aucun courant et se comporte comme une zone isolante. Les inductances ainsi évaluées sont les inductances physiques l_{f12}, l_{f13}, l_{f23} définies au paragraphe V.1.7.1.2.. Elles permettent de retrouver les inductances l_{f1}, l_{f2}, l_{f3} du schéma équivalent. On note sur la figure V.28 que l'inductance l_{f23} est effectivement la plus importante et qu'elle est manifestement d'une valeur plus élevée que la somme des valeurs de l_{f12} et l_{f13}. *Ceci signifie que la valeur de l_{f1} dans le schéma équivalent sera négative.*

En ne prenant pas en compte l_{f1} dans l'analyse de la commutation présentée au paragraphe 3.2.1. du chapitre IV, nous avons donc évalué les contraintes par excès, ce qui va dans le bon sens, et nous avons considérablement simplifié la démarche, ce qui n'est jamais à dédaigner.

1.7.1.4. Influence de la fréquence sur les inductances de fuite

Les calculs précédents ont été menés dans une hypothèse statique. Comme nous l'avons vu au paragraphe V.1.3.2., en présence de courants alternatifs, la répartition de la densité de courant dans les conducteurs est modifiée. Ceci va de pair avec une modification de la répartition de H, qui aura une incidence sur l'énergie électromagnétique stockée dans la fenêtre et donc sur les valeur des inductances de fuite. Ces dernières évolueront en fonction de la fréquence tout comme la résistance des bobinages.

Si l'on se replace dans le contexte du paragraphe V.1.3.2., rappelons que nous avions abouti à une expression du champ (ne comportant qu'une composante dans l'axe z) qui était :

$$\overline{Hz} = \frac{1}{\beta}(\overline{B}e^{-\beta x} - \overline{A}e^{\beta x})$$

avec $\overline{A} = \beta\frac{(-\bar{I})}{h}\frac{\left[(k-1)e^{-\beta e} - k\right]}{2Sh(\beta e)}$ et $\overline{B} = \beta\frac{(-\bar{I})}{h}\frac{\left[(k-1)e^{\beta e} - k\right]}{2Sh(\beta e)}$

On obtient alors l'expression suivante :

$$\overline{Hz}(x) = \frac{(-\bar{I})}{h}\frac{\left[k\,Sh(\beta x) - (k-1)\,Sh[\beta(x-e)]\right]}{Sh(\beta e)}$$

dont le module, tout calcul fait, est :

$$H^2z(x) = \left[\frac{I}{h}\right]^2 \frac{\begin{bmatrix} k^2\left[Ch2\Delta x - \cos2\Delta x\right] + (k-1)^2\left[Ch2\Delta' x - \cos2\Delta' x\right] \\ -2k(k-1)\left[Ch\Delta'' x\cos\Delta e - \cos\Delta'' x\,Ch\Delta e\right] \end{bmatrix}}{Ch2\Delta e - \cos2\Delta e}$$

avec $\Delta e = \frac{e}{\delta p}$, $\Delta x = \frac{x}{\delta p}$, $\Delta' x = \frac{x-e}{\delta p}$, $\Delta'' x = \frac{2x-e}{\delta p}$

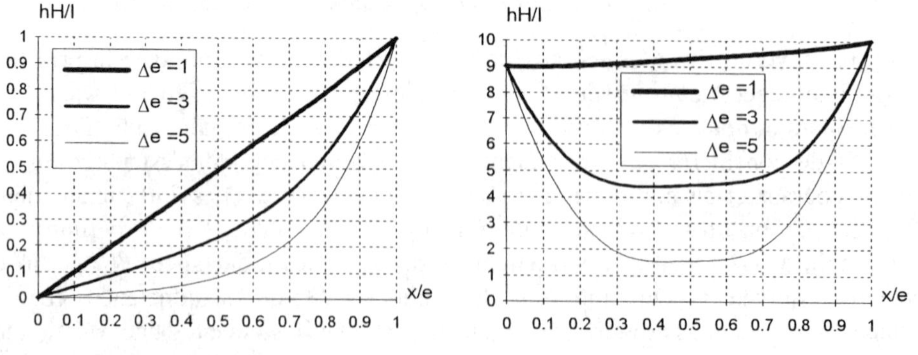

a - k = 1 *b - k = 10*

Figure V.29 : *Evolution de H en fonction de Δe et k*

La figure V.29 montre l'évolution de Hz dans la section d'un conducteur en fonction de Δe et de son rang. Plus l'épaisseur e des conducteurs est grande devant l'épaisseur de peau, plus le champ interne est faible. On retrouve évidemment cette tendance quel que soit le rang des conducteurs.
Il est alors possible de calculer l'énergie stockée dans la fenêtre, selon le principe décrit dans le paragraphe précédent, mais en prenant maintenant en compte l'effet de la fréquence. Pour une couche (cf. figure V.6 du paragraphe V.1.3.2), on obtient :

$$(\mathrm{Wem})\mathrm{ak} = \frac{1}{2}\mu_o \int_0^e \mathrm{Hz}^2(x,k)\mathrm{hL}\,dx$$

Si l'on était en régime statique, l'énergie électromagnétique dans une couche serait :

$$(\mathrm{Wem})\mathrm{ck} = \frac{\mu_o\,\mathrm{L}\,e}{2\mathrm{h}} I^2 \left[\frac{1}{3} + (k-1) + (k-1)^2\right]$$

Tout comme nous l'avons fait pour la résistance en régime alternatif, nous pouvons maintenant calculer le rapport entre l'inductance d'une couche en régime alternatif et sa valeur en régime statique. En introduisant l'expression de $\mathrm{Hz}^2(x)$ dans le calcul de (Wem)ak, on obtient la relation suivante :

$$\frac{l\mathrm{ak}}{l\mathrm{ck}} = \frac{1}{2\Delta e}\,\frac{\begin{bmatrix}\left[k^2 + (k-1)^2\right]\left[\mathrm{Sh}2\Delta e - \sin 2\Delta e\right] \\ -4k(k-1)\left[\mathrm{Sh}\Delta e \cos\Delta e - \sin\Delta e\,\mathrm{Ch}\Delta e\right]\end{bmatrix}}{\left[\mathrm{Ch}2\Delta e - \cos 2\Delta e\right]\left[\frac{1}{3} + (k-1) + (k-1)^2\right]}$$

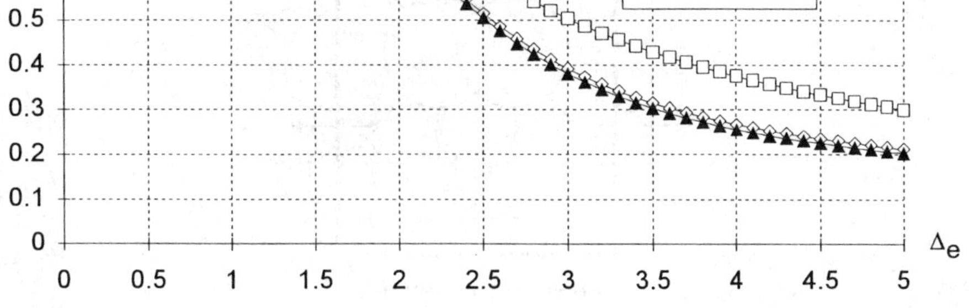

Figure V.30 : *Evolution de l'inductance de fuite en fonction de Δe et k*

La figure V.30 montre l'évolution de ce rapport en fonction de Δe et k. On observe assez logiquement, le champ dans les conducteurs étant plus faible qu'en régime statique, que l'inductance diminue lorsque Δe croît.

Pour des valeurs de k supérieures à 3, la courbe d'évolution tend vers une limite inférieure. En pratique, un choix correct des conducteurs pour limiter l'accroissement de résistance correspond à des valeurs de Δe inférieures ou égales à 1, si bien que la variation d'inductance de fuite n'est guère sensible.

1.7.2. Capacités parasites

La notion de capacités parasites est indissociable des composants magnétiques dont les bobinages constituent un empilement souvent complexe de conducteurs et d'isolants. Il faut prêter la plus grande attention aux phénomènes qui peuvent être engendrés par ces composantes parasites, d'une part, parce que leurs valeurs peuvent être très significatives et, d'autre part, parce que l'on se trouve dans un contexte où l'utilisation de fréquences élevées va de paire avec la génération de variations de potentiel extrêmement rapides.

1.7.2.1. Localisation

En toute rigueur, il est abusif de parler de localisation, car un bobinage est typiquement un dispositif à constantes réparties. Néanmoins, il est possible d'établir des schémas équivalents à constantes localisées qui donnent de bons résultats dans nombre de cas de figure.

On distinguera deux types principaux de capacités parasites. Au premier correspondent ce que l'on appellera les capacités propres des bobinages. Il s'agit tout naturellement des capacités équivalentes présentées par les enroulements sur leurs deux bornes d'accès. Le second type est lié à l'existence de couplages capacitifs entre les différents enroulements. Un exemple de représentation de ces composantes parasites est donné figure V.31, dans le cas particulier d'un composant magnétique à deux enroulements :

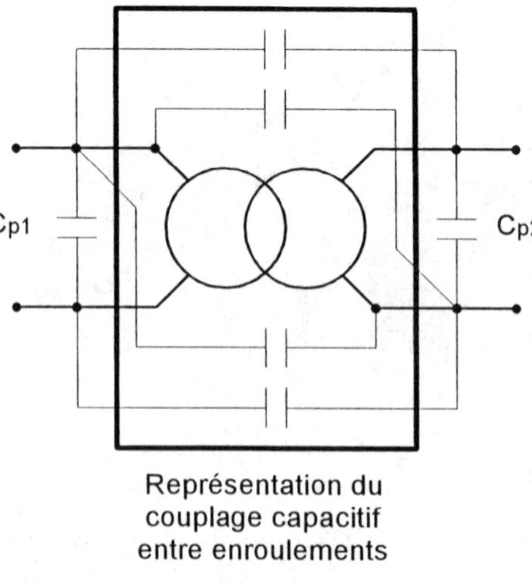

Figure V.31 : *Exemple de représentation des capacités parasites*

C_{p1} et C_{p2} sont les capacités propres de chaque enroulement. Le couplage entre les deux enroulements est représenté par un réseau que l'on peut justifier par la nécessité de rendre compte de l'existence pratique d'une capacité apparaissant entre deux bornes quelconques des deux enroulements.
D'une manière générale, une prédétermination de ces différentes composantes n'est possible qu'en imposant arbitrairement une répartition de potentiel sur les géométries considérées (cf. paragraphe suivant). Si cela est concevable dans le cas des capacités propres puisque l'on sait, au moins, où est appliquée la différence de potentiel globale, il n'en est pas de même dans le cas des capacités de couplage. Nous nous intéresserons donc exclusivement aux méthodes de prédétermination des capacités propres.

1.7.2.2. Détermination des capacités propres

Pour déterminer ces capacités propres, on utilise une méthode tout-à-fait similaire à celle présentée dans le calcul des inductances de fuite. Elle consiste à calculer l'énergie électrostatique W_{ES} localisée dans les différents isolants d'un bobinage alimenté par une tension continue V et à assimiler cette énergie à celle qui serait stockée dans un condensateur équivalent chargé à V. L'exemple déjà largement utilisé d'un enroulement concentrique nous servira de support.

* *Capacités entre couches*
Le schéma de la figure V.32 montre une coupe indiquant la disposition de deux couches successives du bobinage à partir de laquelle nous allons effectuer notre calcul. Ce dernier suppose les hypothèses simplificatrices suivantes :
– le système est observé en figeant la tension, notée V, aux bornes du bobinage,
– la répartition des potentiels est linéaire, continue et non discrète lorsque l'on décrit le bobinage,
– le champ électrique ne possède qu'une composante radiale et son module E ne dépend que de h.

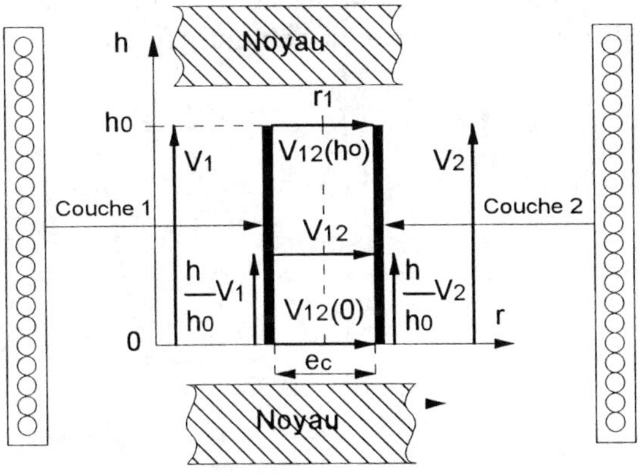

Figure V.32 : *Schéma équivalent pour le calcul des capacités entre couches*

Dans ces conditions

$$E(h) = \frac{V_{12}(h)}{ec} = \frac{1}{ec}\left[V_{12}(0) + \frac{h}{h_0}(V_2 - V_1)\right]$$

$$E(h) = \frac{V_{12}(h)}{ec} = \frac{1}{ec}\left[V_{12}(0) + \frac{h}{h_0}\left[V_{12}(h_0) - V_{12}(0)\right]\right]$$

On peut alors exprimer l'énergie électrostatique présente dans la couche d'isolant de permittivité ε :

$$W_{ES12} = \iiint \frac{\varepsilon E^2}{2} dV = \int_0^{h_0} \frac{\varepsilon E^2(h)}{2} 2\pi r_1 \, ec \, dh$$

En introduisant l'expression de E(h), on obtient :

$$W_{ES12} = \frac{\varepsilon \pi r_1}{ec} \int_0^{h_0} \left[V_{12}(0) + \frac{h}{h_0}\left[V_{12}(h_0) - V_{12}(0)\right]\right]^2 dh,$$

soit après intégration :

$$W_{ES12} = \frac{\varepsilon \pi r_1 h_0}{3ec}\left[V_{12}^2(0) + V_{12}(h_0)V_{12}(0) + V_{12}^2(h_0)\right]$$

Si le bobinage est constitué de nc couches similaires, l'énergie totale s'exprime :

$$W_{ES} = \frac{\pi \varepsilon h_0}{3ec} \sum_{i=1}^{nc-1} r_i \left[V_{i,i+1}^2(0) + V_{i,i+1}(h_0)V_{i,i+1}(0) + V_{i,i+1}^2(h_0)\right]$$

En identifiant cette énergie à celle stockée dans la capacité propre Cpc, chargée à la tension V, on obtient :

$$\frac{1}{2} C_{pc} V^2 = \frac{\pi \varepsilon h_0}{3ec} \sum_{i=1}^{nc-1} r_i \left[V_{i,i+1}^2(0) + V_{i,i+1}(h_0)V_{i,i+1}(0) + V_{i,i+1}^2(h_0)\right]$$

soit :

$$C_{pc} = \frac{2\pi \varepsilon h_0}{3ecV^2} \sum_{i=1}^{nc-1} r_i \left[V_{i,i+1}^2(0) + V_{i,i+1}(h_0)V_{i,i+1}(0) + V_{i,i+1}^2(h_0)\right]$$

On peut aisément appliquer ce résultat à deux exemples classiques de bobinages concentriques, qualifiés de continus et discontinus (figure V.33) :

a - Bobinage continu *b - Bobinage discontinu*

Figure V.33 : *Connexions dans les bobinages continu et discontinu*

Le bobinage continu, le plus répandu et le plus naturel, consiste à empiler les couches par allers-retours successifs, ce qui induit un motif alterné.

Le bobinage discontinu revient à associer des couches toutes identiques mais nécessite des liaisons entre couches plus délicates.
Dans le cas du bobinage continu, les différents potentiels caratéristiques entre deux couches sont :

$$V_{i,i+1}(0) = 0,\ V_{i,i+1}(h_0) = \frac{2V}{nc} \qquad \text{ou} \qquad V_{i,i+1}(0) = \frac{2V}{nc},\ V_{i,i+1}(h_0) = 0$$

ce qui conduit à la forme :

$$\left[V_{i,i+1}^2(0) + V_{i,i+1}(h_0)V_{i,i+1}(0) + V_{i,i+1}^2(h_0)\right] = \left[\frac{2V}{nc}\right]^2$$

Dans ce cas, la capacité propre vaut donc :

$$(Cpc)_{cont} = \frac{8\pi\varepsilon\, h_0}{3ec\ nc^2}\sum_{i=1}^{nc-1} r_i$$

Dans le cas du bobinage discontinu, ces potentiels deviennent :

$V_{i,i+1}(0) = V_{i,i+1}(h_0) = \dfrac{V}{nc}$, d'où :

$$\left[V_{i,i+1}^2(0) + V_{i,i+1}(h_0)V_{i,i+1}(0) + V_{i,i+1}^2(h_0)\right] = 3\left[\frac{V}{nc}\right]^2$$

On obtient finalement :

$$(Cpc)_{disc} = \frac{6\pi\varepsilon\, h_0}{3ec\ nc^2}\sum_{i=1}^{nc-1} r_i$$

On observe alors que le bobinage discontinu permet d'obtenir une réduction sensible de la capacité parasite. On peut donner un autre exemple (figure V.34) très significatif de moyen de réduction de la capacité propre d'un enroulement :

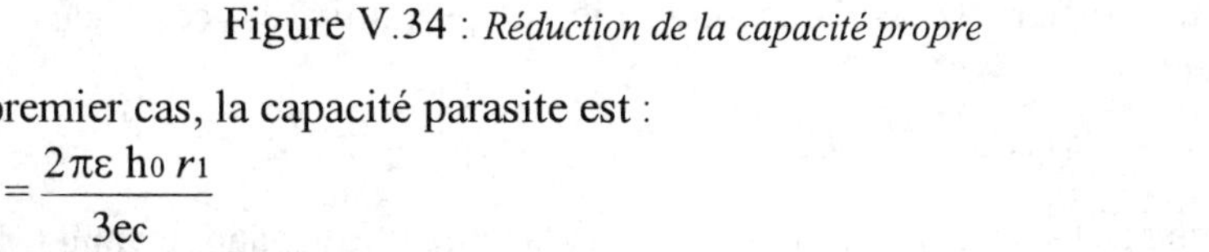

a - Bobinage continu à deux couches et un niveau

b - Bobinage continu à deux couches et trois niveaux

Figure V.34 : *Réduction de la capacité propre*

Dans le premier cas, la capacité parasite est :

$$(Cpc)_{2,1} = \frac{2\pi\varepsilon\, h_0\, r_1}{3ec}$$

Dans le second cas, elle devient :

$$(Cpc)_{2,3} = \frac{1}{3}\frac{h_0}{3}\frac{2\pi\varepsilon\, r_1}{3ec} = \frac{(Cpc)_{2,1}}{9}$$

Ceci montre la forte influence de la structure des bobinages sur le comportement capacitif du composant. Le concepteur doit donc prendre en compte cet aspect supplémentaire, ce qui ne contribue guère à simplifier sa tâche.

* *Capacités entre spires*

Il est également intéressant d'évaluer la capacité propre liée aux interactions entre les conducteurs d'une même couche. Pour cela, on utilise généralement une représentation très sommaire dans laquelle les n conducteurs de la couche sont de section carré (cf. figure V.35).

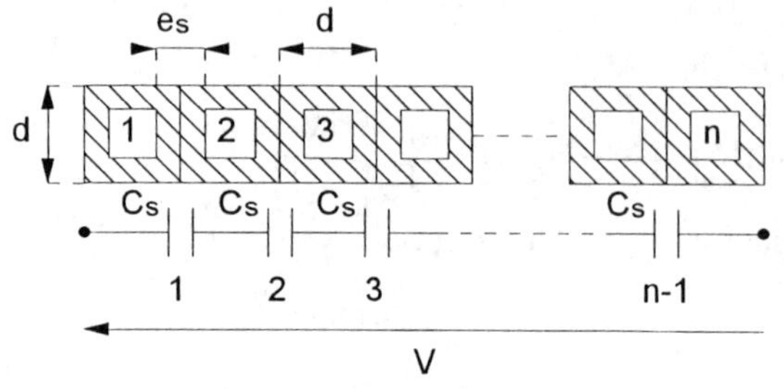

Figure V.35 : *Schéma équivalent pour le calcul des capacités entre spires*

On fait ensuite l'approximation du condensateur plan entre chaque conducteur, sachant que l'épaisseur totale d'isolant entre deux spires est e_s. En supposant que $e_s \ll d$ et dans l'hypothèse d'une couche de diamètre moyen r_1, on aboutit à une expression de la capacité inter-spires C_s qui est :

$$C_s \approx \frac{\varepsilon\, 2\pi r_1\, d}{e_s}$$

Si la différence de potentiel V est uniformément répartie sur la couche, la tension entre deux spires adjacentes est V/n. On en déduit que l'énergie totale stockée dans les isolants de cette couche est :

$$W_{ES} \approx \frac{1}{2}(n-1)C_s\left[\frac{V}{n}\right]^2 = \frac{n-1}{2n^2}\frac{\varepsilon\, 2\pi r_1\, d}{e_s}V^2$$

La capacité propre totale C_{ps} de la couche est alors :

$$C_{ps} = \frac{n-1}{n^2}\frac{\varepsilon\, 2\pi r_1\, d}{e_s}$$

Arrivés à ce stade, nous pouvons comparer, sur l'exemple d'un bobinage continu à deux couches, les poids relatifs des capacités inter-couches et inter-spires. Si l'on suppose que l'épaisseur totale des deux couches est faible devant le rayon moyen, et que les différents isolants ont même permittivité, ces deux capacités s'expriment :

$$C_{pc} = \frac{2\pi\varepsilon\, h_0\, r_1}{3e_c} \qquad \text{et} \qquad C_{ps} = 2\frac{n-1}{n^2}\frac{\varepsilon\, 2\pi r_1\, d}{e_s}$$

Sachant que $n\, d = h_0$ et en retenant l'hypothèse que n est grand devant 1, le rapport des deux grandeurs vaut sensiblement :

$$\frac{C_{pc}}{C_{ps}} \approx \frac{n}{6}\frac{e_s}{e_c}\frac{h_0}{d} = \frac{n^2}{6}\frac{e_s}{e_c}$$

Ce résultat indique que, dans le cas d'enroulements à fort nombre de spires, la capacité inter-spires sera généralement négligeable devant la capacité inter-couches. Un rapide exemple numérique, avec n = 20 et $e_c/e_s = 5$, donne un rapport C_{pc}/C_{ps} d'environ 13.

1.7.3. Modèle réactif global

Un modèle purement réactif global à constantes localisées peut être simplement obtenu en associant les deux représentations décrites dans les paragraphes précédents. On parvient alors à un exemple de schéma équivalent, pour un composant à deux enroulements, qui est celui de la figure V.36 :

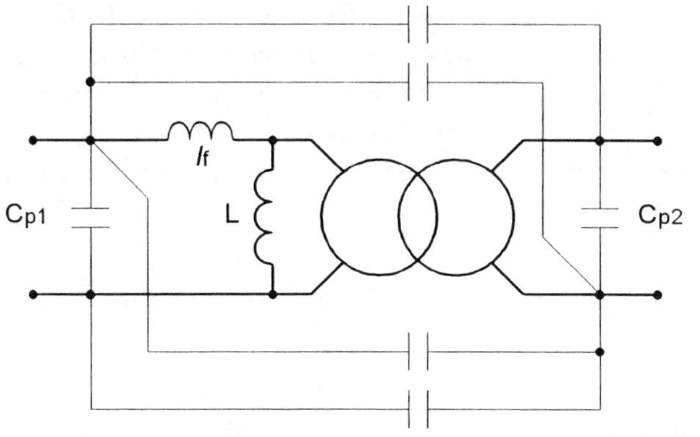

Figure V.36 : *Schéma équivalent réactif global*

On comprendra, à l'observation d'un tel schéma, que si l'on applique une tension d'excitation rectangulaire à l'un de ces enroulements, ce qui se produit dans la plupart des alimentations que nous avons décrites, la tension induite sur le second enroulement ne pourra avoir rigoureusement la même forme. Il faut néanmoins préciser que les fréquences caractéristiques associées à ce réseau sont, dans la majorité des cas, très supérieures aux fréquences de découpage, auquel cas on se trouve simplement confronté à des effets secondaires transitoires liés aux commutations.

Dans certains contextes particuliers, ces composantes parasites peuvent néanmoins intervenir au premier ordre. On peut citer l'exemple de la génération de hautes tensions qui nécessite des transformateurs dont les capacités parasites sont très importantes par construction, ou celui de la conversion à très haute fréquence pour lequel les composantes parasites ont un poids relatif beaucoup plus important. Le concepteur se trouve alors obligé de prendre en compte ces éléments lors de la définition du convertisseur, afin d'éviter de rencontrer de graves difficultés. Ceci explique une tendance actuelle qui est d'associer certains des éléments parasites à la conception-même de la structure de conversion, philosophie qui semble bien adaptée aux alimentations à résonance. Notons néanmoins que l'on sait peu de choses sur le vieillissement éventuel du composant magnétique, si l'on impose volontairement de forts niveaux d'énergie à ces éléments parasites. Ainsi, utiliser une capacité parasite comme constituant d'un circuit résonnant revient à appliquer aux diélectriques des couches d'isolement concernées, des contraintes tout-à-fait inhabituelles.

2. Les condensateurs

Les condensateurs utilisés dans le contexte de nos alimentations sont soumis à des contraintes sévères qui sont directement liées au découpage. Les courants qui leur sont imposés présentent un contenu harmonique important avec des vitesses de variations élevées (di/dt > 100A/µs). Les fréquences de sollicitation sont couramment supérieures à 20 kHz et peuvent atteindre le mégahertz pour des alimentations quasi-résonantes de faible puissance. On trouve ces condensateurs essentiellement dans les étages de filtrage d'entrée et de sortie (utilisation sous tension continue) mais ils peuvent être également soumis à des composantes de tension alternatives importantes, dans certains dispositifs (circuits d'aide à la commutation, circuits résonnants).

2.1. Caractéristiques principales des condensateurs

2.1.1. Schéma équivalent

Un schéma équivalent qui traduit relativement bien les différentes imperfections d'un condensateur est indiqué figure V.37-a :

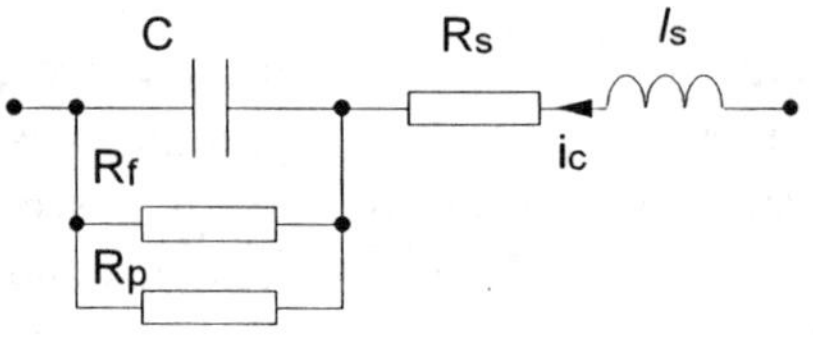

a - Schéma équivalent série-parallèle

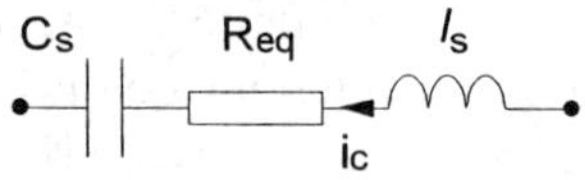

b - Schéma équivalent série

Figure V.37 : *Schémas équivalents d'un condensateur*

Dans ce premier schéma, on retrouve les éléments suivants :
– C, la capacité propre,
– Rf, la résistance de fuite,
– Rp, la résistance correspondant aux pertes diélectriques sous tension variable,
– Rs, *l*s, la résistance et l'inductance série des armatures et des connexions.

A ce schéma, on préfère souvent celui de la figure V.37-b qui a le mérite de la simplicité. Néanmoins, si l'on identifie cette seconde représentation à la première, la résistance équivalente Req qui y apparaît dépend de la fréquence. Si l'on appelle R la résistance correspondant à la mise en parallèle de Rp et Rf, on aboutit aux relations suivantes :

$$C_s = C\left[1+\frac{1}{(RC\omega)^2}\right] \quad \text{et} \quad R_{eq} = R_s + \frac{R}{1+(RC\omega)^2}$$

La résistance Req (nommée également ESR) représente la totalité des pertes à fréquence donnée.

Dans un premier domaine fréquentiel où l'effet de peau n'intervient pas, cette résistance est une fonction décroissante de la fréquence et tend vers R_s. Cette dernière augmente ensuite avec la fréquence du fait de l'effet pelliculaire.

Pour évaluer la qualité d'un condensateur en terme de pertes, on utilise fréquemment la notion de tangente de l'angle de pertes, notée $tg\delta$. Elle suppose un régime sinusoïdal et revient à quantifier le rapport entre les pertes P_{ec} et la puissance réactive Q. Ce rapport s'écrit, si l'on appel φ le déphasage de i_c par rapport à v_c :

$$\frac{P_{ec}}{Q} = \frac{1}{tg\varphi} = tg(\frac{\pi}{2} - \varphi) = tg\delta \text{, avec } \delta = \frac{\pi}{2} - \varphi$$

Sachant que :

$$tg\varphi = Arg(\frac{1}{\overline{Z}}) = -\frac{l_s\omega - \dfrac{1}{C_s\omega}}{R_{eq}}$$

On peut exprimer $tg\delta$: $$tg\delta = \frac{1}{tg\varphi} = \frac{R_{eq}C_s\omega}{1 - l_sC_s\omega^2},$$

soit $tg\delta \approx R_{eq}C_s\omega$, dans la gamme d'utilisation du condensateur.

L'angle de perte, tout comme $tg\delta$, doit idéalement tendre vers 0 (condensateur sans perte). Nous insistons sur le fait que ces grandeurs ne sont définies qu'en régime sinusoïdal et n'ont de sens que pour une fréquence donnée.

La figure V.38 représente une courbe d'impédance typique d'un condensateur, en fonction de la fréquence. Cette impédance présente un minimum égal à R_{eq}, pour la fréquence de résonance F_{co}.

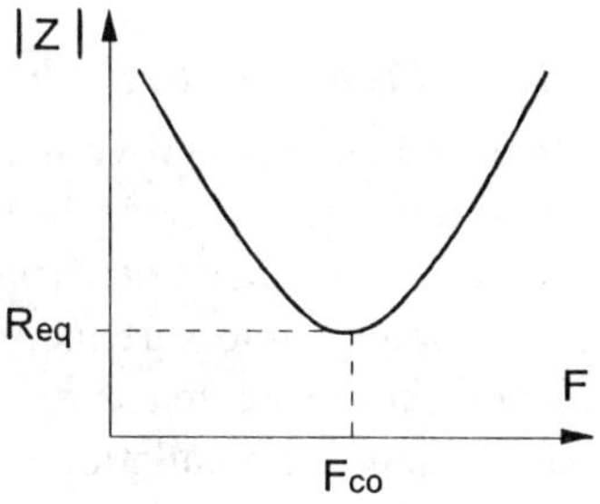

$$F_{co} = \frac{1}{2\pi\sqrt{l_sC_s}}$$

Figure V.38 : *Module de Z en fonction de la fréquence*

2.1.2. Limitations d'un condensateur

Les condensateurs utilisés en électronique de commutation sont fréquemment soumis à des contraintes en courant et en tension très importantes. Les limitations qui en découlent sont essentiellement liées aux premières (courant), de par les pertes qu'elles engendrent mais également du fait des efforts electro-dynamiques résultants.

2.1.2.1. Problèmes thermiques

Quelles que soient les technologies, les températures maximales de fonctionnement sont relativement basses ($\theta_M \leq 85°C$) et le vieillissement du diélectrique dépend directement de cette température. Les pertes, qui sont à l'origine de l'élévation de température, constituent donc, comme toujours, un élément auquel il faut prêter la plus grande attention. Comme l'indique le schéma équivalent présenté plus haut, ces pertes sont de diverses natures. On sera confronté à :

– des pertes diélectriques,

– des pertes Joule dans les connexions et les armatures, éventuellement majorées par l'effet pelliculaire,
– des pertes dues aux courants de Foucault dans les parties métalliques.
La figure V.39 montre un exemple de déclassement en courant au delà de 70°C pour un condensateur utilisant un diélectrique plastique.

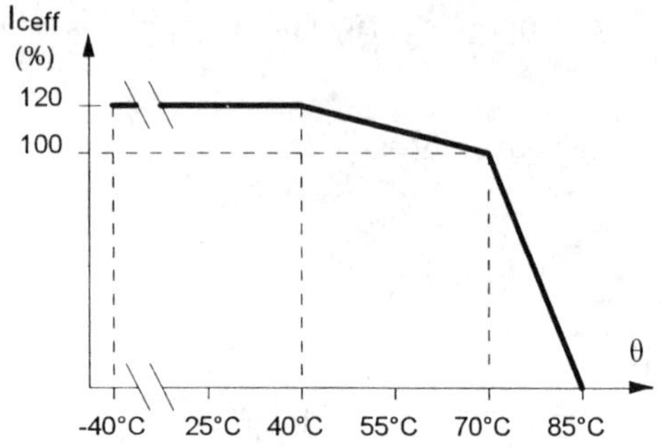

Figure V.39 : *Déclassement en courant en fonction de la température*

2.1.2.2. Problèmes liés à l'inductance série

L'inductance série provoque l'apparition de surtensions lors de variations rapides du courant qui traverse le condensateur. Un simple exemple numérique montre qu'une inductance de 10nH (valeur très faible) entraîne, aux bornes du condensateur, une surtension de 1V pour un di/dt de 100 A/µs. Cette valeur est inadmissible dans le cas du condensateur de sortie d'une alimentation à découpage dans laquelle l'ondulation de la tension doit généralement se situer en-deçà des 100mV. En conséquence, la fréquence d'utilisation doit être limitée à des valeurs très inférieures à la fréquence de résonance propre du condensateur, lorsque le courant présente un contenu harmonique important. La mise en parallèle permet de repousser cette limite et augmente la capacité en courant, mais au détriment du volume et du coût.

2.1.2.3. Problèmes liés aux courants impulsionnels

Les courants de fortes amplitudes soumettent les connexions à des forces qui peuvent provoquer leur rupture. Les condensateurs à film métallisé sont sensibles à ce paramètre de par les connexions, réalisées par projection de zinc en fusion (shoopage). Les constructeurs donnent alors les valeurs limites de la contrainte thermique I^2t.

2.2. Emploi des condensateurs

Les alimentations à découpage nécessitent l'emploi de condensateurs, d'une part pour les étages de filtrage des tensions d'entrée et de sortie, d'autre part dans les circuits d'aide à la commutation et les circuits résonnants. Pour les principaux convertisseurs, nous établirons les formes de courant caractéristiques auxquelles sont soumis les condensateurs et les valeurs efficaces associées.

2.2.1. Condensateurs de filtrage

Les condensateurs de filtrage ont pour fonction de minimiser les ondulations de tension. Ils fonctionnent donc en régime quasi-continu de tension. A l'entrée, ils permettent le filtrage de la tension réseau redressée et sont de forte valeur, compte-tenu de la fréquence. Ils doivent tenir un deuxième rôle qui est le découplage des cellules de commutation, c'est-à-dire recréer aux bornes de ces celllules une source de tension aussi idéale que possible afin de limiter les surtensions de commutation. Deux technologies de condensateurs peuvent éventuellement être associées.
A la sortie, ils ont uniquement une fonction de filtrage mais dont l'exigence de qualité est élevée. Nous ne considérerons ici que les contraintes engendrées par le découpage sur les condensateurs d'entrée (découplage) et de sortie (filtrage HF) avec l'hypothèse que les courants d'entrée (Ie) et de sortie (Is) sont continus (figure V.40).

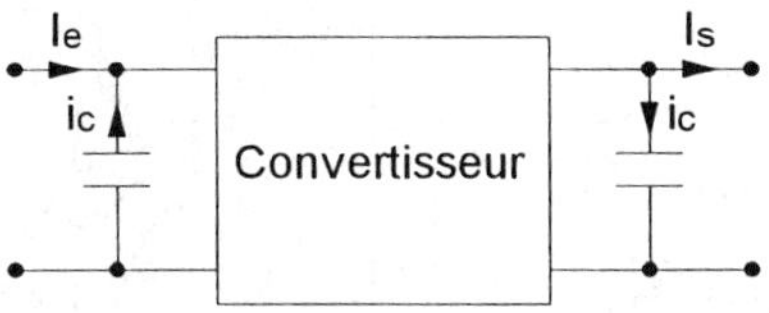

Figure V.40 : *Filtrages d'entrée et de sortie*

La figure V.41 représente les formes d'ondes de courant traversant les condensateurs d'entrée et de sortie, pour les principaux types d'alimentations à découpage.

2.2.2. Condensateurs de commutation et de résonance

Les condensateurs utilisés pour l'aide à la commutation sont soumis à de forts courants impulsionnels pendant la durée de la commutation. La valeur de l'inductance série est critique et doit être minimale. Par contre, les condensateurs employés pour la résonance opèrent en régime quasi-sinusoïdal. Dans les deux cas, la composante alternative de la tension supportée est importante, engendrant des pertes diélectriques. Sur la figure V.42, sont représentés les trois exemples suivants :

- condensateur d'un CALC,
- condensateur d'un convertisseur quasi-résonant,
- condensateur d'un circuit résonant série, en conduction discontinue.

<table>
<tr><td>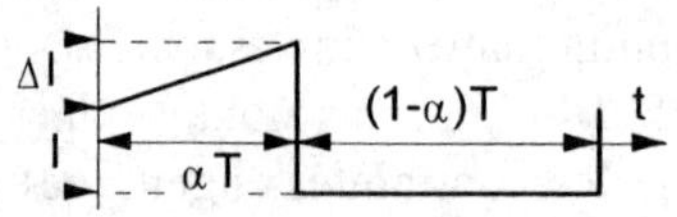
a - Commutation commandée (entrée)</td><td>$$Iceff = \sqrt{(I^2 + I\Delta I + \frac{\Delta I^2}{3})\alpha - (I + \frac{\Delta I}{2})^2 \alpha^2}$$ $$\Delta I = 0 \quad Iceff = I\sqrt{\alpha(1-\alpha)}$$ $$I = 0 \quad Iceff = \Delta I\sqrt{\frac{\alpha}{3} - \frac{\alpha^2}{4}}$$</td></tr>
<tr><td>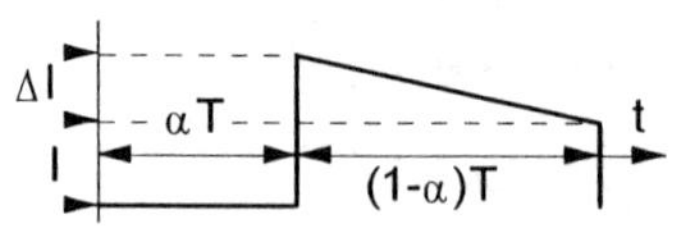
b - Alimentation Flyback (sortie)</td><td>*cas précédent avec 1 − α* $$\Delta I = 0 \quad Iceff = I\sqrt{\alpha(1-\alpha)}$$ $$I = 0 \quad Iceff = \Delta I\sqrt{\frac{1-\alpha}{3} - \frac{(1-\alpha)^2}{4}}$$</td></tr>
<tr><td>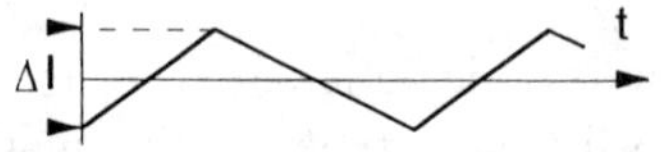
c - Alimentation Forward (sortie)</td><td>$$Iceff = \frac{\Delta I}{2\sqrt{3}}$$</td></tr>
<tr><td>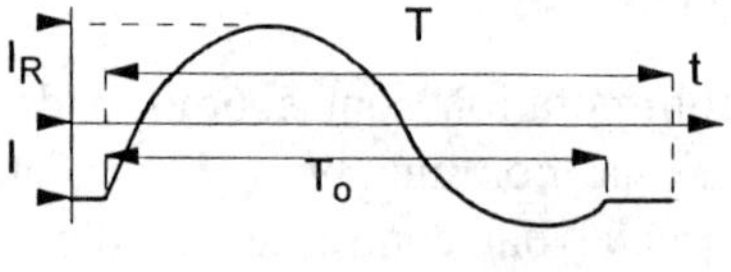
d - Alimentation quasi-résonnante (entrée)</td><td>$$Iceff = \sqrt{I^2 \frac{F}{Fo}\left[1 - \frac{Fo}{F}\right] + \frac{I_R^2}{2}\frac{F}{Fo}}$$</td></tr>
<tr><td>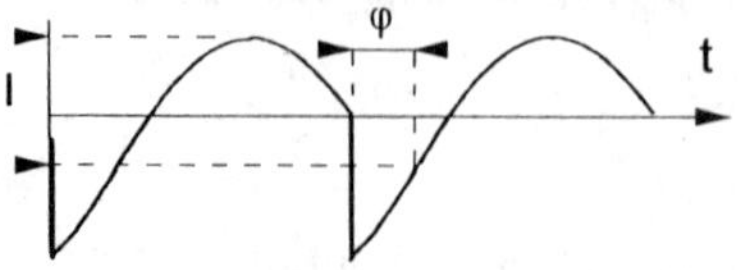
e - Alimentation à résonance (entrée-sortie)</td><td>$$Iceff = \frac{I}{\sqrt{2}}\sqrt{1 - \frac{8}{\pi^2}\cos^2\varphi}$$</td></tr>
</table>

Figure V.41 : *Formes d'ondes typiques dans les condensateurs de filtrage*

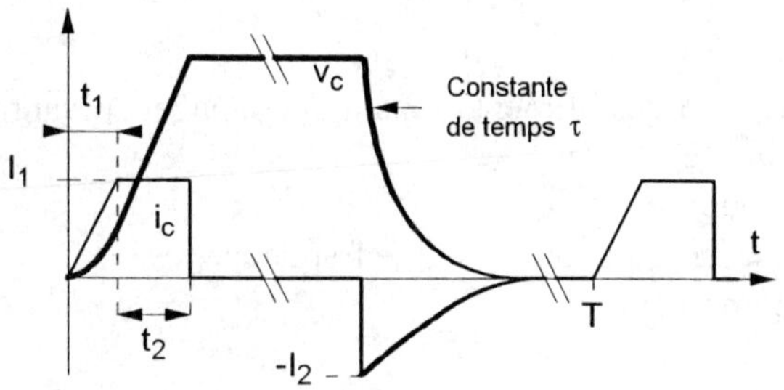

$$I_{ceff} = \sqrt{\frac{I_1^2}{3}\frac{t_1}{T} + I_1^2\frac{t_2}{T} + \frac{I_2^2}{2}\frac{\tau}{T}}$$

a - Contraintes sur le condensateur d'un CALC

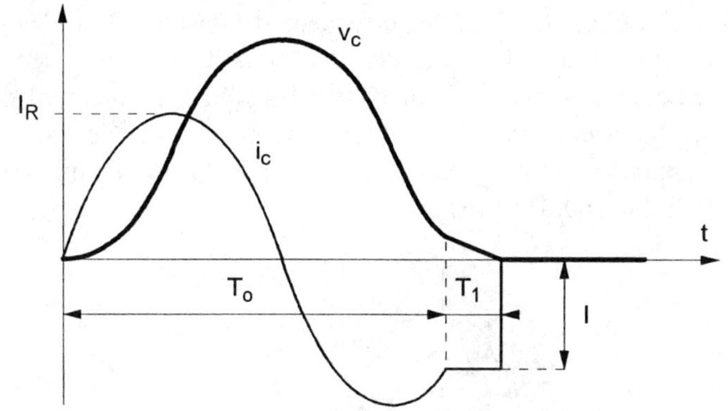

$$I_{ceff} = \sqrt{\frac{I_R^2}{2}\frac{F}{F_o} + I^2 T_1 F}$$

b - Contraintes sur le condensateur d'un convertisseur quasi-résonnant

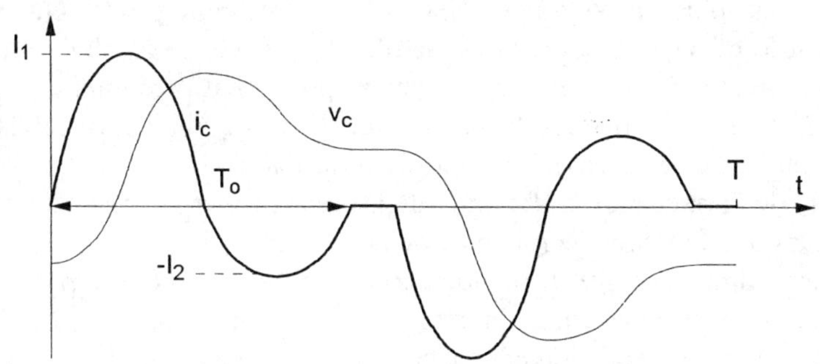

$$I_{ceff} = \sqrt{\frac{I_1^2 + I_2^2}{2}\frac{F}{F_o}}$$

c - Contraintes sur le condensateur d'un circuit résonnant série

Figure V.42 : *Contraintes en courant dans différents cas de figure*

2.3. Technologies employées

Trois technologies sont utilisées au sein des alimentations à découpage, suivant la fonction remplie par le condensateur :
– les condensateurs électrolytiques pour le filtrage,
– les condensateurs céramiques pour les applications haute fréquence,
– les condensateurs films pour la commutation.

2.3.1. Les condensateurs électrolytiques

Ce type de condensateurs est réalisé par bobinages d'armatures en aluminium associées à du papier imprégné d'électrolyte (figure V.43). Le diélectrique est formé d'une couche d'oxyde (alumine, épaisseur d'environ 1,2 nm/V) déposée sur une anode en aluminium. La cathode est constituée d'une seconde feuille d'aluminium associée au papier. Les deux feuilles sont généralement gravées pour augmenter leur surface active. On obtient ainsi des condensateurs polarisés présentant des capacités volumiques élevées (30 à 300 mJ/cm³) mais dont la tenue en courant reste faible (≈0,01A/μF).

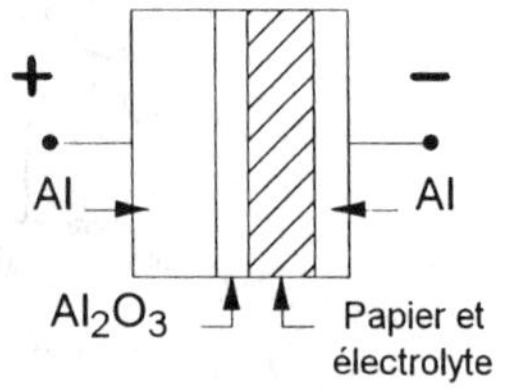

Figure V.43 : *Constitution d'un condensateur électrolytique*

Ces condensateurs sont utilisés pour le filtrage, sous des tensions continues maximales de 450V. Il est possible de réaliser des associations série-parallèle pour des puissances plus importantes. Les progrès technologiques ont permis la réalisation de condensateurs à très faible résistance série (TFRS) pour les applications haute fréquence. Ces derniers présentent néanmoins un volume supérieur à celui des condensateurs classiques. Les principales caractéristiques guidant le choix d'un condensateur électrolytique sont :
– le module de l'impédance en fonction de la fréquence et la résistance série, cette dernière étant une fonction décroissante de la fréquence,
– le courant admissible par le condensateur qui détermine les pertes, donc la température de fonctionnement et la durée de vie du condensateur.
Cette durée de vie, essentiellement fonction de la température de fonctionnement, est un point sensible dans le cas des condensateurs électrolytiques. Les figures V.44-a et V.44-b montrent des formes typiques de l'évolution de ces différentes grandeurs. Il s'agit :
– de la résistance série équivalente et du courant admissible, en coordonnées réduites, en fonction de la fréquence,
– de la durée de vie, en fonction de la température et du courant.

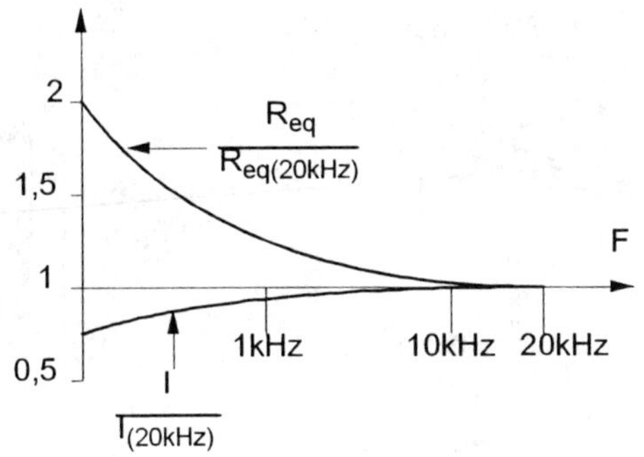

a - Résistance équivalente et courant admissible en fonction de F

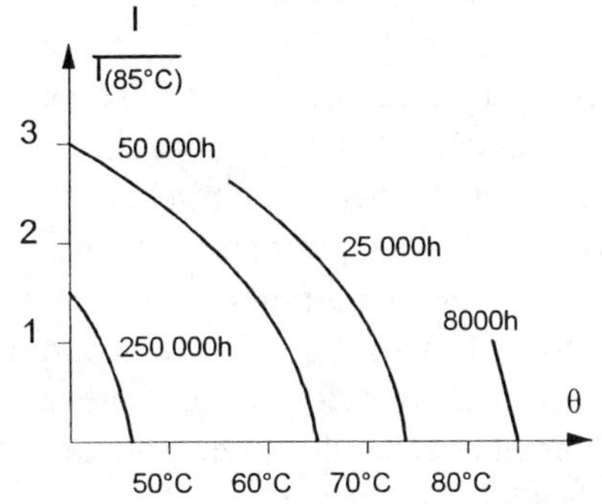

b - durée de vie en fonction de la température et du courant

Figure V.44 : *Evolution des grandeurs caractéristiques d'un condensateur électrolytique*

2.3.2. Les condensateurs céramiques

Les condensateurs céramiques utilisés pour les alimentations à découpage sont réalisés par empilage d'un nombre important de couches (100 à 200). Le diélectrique céramique, dans le cas du type I, est à base d'oxyde de titane, associé à de l'oxyde de magnésium ou de terres rares, tandis que, dans le cas du type II, il est à base de titanate de Baryum. Ce composé est broyé, oxydé et recuit sous pression à haute température (1400°C) pour former des couches d'épaisseurs comprises entre 15 et 50µm, avec des tailles des grains élémentaires de l'ordre du µm. L'interconnexion des électrodes fait intervenir une métallisation argent-palladium, une barrière de diffusion en nickel puis un étamage final étain-plomb, comme le montre la figure V.45, en coupe.

Les condensateurs de type I sont à base de céramiques stables, para-électriques et présentent une très bonne stabilité en fonction de la température, de la tension et de la fréquence. Les niveaux de pertes y sont réduits mais les permittivités relatives sont comprises entre 5 et 200, ce qui interdit l'obtention de fortes valeurs de capacité et cantonnent ainsi ces condensateurs à des applications relevant des domaines des hautes fréquences ou des hautes tensions.

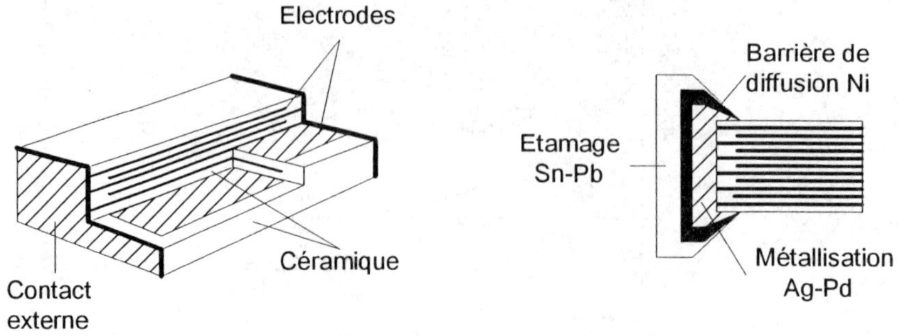

Figure V.45 : *Coupe d'un condensateur céramique*

Contrairement aux précédentes, les céramiques de type II sont instables, ferro-électriques et peuvent être le siège de phénomènes piézo-électriques. La valeur de la capacité dépend fortement de la température, de la tension et peut dériver dans le temps. A l'inverse du cas précédent, les permittivités relatives obtenues élevées (300 à 12000), avantage qui s'accompagne d'un niveau d'angle de pertes plus élevé. Malgré ces défauts, ces céramiques permettent la réalisation de condensateurs caractérisés par de fortes capacités volumiques (10 à 100 mJ/cm^3) et des courants admissibles élevés (0,2 à 100 A/µF). Ces caractéristiques les prédisposent au découplage et au filtrage HF mais leur coût reste élevé, ce qui semble être un frein important à une utilisation plus répandue. Leur domaine d'application privilégié reste celui des alimentations à haute fréquence.

Les principales caractéristiques données par les constructeurs sont :

– l'évolution de la capacité en fonction de la température,
– l'impédance en fonction de la fréquence,
– la résistance série équivalente en fonction de la fréquence, qui présente généralement un minimum,
– le courant admissible qui présente, inversement, un maximum en fonction de la fréquence.

A titre d'exemple, un condensateur céramique de 6,6µF/40V présente une fréquence de résonance de 4,9MHz, un courant admissible de 20A, une résistance série inférieure au mΩ et une inductance série inférieure au nH.

2.3.3. Les condensateurs films

Les condensateurs films sont obtenus par bobinage d'un ensemble rubans diélectriques-électrodes. Les matériaux diélectriques employés sont le papier, les matières plastiques telles que le polyester ou le polypropylène. Ce dernier matériau est actuellement le plus utilisé en électronique de puissance. Malgré une permittivité relative faible (2,2), il présente des caractéristiques intéressantes tant au niveau de la rigidité diélectrique que de la tangente de l'angle de pertes. Il existe également de nouveaux polymères tels que le polyfluorure de vinylidène (PVDF) qui présente une permittivité plus élevée. Ces matériaux peuvent être imprégnés par des isolants liquides (huiles minérales) ou solides (cires, résines époxydes). Dans le cas contraire il s'agira de condensateurs dits "secs".

Les électrodes de ce type de condensateurs sont réalisées, soit par métallisation du film, soit au moyen d'un ruban d'aluminium de 5 à 10 µm d'épaisseur, auquel cas on les qualifie de condensateurs à armatures.
Pour les applications à fortes intensités, une technique, consistant à souder les armatures débordantes, permet de réduire la résistance et l'inductance série et favorise l'évacuation des pertes via ces armatures. Dans les condensateurs métallisés, une couche de métal de faible épaisseur (10 à 50 nm) est déposée sur le diélectrique, améliorant ainsi la compacité (≤ 100mJ/cm³). Le contact électrique est réalisé par pulvérisation de métal en fusion sur l'extérieur du bobinage, opération qualifiée de "shoopage" (figure V.46). La principale caractéristique de ces condensateurs métallisés est l'autocicatrisation. En effet, si une rupture du diélectrique survient, il y a apparition d'un arc électrique qui vaporise la métallisation et favorise la formation d'un oxyde isolant si l'énergie dissipée est suffisante (> 10µJ). Un haut niveau de fiabilité est obtenu par crénelage de la métallisation, opération qui consiste à la diviser en une multitude de petits éléments connectés par une zone plus étroite jouant le rôle de fusible. La destruction d'un élément n'entraîne qu'une faible perte de capacité.

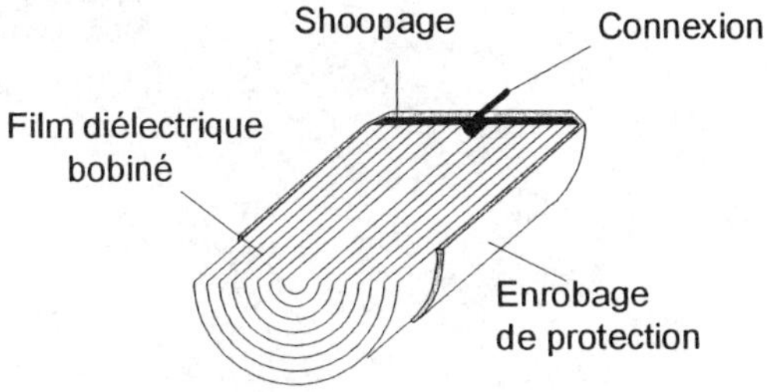

Figure V.46 : *Structures des condensateurs films métallisés*

Les paramètres de caractérisation de ces condensateurs sont les mêmes que ceux cités précédemment. Il faut néanmoins souligner que la température est ici un paramètre critique, du fait de la nature des diélectriques. Il faut donc prendre garde à l'évolution de tgδ, de la capacité et du courant admissible en fonction de la température ($\theta_M \leq 85°C$), évolution indiquée par les constructeurs. La contrainte thermique maximale I^2t de certains de ces condensateurs peut être également précisée, du fait de la relative fragilité de leurs connexions.
Les performances de ces condensateurs les rendent particulièrement bien adaptés aux applications sous tensions alternatives (résonance, circuits d'aide à la commutation) mais ils sont également largement employés dans les étages de filtrage et de découplage où leur bon comportement fréquentiel donne d'excellents résultats.

Chapitre VI

Modélisation des alimentations à découpage

1. Principes généraux de modélisation

La modélisation des convertisseurs continu-continu a pour but d'en analyser le comportement dynamique, en vue de prédéterminer et calculer les asservissements dont ils sont couramment munis. La difficulté majeure vient du principe même de ces convertisseurs. Ils sont non-linéaires et présentent plusieurs configurations électriques distinctes lors d'une période de découpage. Les méthodes exposées par la suite consistent à transformer ces systèmes linéaires par morceaux en systèmes invariants puis à linéariser le modèle moyen obtenu autour d'un point de fonctionnement. Cette linéarisation se justifie d'autant plus que les périodes de découpage habituellement rencontrées sont faibles devant les constantes de temps des filtres présents dans les convertisseurs.

1.1. Classification des convertisseurs

Il apparaît que l'on peut classer les convertisseurs en deux grandes familles, suivant leur mode de commande.

Les convertisseurs de la première famille font apparaître des configurations électriques dont les durées sont imposées par la commande. Dans ce mode de fonctionnement, l'évolution des variables d'état est dépendante de la charge mais les durées d'évolution restent connues. Cela concerne les convertisseurs en régime de conduction continue, utilisés en modulation de largeur d'impulsion. La technique de modélisation que nous proposerons sera celle des schémas équivalents moyens.

A la deuxième famille correspondent les convertisseurs commandés en amplitude et/ou fonctionnant en régime de conduction discontinue. Dans ce cas, une des variables d'état est limitée en amplitude, soit par la commande, soit par le fonctionnement intrinsèque dû au mode de conduction discontinue. La durée de certaines des configurations dépend alors de la charge. Cela concerne les convertisseurs à MLI en conduction discontinue et les convertisseurs à résonance. Dans ce second cas, la méthode de modélisation la plus couramment utilisée est celle des générateurs équivalents moyens.

1.2. Méthode des schémas équivalents moyens

Pour mener cette analyse, nous considérerons le cas d'un convertisseur réalisant deux configurations de durées respectives αT et $(1-\alpha)T$ au cours de la période de fonctionnement T. Ces durées sont imposées par la commande (commutation commandée).

1.2.1. Mise en équations

Pour la première configuration $(nT < t < (n+\alpha)T)$:

$$\frac{d\mathcal{X}}{dt} = A_1 \mathcal{X} + B_1 \mathcal{U}$$

Pour la deuxième configuration $((n+\alpha)T < t < (n+1)T)$:

$$\frac{d\mathcal{X}}{dt} = A_2 \mathcal{X} + B_2 \mathcal{U}$$

$\mathcal{X}$ représente le vecteur d'état, $\mathcal{U}$ est le vecteur d'entrée. A_1, A_2 sont les matrices carrées de chaque configuration. Si l'on procède à l'intégration, on obtient, pour la première configuration :

$\mathcal{X}(n+\alpha)T = e^{A_1\alpha T}\mathcal{X}(nT) + A_1^{-1}(e^{A_1\alpha T} - I)B_1 \mathcal{U}$,

puis, pour la seconde configuration :

$\mathcal{X}(n+1)T = e^{A_2(1-\alpha)T}\mathcal{X}(n+\alpha)T + A_2^{-1}(e^{A_2(1-\alpha)T} - I)B_2 \mathcal{U}$

En éliminant $\mathcal{X}(n+\alpha)T$ dans l'expression de $\mathcal{X}(n+1)T$, on aboutit à :

$$\mathcal{X}(n+1)T = e^{A_2(1-\alpha)T}e^{A_1\alpha T}\mathcal{X}(nT) + \left[e^{A_2(1-\alpha)T}A_1^{-1}(e^{A_1\alpha T} - I)B_1 + A_2^{-1}(e^{A_2(1-\alpha)T} - I)B_2\right]\mathcal{U}$$

E.VI.1

1.2.2. Modèle équivalent moyen

Le modèle précédent ne peut être viable qu'avec l'aide d'outils informatiques. La modélisation moyenne consiste à faire des approximations afin de se ramener à un circuit équivalent unique. Dans l'hypothèse où la période T est petite devant les constantes de temps du système, on peut remplacer les exponentielles de matrices par les premiers termes de leurs développements limités :

$e^{A_1\alpha T} \approx I + A_1\alpha T$

$e^{A_2(1-\alpha)T} \approx I + A_2(1-\alpha)T$

Ce qui donne, dans E.VI.1 :

$$\mathcal{X}(n+1)T = (I + A_1\alpha T)[I + A_2(1-\alpha)T]\mathcal{X}(nT) + \left[(I + A_2(1-\alpha)T)A_1^{-1}(I + A_1\alpha T - I)B_1 + A_2^{-1}(I + A_2(1-\alpha)T - I)B_2\right]\mathcal{U}$$

En ne conservant que les termes du premier ordre, ce résultat devient :

$\mathcal{X}(n+1)T = [I + A_1\alpha T + A_2(1-\alpha)T]\mathcal{X}(nT) + [\alpha B_1 + (1-\alpha)B_2]T\,\mathcal{U}$

On pose :

$A(\alpha) = A_1\alpha + A_2(1-\alpha)$ et $B(\alpha) = B_1\alpha + B_2(1-\alpha)$

On obtient finalement :

$$\mathcal{X}(n+1)T = [I + A(\alpha)T]\mathcal{X}(nT) + B(\alpha)T\ \mathcal{U}$$

Or, nous serions parvenu au même résultat en développant au premier ordre l'équation :

$$X(n+1)T = e^{A(\alpha)T}\,X(nT) + A(\alpha)^{-1}\left[e^{A(\alpha)T} - I\right]B(\alpha)U,$$

où X est une grandeur à temps continu, cette équation représentant la solution de l'équation différentielle unique suivante :

$$\frac{dX}{dt} = A(\alpha)\,X + B(\alpha)U$$

L'approche de la modélisation proposée consiste à assimiler $\mathcal{X}$ à X, donc à une variable qui est la grandeur d'entrée d'un circuit linéaire unique, caractérisé par l'équation différentielle ci-dessus, encore appelé ***schéma équivalent moyen***. Il nous faut souligner ici l'ambiguïté de cette terminologie qui est usuellement employée. En effet, y sont associées la notion de schéma équivalent destiné aux études dynamiques et la notion de moyenne généralement liée aux grandeurs continues. Dans tout ce chapitre, il sera beaucoup question de grandeurs dites "moyennes" qui seront en fait des grandeurs instantanées à évolution lente par rapport aux périodes de découpage.

1.2.3. Exemple

Le paragraphe précédent nous montre que ce modèle revient à faire la moyenne temporelle des équations d'état de chaque configuration. Nous avons retenu l'exemple du hacheur série (figure VI.1) pour illustrer cette méthode de modélisation :

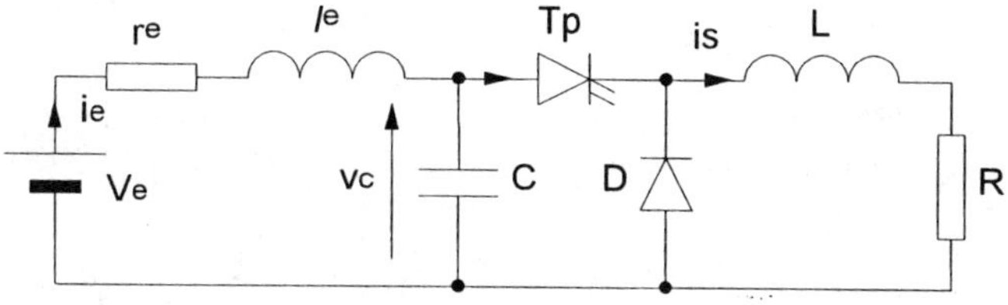

a - Schéma équivalent du hacheur série

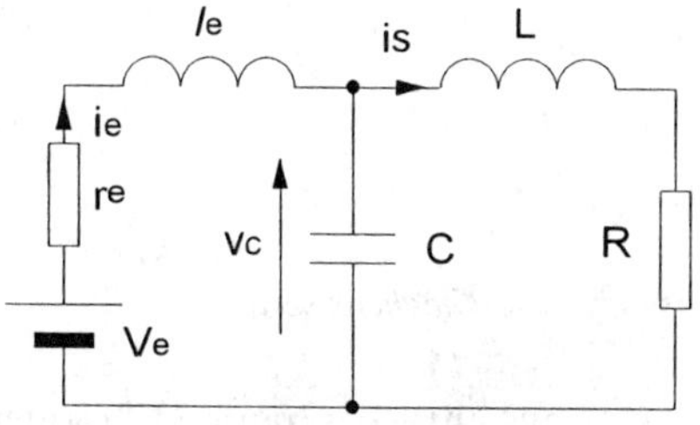

b - Schéma équivalent pour 0 ≤t ≤αT

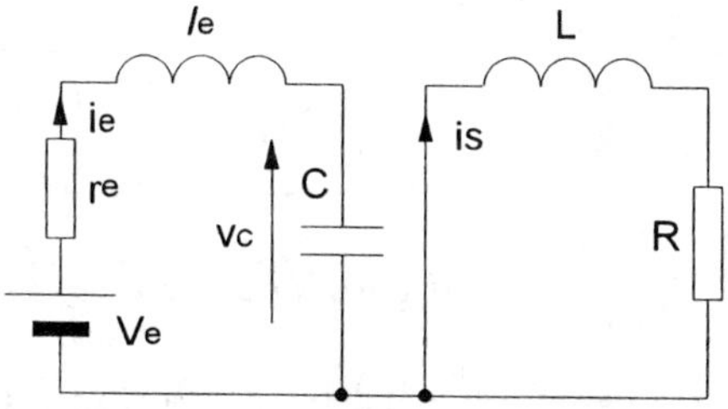

c - Schéma équivalent αT ≤t ≤T

Figure VI.1 : *Hacheur série et ses deux configurations en régime continu*

La figure VI.1-a montre le schéma équivalent complet du hacheur faisant intervenir un filtre d'entrée et ses imperfections, tandis que sur les figure VI.1-b et VI.1-c apparaissent les schémas équivalents correspondant à chacune des configurations imposées par la commande. Les équations associées, exprimées à travers la transformée de Laplace, sont les suivantes :

Système A pour $0 \le t \le \alpha T$	Système B pour $\alpha T \le t \le T$
$Ve = (re + le\,p)ie + vc$	$Ve = (re + le\,p)ie + vc$
$Cp\,vc = ie - is$	$Cp\,vc = ie$
$vc = (R + L\,p)is$	$0 = (R + L\,p)is$

La moyenne temporelle de ces deux systèmes d'équations nous donne :

$$\alpha A + (1-\alpha)B \quad \Rightarrow \quad \begin{cases} Ve = (re + le\,p)ie + vc \\ Cp\,vc = ie - \alpha\, is \\ \alpha\, vc = (R + Lp)is \end{cases}$$

Ce dernier système permet donc une modélisation aux valeurs moyennes du hacheur à laquelle on peut associer les deux schémas équivalents moyens de la figure VI.2 :

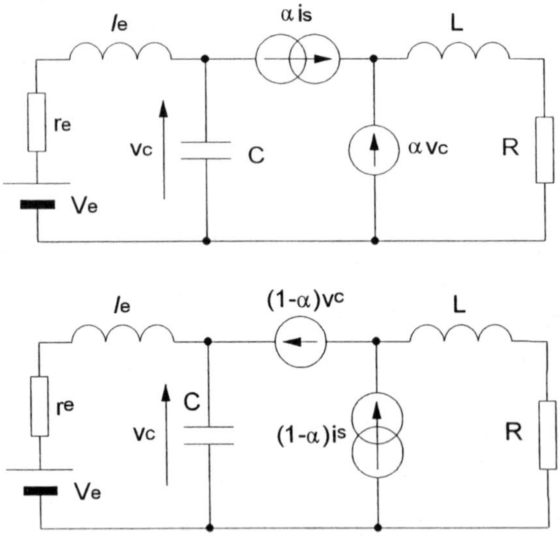

Figure VI.2 : *Schémas équivalents moyens du hacheur série*

Il est essentiel d'insister sur le fait que les équations utilisées pour la "moyenne temporelle" doivent nécessairement faire intervenir les variables d'état. En effet, celles-ci ne subissent pas de discontinuité lors du changement de configuration dû à la commutation des interrupteurs.

Parallèlement, la condition de validité du modèle approché veut que la période de découpage T soit faible devant les constantes de temps du système, condition en général vérifiée dans les convertisseurs à découpage. Pour illustrer la nature de l'approximation effectuée, la figure VI.3 indique les formes comparées du courant réel et du courant résultant du modèle moyen, dans l'exemple du hacheur série précédent, lors de sa mise sous tension. La valeur de la constante de temps de charge L/R est de l'ordre de quelques périodes de découpage.

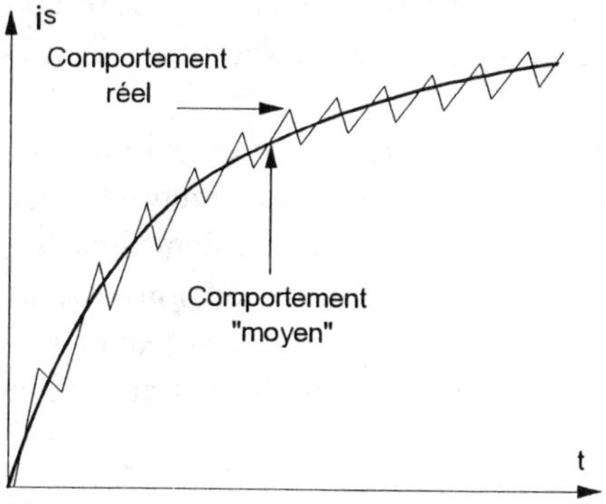

Figure VI.3 : *Allure des courants lors du démarrage du hacheur série*

1.2.4. Exploitation de la méthode

L'exemple de modélisation cité précédemment a conduit à deux schémas équivalents. Nous pouvons remarquer que ces schémas respectent la topologie initiale du convertisseur, l'interrupteur T pouvant être remplacé par une source de courant $\alpha$is ou une source de tension (1-α)vc, la diode D par une source de tension αvc ou une source de courant (1-α)is. Ces considérations conduisent à énoncer la méthode d'élaboration de schémas équivalents suivante :

– indiquer toutes les variables d'état sur le schéma initial,

– représenter le schéma de l'une quelconque des deux configurations possibles où certains interrupteurs sont donc fermés et les autres ouverts,

– exprimer, en fonction des variables d'état, les courants i des interrupteurs fermés et les tensions v aux bornes des interrupteurs ouverts,

– si la configuration étudiée est réalisée pendant la fraction αT de la période T de fonctionnement, remplacer, sur le schéma, les interrupteurs fermés par des générateurs de courant αi, les interrupteurs ouverts par des générateurs de tension αv.

L'établissement du schéma équivalent moyen ne nécessite aucune simplification du schéma de base.

Ainsi il est possible de faire intervenir tous les éléments parasites (résistances séries, inductances de fuite, etc...). A partir de ce modèle, il est aisé d'écrire les équations statiques, puis, en considérant les petites variations des différentes grandeurs, de calculer les fonctions de transfert au voisinage d'un point de fonctionnement.

1.3. Méthode des générateurs équivalents moyens

1.3.1. Principe de la modélisation

Les conditions de la méthode exposée précédemment ne sont plus vérifiées pour les convertisseurs à commutation naturelle ou les convertisseurs à commutation commandée, en régime discontinu. Dans ces deux cas de figures, il apparaît, d'une part, des durées de configurations qui dépendent des conditions de fonctionnement, d'autre part, des constantes de temps qui sont de l'ordre de grandeur de la période de découpage. De ce fait, au moins une des variables d'état est nulle au changement de configuration.
L'analyse des variables à chaque période n'étant plus possible, on s'intéresse à l'évolution de leur "valeur moyenne". La méthode consiste à remplacer le convertisseur par un générateur continu équivalent dont le courant (ou la tension) est la valeur moyenne du courant (ou de la tension) ***calculée sur une période de découpage***. L'exemple de la figure VI.4, dans lequel un convertisseur à sortie "courant" est chargé par un couple RC, précise la transformation effectuée.

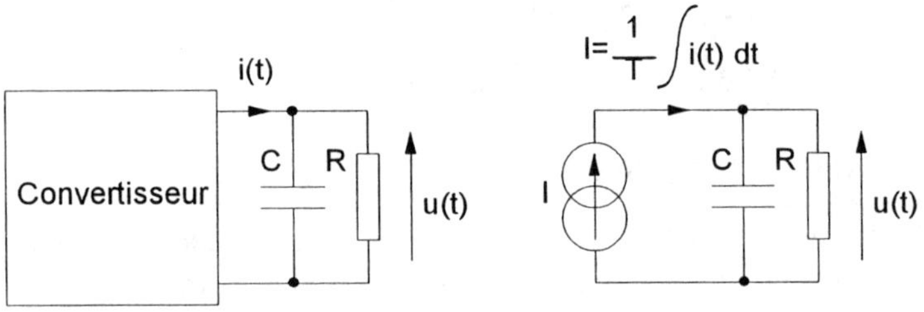

Figure VI.4 : *Générateur équivalent moyen*

Dans l'exemple suivant, nous préciserons plus avant les éléments de cette méthode.

1.3.2. Exemple du hacheur série en conduction discontinue

Afin de présenter la procédure détaillée correspondant à ce principe de modélisation, nous utiliserons, une nouvelle fois, l'exemple commode du hacheur série (figure VI.5), supposé être, maintenant, en régime discontinu de courant.
Après avoir déterminé la forme du courant de sortie i_L de la cellule interrupteur-diode, dans le cas de la conduction discontinue ($i_{Lmin} = 0$), on effectue la moyenne de ce courant sur la période de découpage T :

$$(I_{Lmoyen})_{HF} = \frac{1}{T}\int_0^T i_L \, dt = I_{LM}\frac{\alpha + \alpha'}{2},$$

avec $I_{LM} = (Ve - Vs)\,\alpha\frac{T}{L} = Vs\,\alpha'\frac{T}{L}$

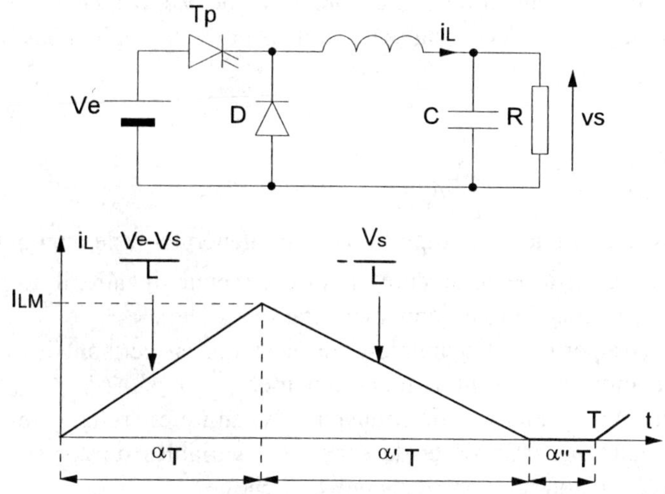

Figure VI.5 : *Hacheur série en régime discontinu*

Si l'on s'intéresse maintenant au fonctionnement du dispositif étudié en régime transitoire, en supposant toujours qu'il y a un écart important entre la période de découpage et les constantes de temps dues à l'existence des filtres, l'observation du courant moyen défini ci-dessus période après période nous donnera une information faiblement discrétisée (et ne tenant pas compte du découpage) sur l'évolution du courant. ***Cela nous amène à introduire une grandeur liée aux variations lentes devant la période de découpage et que, faute d'un formalisme totalement satisfaisant, nous noterons*** $(i_L)_{BF}$. L'indice BF indique une notion de basse fréquence, par rapport à la fréquence de découpage. Comme nous l'avons déjà signalé, dans la littérature, le terme "moyen" est souvent conservé pour définir cette composante à variation lente, ce qui nous paraît être une dénomination peu appropriée et propice à la confusion, par rapport aux différents domaines temporels vis-à-vis desquels nous cherchons à nous situer. Si nous n'avons pas voulu changer les dénominations de "schéma équivalent moyen" et de "générateur équivalent moyen", nous essaierons néanmoins dans la mesure du possible, de bien différencier (le terme est bien choisi comme nous le verrons ci-dessous) les grandeurs moyennes effectives calculées sur la période de découpage et la grandeur approchée $(i_L)_{BF}$ qui s'exprime :

$$(i_L)_{BF} = I_L + d(I_{Lmoyen})_{HF}$$

I_L est le point de repos autour duquel se produit une petite variation $d(I_{Lmoyen})_{HF}$. Il s'agit donc d'une modélisation en petits signaux. Afin de simplifier la représentation, nous poserons $d(I_{Lmoyen})_{HF} = \hat{i}_L$. Cette grandeur, qui est ici une fonction de V_e, V_s, α, etc..., s'exprime :

$$d(I_{Lmoyen})_{HF} = \hat{i}_L = \frac{\partial(I_{Lmoyen})_{HF}}{\partial V_e} dV_e + \frac{\partial(I_{Lmoyen})_{HF}}{\partial V_s} dV_s + \ldots$$

que l'on peut mettre sous la forme, en étendant la notation précédente :

$$\hat{i}_L = \frac{\partial(I_{Lmoyen})_{HF}}{\partial V_e} \hat{v}_e + \frac{\partial(I_{Lmoyen})_{HF}}{\partial V_s} \hat{v}_s + \ldots$$

$\hat{v}e$, $\hat{v}s$, etc..., sont également de petites variations de Ve, Vs, etc..., toujours lentes vis-à-vis de la période de découpage. Ainsi, dans notre exemple, nous obtenons :

$$\hat{i}_L = \frac{\alpha + \alpha'}{2}\hat{i}_{LM} + \frac{I_{LM}}{2}(\hat{\alpha} + \hat{\alpha}')$$

avec :

$$\hat{i}_{LM} = \frac{Ve - Vs}{L}T\hat{\alpha} - \frac{\alpha T}{L}\hat{v}s + \frac{\alpha T}{L}\hat{v}e$$

Le convertisseur sera alors remplacé par un générateur de courant de valeur $(i_L)_{BF} = I_L + \hat{i}_L$. A partir de cette représentation devenue linéaire, il est possible :

– de mettre en évidence le fonctionnement statique,

– d'étudier le comportement dynamique du système en écrivant les équations en petits signaux autour d'un point de fonctionnement,

– d'en déduire les fonctions de transfert dynamiques reliant les principales variables (les tensions d'entrée et de sortie, les variables de commande telles le rapport cyclique, le courant crête dans une branche).

Dans tout ce qui suit et conformément à cette présentation, nous utiliserons pour les différentes variables, la notation $x = X + \hat{x}$***, où*** X ***est la valeur du régime permanent (point de fonctionnement) et*** $\hat{x}$ ***est une petite variation autour de ce point de fonctionnement. Nous éliminerons donc l'indice BF qui alourdit considérablement la notation, mais les lecteurs devront garder à l'esprit que*** x ***n'est pas une véritable grandeur instantanée et ne peut être utilisée que dans les conditions définies ci-dessus.***

Remarque :
Cette notation est difficile à appliquer dans le cas particulier de α. Le "α" qui apparaîtra donc dans toutes les expressions relatives aux régimes dynamiques sera le point de repos, sa composante variable étant notée $\hat{\alpha}$.

2. Modélisation des alimentations à commutation commandée

Les méthodes exposées précédemment seront appliquées aux alimentations à découpage asymétriques les plus courantes (Forward et Flyback), afin d'obtenir les différentes fonctions de transfert. La modélisation des structures symétriques s'obtient aisément à partir de celle développée pour le Forward. Les différentes fonctions de transfert des hacheurs sont résumées en annexe B.

2.1. Alimentation FORWARD

2.1.1. Fonctions de transfert en conduction continue.

Au secondaire, l'alimentation est équivalente à un hacheur abaisseur de tension, dont D serait l'interrupteur et mVe la tension d'entrée continue, ceci en idéalisant le transformateur.

Le convertisseur fonctionnant en conduction continue et étant commandé par le rapport cyclique, il est possible d'établir le schéma équivalent moyen au secondaire. Pendant l'intervalle de temps αT, D_{TR} conduit le courant i_L, tandis que D est bloquée, avec à ses bornes la tension mV_e. Pour aboutir au schéma équivalent moyen (figure VI.6) on remplace donc D_{TR} par un générateur de courant αi_L et D par un générateur de tension $\alpha\, mV_e$.

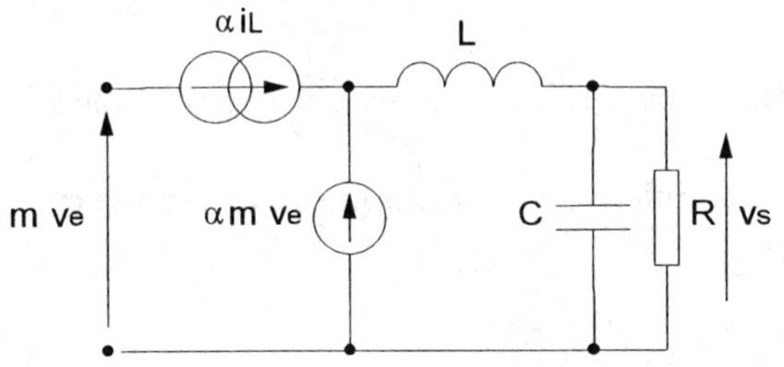

Figure VI.6 : *Schéma équivalent moyen de l'alimentation Forward*

On déduit de ce schéma le régime permanent suivant :

$V_s = \alpha\, mV_e$

Nous allons maintenant nous intéresser aux différents modèles petits signaux de ce hacheur. Les variations de la tension de sortie s'expriment :

$$\hat{v}_s = (\hat{\alpha}\, mV_e + \alpha\, m\hat{v}_e)\frac{\dfrac{R}{1+RCp}}{Lp+\dfrac{R}{1+RCp}}$$

$$\hat{v}_s = \frac{R}{1+RCp}\,\hat{i}_L$$

Nous pouvons utiliser ces relations pour déduire différentes fonctions de transfert :

$$\frac{\hat{v}_s}{\hat{\alpha}} = mV_e\frac{1}{1+\dfrac{L}{R}p+LCp^2}$$

$$\frac{\hat{v}_s}{\hat{v}_e} = \alpha\, m\,\frac{1}{1+\dfrac{L}{R}p+LCp^2}$$

$$\frac{\hat{i}_L}{\hat{\alpha}} = \frac{mV_e}{R}\,\frac{1+RCp}{1+\dfrac{L}{R}p+LCp^2}$$

2.1.2. Commande en amplitude

La commande au blocage de l'interrupteur de puissance peut s'effectuer sur une consigne de courant. Le blocage intervient alors lorsque le courant dans l'inductance atteint une valeur de consigne i_{cons} (figure VI.7). Il peut s'agir, par exemple, de la protection en courant de l'interrupteur.

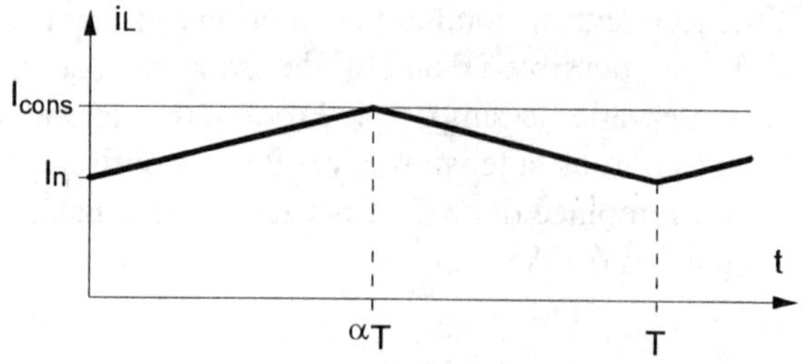

Figure VI.7 : *Courant dans l'inductance dans une commande en amplitude*

Les grandeurs qui nous intéresse ici, s'expriment, en régime permanent :

$*I_{Lmoyen} = \dfrac{I_n + I_{cons}}{2}$

$*I_{cons} = I_n + \dfrac{mV_e - V_s}{L}\alpha T$

$*V_s = \alpha\, mV_e$

Conformément à la méthode décrite au paragraphe VI.1.3, la modélisation en régime dynamique s'obtient en remplaçant l'alimentation par un générateur équivalent moyen. Les grandeurs dynamiques correspondantes sont donc obtenues par différenciation des relations précédentes, ce qui donne, en supposant la tension Ve constante :

$$\hat{i}_L = \frac{\hat{i}_n + \hat{i}_{cons}}{2}$$

$$\hat{i}_{cons} = \hat{i}_n + \frac{mV_e - V_s}{L}\hat{\alpha} T - \frac{\hat{v}_s}{L}\alpha T$$

$$\hat{v}_s = \hat{\alpha}\, mV_e = \frac{R}{1 + RCp}\hat{i}_L$$

On en déduit la fonction de transfert :

$$\frac{\hat{v}_s}{\hat{i}_{cons}} = \frac{R}{\left[1 + \dfrac{RT}{2L}(1 - 2\alpha)\right]\left[1 + \dfrac{RC}{1 + \dfrac{RT}{2L}(1 - 2\alpha)}p\right]}$$

Avec la condition $T << L/R$, cette fonction de transfert équivaut à celle obtenue avec le schéma équivalent moyen du paragraphe précédent, où i_{cons} est confondu avec i_{Lmoyen}, soit :

$$\frac{\hat{v}_s}{\hat{i}_{cons}} = \frac{R}{1 + RCp}$$

On peut noter l'intérêt éventuel de ce type de commande qui introduit une fonction de transfert du premier ordre, contrairement à la commande classique en α qui fait apparaître une fonction de transfert du second ordre, directement liée à la présence du filtre. La commande en amplitude revient, en fait, à réaliser un générateur de courant (incluant L) contrôlé à l'échelle de la période de découpage, générateur qui alimente l'ensemble RC.

Instabilité de ce type de commande

Cette commande en amplitude peut présenter une instabilité dans certaines conditions de fonctionnement. En exprimant la valeur minimale du courant inductif i_{n+1} à l'instant $(n+1)T$ en fonction de la valeur i_n de ce même courant à l'instant nT, nous obtenons une relation récurrente $i_{n+1} = f(i_n)$ qui nous permettra d'étudier la stabilité :

$$i_L(\alpha T) = I_{cons} = i_n + \frac{mV_e - V_s}{L}\alpha T$$

$$i_{n+1} = I_{cons} - \frac{V_s}{L}(1-\alpha)T$$

en éliminant α, nous obtenons :

$$i_{n+1} = I_{cons} - \frac{V_s}{L}T + \frac{V_s}{L}\;\frac{L}{mV_e - V_s}(I_{cons} - i_n)$$

Soit, en fonction du point de repos normalisé $y = \dfrac{V_s}{mV_e}$:

$$i_{n+1} = -\frac{y}{1-y}\,i_n - \frac{y\,mV_e}{LF} + \frac{I_{cons}}{1-y} \qquad \text{E.VI.2}$$

Par ailleurs, aux deux limites extrêmes du rapport cyclique, correspondent les deux équations récurrentes supplémentaires :

$$\alpha = 1 \qquad i_{n+1} = i_n + \frac{mV_e - V_s}{L}T = i_n + mV_e\frac{1-y}{L}T$$

$$\alpha = 0 \qquad i_{n+1} = i_n - \frac{V_s}{L}T = i_n - \frac{y mV_e}{L}T$$

Enfin, de par le principe même du mode de commande, i_n et i_{n+1} ne peuvent excéder la valeur I_{cons}. Avec ces différents éléments, il est alors possible de représenter le graphe de $i_{n+1} = f(i_n)$, conformément à la figure VI.8.

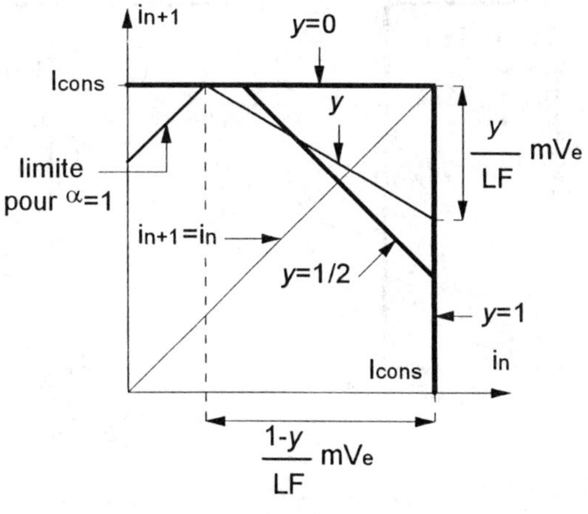

Figure VI.8 : *Graphe de $i_{n+1} = f(i_n)$*

On retrouve différentes caractéristiques ($y = 0$, 0,5, 1 et une valeur quelconque) liées à la relation E.VI.2, et les limites dues à I_{cons} et $\alpha = 1$.

Nous y avons également tracé la bissectrice d'équation $i_{n+1} = i_n$, pour deux raisons :
– elle porte le point d'équilibre, s'il existe,
– dans une représentation de l'évolution de $i_{n+1} = f(i_n)$ sur plusieurs périodes, le "i_{n+1}" d'une période constitue, par définition, le "i_n" de la suivante et la trajectoire de $i_{n+1} = f(i_n)$ passera donc cycliquement par un point de cette bissectrice.

Un tel système devient instable, d'après les propriétés des relations récurrentes (convergence), lorsque le module de la pente $d(i_{n+1})/d(i_n)$ excède 1, soit pour :

$\frac{y}{1-y} > 1$, qui mène à $y > \frac{1}{2}$

A partir du graphe de la figure VI.8, nous pouvons représenter la trajectoire de $i_{n+1} = f(i_n)$, à partir d'une condition initiale quelconque I_{no}, dans une configuration stable (figure VI.9-a) et pour la configuration limite (figure VI.9-b).

Sur les deux trajectoires, on retrouve des segments horizontaux correspondant au changement de période ($i_n(T_2) = i_{n+1}(T_1)$) et des segments verticaux correspondant au passage de i_n à i_{n+1} (durée T), cette dernière valeur se trouvant sur une droite issue de la relation E.VI.2., ***la représentation (droite unique) supposant que y ne varie pas ou peu durant l'observation, ce qui est généralement vérifié de par la présence du filtre de sortie.***

Dans la première configuration, la trajectoire converge vers un point d'équilibre situé naturellement sur la première bissectrice d'équation $i_n = i_{n+1}$.

Dans la seconde configuration, la trajectoire ne converge pas mais reste stable, induisant un régime limite dans lequel la fréquence de fonctionnement a été divisée par deux.

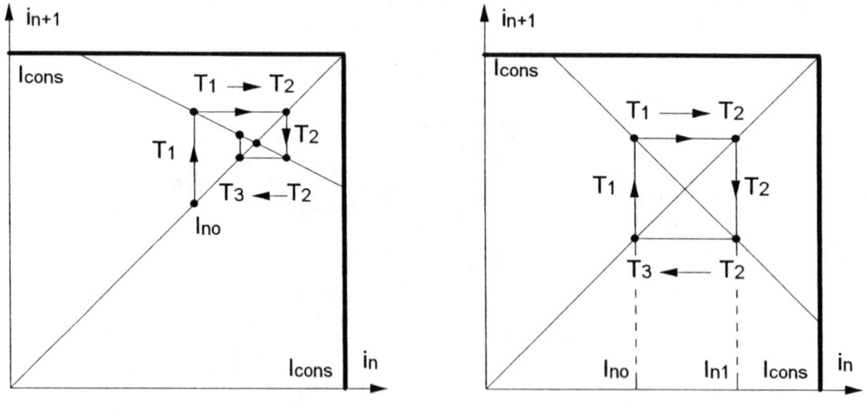

a - y < 1/2 *b - y = 1/2*

Figure VI.9 : *Graphe de $i_{n+1} = f(i_n)$ pour deux configurations*

Pour illustrer ceci, on peut représenter le diagramme temporel de i_L (figure VI.10) associé à ce fonctionnement très particulier mais classiquement observé avec ce type de commande.

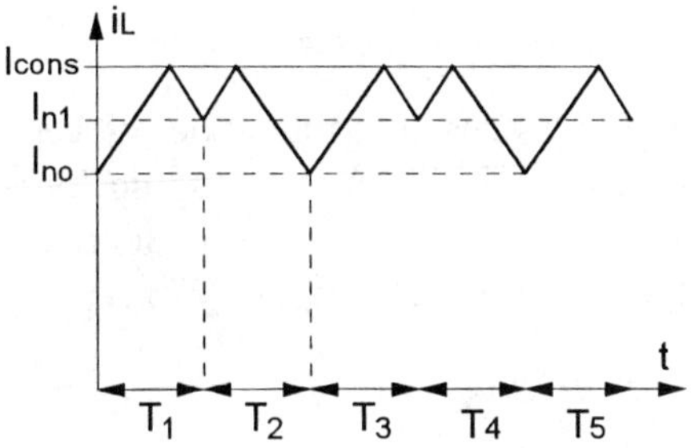

Figure VI.10 : *Fonctionnement limite pour y = 1/2*

Au-delà de ce point de fonctionnement limite, on ne peut plus représenter aussi simplement l'évolution de la trajectoire, car la tension de sortie évolue fortement dans un régime qui devient véritablement instable.
Cette instabilité peut être supprimée en agissant sur la forme de la consigne i_{cons}. La solution classique consiste à introduire une consigne en dents de scie, i'_{cons}, comme l'indique la figure VI.11 :

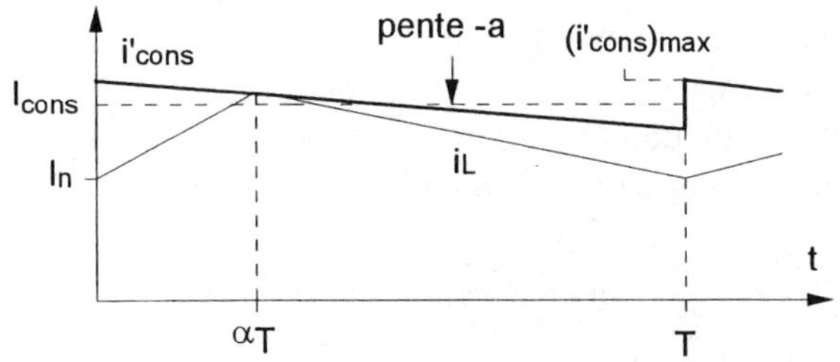

Figure VI.11 : *Introduction d'une consigne en dent de scie*

Dans cette hypothèse, la relation récurrente E.VI.2 devient :

$$i_{n+1} = \frac{a\dfrac{L}{mVe} - y}{a\dfrac{L}{mVe} + 1 - y}\, i_n - \frac{y\,mVe}{LF} + \frac{(i'_{cons})_{max}}{a\dfrac{L}{mVe} + 1 - y}$$

avec a, module de la pente de la consigne i'_{cons}. La limite d'instabilité est repoussée pour des valeurs de la tension normalisée supérieures à 0,5, telles que :

$$y_{max} = \frac{1}{2} + a\frac{L}{mVe}$$

Remarque :
Nous avons exprimé les conditions d'instabilité en fonction de *y*, tension de sortie normalisée supposée constante et non en fonction de α qui varie autour d'un point de repos, dans l'exemple du régime limite (les deux sont confondus en régime stable). Pour appliquer ce qui précède aux autres hacheurs, il faut revenir au rapport cyclique pour montrer que la limite d'instabilité ($\alpha = 1/2$) est la même pour tous. En effet le rapport entre les pentes de décroissance et de croissance du courant est conservé ($= \alpha/1 - \alpha$).

2.1.3. Fonctionnement en conduction discontinue

Comme nous l'avons indiqué dans le paragraphe VI.1.3, l'utilisation du schéma équivalent moyen n'est pas applicable à ce mode de fonctionnement. On a alors recours à la seconde technique (générateur équivalent) et l'on s'intéresse ici à la moyenne du courant de sortie, représenté figure VI.12.

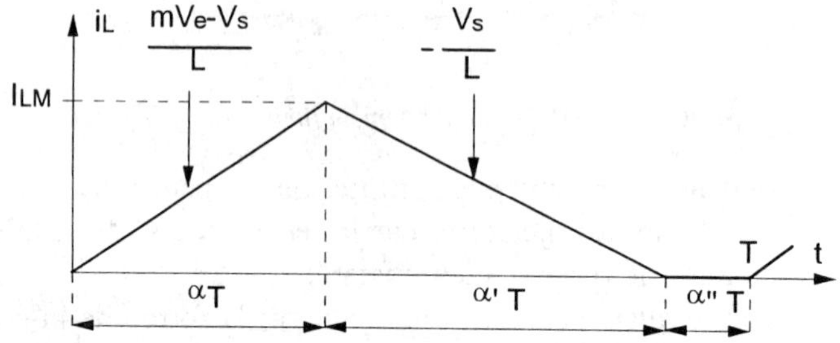

Figure VI.12 : *Courant dans l'inductance en conduction discontinue*

* αT représente la durée de la commande (conduction de D_{TR}).
* $\alpha' T$ représente la conduction de D.
* $\alpha'' T$ représente le temps mort où D_{TR} et D sont bloquées.
A ces différentes durées de conduction correspond la relation $\alpha + \alpha' + \alpha'' = 1$. En régime permanent, on peut écrire les relations suivantes :

$$*(mVe - Vs)\alpha = Vs\,\alpha', \text{ soit } \frac{Vs}{mVe} = \frac{\alpha}{\alpha + \alpha'}$$

$$*I_{LM} = \frac{mVe - Vs}{L}\alpha T = \frac{Vs}{L}\alpha' T$$

$$*I_{Lmoyen} = I_{LM}\frac{\alpha + \alpha'}{2}$$

Pour passer en régime dynamique, nous différencions les expressions précédentes (cf. paragraphe VI.1.3), et nous obtenons :

$$\frac{\hat{v}s}{mVe} - \frac{Vs}{(mVe)^2}m\hat{v}e = \frac{\alpha'}{(\alpha + \alpha')^2}\hat{\alpha} - \frac{\alpha}{(\alpha + \alpha')^2}\hat{\alpha}'$$

$$\hat{i}_{LM} = \frac{mVe - Vs}{L}T\alpha - \frac{\alpha T}{L}\hat{v}s + \frac{\alpha T}{L}m\hat{v}e$$

$$\hat{i}_L = \frac{\alpha + \alpha'}{2}\hat{i}_{LM} + \frac{I_{LM}}{2}(\hat{\alpha} + \hat{\alpha}')$$

A partir de ces relations, en éliminant α' et I_{LM}, il vient :

$$\hat{i}_L = \frac{mVe\,\alpha'}{L}T\hat{\alpha} - \frac{T}{2L}\left(\frac{mVe}{Vs}\right)^2\alpha^2\hat{v}s + \frac{T}{2L}\alpha(\alpha + 2\alpha')m\hat{v}e$$

$$\hat{v}s = \frac{R}{1 + RCp}\hat{i}_L$$

dont on tire :

$$\hat{v}s = \frac{R}{1 + RCp}\left[\frac{mVe\,\alpha'}{L}T\hat{\alpha} - \frac{T}{2L}\left(\frac{mVe}{V_s}\right)^2\alpha^2\hat{v}s + \frac{T}{2L}\alpha(\alpha + 2\alpha')m\hat{v}e\right]$$

Soit, en isolant $\hat{v}s$:

$$\hat{v}s\left[1+RCp+\frac{RT}{2L}\left(\frac{mVe}{Vs}\right)^2\alpha^2\right]=\frac{RT}{2L}2mVe\,\alpha'\hat{\alpha}+\frac{RT}{2L}\alpha(\alpha+2\alpha')m\hat{v}e \qquad \text{E.VI.3}$$

Afin d'exprimer, à partir de la relation E.VI.3, les différentes fonctions de transfert liées à ce mode de fonctionnement, on rappelle les relations statiques suivante :

$$Vs = RI_{Lmoyen} = R\frac{mVe-Vs}{L}\alpha T\left(\frac{\alpha+\alpha'}{2}\right)$$

$$\frac{Vs}{mVe}=\frac{\alpha}{\alpha+\alpha'}$$

A partir de ces relations, on peut exprimer α et α' :

$$\alpha^2=\frac{Vs^2}{mVe(mVe-Vs)}\frac{2L}{RT}=\frac{y^2}{(1-y)}K$$

$$\alpha'^2=\frac{mVe-Vs}{mVe}\frac{2L}{RT}=(1-y)K$$

avec

$$K=\frac{2L}{RT}$$

$$y=\frac{Vs}{mVe}$$

Nous pouvons maintenant déterminer les fonctions de transfert à partir de la relation E.VI.3 :

$$\frac{\hat{v}s}{\hat{\alpha}}=\frac{2mVe\,\alpha'}{K}\frac{1}{1+\frac{1}{K}\left(\frac{mVe}{Vs}\right)^2\alpha^2+RCp}$$

$$\frac{\hat{v}s}{\hat{v}e}=\frac{m\alpha(\alpha+2\alpha')}{K}\frac{1}{1+\frac{1}{K}\left(\frac{mVe}{Vs}\right)^2\alpha^2+RCp}$$

que l'on peut mettre sous la forme finale

$$\frac{\hat{v}s}{\hat{\alpha}}=2mVe\frac{1-y}{2-y}\sqrt{\frac{1-y}{K}}\frac{1}{1+\frac{p}{\omega c}}$$

$$\frac{\hat{v}s}{\hat{v}e}=\frac{my}{1+\frac{p}{\omega c}}$$

$$\text{avec } \omega c=\frac{1}{RC}\frac{2-y}{1-y}$$

2.2. Alimentation FLYBACK

La modélisation de l'alimentation Flyback s'effectue de façon similaire à celle du Forward. Les fonctions de transfert du hacheur à stockage inductif, dans les divers modes de fonctionnement, sont résumées dans l'annexe B et l'on peut en déduire directement celles du Flyback. Nous développerons ici uniquement le cas particulier du régime auto-oscillant.

Dans ce mode, le convertisseur opère à fréquence libre et à la limite de la conduction discontinue, aussi lui appliquerons-nous également la méthode du générateur équivalent. Ce générateur alimentera le couple condensateur de sortie-résistance de charge. Le courant de ce générateur équivalent est le courant i_2, dont la période est $T_1 + T_2$ (figure VI.13).

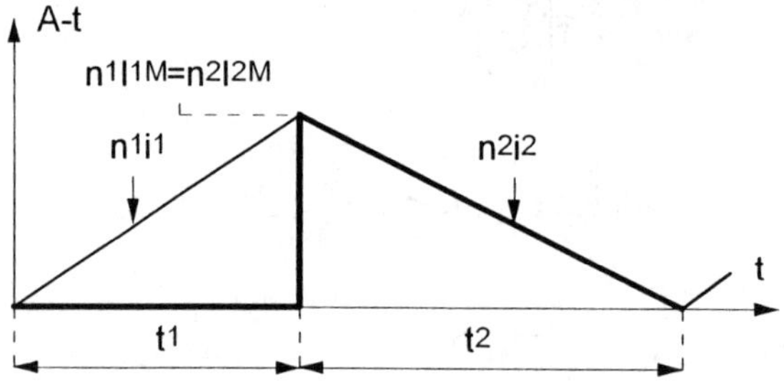

Figure VI.13 : *Ampère-tours dans les enroulements en régime auto-oscillant*

Toujours selon la même procédure, nous exprimons les différentes relations en régime permanent :

$$I_{2moyen} = \frac{I_{1M}}{2}\frac{n_1}{n_2}\frac{T_2}{T_1 + T_2}, \text{ avec } I_{1M} = \frac{Ve}{L_1}T_1$$

soit :

$$I_{2moyen} = \frac{Ve}{2L_1}\frac{n_1}{n_2}\frac{T_1T_2}{T_1 + T_2} = \frac{Ve}{2mL_1}\frac{T_1T_2}{T_1 + T_2}$$

D'autre part :

$$\frac{n_1}{n_2}\frac{Ve}{L_1}T_1 = \frac{Vs}{L_2}T_2 \quad \text{et} \quad \frac{L_2}{L_1} = \left(\frac{n_2}{n_1}\right)^2$$

dont on déduit :

$$\frac{Vs}{Ve} = \frac{n_2T_1}{n_1T_2} = \frac{mT_1}{T_2}$$

On pose $T_1 + T_2 = T$ et $\hat{t}_1 + \hat{t}_2 = \hat{t}$ (petites variations de T_1 et T_2). Si l'on applique les principes décrits au paragraphe VI.1.3, par différenciation de I_{2moyen} on obtient la relation suivante :

$$\hat{i}_2 = \frac{1}{2mL_1}\left(\hat{v}e\frac{T_1T_2}{T} + \hat{t}_1\frac{T_2}{T}Ve + \hat{t}_2\frac{T_1}{T}Ve - Ve\frac{T_1T_2}{T^2}\hat{t}\right)$$

Au niveau du filtre de sortie, on peut parallèlement écrire :

$$\hat{v}s = \frac{R}{1 + RCp}\hat{i}_2$$

A partir de ces deux relations en régime dynamique, on aboutit à :

$$\hat{v}s = \frac{1}{2mL_1}\frac{R}{1 + RCp}\left(\hat{v}e\frac{T_1T_2}{T} + \hat{t}_1\frac{T_2}{T}Ve + \hat{t}_2\frac{T_1}{T}Ve - Ve\frac{T_1T_2}{T^2}\hat{t}\right) \qquad \text{E.VI.4}$$

De la même façon, $\hat{t}_1$ et $\hat{t}_2$ peuvent être obtenus par différenciation de I_{1M} et Vs/Ve :

$$\hat{t}_1 = \frac{L_1}{Ve}\hat{i}_{1M} - \frac{T_1}{Ve}\hat{v}e$$

$$\hat{t}_2 = \frac{L_1}{Ve}\frac{T_2}{T_1}\hat{i}_{1M} - \frac{T_2}{Vs}\hat{v}s$$

équations dont on déduit :

$$\hat{t} = \frac{L_1}{Ve}\left(1 + \frac{T_2}{T_1}\right)\hat{i}_{1M} - \frac{T_1}{Ve}\hat{v}e - \frac{T_2}{Vs}\hat{v}s$$

En reportant les expressions de $\hat{t}_1$, $\hat{t}_2$, et $\hat{t}$ dans l'équation E.VI.4, il vient :

$$\hat{v}s\left(1 + \frac{T_1^2 T_2}{T^2}\frac{R}{2mL_1}\frac{Ve}{Vs} + RC\,p\right) = \frac{R}{2mL_1}\left(\hat{v}e\frac{T_1^2 T_2}{T^2} + \hat{i}_{1M}\frac{T_2}{T}L_1\right) \qquad \text{E.VI.5}$$

Rappelons qu'en régime permanent, nous avons :

$$\frac{Vs}{Ve} = \frac{R}{2mL_1}\frac{T_1T_2}{T}, \text{ soit } \frac{T_1T_2}{T} = \frac{2m^2L_1}{R}y$$

$$\frac{Vs}{Ve} = \frac{n_2T_1}{n_1T_2} = \frac{mT_1}{T_2}, \text{ soit } \frac{T_1}{T_2} = y$$

avec $y = \dfrac{Vs}{mVe}$

de ceci on déduit :

$$\frac{T_2}{T} = \frac{1}{1+y} \qquad \text{et} \qquad \frac{T_1^2 T_2}{T^2} = \frac{2m^2L_1}{R}\frac{y^2}{1+y}$$

En reportant dans la relation E.VI.5, on obtient finalement :

$$\left(1 + \frac{y}{1+y} + RC\,p\right)\hat{v}s = \frac{my^2}{1+y}\hat{v}e + \frac{R}{2m(1+y)}\hat{i}_{1M}$$

Nous pouvons maintenant en déduire les fonctions de transfert :

$$\frac{\hat{v}s}{\hat{v}e} = \frac{my^2}{2y+1}\frac{1}{1+\dfrac{p}{\omega c}}$$

$$\frac{\hat{v}s}{\hat{i}_{1M}} = \frac{R}{2m}\frac{1}{2y+1}\frac{1}{1+\dfrac{p}{\omega c}}$$

$$\text{avec } \omega c = \frac{1}{RC}\frac{2y+1}{y+1}$$

3. Modélisation des alimentations à commutation naturelle

3.1. Modélisation des convertisseurs quasi-résonnants

3.1.1. Principe de la modélisation

Comme nous l'avons vu dans le chapitre III, les convertisseurs quasi-résonnants sont issus des alimentations à découpage classiques à commutation commandée et s'en différencient par la présence d'interrupteurs résonnants qui intègrent un circuit L_oC_o. Néanmoins, la méthode des schémas équivalents moyens, développée au paragraphe VI.1.2, est parfaitement applicable en conduction continue. Conformément à cette méthode, les interrupteurs seront remplacés par des générateurs de courant ou de tension, de valeurs égales aux valeurs moyennes des grandeurs considérées. Ceci peut être illustré par l'exemple du hacheur série résonnant en mode RA1 (figure VI.14) :

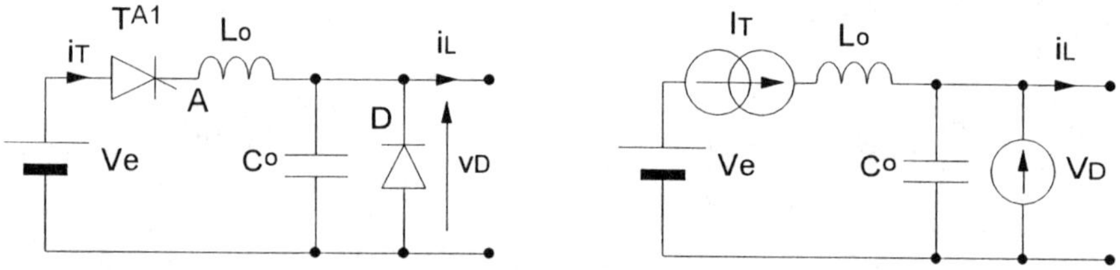

Figure VI.14 : *Schéma équivalent moyen d'un hacheur série quasi-résonnant*

3.1.2. Application au FLYBACK RA2

A partir de l'étude statique du convertisseur Flyback en mode RA2, développée au chapitre III, nous obtenons le schéma équivalent moyen de cette alimentation (figure VI.15). L'étude statique nous donne les relations des générateurs I_T et V_D :

$$I_T = mI_{L2}\frac{F}{F_o}\frac{Y2(x)}{2\pi}$$

$$V_D = (V_s + mV_e)\frac{F}{F_o}\frac{Y2(x)}{2\pi}$$

où I_{L2} est le courant équivalent total, vu du secondaire, dans l'inductance couplée.

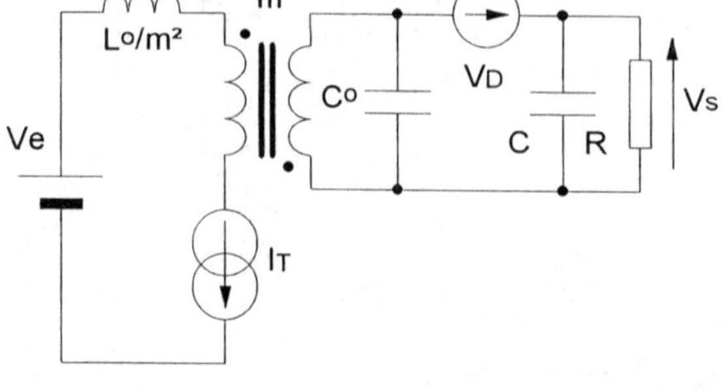

Figure VI.15 : *Schéma équivalent moyen du flyback RA2*

Nous rappelons que, dans le chapitre III, nous avions montré que :

$$Y_2(x) = 2\pi - \text{Arcsin}\, x + \frac{x}{2} + \frac{1}{x}\left(1 - \sqrt{1 - x^2}\right) \approx 2\pi$$

d'où :

$$I_T = m I_{L2} \frac{F}{F_o} \qquad \text{et} \qquad V_D = (V_s + mV_e)\frac{F}{F_o}$$

Par différenciation de ces deux expressions, nous obtenons :

$$\hat{i}_T = \frac{\partial I_T}{\partial I_{L2}}\hat{i}_{L2} + \frac{\partial I_T}{\partial F}\hat{f} = \frac{mF}{F_o}\hat{i}_{L2} + \frac{mI_{L2}}{F_o}\hat{f}$$

$$\hat{v}_D = \frac{\partial V_D}{\partial V_s}\hat{v}_s + \frac{\partial V_D}{\partial V_e}\hat{v}_e + \frac{\partial V_D}{\partial F}\hat{f} = \left(\hat{v}_s + m\hat{v}_e\right)\frac{F}{F_o} + \frac{(V_s + mV_e)}{F_o}\hat{f}$$

Si l'on ne prend pas en compte les variations de la tension d'entrée ($\hat{v}_e = 0$), le schéma de la figure VI.15 devient, en petits signaux, celui représenté figure VI.16.

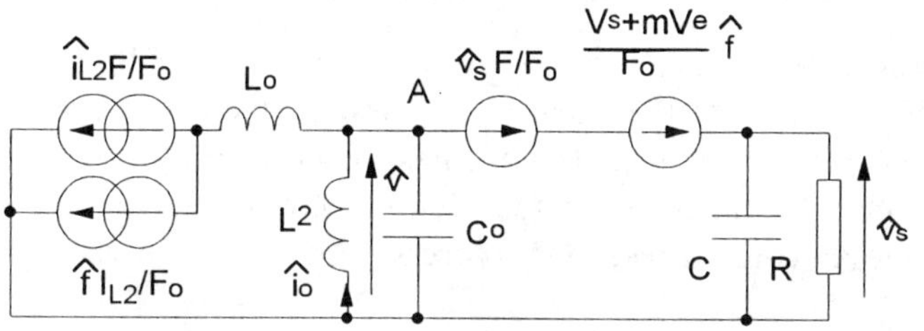

Figure VI.16 : *Schéma équivalent en petits signaux*

A partir de ce schéma, nous pouvons procéder à la mise en équation. La loi des noeuds, au point A, nous donne :

$$\hat{i}_{L2} - \frac{F}{F_o}\hat{i}_{L2} - \frac{I_{L2}}{F_O}\hat{f} = \hat{v}C_o\,p + \frac{\hat{v}_s}{R}(1 + RC\,p)$$

avec $\hat{i}_{L2} = -\dfrac{\hat{v}}{L_2 p}$

Parallèlement, l'équation de la maille de sortie est :

$$\hat{v} = \hat{v}_s - \frac{F}{F_o}\hat{v}_s - \frac{V_s + mV_e}{F_o}\hat{f}$$

En éliminant $\hat{v}$, entre l'équation de noeuds et l'équation de maille, on obtient une première forme de fonction de transfert entre $\hat{v}_s$ et $\hat{f}$:

$$\frac{\hat{v}_s}{\hat{f}} = \frac{\left[\dfrac{V_s + mV_e}{F_o}C_o p + \dfrac{V_s + mV_e}{L_2 p\, F_o}(1 - F_n) - \dfrac{I_o}{F_o}\right]}{\left[\dfrac{1 + RC\,p}{R} + C_o p(1 - F_n) + \dfrac{1}{L_2 p}(1 - F_n)^2\right]} \qquad \text{avec } F_n = \frac{F}{F_o}$$

Afin de mettre cette fonction sous une forme plus explicite, on utilise les expressions du régime statique :

$$I_{L2} = I_s\left(1 + \frac{V_s}{mV_e}\right) = \frac{mV_e}{R}\frac{F_n}{(1 - F_n)^2} \qquad \text{et} \qquad V_s + mV_e = \frac{mV_e}{1 - F_n}$$

On obtient finalement :

$$\frac{\hat{v}s}{\hat{f}} = \frac{mVe}{Fo(1-Fn)^2} \; \frac{1 - \dfrac{Fn}{(1-Fn)^2}\dfrac{L_2}{R}p + \dfrac{L_2Co}{1-Fn}p^2}{1 + \dfrac{1}{(1-Fn)^2}\dfrac{L_2}{R}p + \dfrac{L_2C + L_2Co(1-Fn)}{(1-Fn)^2}p^2}$$

Hormis les termes introduits par le condensateur du circuit résonnant qui réagit avec l'inductance propre L_2, cette fonction de transfert est comparable à celle de l'alimentation Flyback à commutation commandée (cf. annexe B), le rapport F/F_o se substituant au rapport cyclique α.

3.2. Modélisation du convertisseur à résonance série

3.2.1. Méthode du générateur équivalent moyen

Nous utiliserons, pour modéliser ce convertisseur, la méthode développée au paragraphe VI.1.3. En effet, la période de fonctionnement se divise en quatre intervalles dont les durées sont dépendantes de la charge. Le convertisseur sera remplacé par un générateur de courant continu équivalent, de valeur égale à la valeur moyenne du courant résonnant redressé. Ce courant i_r est représenté figure VI.17. pour $F > F_o$.

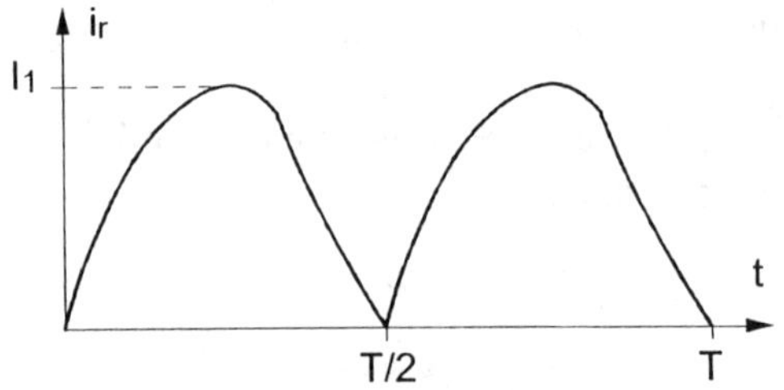

Figure VI.17 : *Allure du courant redressé en sortie*

Cette modélisation s'appuiera sur l'analyse statique effectuée au paragraphe III.3, et sera développée pour $F>F_o$. Le calcul du courant I_{rmoyen} est présenté en annexe A et nous rappelons ici son expression :

$$I_{rmoyen} = \frac{2}{m\pi}\sqrt{\frac{Co}{Lo}}\frac{F}{Fo}\left(I_1\sqrt{\frac{Lo}{Co}} + \frac{Vs}{m} - Ve\right) \qquad \text{E.A.4}$$

De la même façon, les calculs développés dans l'annexe A permettent d'aboutir à l'expression suivante :

$$I_1^2\frac{Lo}{Co} + \left(\frac{2Vs}{m} + I_1\sqrt{\frac{Lo}{Co}}\right)^2 + 2I_1\sqrt{\frac{Lo}{Co}}\left(\frac{2Vs}{m} + I_1\sqrt{\frac{Lo}{Co}}\right)\cos\theta = 4Ve^2 \qquad \text{E.A.6}$$

La différenciation de ces deux expressions, toujours selon le principe déjà largement utilisé, nous donne :

$$\hat{i}_r = \frac{2}{\pi\sqrt{\frac{Lo}{Co}}mFo}\left[F\left(\hat{i}_1\sqrt{\frac{Lo}{Co}}+\frac{\hat{v}_s}{m}\right)+\left(I_1\sqrt{\frac{Lo}{Co}}+\frac{Vs}{m}-Ve\right)\hat{f}\right] \qquad \text{E.VI.6}$$

$$\left(I_1\sqrt{\frac{Lo}{Co}}+\frac{Vs}{m}\right)(1+\cos\theta)\sqrt{\frac{Lo}{Co}}\,\hat{i}_1+\left[I_1\sqrt{\frac{Lo}{Co}}(1+\cos\theta)+\frac{2Vs}{m}\right]\frac{\hat{v}_s}{m}$$
$$+\left(\frac{I_1^2}{2}\frac{Lo}{Co}+I_1\frac{Vs}{m}\sqrt{\frac{Lo}{Co}}\right)\frac{\theta}{F}\sin\theta\;\hat{f}=0 \qquad \text{E.VI.7}$$

En éliminant $\hat{i}_1$ à l'aide de E.VI.7, la relation E.VI.6 devient la relation ci-dessous :

$$\hat{i}_r = \frac{2F\sqrt{\frac{Co}{Lo}}}{\pi mFo}\left[\frac{-y}{(1+Qy)}\frac{1-\cos\theta}{1+\cos\theta}\frac{\hat{v}_s}{m}+\left(Qy+\frac{\left[y^2-(1+Qy)^2\right]\frac{\theta}{2}\sin\theta}{(1+y)(1+\cos\theta)}\right)Ve\frac{\hat{f}}{F}\right]$$

E.VI.8

avec $y=\dfrac{Vs}{mVe}$

Par ailleurs, la présence du filtre de sortie RC induit la relation :

$$\hat{v}_s = \frac{R}{1+RCp}\hat{i}_r \qquad \text{E.VI.9}$$

Les relations E.VI.8 et E.VI.9 permettent d'aboutir à l'expression de la fonction de transfert liant la tension de sortie ($\hat{v}_s$) à la variation de fréquence ($\hat{f}$). Cette fonction de transfert peut se noter sous la forme :

$$\frac{\hat{v}_s}{\hat{f}} = \frac{G}{1+\frac{p}{\omega c}}$$

avec :

$$G=\frac{mVe}{F}\frac{Qy(1+Qy)(1+\cos\theta)+\left[y^2-(1+Qy)^2\right]\frac{\theta}{2}\sin\theta}{Q(1+Qy)(1+\cos\theta)+y(1-\cos\theta)}$$

$$\omega c=\frac{1}{RC}\left[1+\frac{y(1-\cos\theta)}{(1+Qy)Q(1+\cos\theta)}\right]$$

La figure VI.18-a représente le module du gain statique G en fonction du rapport F/Fo, pour deux valeurs de R. La figure VI.18-b représente la pulsation de coupure ωc en fonction du rapport F/Fo, toujours pour deux valeurs de R.

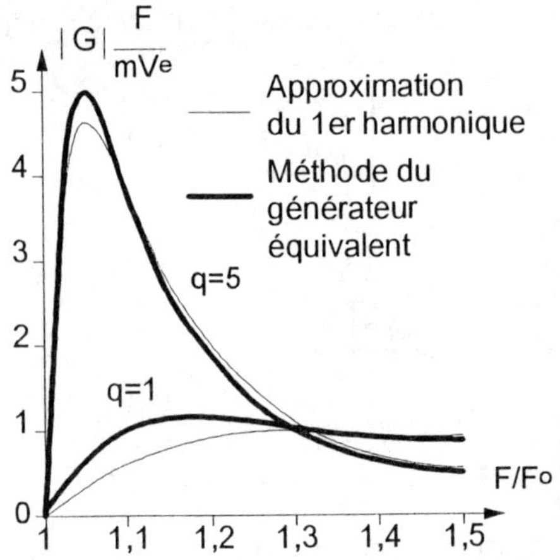

a - Gain statique

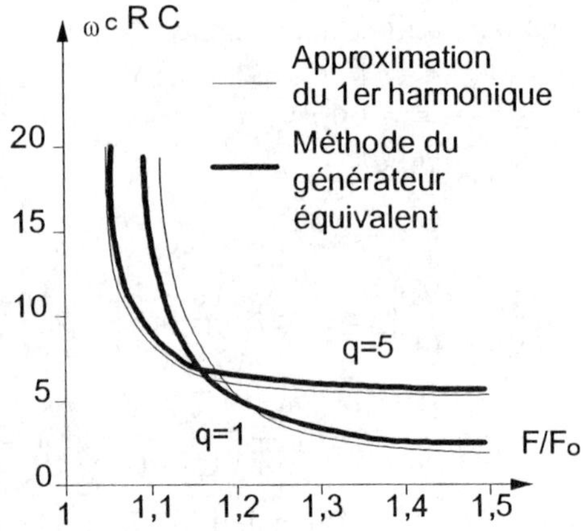

b - Pulsation de coupure

$$q = \frac{m^2}{R}\sqrt{\frac{Lo}{Co}}$$

Figure VI.18 : *Paramètres de la fonction de transfert*

Remarque :
Cette étude dynamique peut être reprise en considérant les petites variations de la tension d'entrée, à fréquence constante. On définit alors la fonction de transfert liant les petites variations de la tension de sortie à celles de la tension d'entrée.

$$\frac{\hat{v}s}{\hat{v}e} = \frac{G'}{1+\frac{p}{\omega'c}}$$

avec :

$$G' = \frac{(1-\cos\theta) - Q\,y(1+\cos\theta)}{Q(1+Q\,y)\,(1+\cos\theta) + y(1-\cos\theta)} \quad \text{et} \quad \omega'c = \omega c$$

3.2.2. Modélisation dynamique au 1er harmonique

L'analyse dynamique en petits signaux peut s'effectuer à partir de l'étude du régime permanent au 1er harmonique développée au chapitre III (paragraphe 3.2.2.). La partie alternative du convertisseur opère alors en régime sinusoïdal et le redresseur est remplacé par un générateur de courant continu, de valeur égale à la valeur moyenne du courant résonnant redressé (figure VI.19).

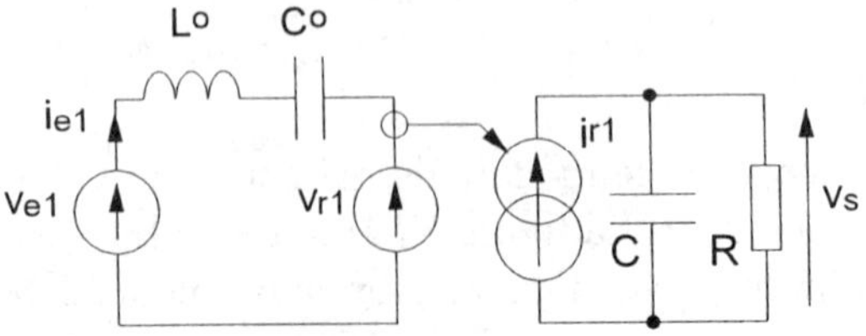

Figure VI.19 : *Schéma équivalent dynamique au 1er harmonique*

A ce schéma, sont associés :

$* \mathrm{Irmoyen} = \frac{2}{\pi}\frac{\mathrm{Ie_{1M}}}{m}$, courant moyen au secondaire

$* \mathrm{v_{r1}} = \frac{4}{\pi}\frac{\mathrm{v_s}}{m}$, amplitude du fondamental de la tension au primaire du transformateur

$* Z = \mathrm{Lo}\omega - \frac{1}{\mathrm{Co}\omega}$

La figure VI.20 représente le diagramme de Fresnel dans lequel la phase entre $\vec{v}_{r1}$ et $\vec{i}_{e1}$ est toujours nulle, conséquence du redressement non commandé.

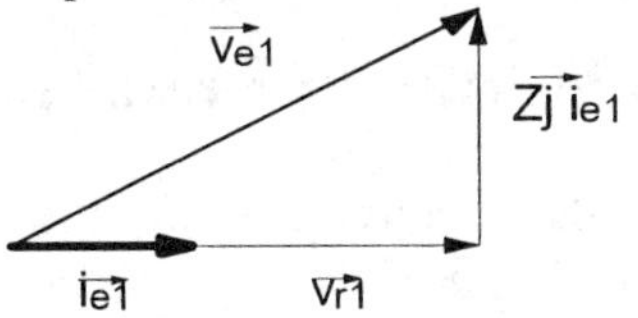

Figure VI.20 : *Diagramme de Fresnel associé au schéma équivalent*

Le modèle dynamique s'obtient après différenciation de la relation statique suivante :

$$\mathrm{Ve_1}^2 = \mathrm{Vr_1}^2 + \left(\mathrm{Lo}\omega - \frac{1}{\mathrm{Co}\omega}\right)^2 \mathrm{Ie_1}^2$$

En ne considérant que les variations de la fréquence, nous obtenons :

$$0 = 2\mathrm{Vr_1}\,\hat{\mathrm{v}}_{r1} + 2\left(\mathrm{Lo}\omega - \frac{1}{\mathrm{Co}\omega}\right)\mathrm{Ie_1}^2\left(\mathrm{Lo} + \frac{1}{\mathrm{Co}\omega^2}\right)\hat{\omega} + 2\mathrm{Ie_1}\left(\mathrm{Lo}\omega - \frac{1}{\mathrm{Co}\omega}\right)^2 \hat{\mathrm{i}}_{e1}$$

D'autre part :

$$\hat{\mathrm{v}}_{r1} = \frac{4}{\pi}\frac{\hat{\mathrm{v}}_s}{m} \quad \text{et} \quad \hat{\mathrm{i}}_r = \frac{2}{\pi}\frac{\hat{\mathrm{i}}_{e1}}{m} = \hat{\mathrm{v}}_s\frac{1+\mathrm{RC}p}{R}$$

On déduit de ces différentes relations que :

$$\hat{\mathrm{i}}_{e1} = m\frac{\pi}{2}\hat{\mathrm{v}}_s\frac{1+\mathrm{RC}p}{R} = -\frac{\mathrm{Vr_1}}{\mathrm{Ie_1}}\frac{1}{Z^2}\hat{\mathrm{v}}_{r1} - \frac{\mathrm{Ie_1}}{Z}\frac{\mathrm{LoCo}\omega^2+1}{\mathrm{Co}\omega}\frac{\hat{\omega}}{\omega}$$

pour parvenir à :

$$\hat{\mathrm{v}}_s(1+\mathrm{RC}p) = -\frac{\mathrm{Vr_1}}{\mathrm{Ie_1}}\frac{8R}{m^2\pi^2 Z^2}\hat{\mathrm{v}}_s - \frac{2}{\pi}m\frac{\mathrm{Ie_1}}{Z}R\,\frac{\mathrm{LoCo}\omega^2+1}{\mathrm{Co}\omega}\frac{\hat{\omega}}{\omega}$$

En remarquant que $\frac{\mathrm{Vr_1}}{\mathrm{Ie_1}} = \frac{8R}{m^2\pi^2} = \mathrm{Req}$, il vient :

$$\hat{\mathrm{v}}_s\left[1+\mathrm{RC}p+\left(\frac{\mathrm{Req}}{Z}\right)^2\right] = -\frac{\mathrm{Vs}}{Z}\frac{\mathrm{LoCo}\omega^2+1}{\mathrm{Co}\omega}\frac{\hat{\omega}}{\omega}$$

De cette expression, il découle la fonction de transfert $\frac{\hat{\mathrm{v}}_s}{\hat{\omega}}$ suivante :

$$\frac{\hat{\mathrm{v}}_s}{\hat{\omega}} = -\frac{\mathrm{Vs}}{\omega}\frac{\mathrm{LoCo}\omega^2+1}{\mathrm{LoCo}\omega^2-1}\frac{1}{1+\frac{\mathrm{Req}^2}{Z^2}+\mathrm{RC}p} = \frac{G}{1+\frac{p}{\omega c}}$$

Les relations statiques établies au chapitre III permettent d'exprimer les paramètres de cette fonction de transfert en fonction du point de repos :

$$G = -\frac{Vs}{\omega}(1 - y^2)\frac{(Fn)^2 + 1}{(Fn)^2 - 1} \qquad \text{avec}\, Fn = \frac{F}{Fo}$$

$$\omega c = \frac{1}{RC}\,\frac{1}{1 - y^2}$$

Ces paramètres, gain et pulsation de coupure, sont reportés sur les graphes de la figure VI.18, pour être comparés avec les résultats du paragraphe VI.3.2.1.

3.3. Modélisation du convertisseur à résonance série-parallèle

L'analyse en régime statique de ce convertisseur, effectuée au premier harmonique dans le paragraphe 3.6 du chapitre III, servira de support à la modélisation dynamique. De façon similaire au convertisseur à résonance série, nous utiliserons la méthode du générateur équivalent moyen qui, ici, est une source de tension moyenne, de valeur égale à la tension résonnante redressée. En utilisant donc l'approximation du premier harmonique, nous aboutissons au schéma équivalent représenté figure VI.21 :

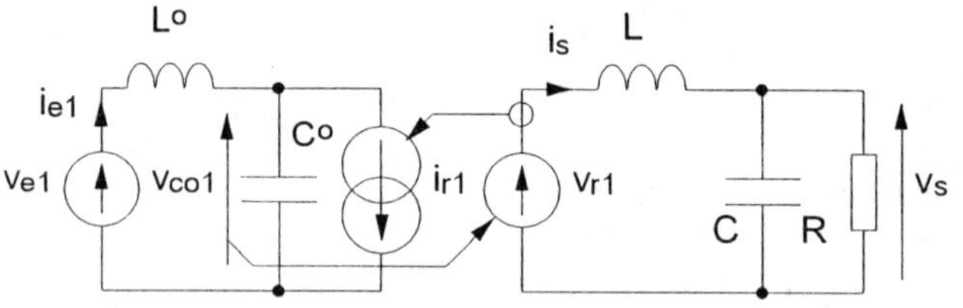

Figure VI.21 : *Schéma équivalent en dynamique*

Les grandeurs associées à ce schéma sont :

$*V_{r1} = \frac{2m}{\pi} V_{co1M}$, valeur moyenne de la tension redressée,

$*I_{r1M} = \frac{4m}{\pi} Is$, amplitudedu fondamental du courant au primaire du transformateur.

Le fonctionnement de la partie alternative de ce modèle peut être traduit par un diagramme de Fresnel où le courant ir est en phase avec la tension vc, conséquence du redressement non commandé de l'étage de sortie (figure VI.22) :

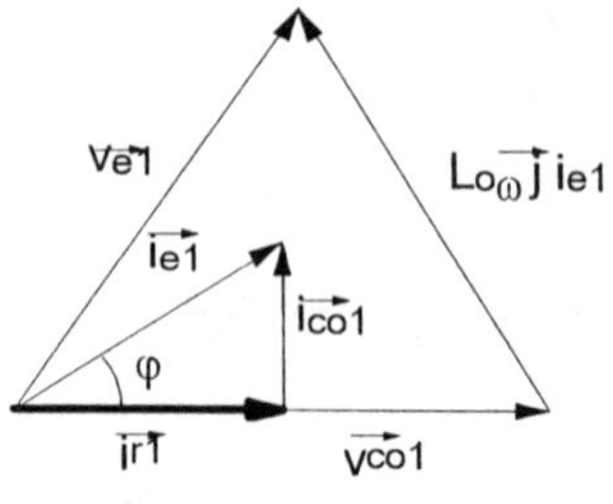

Figure VI.22 : *Diagramme de Fresnel associé au schéma équivalent*

De ce diagramme, nous pouvons déduire les relations entres les grandeurs du régime permanent :

* $I_{e1M}^2 = I_{co1M}^2 + I_{r1M}^2$ * $I_{co1M} = Co\omega V_{co1M}$

* $V_{e1M}^2 = V_{co1M}^2 + (Lo\omega I_{e1M})^2 - 2V_{co1M} Lo\omega I_{e1M} \cos(\frac{\pi}{2} - \varphi)$

* $I_{e1M} \cos(\frac{\pi}{2} - \varphi) = I_{co1M}$

qui permettent d'aboutir à :

$$V_{e1M}^2 = V_{co1M}^2 (1 - LoCo\omega^2)^2 + (Lo\omega I_{r1M})^2 = \left(\frac{4Ve}{\pi}\right)^2 \qquad \text{E.VI.10}$$

En régime permanent, le générateur de courant est équivalent à une résistance Req telle que :

$$Req = \frac{V_{co1M}}{I_{r1M}} = \frac{\pi^2}{8m^2} R$$

Le modèle dynamique s'obtient après différenciation de la relation E.VI.10 :

$$(1 - \omega n^2)^2 V_{co1M} \hat{v}_{co1M} + (Lo\omega)^2 I_{r1M} \hat{i}_{r1M} = \left[2V_{co1M}^2 \omega n^2 (1 - \omega n^2) - (Lo\omega I_{r1M})^2\right] \frac{\hat{\omega}}{\omega} \qquad \text{E.VI.11}$$

$$\text{avec } \omega n^2 = LoCo\omega^2 = \frac{\omega^2}{\omega o^2}$$

De l'observation de la partie continue du schéma (secondaire), on peut déduire les relations suivantes :

$$\frac{\hat{v}s}{\hat{v}r1} = \frac{\pi \hat{v}s}{2m\hat{v}_{co1M}} = \frac{1}{1 + \frac{L}{R}p + LCp^2}$$

$$\frac{\hat{v}s}{\hat{i}s} = \frac{4m\,\hat{v}s}{\pi\,\hat{i}_{r1M}} = \frac{R}{1 + RCp}$$

En reportant ces deux dernières expressions dans E.VI.11, nous obtenons :

$$\left[(1 - \omega n^2)^2 V_{co1M} \frac{\pi}{2m}\left(1 + \frac{L}{R}p + LCp^2\right) + (Lo\omega)^2 I_{r1M} \frac{4m(1 + RCp)}{\pi R}\right] \hat{v}s$$

$$= \left[2V_{co1M}^2 \omega n^2 (1 - \omega n^2) - (Lo\omega I_{r1M})^2\right] \frac{\hat{\omega}}{\omega}$$

L'expression E.VI.10 du régime statique permet d'éliminer V_{co1M} et I_{r1M}. On obtient finalement l'expresion liant la tension de sortie à la pulsation. Celle-ci peut s'exprimer sous la forme d'une fonction de transfert du deuxième ordre :

$$\frac{\hat{v}s}{\hat{\omega}} = \frac{G}{1 + \frac{2z}{\omega c}p + \frac{p^2}{\omega c^2}}$$

avec :

$$G = \frac{8mVe}{\pi^2 \omega} \frac{2\omega n^2 (1 - \omega n^2) - (\tau\omega)^2}{\left[(1 - \omega n^2)^2 + (\tau\omega)^2\right]^{\frac{3}{2}}} \qquad \omega c^2 = \frac{1}{LC} \frac{(1 - \omega n^2)^2 + (\tau\omega)^2}{(1 - \omega n^2)^2}$$

et :

$$\frac{2z}{\omega c} = \frac{(1-\omega n^2)^2 \frac{L}{R} + (\tau\omega)^2 RC}{(1-\omega n^2)^2 + (\tau\omega)^2} \qquad \tau\omega = \frac{Lo\,\omega}{Req}$$

Les figures VI.23-a, b et c représentent respectivement le gain G, la pulsation de coupure ωc et le coefficient d'amortissement z en fonction de F/Fo pour deux valeurs de charge.

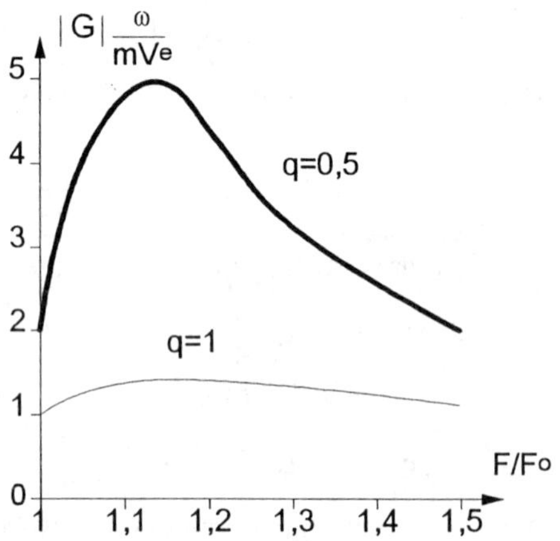

a - Gain statique

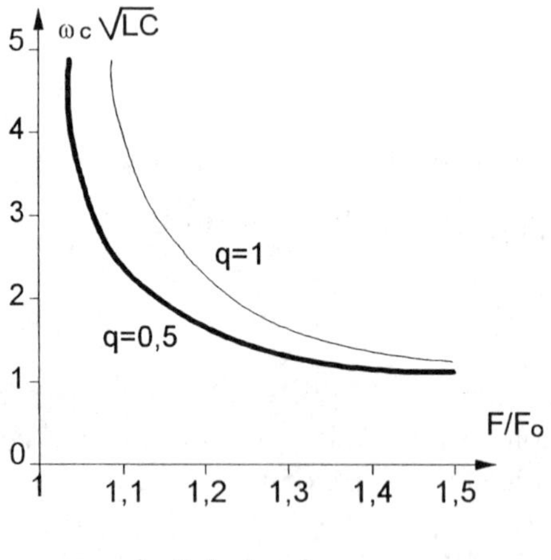

b - Pulsation de coupure

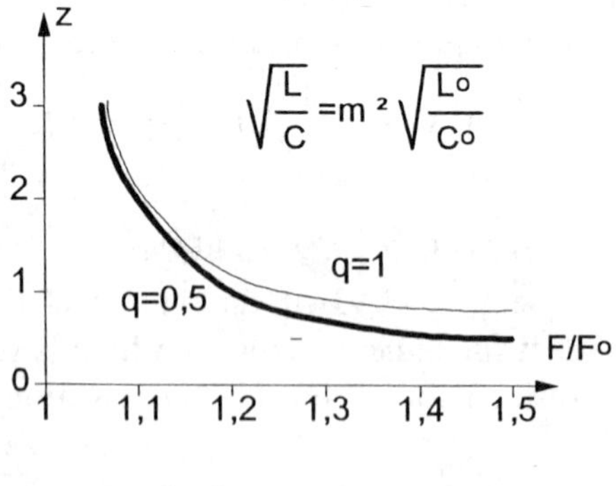

c - Coefficient d'amortissement

$$q = \frac{m^2}{R}\sqrt{\frac{Lo}{Co}}$$

Figure VI.23 : *Evolution des paramètres en fonction de la charge*

Annexe A

Calcul du fonctionnement statique de l'alimentation à résonance série

Le fonctionnement de ce convertisseur est décrit au chapitre III (paragraphe 3). Nous rappelons le schéma d'étude (figure A.1) :

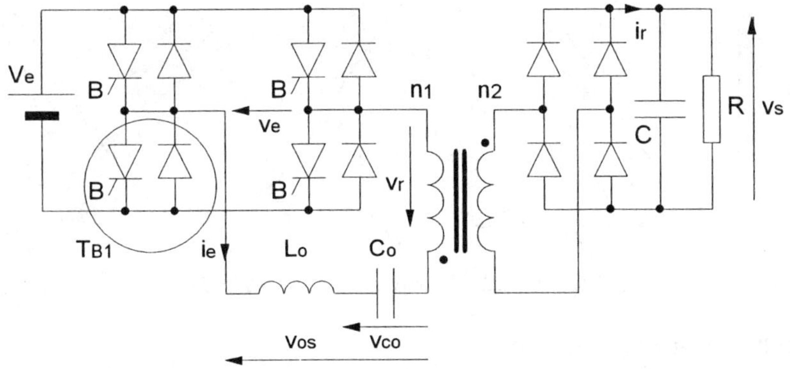

Figure A.1 : *Convertisseur à résonance série*

1. Fonctionnement pour F > Fo

Les chronogrammes obtenus pour F > Fo sont rappelés figure A.2. La période de fonctionnement se décompose en quatre phases. Pour plus de facilité, nous placerons l'origine des temps au début de chaque phase. Ainsi, quelle que soit la phase, ie et vco peuvent se mettre sous la forme :

$$ie = I\sin(\omega ot + \Phi)$$

$$vco = vos - I\sqrt{\frac{Lo}{Co}}\cos(\omega ot + \Phi)$$

avec :

*ie, courant dans la branche LoCo,

*vco, tension aux bornes du condensateur,

*vos, tension aux bornes de l'ensemble LoCo.

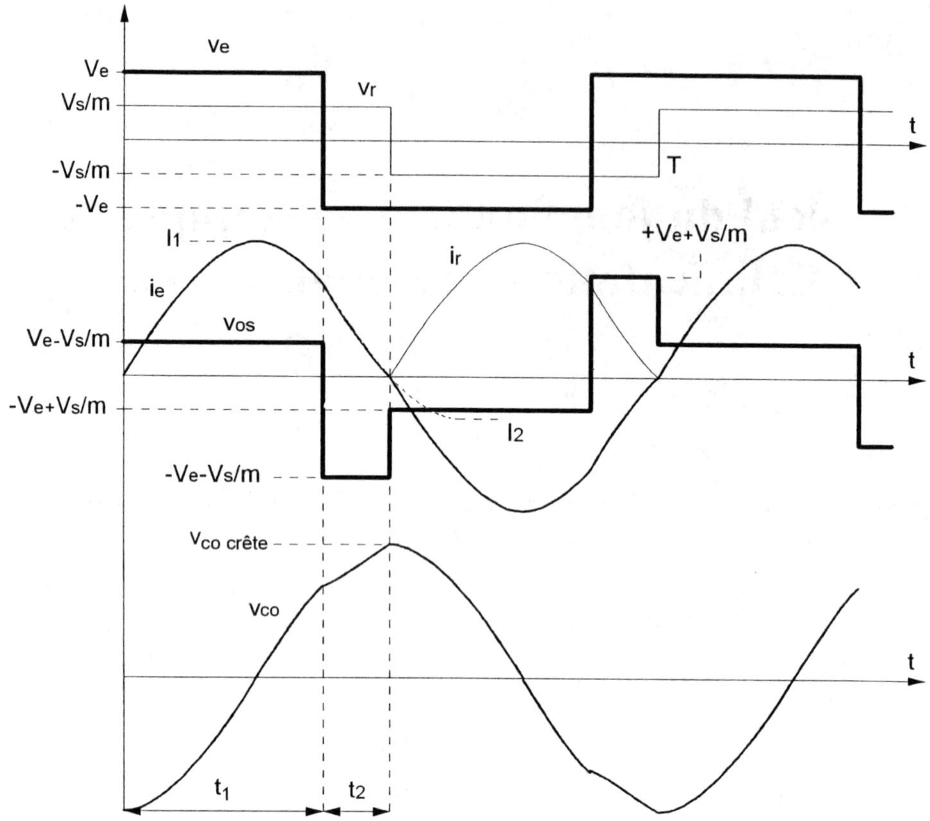

Figure A.2 : *Formes d'ondes pour F > Fo*

Pendant l'intervalle de temps t_1 :

$ie = I_1 \sin\omega ot$, avec I_1, courant maximum pendant l'intervalle t_1

$$vco = Ve - \frac{Vs}{m} - I_1\sqrt{\frac{Lo}{Co}}\ \cos\omega ot$$

en $t = 0$:

$$ie(0) = 0$$

$$vco(0) = Ve - \frac{Vs}{m} - I_1\sqrt{\frac{Lo}{Co}}$$

en $t = t_1$:

$$ie(t_1) = I_1 \sin\omega t_1 = I_1 \sin\Phi_1$$

$$vco(t_1) = Ve - \frac{Vs}{m} - I_1\sqrt{\frac{Lo}{Co}}\ \cos\Phi_1$$

Pendant l'intervalle de temps t_2 :

$ie = I_2 \sin(\omega ot + \Phi)$

$$vco = -Ve - \frac{Vs}{m} - I_2\sqrt{\frac{Lo}{Co}}\cos(\omega ot + \Phi)$$

en $t = t_2$:

$ie = 0 \Rightarrow I_2 \sin(\omega ot_2 + \Phi) = 0$, d'où $\omega ot = \Phi_2 = -\Phi$

$$vco(t_2) = -Ve - \frac{Vs}{m} - I_2\sqrt{\frac{Lo}{Co}}\cos(\omega ot_2 + \Phi) = -Ve - \frac{Vs}{m} - I_2\sqrt{\frac{Lo}{Co}}$$

La forme des signaux impose $v_{co}(t_2) = -\, v_{co}(0)$, ce qui conduit à :

$$-Ve - \frac{Vs}{m} - I_2\sqrt{\frac{Lo}{Co}} = -Ve + \frac{Vs}{m} + I_1\sqrt{\frac{Lo}{Co}}$$

soit : $-I_2 = 2\frac{Vs}{m}\sqrt{\frac{Co}{Lo}} + I_1$ E.A.1

De la même façon, en écrivant la continuité des variables d'état en $t = t_1$, nous obtenons :

$I_1 \sin\Phi_1 + I_2 \sin\Phi_2 = 0$ E.A.2

$$Ve - \frac{Vs}{m} - I_1\sqrt{\frac{Lo}{Co}}\cos\Phi_1 = -Ve - \frac{Vs}{m} - I_2\sqrt{\frac{Lo}{Co}}\cos\Phi_2$$

De ces deux dernières expressions, on tire :

$$I_1^2 \sin^2\Phi_1 = I_2^2 \sin^2\Phi_2 \quad \text{et} \quad I_1 \cos\Phi_1 - I_2 \cos\Phi_2 = 2Ve\sqrt{\frac{Co}{Lo}} \qquad \text{E.A.3}$$

qui mènent à :

$$I_1^2 - I_2^2 = 2Ve\sqrt{\frac{Co}{Lo}}\left(I_1 \cos\Phi_1 + I_2 \cos\Phi_2\right)$$

Il nous est alors possible d'exprimer $\cos\Phi_1$ et $\cos\Phi_2$:

$$\cos\Phi_1 = \frac{Ve^2 - \left(\frac{Vs}{m}\right)^2 - I_1\frac{Vs}{m}\sqrt{\frac{Lo}{Co}}}{Ve\, I_1\sqrt{\frac{Lo}{Co}}} \qquad \cos\Phi_2 = \frac{Ve^2 + \left(\frac{Vs}{m}\right)^2 + I_1\frac{Vs}{m}\sqrt{\frac{Lo}{Co}}}{Ve\left(2\frac{Vs}{m} + I_1\sqrt{\frac{Lo}{Co}}\right)}$$

1.1. Calcul du courant moyen redressé

Le courant moyen débité dans le réseau de sortie (RC) correspond au redressement double alternance du courant alternatif i_e/m.

$$Ir_{moyen} = \frac{2}{mT}\int_0^{t1} I_1 \sin\omega_o t \, dt + \frac{2}{mT}\int_0^{t2} I_2 \sin(\omega_o t - \Phi_2)\, dt$$

$$Ir_{moyen} = \frac{2}{m\omega_o T} I_1 \left(1 - \cos\Phi_1\right) + \frac{2}{m\omega_o T} I_2 \left(-1 + \cos\Phi_2\right)$$

A partir de cette dernière relation et en utilisant les résultats du paragraphe précédent, nous pouvons exprimer Ir_{moyen} en fonction de I_1 et Vs :

$$Ir_{moyen} = \frac{4F}{m\omega_o}\sqrt{\frac{Co}{Lo}}\left(I_1\sqrt{\frac{Lo}{Co}} + \frac{Vs}{m} - Ve\right)$$

soit finalement :

$$Ir_{moyen} = \frac{4F}{m\omega_o}\sqrt{\frac{Co}{Lo}}\, V_{co\ crête} = \frac{Vs}{R} \qquad \text{E.A.4}$$

Il est intéressant de définir un coefficient de surtension Q tel que :

$$Q = \frac{mV_{co\,crête}}{V_s} = \frac{\omega_o T \sqrt{\frac{L_o}{C_o}}\, m^2}{4R}$$

$$Q = \frac{\pi\, m^2}{2R}\sqrt{\frac{L_o}{C_o}}\,\frac{F_o}{F} \qquad \text{E.A.5}$$

1.2. Détermination de la tension de sortie Vs en fonction de la fréquence F et de la charge R

Nous pouvons écrire :

$$\omega_o(t_1 + t_2) = \frac{\omega_o T}{2} = \pi\frac{F_o}{F} = \theta$$

$$\Phi_1 + \Phi_2 = \theta$$

D'autre part, en élevant au carré les équations E.A.2 et E.A.3 puis en les additionnant membres à membres, on obtient :

$$I_1^2 + I_2^2 - 2I_1 I_2 (\cos\Phi_1 \cos\Phi_2 - \sin\Phi_1 \sin\Phi_2) = \frac{4CVe^2}{L}$$

soit encore :

$$2I_1I_2 \cos\theta = I_1^2 + I_2^2 - \frac{4CVe^2}{L}$$

La relation E.A.1 permet d'éliminer I_2, d'où la relation :

$$2I_1\sqrt{\frac{L_o}{C_o}}\left(2\frac{V_s}{m} + I_1\sqrt{\frac{L_o}{C_o}}\right)\cos\theta = 4Ve^2 - I_1^2\frac{L_o}{C_o} - \left(2\frac{V_s}{m} + I_1\sqrt{\frac{L_o}{C_o}}\right)^2 \qquad \text{E.A.6}$$

A partir de la relation E.A.5, nous exprimons I_1 :

$$V_{co\,crête} = Q\frac{V_s}{m} = I_1\sqrt{\frac{L_o}{C_o}} + \frac{V_s}{m} - Ve \Rightarrow I_1\sqrt{\frac{L_o}{C_o}} = (Q-1)\frac{V_s}{m} + Ve$$

De ces deux dernières relations, nous déduisons :

$$2\left[(Q-1)\frac{V_s}{m} + Ve\right]\sqrt{\frac{L_o}{C_o}}\left(\frac{2V_s}{m} + (Q-1)\frac{V_s}{m} + Ve\right)\cos\theta$$

$$= 4Ve^2 - \left[(Q-1)\frac{V_s}{m} + Ve\right]^2 - \left(\frac{2V_s}{m} + (Q-1)\frac{V_s}{m} + Ve\right)^2$$

soit, finalement :

$$\left(\frac{V_s}{mVe}\right)^2\left[\left(Q^2 - 1\right)\cos\theta + \left(Q^2 + 1\right)\right] + \frac{2V_s}{mVe}Q(\cos\theta + 1) + (\cos\theta - 1) = 0$$

E.A.7

Cette équation est du second degré en Vs. Nous n'en retiendrons que les solutions positives :

$$\Delta' = \left[2Q^2(1 + \cos\theta) + (1 - \cos\theta)^2\right]$$

$$y = \frac{Vs}{mVe} = \frac{-Q(1+\cos\theta) + \sqrt{2Q^2(1+\cos\theta) + (1-\cos\theta)^2}}{(1-\cos\theta) + Q^2(1+\cos\theta)} \qquad \text{E.A.8}$$

La tension de sortie normalisée y peut être exprimée directement en fonction du courant de sortie. Celui-ci s'exprime en valeur normalisée par :

$$x = \frac{mIs}{Ve}\sqrt{\frac{Lo}{Co}}$$

Le coefficient de surtension Q peut s'écrire en fonction de x et y :

$$Q = \frac{\pi}{2}\sqrt{\frac{Lo}{Co}}\frac{m^2Fo}{RF} = \frac{\pi}{2F}\frac{x}{y} = \frac{\theta}{2}\frac{x}{y}$$

En remplaçant cette expression de Q dans E.A.8, nous obtenons :

$$y^2\left[\left(\frac{\theta x}{2y}\right)^2\cos\theta - \cos\theta + \left(\frac{\theta x}{2y}\right)^2 + 1\right] + 2y\frac{\theta x}{2y}(1+\cos\theta) - (1+\cos\theta) = 0$$

soit, finalement : $$y = \sqrt{1 - \frac{1+\cos\theta}{1-\cos\theta}\left[\theta x + \left(\frac{\theta x}{2}\right)^2\right]}$$

2. Fonctionnement pour Fo/2 < F < Fo

2.1. Conduction continue

Dans le fonctionnement au dessous de la fréquence de résonance, le fondamental du courant ie est en avance sur la tension ve. La figure A.3 représente l'allure des courbes obtenues dans ce mode, en régime de conduction continue :

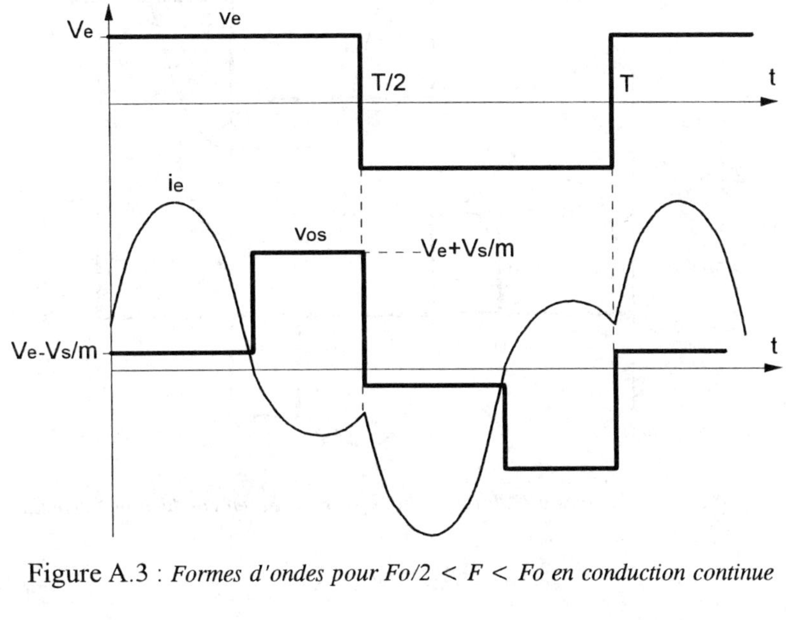

Figure A.3 : *Formes d'ondes pour Fo/2 < F < Fo en conduction continue*

L'analyse de ce mode de fonctionnement est similaire au précédent et seul le terme du 1er degré de l'équation E.A.7 change de signe :

$$\left(\frac{Vs}{mVe}\right)^2\left[\left(Q^2-1\right)\cos\theta+\left(Q^2+1\right)\right]-2\frac{Vs}{mVe}Q\left(\cos\theta+1\right)+\left(\cos\theta-1\right)=0 \qquad \text{E.A.9}$$

On en déduit l'expression de la tension de sortie :

$$y=\frac{Vs}{mVe}=\frac{Q(1+\cos\theta)+\sqrt{2Q^2(1+\cos\theta)+(1-\cos\theta)^2}}{1-\cos\theta+Q^2(1+\cos\theta)}$$

avec $Q=\frac{\pi\, m^2}{2R}\sqrt{\frac{Lo}{Co}}\frac{Fo}{F}=\frac{\theta}{2}\frac{x}{y}$

soit, en fonction de x :

$$y=\sqrt{1+\frac{1+\cos\theta}{1-\cos\theta}\left[\theta x-\left(\frac{\theta x}{2}\right)^2\right]}$$

$$\text{avec } x=\frac{mIs}{Ve}\sqrt{\frac{Lo}{Co}}$$

2.2. Conduction discontinue

Dans ce mode de fonctionnement, le courant résonnant s'annule au cours de la période, entraînant la conduction discontinue de l'onduleur et du redresseur. Ce phénomène peut être mis en évidence à l'aide de la figure A-4.

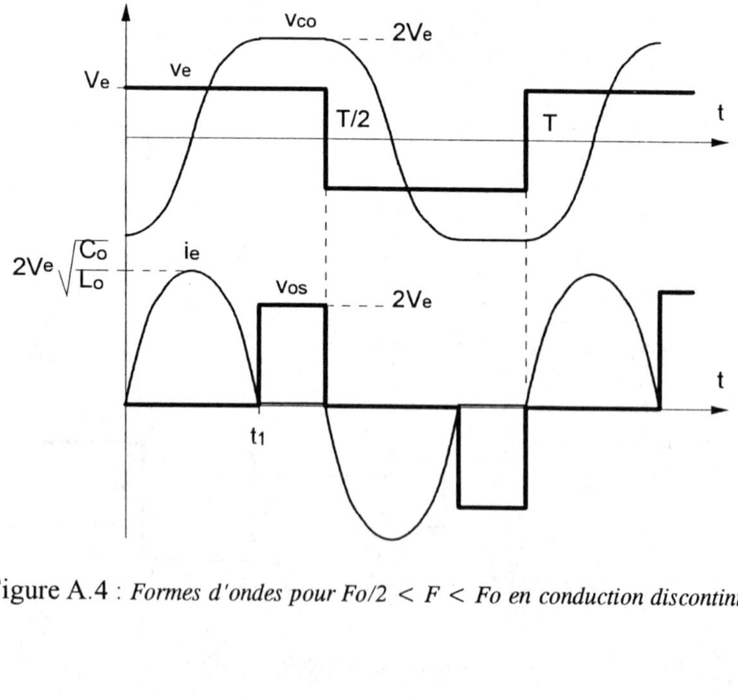

Figure A.4 : *Formes d'ondes pour Fo/2 < F < Fo en conduction discontinue*

Il y aura conduction discontinue si, lors de l'inversion présumée du courant (t_1), le di/dt est nul du fait de la combinaison des tensions, ce qui donne la condition :

$$\frac{di}{dt} = \frac{1}{L}\left(-vco + \frac{Vs}{m} + Ve\right) = \frac{1}{L}\left(-\frac{QVs}{m} + \frac{Vs}{m} + Ve\right) = 0$$

soit : $y = \dfrac{Vs}{mVe} = \dfrac{1}{Q-1}$ ou $Q = 1 + \dfrac{1}{y}$

En remplaçant cette condition dans l'expression E.A.9, nous obtenons $y = 1$. La tension de sortie reste ensuite à cette valeur lorsque le courant de sortie diminue. Le passage en conduction discontinue est obtenu lorsque :

$Q = 1 + \dfrac{1}{y} = \dfrac{Q}{2}\dfrac{x}{y}$, soit, avec $y = 1$:

$$x = \frac{4}{\theta} = \frac{4}{\pi}\frac{F}{Fo}$$

3. Fonctionnement pour F < Fo/2

Les formes d'ondes pour ce mode sont rappelées figure A.5 :

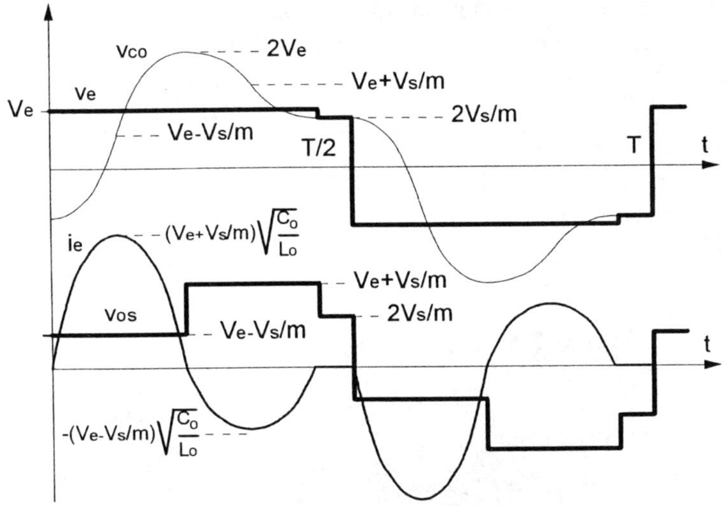

Figure A.5 : *Formes d'ondes pour F < Fo/2*

Sur la première demi-période d'oscillation, on a les relations suivantes :

$$ie = I_1 \sin\omega ot \qquad \text{et} \qquad v_{co} = Ve - \frac{Vs}{m} - I_1\sqrt{\frac{Lo}{Co}}\cos\omega ot$$

avec :

$$ie(0) = 0 \qquad \text{et} \qquad vco(0) = Ve - \frac{Vs}{m} - I_1\sqrt{\frac{Lo}{Co}}$$

$$ie(To/2) = 0 \qquad \text{et} \qquad vco(To/2) = Ve - \frac{Vs}{m} + I_1\sqrt{\frac{Lo}{Co}}$$

Sur la seconde demi-période d'oscillation, ces relations deviennent :

$$ie = -I_2 \sin\omega_o(t - \frac{T_o}{2}) \qquad \text{et} \qquad v_{co} = V_e + \frac{V_s}{m} + I_2\sqrt{\frac{L_o}{C_o}}\cos\omega_o(t - \frac{T_o}{2})$$

avec :

$$ie(T_o/2) = 0 \qquad \text{et} \qquad v_{co}(T_o/2) = V_e + \frac{V_s}{m} + I_2\sqrt{\frac{L_o}{C_o}}$$

$$ie(T_o) = 0 \qquad \text{et} \qquad v_{co}(T_o) = -v_{co}(0) = V_e + \frac{V_s}{m} - I_2\sqrt{\frac{L_o}{C_o}}$$

De ces différentes valeurs particulières, on déduit les relations :

$$I_1 = \sqrt{\frac{L_o}{C_o}}\left(V_e + \frac{V_s}{m}\right) \qquad \text{et} \qquad I_2 = \sqrt{\frac{L_o}{C_o}}\left(V_e - \frac{V_s}{m}\right)$$

Si l'on calcule maintenant le courant moyen de sortie, on obtient :

$$I_{smoyen} = \frac{4}{\pi}\frac{I_1 + I_2}{m}\frac{T_o}{2}\frac{1}{T} = \frac{2}{m\pi}(I_1 + I_2)\frac{F}{F_o} = \frac{4V_e}{m\pi}\sqrt{\frac{C_o}{L_o}}\frac{F}{F_o}$$

ce qui donne , en grandeur normalisée :

$$x = \frac{4}{\pi}\frac{F}{F_o}$$

Ce courant de sortie est indépendant de la tension de sortie. Le convertisseur se comporte alors comme un générateur de courant dont la valeur est proportionnelle à la fréquence de fonctionnement.

Annexe B

Fonctions de transfert des principaux hacheurs

Dans cette annexe seront résumées les fonctions de transfert des quatre hacheurs à commutation commandée :
- le hacheur série (BUCK),
- le hacheur parallèle (BOOST),
- le hacheur à stockage inductif (BUCK-BOOST),
- le hacheur à stockage capacitif (CUK).

Ces fonctions de transfert expriment la relation entre la tension de sortie v_s et les différentes grandeurs suivantes :
- le rapport cyclique α,
- le courant crête dans l'une des branches du circuit imposé par une consigne i_{cons},
- la tension d'entrée.,

Conformément aux techniques décrites dans le chapitre VI, il s'agira de fonctions de transfert valable en régime dynamique et petits signaux. Les modes de conduction continue et discontinue seront envisagés.

Notations :

Toutes les variables sont notées sous la forme $x = X + \hat{x}$ où X est la valeur du régime permanent et $\hat{x}$ est une petite variation autour du point de fonctionnement.
p est la variable de Laplace.

1. Fonctions de transfert du hacheur série

La figure B.1 rappelle le schéma du hacheur série auquel sont associées les différentes fonctions de transfert :

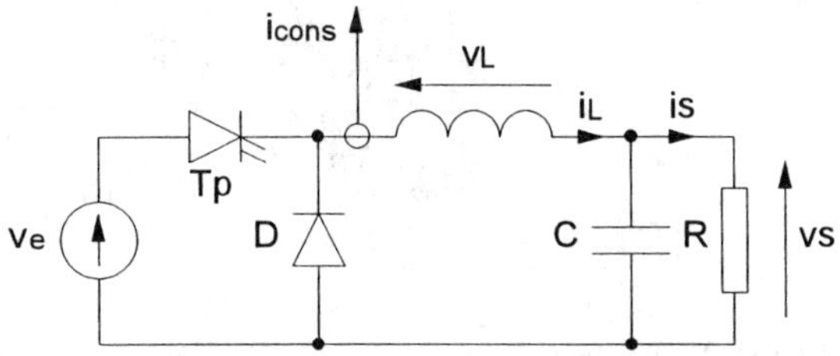

Figure B.1 : *Schéma du hacheur série pour la modélisation*

1.1. Fonctions de transfert en conduction continue

$$\frac{\hat{vs}}{\hat{\alpha}} = Ve \, \frac{1}{1 + \frac{L}{R} p + LC \, p^2} \qquad \frac{\hat{vs}}{\hat{ve}} = \alpha \, \frac{1}{1 + \frac{L}{R} p + LC \, p^2}$$

$$\frac{\hat{vs}}{\hat{i}cons} = \frac{R}{1 + RC \, p}$$

1.2. Fonctions de transfert en conduction discontinue

$$\frac{\hat{vs}}{\hat{\alpha}} = 2Ve \frac{1-y}{2-y} \sqrt{\frac{1-y}{K}} \; \frac{1}{1 + \frac{p}{\omega c}}$$

avec : $y = \frac{Vs}{Ve}$, $K = \frac{2LF}{R}$, $\omega c = \frac{1}{RC} \frac{2-y}{1-y}$

$$\frac{\hat{vs}}{\hat{i}cons} = R \frac{\sqrt{K(1-y)}}{2-3y} \; \frac{1}{1 + \frac{p}{\omega' c}}$$

avec : $\omega' c = \frac{1}{RC} \; \frac{2-3y}{1-y}$

$$\frac{\hat{vs}}{\hat{ve}} = y \, \frac{1}{1 + \frac{p}{\omega c}}$$

dépendance vis-à-vis de l'alimentation dans une commande en α

$$\frac{\hat{vs}}{\hat{ve}} = \frac{y^2}{3y-2} \; \frac{1}{1 + \frac{p}{\omega' c}}$$

dépendance vis-à-vis de l'alimentation dans une commande en icons

2. Fonctions de transfert du hacheur parallèle

Le schéma du hacheur parallèle apparaît figure B.2 :

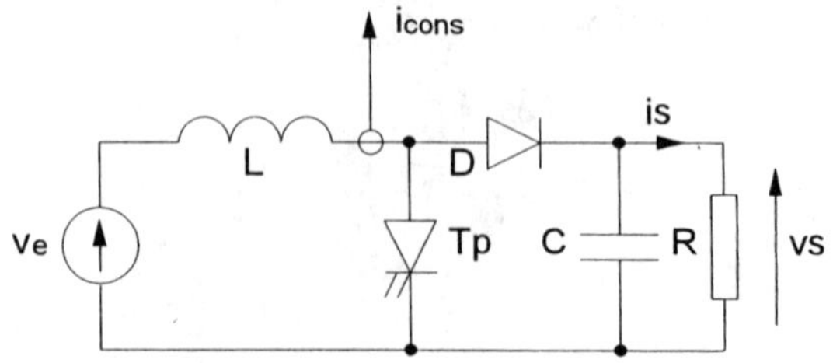

Figure B.2 : *Schéma du hacheur parallèle pour la modélisation*

2.1. Fonctions de transfert en conduction continue

$$\frac{\hat{vs}}{\hat{\alpha}}=\frac{Vs}{1-\alpha}\;\frac{1-\dfrac{L}{R(1-\alpha)^2}\,p}{1+\dfrac{L}{R(1-\alpha)^2}\,p+\dfrac{LC}{(1-\alpha)^2}\,p^2}\qquad \frac{\hat{vs}}{\hat{ic}}=\frac{R(1-\alpha)}{2}\;\frac{1-\dfrac{L}{R(1-\alpha)^2}\,p}{1+\dfrac{RC}{2}\,p}$$

$$\frac{\hat{vs}}{\hat{ve}}=\frac{1}{1-\alpha}\;\frac{1}{1+\dfrac{L}{R(1-\alpha)^2}\,p+\dfrac{LC}{(1-\alpha)^2}\,p^2}$$

2.2. Fonctions de transfert en conduction discontinue

$$\frac{\hat{vs}}{\hat{\alpha}}=\frac{2Ve}{2y-1}\sqrt{\frac{y}{K}(y-1)}\;\frac{1}{1+\dfrac{p}{\omega c}}$$

avec : $y=\dfrac{Vs}{Ve}$ $\quad K=\dfrac{2LF}{R}$ $\quad \omega c=\dfrac{1}{RC}\dfrac{2y-1}{y-1}$

$$\frac{\hat{vs}}{\hat{i}cons}=\frac{R}{2y-1}\sqrt{Ky(y-1)}\;\frac{1}{1+\dfrac{p}{\omega c}}$$

$$\frac{\hat{vs}}{\hat{ve}}=y\;\frac{1}{1+\dfrac{p}{\omega c}}$$

dépendance vis-à-vis de l'alimentation dans une commande en α

$$\frac{\hat{vs}}{\hat{ve}}=\frac{y}{2y-1}\;\frac{1}{1+\dfrac{p}{\omega c}}$$

dépendance vis-à-vis de l'alimentation dans une commande en icons

3. Fonctions de transfert du hacheur à stockage inductif

Le schéma du hacheur à stockage inductif apparaît figure B.3 :

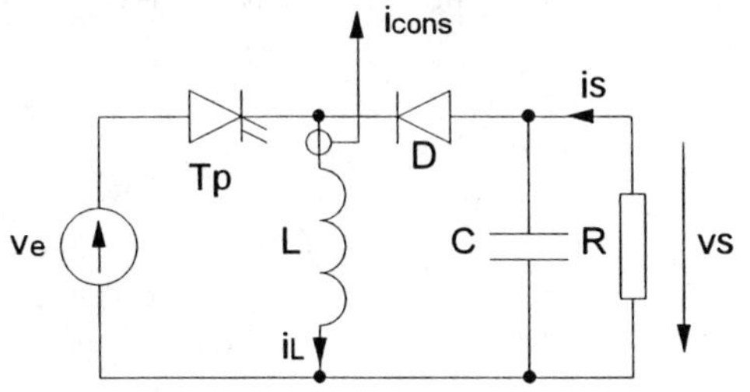

Figure B.3 : *Schéma du hacheur à stockage inductif pour la modélisation*

3.1. Fonctions de transfert en conduction continue

$$\frac{\hat{vs}}{\hat{\alpha}}=\frac{Vs}{\alpha(1-\alpha)}\;\frac{1-\dfrac{\alpha L}{R(1-\alpha)^2}\,p}{1+\dfrac{L}{R(1-\alpha)^2}\,p+\dfrac{LC}{(1-\alpha)^2}\,p^2}\qquad \frac{\hat{vs}}{\hat{icons}}=R\,\frac{1-\alpha}{1+\alpha}\;\frac{1-\dfrac{\alpha L}{R(1-\alpha)^2}\,p}{1+\dfrac{RC}{1+\alpha}\,p}$$

$$\frac{\hat{vs}}{\hat{ve}}=\frac{\alpha}{(1-\alpha)}\;\frac{1}{1+\dfrac{L}{R(1-\alpha)^2}\,p+\dfrac{LC}{(1-\alpha)^2}\,p^2}$$

3.2. Fonctions de transfert en conduction discontinue

$$\frac{\hat{vs}}{\hat{\alpha}}=\frac{Ve}{\sqrt{K}}\;\frac{1}{1+\dfrac{RC}{2}\,p}$$ avec : $$K=\frac{2LF}{R}$$

$$\frac{\hat{vs}}{\hat{icons}}=\frac{R}{2}\sqrt{K}\;\frac{1}{1+\dfrac{RC}{2}\,p}$$

$$\frac{\hat{vs}}{\hat{ve}}=\frac{Vs}{Ve}\;\frac{1}{1+\dfrac{RC}{2}\,p}$$

dépendance vis-à-vis de l'alimentation dans une commande en α

$$\frac{\hat{vs}}{\hat{ve}}=0$$

dépendance vis-à-vis de l'alimentation dans une commande en icons

3.3. Fonctions de transfert en régime auto-oscillant

$$\frac{\hat{vs}}{\hat{ve}}=\frac{y^2}{2y+1}\;\frac{1}{1+\dfrac{p}{\omega c}}\qquad \frac{\hat{vs}}{\hat{icons}}=\frac{R}{2}\;\frac{1}{2y+1}\;\frac{1}{1+\dfrac{p}{\omega c}}$$

avec $y=\dfrac{Vs}{Ve}$ et $\omega c=\dfrac{1}{RC}\;\dfrac{2y+1}{y+1}$

4. Fonctions de transfert du hacheur à stockage capacitif

Le schéma du hacheur à stockage capacitif apparaît figure B.4 :

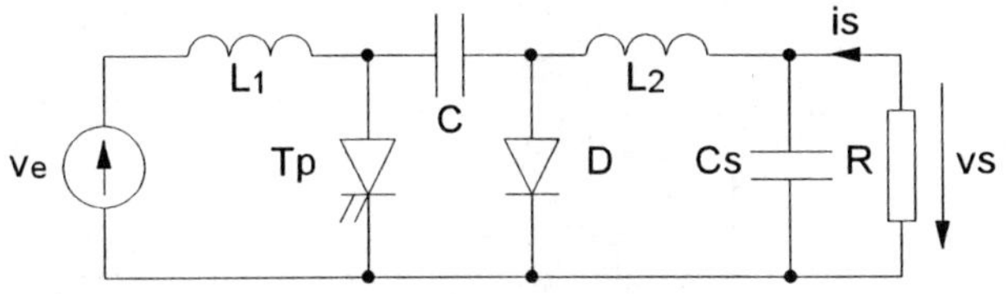

Figure B.4 : *Schéma du hacheur à stockage capacitif pour la modélisation*

compte-tenu de la complexité du montage, nous ne donnerons ici que les fonctions de transfert en régime continu.

$$\frac{\hat{v}s}{\hat{\alpha}} = \frac{\dfrac{Vs}{\alpha(1-\alpha)}\left(1-\tau_1 p+\dfrac{1-\alpha}{\omega_1^2}p^2\right)}{1+(\tau_1+\tau_2)\,p+\left(\tau_1\,\tau_s+\dfrac{1}{\omega_1^2}+\dfrac{1}{\omega_2^2}\right)p^2+\dfrac{\tau_2}{\omega_1^2}\,p^3+\dfrac{p^4}{\omega_1^2\omega_2^2}}$$

$$\frac{\hat{v}s}{\hat{v}e} = \frac{\dfrac{\alpha}{1-\alpha}}{1+(\tau_1+\tau_2)\,p+\left(\tau_1\,\tau_s+\dfrac{1}{\omega_1^2}+\dfrac{1}{\omega_2^2}\right)p^2+\dfrac{\tau_2}{\omega_1^2}\,p^3+\dfrac{p^4}{\omega_1^2\omega_2^2}}$$

avec $\tau_1=\left(\dfrac{\alpha}{1-\alpha}\right)^2\dfrac{L_1}{R}$ $\quad\tau_2=\dfrac{L_2}{R}$ $\quad\tau_s = RC_s$

$\omega_1^2=\dfrac{(1-\alpha)^2}{L_1C}$ $\quad\omega_2^2=\dfrac{1}{L_2C_s}$

Bibliographie

Chapitre I

Y. CHERON : "Application des règles de la dualité à la conception de nouveaux convertisseurs à transistors de puissance. Synthèse du thyristor-dual. Domaine d'application", Thèse de docteur ingénieur, Toulouse, 1982.

Y. CHERON, H. FOCH, J. ROUX : "Etude d'une nouvelle utilisation des transistors de puissance dans les convertisseurs haute tension à fréquence élevée", Revue de Physique Appliquée n° 16, pp 333-342, 1983.

H. FOCH, R. ARCHES, F. BORDRY, Y. CHERON, B. ESCAUT, P. MARTY, M. METZ : "Electronique de puissance", les techniques de l'ingénieur, D3150 à D3163.

H. FOCH, R. ARCHES, F. BORDRY, Y. CHERON, B. ESCAUT, P. MARTY, M. METZ : "Méthodes d'études des convertisseurs statiques", ref. 78005, Editions Mentor, 1987.

H. FOCH, J. ROUX : "Convertisseurs statiques d'énergie électrique à semi-conducteurs", Brevets ANVAR, France n° 7832428, RFA n° P29452457, GB n° 7939217, USA n° 093106, Italie n° 83487A/79.

Chapitre II

C. ANDRIEU, J.P. FERRIEUX, M. ROCHER : "Comparaison des modes de commande d'un prérégulateur AC-DC à courant d'entrée sinusoïdal", Colloque EPF, Marseille, 1992.

R. BAUSIERE, F. LABRIQUE, G. SEGUIER : "Les convertisseurs de l'électronique de puissance - La conversion continu - continu", Tome 3, Techniques et Documentation Lavoisier, 1987.

G. CHRYSSIS : "High frequency switching power supplies.Theory and design", Editions Mc GRAW-HILL BOOK COMPANY, New-York, 1984.

S. CUK, R.D. MIDDLEBROOK : "Coupled-inductor and other extensions of a new optimum topology switching DC - to - DC converter", IAS 1977.

J.P. FERRIEUX, J.P. ONORRUS, J. PERARD : "Un hacheur trois sources multifonctions", Electronique de puissance n° 4, Avril 1984.

F. FOREST : "Etude et réalisation d'une alimentation de forte puissance massique. Application au soudage électrique", Thèse de 3ème cycle, PARIS VI, Juillet 1985.

F. FOREST, J. HUDRY : "Simplifier les alimentations à découpage à structures entrelacées", Electronique de puissance n° 18, Décembre 1986.

J.P. LAVIEVILLE, J.P. FERRIEUX, J.P. KERADEC : "Hacheur à accumulation capacitive avec couplage magnétique", Electronique de puissance n° 14, Avril 1986.

R. D. MIDDLEBROOK, S. CUK : "Advances in switched - mode power conversion", Volumes I, II, III, California Institute of technology, PASADENA, 1983.

N. MOHAN, T.M. UNDELAND, W.P. ROBBINS : "Power electronics converters, applications and design", WILEY, 1989.

J. ROUDET : "Analyse et comparaison des divers modes de conversion statiques continu - continu, modes de commutation et sûreté de fonctionnement, performances CEM", Thèse de l'INP de Grenoble, 1990.

K. SUM : "Switch mode power conversion. Basic Theory and design", Editions DEKKER, New-York, 1984.

L. GERBAUD, A. BOLOPION, J. BIGEON : "Gentiane : a simulation package for electromechanical systems", ELECTRIMACS'96, 1996.

Ch. ANDRIEU : "Contribution à la conception d'alimentations à découpage à absorption sinusoïdale", Thèse de l'INP de Grenoble, 1995.

H. BENQASSMI : "Conception de convertisseurs AC-DC mono-étage à absorption sinusoïdale", Thèse de l'INP de Grenoble, 1998.

UNITRODE : "Switched regulated Power supply design seminar manual", 1986

Norme Européenne NF EN 61000-3-2 : "Compatibilité électromagnétique : limites pour les émissions de courant harmonique (courant appelé par les appareils inférieur ou égal à 16A par phase)", août 1995.

Chapitre III

M. BENSOAM : "Alimentations à découpage pseudo-résonnantes", Thèse de l'INP de grenoble, 1991.

Y. CHERON : "La commutation douce dans la conversion statique de l'énergie électrique", Thèse d'état, INP Toulouse, 1988.

Y. CHERON, J. ROUX, H. FOCH : "Convertisseurs à résonance, méthodes de contrôle du transfert de puissance", Electronique de puissance n° 16, Août 1986.

F. FOREST, T. MEYNARD : "Convertisseur continu-continu de type Forward à commutation à courant nul et fonctionnement en courants bidirectionnels", brevet français n° 86-177 99, déposant : STE. SODILEC S.A, Décembre 1986.

F. FOREST, P. LIENART : "Procédé de linéarisation pour convertisseur continu-continu et dispositifs mettant en oeuvre ce procédé", brevet français n°8807024, 1989.

J.P. LAVIEVILLE : "Contribution à la conception d'alimentations continues de puissance à résonance", Thèse de l'INP de Grenoble, 1988.

P. LIENART : Convertisseur quasi-résonnant à transfert direct. Application à la réalisation d'une alimentation de laboratoire de moyenne puissance". Mémoire CNAM, 1988.

K.H. LIU, F.C. LEE : "Resonant switches - a unified approach to improve performances of switching converters", IEEE International Telecommunications energy conference, pages 344-351, 1984 proceedings.

T. MEYNARD : "Commutation douce appliquée aux alimentations à découpage", thèse de l'INP de Toulouse, 1988.

K. SUM : Recent developments in resonant power conversion, INTERTEC COMMUNICATION PRESS, 1988.

P. VINCIARELLI : "Forward converter switching at zero current", U.S. PATENT n° 4415956, November 1983.

Chapitre IV

J. ARNOULD, P. MERLE : "Dispositifs de l'électronique de puissance", volumes 1 et 2, Editions HERMES, 1992.

B.J. BALIGA : "Modern power devices", Edition Wiley, 1987.

H. KNOLL : "High current transistors choppers", Second IFAC symposium, control in power electronics, Dusseldorf, 1977.

THOMSON-CSF COMPOSANTS : "Le transistor de puissance dans son environnement", 1978.

THOMSON-CSF COMPOSANTS : "Le transistor de puissance dans la conversion d'énergie", 1983.

C. SCHAEFFER : Analyse des comportements électrique et thermique des interrupteurs de puissance IGBT à technologie hybride", Thèse de l'INP de Grenoble, 1992.

Chapitre V

A. ANGOT : "Compléments de mathématiques", Edition Masson, 1972.

R. BALIGOUT : "Etude des pertes magnétiques des alliages amorphes soumis aux formes d'ondes rencontrées dans les alimentations à découpage. Réalisation d'un transformateur pour une alimentation de ce type". Mémoire CNAM, 1989.

R. BONNEFILLE : "Réseaux électriques linéaires à constantes réparties", Techniques de l'Ingénieur, D69.

P. CUSSAC : "Etude et réalisation d'un tube à onde progressive", Thèse de l'INP de Toulouse, 1991.

EUROFARAD : "Condensateurs céramiques", catalogue n°894

J.P. KERADEC, B. COGITORE, E. LAVEUVE : "Des circuits à constantes localisées pour représenter les transformateurs haute fréquence", Revue Générale de l'Electricité, Juin 1992, pp. 36-47.

E. LAVEUVE : Modélisation des transformateurs des convertisseurs haute fréquence, Thèse de l'INP de Grenoble, 1991.

LCC : "Condensateurs pour l'électronique de puissance", catalogue 1991.

LCC : "Soft ferrites", Catalogue.

M. OULD KHOUNA : "Contribution à l'étude des pertes supplémentaires dans les éléments bobinés utilisés dans les convertisseurs statiques, thèse de l'Ecole Centrale de Lyon, 1992.

Colonel W. T. MAC LYMAN : "Transformer and inductor design handbook", Editions DEKKER, 1988.

MAGNETICS : "Molypermalloy Powder and High Flux cores", Catalogue.

G. MOURIES : "Condensateurs utilisé en électronique de puissance", les techniques de l'ingénieur, D3280.

L. RAMON : "Conducteurs aux hautes fréquences", Techniques de l'Ingénieur, E230.

G. TERRACOL : "Contribution au calcul des pertes par courants de Foucault dans les enroulements de puissance en haute fréquence, Mémoire CNAM, 1992.

SIC - SAFCO : Condensateurs électrolytiques aluminium", catalogue 1990.

E.C. SNELLING : "Soft ferrites", Iliffe Books ltd, 1969.

P. VENET : "Surveillance d'alimentations à découpage. Application à la maintenance prédictive", Thèse de l'université Claude Bernard, LYON I, 1993.

Chapitre VI

S. BACHA : "Sur la modélisation et la commande des alimentations à découpage symétriques", Thèse de l'INP de Grenoble, 1993.

P. BERGE, Y. POMEAU, C. VIDAL : "L'ordre dans le chaos", Hermann, 1984.

P.R.K. CHETTY : "Current injected equivalent circuit approach to modelling and analysis of current programmed switching DC-to-DC converters (discontinuous inductor conduction mode)", IEEE Transactions on Industry Applications, vol. IA-18, n°3, May-June 1982.

J.H.B. DEANE, D.C. HAMILL : "Analysis, simulation and experimental study of chaos in the buck converter", PESC-IEEE Conference, 1990, pp. 491-498.

J.P. FERRIEUX : "Modélisation des convertisseurs continu-continu à découpage. Application aux alimentations à découpage et aux convertisseurs à résonance : réalisation, modélisation, régulation", Thèse de 3ème cycle, INP Grenoble, Mai 1984.

J.P. FERRIEUX, E. OLIVIER, J. PERARD : "Etude des convertisseurs statiques continu-continu à résonance, modélisation dynamique", Revue de Physique Appliquée n° 20, Mai 1985.

J. JALADE, J.C. MARPINARD : "Contribution à l'étude des systèmes non linéaires à structure linéaire par morceaux. Application, par un modèle de type discret, aux convertisseurs DC-DC", Thèse, Toulouse, 1976.

R.D. MIDDLEBROOK, S. CUK : "A general unified approach to modelling switching converter power stages", IEEE Power Electronic Specialists Conference, 1976, pp. 18-34.

J. PERARD, E. TOUTAIN, M. NOUGARET : "Modélisation des convertisseurs d'énergie par un schéma équivalent", L'onde électrique n° 12, vol. 59, 1979.

Index

044137 - (I) - (1) - OSB 80° - AUT

Achevé d'imprimer sur les presses de la
SNEL S.A.
Rue Saint-Vincent 12 – B-4020 Liège
tél. 32(0)4 344 65 60 - fax 32(0)4 343 77 50
mars 1999 – 11905

Dépôt légal : avril 1999